2024 China Life Sciences and Biotechnology Development Report

2024中国生命科学与生物技术发展报告

中国生物技术发展中心　编著

科学出版社
北京

内 容 简 介

本书总结了2023年我国生命科学研究、生物技术和生物产业发展的基本情况，重点介绍了我国在生命组学与细胞图谱、脑科学与神经科学、合成生物学、表观遗传学、结构生物学、免疫学、干细胞、新兴前沿与交叉技术等领域的研究进展，以及在医药生物技术、工业生物技术、农业生物技术和生物安全技术现状方面取得的年度进展、重大成果，分析了我国生物产业的市场表现和发展态势。本书分为总论、生命科学、生物技术、生物产业、投融资、文献专利共6章，以翔实的数据、丰富的图表和充实的内容，全面展示了当前我国生命科学、生物技术和生物产业的基本情况与重要进展。

本书可供生命科学和生命技术领域的科学家、企业家、管理人员，以及关心支持生命科学、生物技术与生物产业发展的各界人士参考。

图书在版编目（CIP）数据

2024中国生命科学与生物技术发展报告 / 中国生物技术发展中心编著. -- 北京 : 科学出版社, 2024. 10. ISBN 978-7-03-079426-0

Ⅰ. Q1-0; Q81

中国国家版本馆CIP数据核字第2024TE9614号

责任编辑：王玉时 / 责任校对：严　娜

责任印制：赵　博 / 封面设计：金舵手世纪

科学出版社 出版

北京东黄城根北街16号

邮政编码：100717

http://www.sciencep.com

北京中科印刷有限公司印刷

科学出版社发行　各地新华书店经销

*

2024年10月第　一　版　开本：787×1092　1/16

2024年12月第二次印刷　印张：22

字数：334 000

定价：268.00元

（如有印装质量问题，我社负责调换）

《2024中国生命科学与生物技术发展报告》编写人员名单

主　　编　张新民

副 主 编　沈建忠　范　玲　郑玉果

参加人员（按姓氏汉语拼音排序）

敖　翼　曹　芹　陈　琪　陈大明　陈洁君
成　骋　范月蕾　方子寒　葛　瑶　郭　伟
韩　佳　何　蕊　黄　鑫　黄英明　江　源
江洪波　焦　宁　靳晨琦　旷　苗　李　荣
李　伟　李　陟　李丹丹　李冬雪　李玮琦
李祯祺　梁慧刚　林拥军　刘　晓　卢　姗
罗会颖　毛开云　濮　润　渠天欣　阮梅花
施慧琳　石旺鹏　苏　月　田金强　王　晶
王　玥　王凤忠　魏　巍　吴坚平　武瑞君
夏宁邵　熊　燕　徐　萍　许　丽　杨　阳
杨若南　姚　斌　于善江　于振行　张　鑫①
张　鑫②　张　洋　张　涌　张博文　张大璐
张丽雯　张瑞福　张学博　赵　鹏　赵若春
赵添羽　郑文隆　周哲敏　朱　敏　朱成姝

① 任职于中国生物技术发展中心国际合作与基地平台处。

② 任职于中国生物技术发展中心生命科学与前沿技术处。

前　　言

当前，新一轮科技革命和产业变革深入发展。科学研究向极宏观拓展、向极微观深入、向极端条件迈进、向极综合交叉发力，不断突破人类认知边界。技术创新进入前所未有的密集活跃期，人工智能、量子技术、生物技术等前沿技术集中涌现，引发链式变革。与此同时，世界百年未有之大变局加速演进，科技革命与大国博弈相互交织，高技术领域成为国际竞争最前沿和主战场，深刻重塑全球秩序和发展格局。

2023年，在国家政策的支持下，我国生命科学与生物技术发展迅速，技术快速革新，相关研究和应用进一步推进，推动我国生命科学与生物技术产业的持续突破。在重大研究进展方面，脑科学与神经科学领域发现了大脑"有形"生物钟的存在及其节律调控机制；空间组学技术助力更好地理解复杂组织微环境和动态生物过程；干细胞领域建立了能够更加高效诱导生成多能干细胞（iPSC）的化学编程策略，并且在国际上首次构建了人类胚胎干细胞嵌合体猴；免疫学机制研究推动了疾病免疫预防和治疗手段的开发。在技术进步方面，生命组学技术的快速迭代使人们突破了对生命重要组成部分的认识；合成生物学取得系列成果，为人工生命合成带来了新的可能；表观遗传学研究为疾病治疗提供了潜在的新靶点和新思路；人工智能蛋白质设计的突破带动了多个产业领域的变革式发展。在产业发展方面，生物技术不断向医药、农业、化工、材料、能源等领域融入应用，生物产品和服务、生物安全保障需求受到空前关注，为更好地解决经济社会持续发展面临的重大问题提供了新路径。我国生物产业快速发展，生物医药、生物农业、生物制造等生物产业规模持续增长。

2023年，中国发表生命科学论文222 964篇，10年的年均复合增长率达到11.38%，显著高于国际水平。同时，中国生命科学论文数量占全球的比例也

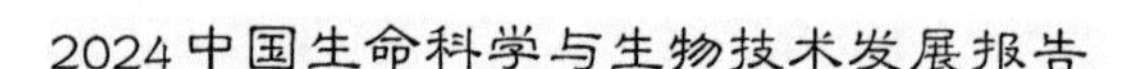

从2014年的11.70%提高到2023年的23.64%。2023年，中国生命科学和生物技术领域专利申请数量与授权数量分别为62 857件和32 859件，申请数量比上年度增长30.59%，授权数量比上年度增长11.39%，占全球数量比例分别为39.38%和41.33%。

据国家药品监督管理局（NMPA）数据显示，2023年我国自主研发创新药上市数量为36款，包括16款化学药、15款生物制品及5款中药。2023年我国上市的第三类医疗器械共6151项，其中2079项为首次注册。

自2002年以来，每年出版发行的我国生命科学与生物技术领域的发展报告已经成为本领域具有一定影响力的综合性年度报告。《2024中国生命科学与生物技术发展报告》以总结2023年我国生命科学研究、生物技术和生物产业发展的基本情况为主线，重点介绍了我国生命组学与细胞图谱、脑科学与神经科学、合成生物学、表观遗传学、结构生物学、免疫学、干细胞、新兴前沿与交叉技术等领域的研究进展，以及医药生物技术、工业生物技术、农业生物技术和生物安全技术取得的年度进展、重大成果及其重要意义。本书对我国生物产业热点领域进行产业前瞻分析，从国际和国内两个层面分析投融资发展态势，以反映生物技术领域科技计划的财政支持情况，生物技术领域风险投资、上市融资等情况及投融资的热点方向，生物产业的市场表现和发展态势。本书以文字、数据、图表相结合的方式，全面展示了2023年我国生命科学、生物技术与生物产业领域的研究成果、论文发表、专利申请、行业发展和投融资情况，以及我国在生物医药、生物农业、生物制造、生物服务等产业取得的重要进展。本书可供生命科学和生命技术领域的科学家、企业家、管理人员，以及关心和支持生命科学、生物技术与生物产业发展的各界人士参考。

编著者
2024年8月

目　录

第一章　总　　论

一、国际生命科学与生物技术发展态势

当前，前沿技术不断革新、学科跨域融合、数字深度赋能，在基础研究、转化研究、应用研究等不同层面推动生命科学与生物技术领域取得重大进步，领域创新活跃，创新产品密集上市。

（一）重大研究进展

1. 脑科学、类脑智能研究持续作为全球部署重点，推动领域研究迅速突破

全球持续部署，国际脑计划持续通过国际合作和知识共享来催化与推进神经科学；国家和地区层面，欧盟“人脑计划”（HBP）实施结束，美国“脑计划”（BRAIN计划）、我国科技创新2030“脑科学与类脑研究”重大项目等正顺利开展。领域相关研究不断突破，在新型神经元鉴定、脑图谱绘制、脑功能研究等基础领域，神经发育障碍、脑疾病等应用领域，以及以神经成像、脑机接口为代表的技术开发领域的研究均取得了一系列重要进展。示踪技术、光遗传技术、新型成像技术、神经调控与脑机接口等技术的发展，以及人工智能技术的融入，将推动脑认知、脑疾病研究等各方面的发展。

2. 大型队列、大数据、人工智能与健康干预策略深度融合，全面赋能生命健康科技发展

大型队列与人工智能（AI）技术相结合，可驱动新型生物标志物、药物新靶点和新机制的发现。在药物研发领域，全球已有100余项人工智能参与的药物研发管线进入临床试验，发展较快的已推进至Ⅲ期临床试验；除小分子药物外，生成式人工智能工具RFdiffusion[1]在抗体等大分子药物的发现和设计上也进一步突破。同时，脑机接口领域快速发展，多个侵入式脑机接口进入临床试验，有望成为颠覆性技术，为疾病治疗带来变革。

3. 基因检测、液体活检等疾病精准诊断技术逐步成熟应用，助力早诊早筛目标的实现

可同时检测多个基因突变或针对泛癌种的早期检测成为开发热点。例如，OncoSeek检测技术可实现9种高发癌症的早筛早诊，特异性高达92.9%[2]。伴随诊断技术的检测范围由单一靶点向复合靶点、单一癌种向多癌种发展，目前美国食品药品监督管理局（Food and Drug Administration，FDA）已批准8款基于二代测序（NGS）的伴随诊断产品上市。液体活检技术的临床价值进一步获得认可，产品Bladder EpiCheck®于2023年获得美国FDA批准上市。

4. 疾病新型疗法加速发展，助推个体化精准医疗的实现

抗体药物偶联物（ADC）、双特异性抗体（BsAb）成为抗体药物开发的新热点，全球已有15款ADC药物、13款BsAb药物获批。在较难突破的实体瘤领域，迎来了首款肿瘤浸润淋巴细胞（TIL）治疗产品Amtagvi上市；首款T细胞受体工程化T细胞（TCR-T细胞）治疗产品Afami-cel也已进入美国FDA的上市审评阶段。基因治疗产业化进程加速，2023年全球首个基因编辑治疗产品

---

1 Bennett N R, Watson J L, Ragotte R J, et al. Atomically accurate *de novo* design of single-domain antibodies[J]. Cold Spring Harbor Laboratory, 2024, doi: https://doi.org/10.1101/2024.03.14.585103.

2 Luan Y, Zhong G L, Li S Y, et al. A panel of seven protein tumour markers for effective and affordable multi-cancer early detection by artificial intelligence: a large-scale and multicentre case-control study[J]. eClinicalMedicine, 2023, 61: 102041.

Casgevy先后在英国和美国获批上市，标志着基因编辑治疗取得了里程碑式进展。以反义寡核苷酸（ASO）和siRNA为代表的RNA药物产业化进程加速。

5. *以mRNA疫苗为代表的核酸疫苗研发生产技术迭代升级*

近年来，国际社会竞相开发从活病原体的靶向衰减技术到生物工程蛋白和抗原肽及病毒载体和核酸抗原的新型疫苗技术，加快疫苗研发生产技术迭代升级。由于核酸疫苗，特别是mRNA疫苗，可诱导较强的免疫反应，开发设计速度快，可实现快速生产，生产成本低，易于在体外开展大规模生产，发展尤为迅速。新冠疫情加速了mRNA技术平台的验证，相关科研人员获得了2023年诺贝尔生理学或医学奖。2023年，研究人员开发了算法LinearDesign，用来进行mRNA的设计，可显著提升mRNA疫苗的有效性和保护力[3]；合成了一种“佐剂类脂质”，可增强mRNA疫苗的递送效率和免疫原性[4]；开发出一种高效将mRNA疗法输送至肺部细胞的脂质纳米颗粒（LNP）[5]。同时，研究人员也开发出了“自佐剂化”mRNA疫苗[6]、莱姆病mRNA-LNP疫苗[7]、致命鼠疫菌mRNA-LNP疫苗[8]。

（二）技术进步

1. *生命组学技术不断优化，为认识生命、了解人类健康和疾病提供更多视角*

第三代测序技术的发展推动了最完整人类基因组序列[9,10]、人类泛基因组图

---

3 Zhang H, Zhang L, Lin A, et al. Algorithm for optimized mRNA design improves stability and immunogenicity[J]. Nature, 2023, 621: 396-403.

4 Han X, Alameh M G, Butowska K, et al. Adjuvant lipidoid-substituted lipid nanoparticles augment the immunogenicity of SARS-CoV-2 mRNA vaccines[J]. Nat Nanotechnol, 2023, 18: 1105-1114.

5 Jiang A Y, Witten J, Raji I O, et al. Combinatorial development of nebulized mRNA delivery formulations for the lungs[J]. Nat Nanotechnol, 2024, 19: 364-375.

6 Li B, Jiang A Y, Raji I, et al. Enhancing the immunogenicity of lipid-nanoparticle mRNA vaccines by adjuvanting the ionizable lipid and the mRNA[J]. Nat Biomed Eng, 2023. https://doi.org/10.1038/s41551-023-01082-6.

7 Pine M, Arora G, Hart T M, et al. Development of an mRNA-lipid nanoparticle vaccine against Lyme disease[J]. Mol Ther, 2023, 31(9): 2702-2714.

8 Kon E, Levy Y, Elia U, et al. A single-dose F1-based mRNA-LNP vaccine provides protection against the lethal plague bacterium[J]. Sci Adv, 2023, 9(10): eadg1036.

9 Nurk S, Koren S, Rhie A, et al. The complete sequence of a human genome[J]. Science, 2022, 376(6588): 44-53.

10 Hallast P, Ebert P, Loftus M, et al. Assembly of 43 human Y chromosomes reveals extensive complexity and variation[J]. Nature, 2023, 621(7978): 355-364.

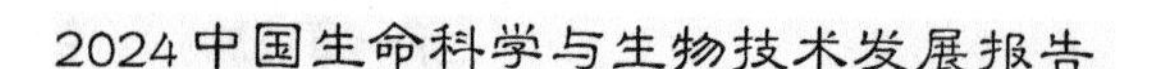

谱[11]绘制的完成，标志着解读人类生命蓝图取得又一里程碑；单分子蛋白质测序技术的进步使蛋白质研究从能够分辨单个氨基酸改变发展到能够实现蛋白质的直接测序[12]。同时，空间组学技术正在向单细胞分辨率、兼容多组学信息及三维组织水平的分析迈进[13]。

2. 基因编辑等“使能技术”快速迭代，生命设计与改造能力不断提升

基因编辑技术向更高效、更安全、更灵活发展。例如，首次在真核生物中发现的RNA引导核酸内切酶Fanzor更高效、易传递[14]，新型核酸酶Cas12a2可在基因水平上识别、靶向并摧毁细胞[15,16]，以及我国开发出了不依赖DddA系统的线粒体碱基编辑工具mitoBE[17]，为开发新型高效基因编辑技术、病原体高灵敏诊断工具、基因编辑治疗产品提供了新思路。

3. 生命系统研究逐渐向可合成、可创造迈进，人工生命合成技术取得突破

生命系统的研究逐渐向可合成、可创造迈进。例如，2023年，“酵母基因组合成计划”（Sc2.0）完成了酵母全部16条染色体的设计与合成，并创造出16种酵母菌株[18]；2024年，研究人员开发了利用肽-DNA复合物构建人工细胞骨架的新方法，为构建功能完善的人工细胞提供了平台[19]。

---

11 Liao W W, Asri M, Ebler J, et al. A draft human pangenome reference[J]. Nature, 2023, 617(7960): 312-324.

12 Wang K, Zhang S, Zhou X, et al. Unambiguous discrimination of all 20 proteinogenic amino acids and their modifications by nanopore[J]. Nature Methods, 2024, 21(1): 92-101.

13 Hickey J W, Becker W R, Nevins S A, et al. Organization of the human intestine at single-cell resolution[J]. Nature, 2023, 619(7970): 572-584.

14 Saito M, Xu P Y, Faure G, et al. Fanzor is a eukaryotic programmable RNA-guided endonuclease[J]. Nature, 2023, 620(7974): 660-668.

15 Dmytrenko O, Neumann G C, Hallmark T, et al. Cas12a2 elicits abortive infection through RNA-triggered destruction of dsDNA[J]. Nature, 2023, 613: 588-594.

16 Bravo J P K, Hallmark T, Naegle B, et al. RNA targeting unleashes indiscriminate nuclease activity of CRISPR-Cas12a2[J]. Nature, 2023, 613: 582-587.

17 Yi Z Y, Zhang X X, Tang W, et al. Strand-selective base editing of human mitochondrial DNA using mitoBEs[J]. Nature Biotechnology, 2023. https://doi.org/10.1038/s41587-023-01791-y.

18 Williams G. Researchers assemble nine synthetic yeast chromosomes[EB/OL]. (2023-11-08)[2024-01-16]. https://nyulangone.org/news/researchers-assemble-nine-synthetic-yeast-chromosomes.

19 Daly M L, Nishi K, Klawa S J, et al. Designer peptide-DNA cytoskeletons regulate the function of synthetic cells[J]. Nat Chem, 2024. https://doi.org/10.1038/s41557-024-01509-w.

人工合成细胞作为生命科学领域最基本的科学问题，为生命的起源和演化带来了启示，有望揭示生命本质的终极命题，是全球竞相争夺的科技制高点。该领域在合成细胞膜与细胞生长、合成细胞物质与能量代谢、合成细胞的DNA复制与分离、合成细胞的细胞分裂，以及构建合成细胞“复制-生长-分裂”协同的理论模型方面都取得了显著的进步。例如，开发多种细胞膜模型，设计并重建磷脂合成通路[20]；通过诱发磷脂囊泡融合方式实现囊泡生长；将DNA复制与人工细胞膜系统有机融合；重建大肠杆菌细胞分裂系统[21]，构建人工细胞有序网络[22]和可调节的合成细胞骨架等。中国科学院提出了以“分裂许可物”为核心的细菌细胞分裂控制新模型[23]，为研究合成细胞生长与分裂的协同奠定了理论基础。

4. 类器官技术快速提升，异种器官移植加速发展，在生命健康领域基础研究及临床应用中展现出了广阔前景

组织器官模拟的水平进一步提升，在血管化、微环境构建等关键问题中获得突破，如发现大脑类器官血管化的调控通路[24]，构建出具有功能性免疫系统的肠道类器官等[25]。异种器官移植开始加速发展，2023年至今陆续开展了猪心脏、猪肾、猪肝、猪肾与胸腺联合移植的人体移植研究，但目前该领域仍处于发展初期，如何对异种器官中免疫排斥、异种病毒等相关关键基因进行识别和精准基因编辑仍然是当前科研人员着力解决的核心问题。

---

20 Eto S, Matsumura R, Shimane Y, et al. Phospholipid synthesis inside phospholipid membrane vesicles[J]. Commun Biol, 2022, 5: 1016.

21 Godino E, López J N, Foschepoth D, et al. *De novo* synthesized Min proteins drive oscillatory liposome deformation and regulate FtsA-FtsZ cytoskeletal patterns[J]. Nat Commun, 2019, 10: 4969.

22 Mu W J, Jia L Y, Zhou M W, et al. Superstructural ordering in self-sorting coacervate-based protocell networks[J]. Nat Chem, 2024, 16: 158-167.

23 Zheng H, Bai Y, Jiang M, et al. General quantitative relations linking cell growth and the cell cycle in *Escherichia coli*[J]. Nat Microbiol, 2020, 5: 995-1001.

24 Shaji M, Tamada A, Fujimoto K, et al. Deciphering potential vascularization factors of on-chip co-cultured hiPSC-derived cerebral organoids[J]. Lab Chip, 2024, doi:10.1039/d3lc00930k.

25 Bouffi C, Wikenheiser-Brokamp K A, Chaturvedi P, et al. *In vivo* development of immune tissue in human intestinal organoids transplanted into humanized mice[J]. Nat Biotechnol, 2023, 41: 824-831.

5. AI技术与生命健康领域融合，推动领域深刻变革

随着AI技术的赋能，人工蛋白质设计中结构细节的精确调整、与小分子结构的精确互补等关键问题得以破解，其时间成本、经济成本大幅度降低，成功率迅速提升。因此，人工智能蛋白质设计成为生命健康领域的科技制高点。近年来，Deepmind团队开发的AI工具AlphaFold系列相继在种类、数量和预测精度等角度基本解决了困扰人类50年的蛋白质结构预测难题，最新推出的AlphaFold3能以原子级别的精度预测蛋白质、DNA、RNA等所有生命分子的结构和相互作用。在攻克蛋白质结构预测的挑战后，科学界将关注点转移到蛋白质的智能设计方面。目前，利用AI设计出的蛋白质已进入临床试验阶段，甚至获得了美国FDA的批准，并逐步拓展到生物诊疗、生物材料、半导体合成生物学等尖端领域。研究人员相继研发出以ProtGPT2、ESM-2、ProGen为代表的基于序列信息的模型，以及以RFdiffusion、ProteinMPNN、Hallucination为代表的基于结构信息的模型。这些从头设计蛋白质的AI方法能够加速所有种类新型蛋白质的研发，有望超越获得诺贝尔奖的蛋白质定向进化技术。AI技术加速了更具适应性、更强大的新型基因编辑工具的开发和设计。例如，FLSHclust新算法一次性识别出188种新型CRISPR系统[26]；全球首个完全由AI从头设计的基因编辑器OpenCRISPR-1，成功实现了对人类基因组的精确编辑[27]。

（三）产业发展

2023年，生命科学与生物技术产业在全球范围内展现出巨大的发展潜力。特别是现代生物技术不断向医药、农业、化工、材料、能源等领域渗透应用，为人类应对疾病、环境污染、气候变化、粮食安全、能源危机等重大挑战提供了崭新的解决方案。生物技术在推动经济社会可持续发展方面发挥着重要的引

---

26 Han A T, Kannan S, Suberski A J, et al. Uncovering the functional diversity of rare CRISPR-Cas systems with deep terascale clustering[J]. Science, 2023, 382(6673), doi:10.1126/science.adi1910.

27 Ruffolo J A, Nayfach S, Gallagher J, et al. Design of highly functional genome editors by modeling the universe of CRISPR-Cas sequences[J]. bioRxiv, 2024. https://doi.org/10.1101/2024.04.22.590591.

领作用，其应用前景广阔。生物经济作为推动经济社会转型与发展的重要力量，其重要性日益凸显。生物经济在技术创新、供给需求、资源保障和治理体系等领域呈现出新的特征。

在技术创新方面，全球生物科技领域蓬勃发展。前沿技术如基因编辑、合成生物学等不断取得突破，为生物经济的发展提供了强大的技术支撑。同时，交叉融合技术如生物信息学、系统生物学等的发展，以及辅助技术如生物制造、生物能源等的突破，进一步推动了生物科技的应用和创新。在供给方面，生物经济相关企业和产业快速发展。生物技术被广泛用来提高经济社会发展的质量和可持续性。例如，在医药领域，生物技术药物的研发和生产取得了长足的进步，为疾病治疗提供了更有效的解决方案；在农业领域，生物技术的应用提高了农作物的产量和质量，促进了农业的可持续发展。在需求方面，市场导向的发展路径更加明确，支持手段更加多元。随着人们对健康、环保和可持续发展需求的增加，生物经济的需求空间持续拓展。政府、企业和投资者对生物技术领域的投入不断增加，推动了生物技术的研究和发展。在资源保障方面，传统生物资源如动植物资源、人类遗传资源的保护得到了加强。同时，生物大数据等新资源的开发也得到了重视。生物资源的保护和开发并举，为生物经济的发展提供了可持续的资源保障。在治理体系方面，各国政府加强了顶层设计、监测和评估、监管和支持等方面的举措。法律法规的完善和公众沟通的加强，为生物经济的发展提供了良好的环境和保障。

1. 代表性领域现状与发展态势

德勤公司（Deloitte）在《2024年全球生命科学行业展望》[28]中探讨了生命科学行业在后疫情时代的宏观经济和微观经济的驱动因素，并特别关注了可能对行业产生重大影响的颠覆性趋势，包括全球范围内日益增长的定价压力、监管环境的变化、生成式人工智能（GenAI）技术的加速应用、地缘政治环境的变

28 Deloitte. 2024 Global Life Sciences Sector Outlook[R/OL]. (2024-05-31)[2024-06-10]. https://www.deloitte.com/content/dam/assets-shared/docs/industries/life-sciences-health-care/2024/gx-2024-global-life-sciences-sector-outlook.pdf.

动，以及科学突破和医疗成果。该报告指出：①生命科学公司正在评估生成式人工智能技术如何影响其运营，并寻找创造价值的新途径。生成式人工智能与数字转型工具结合，有望提高生命科学价值链的效率和创新。②生命科学公司在2024年将通过战略性收购来调整创造价值的策略。预计随着通货膨胀的减轻和利率的稳定，并购和资本环境将保持谨慎但活跃。此外，专利独占权的丧失可能导致生命科学公司收入损失超过2000亿美元，活跃的收购市场可能抵消这一损失。③面对持续的监管变化、定价压力和专利独占权的丧失，企业需要利用创新的力量，并发挥人工智能和生成式人工智能的潜力，以解开复杂疾病生物学的谜团，加速药物发现，缩短研究时间线，改善临床试验体验，提高监管成功率。④企业一直在直接和间接地改善患者体验，以最终改善他们的健康结果。生命科学企业高管认为，他们的企业在2024年需要采取的首要行动是"改善患者体验、参与度和信任"。⑤全球贸易在疫情期间对增加医疗用品和疫苗的生产与分配至关重要。然而，在过去两年中，全球贸易明显更加集中且地缘政治更为封闭。⑥全球范围内的定价压力正在受到审视，发达国家对药品定价的关注导致现在正将药品的不可负担性推到全球健康议程的首位。预计在2024年剩余时间内，政府规定的定价压力和控制将在某些药品的可负担性和可及性方面发挥更大的作用。该报告呼吁生命科学行业继续依赖创新、敏捷性和合作，以获得进一步发展。尽管地缘政治、经济和监管环境仍存在不确定性，但生命科学企业有望通过利用新兴技术、建立合作伙伴关系及开发新的商业模式来应对这些挑战。

在生物医药领域，艾昆玮公司在《2024全球医药研发全景展望》[29]报告中对近年直至2023年全球研发管线布局、临床试验活动、新药上市情况、临床开发生产力等进行了全景回顾，并对2024年全球医药研发的发展趋势作了展望。在研发资金方面，研发资金水平从2020～2021年出现的高峰处急剧降低后，于2023年反弹。虽然交易数目下降了，但高关注度和高价值交易表明，投资者和

---

29 艾昆玮. 2024全球医药研发全景展望[R/OL]. (2024-03-15)[2024-05-25]. https://www.iqvia.com/-/media/iqvia/pdfs/china/viewpoints/view-point-issue-72.pdf.

创新者对下一代疗法表现出浓厚的兴趣。在临床试验活动方面，试验启动速度已低于疫情前水平，反映出关于新冠的活动减少和研究重点的转移。2023年的临床试验启动数与前一年相比下降了15%，比2021年降低了22%。导致放缓的三项主要因素是：新冠试验启动数减少，大型公司启动的非新冠试验减少，新兴生物制药公司（EBP）启动的非新冠试验减少。总部位于中国的公司启动的试验，已从10年前的占试验启动总量的3%攀升至28%，越来越多的中国公司启动国际试验，与大多数公司仅在国内进行试验形成对比。就试验启动数而言，前四大领域——肿瘤、免疫、代谢/内分泌、神经，占试验启动数的79%，下降幅度小于其他领域。在新药获批上市方面，2023年全球范围上市了共69种新活性物质（NAS），比前一年多6种，展现出回归至新冠前的趋势。虽然中国NAS上市的数目不断上涨，但其他国家却没有越来越多的NAS上市，这既反映出国内产业正在兴起，又反映出跨国NAS上市的壁垒减少和激励措施的增加。2023年，除去仅在中国上市的NAS，全球NAS上市数为52种，比2022年多一种。在临床开发生产力方面，全行业的临床开发生产力提高，主要得益于成功率的提高；成功率从历史低位升高至自2018年以来的最高水平。2023年的生产力提高主要是由试验成功率的提高来推动的；成功率从2022年的低位5.9%升高至2023年的10.8%，几乎翻了一倍。Ⅰ期、Ⅲ期和监管评审的综合成功率提高；各疾病领域的综合成功率有差异，肿瘤和罕见病显著提高。

在生物能源领域，从国际能源署《2023可再生能源报告》[30]中的数据可以发现：①新兴经济体引领生物燃料使用加速增长。2023～2028年，生物燃料需求将增加380亿升，比上一个五年期增长近30%。事实上，到2028年，生物燃料的总需求将增长23%，达到2000亿升，其中可再生柴油和乙醇占2/3，其余为生物柴油和生物喷气燃料。大多数新的生物燃料需求来自新兴经济体，特别是巴西、印度尼西亚和印度。②事实证明，电动汽车和生物燃料是减少石油需求的有力组合。到2028年，生物燃料和可再生能源电力将使运输部门的石油需

30 IEA. Renewables 2023[R/OL]. (2024-01)[2024-05-26]. https://iea.blob.core.windows.net/assets/96d66a8b-d502-476b-ba94-54ffda84cf72/Renewables_2023.pdf.

求量减少近400万桶/天，占预测运输石油需求量的7%以上。在预测期内，生物燃料可避免每天70万桶石油的消耗。到2028年，在替代的石油需求中，生物燃料占近60%，其余为可再生能源电力。③随着政策承诺的兑现，生物航空燃料需求有望激增。在全球范围内，生物航空燃料的使用量预计将增加近50亿升，到2028年将占全球喷气燃料供应量的近1%。

在生物基材料领域，欧洲研究机构Nova-Institute在《生物基单体和聚合物——2023—2028年全球产能、产量和趋势》[31]报告中提到，2023年，聚乳酸（PLA）产能增加了近50%，同时聚酰胺产能及环氧树脂产量也在稳步增长。100%生物基聚乙烯（PE）的产能已经扩大，由生物基石脑油制成的聚乙烯和聚丙烯（PP）的产量正在进一步增加。聚羟基脂肪酸酯（PHA）当前和未来的扩展仍在进行中。生物基聚对苯二甲酸乙二醇酯（PET）产量下降了50%。2023年，生物基聚合物的总产量为440万吨，占化石基聚合物总产量的1%。生物基聚合物的年均复合增长率（CAGR）为17%，显著高于聚合物市场的整体增长（2%～3%）。这一趋势预计将持续到2028年。几个全球品牌已经在扩大其原料组合，除化石来源外，还包括可再生碳、二氧化碳、回收，特别是生物质来源，从而增加了对生物基和可生物降解聚合物的需求。

2. 全球生命科学投融资与并购形势

从全球生命科学的投融资形势来看，普华永道公司（PwC）的《2024年全球并购趋势展望：科技、媒体和通信市场》[32]表明，全球制药与生命科学和医疗服务业并购在2023年仍具韧性，能够创造价值的有创新能力的公司吸引了大量投资者的兴趣。2022～2023年，全球医疗健康行业的并购数量下降了8%，但同期交易额增长了9%。其中制药和生命科学领域交易额增长了22%。2022～2023年，虽然制药和生命科学领域的交易额增长了22%，但交易量仅

31 Nova-Institute. Bio-based Building Blocks and Polymers—Global Capacities, Production and Trends 2023—2028[EB/OL]. (2024-03)[2024-05-26] https://renewable-carbon.eu/publications/product/bio-based-building-blocks-and-polymers-global-capacities-production-and-trends-2023-2028-short-version/.

32 普华永道. 2024年全球并购趋势展望：科技、媒体和通信市场[R/OL]. (2024-02)[2024-05-26]. https://www.pwccn.com/zh/deals/global-ma-industry-trends-2024.pdf.

增长了2%，主要是由于宣布的大宗交易（交易额超50亿美元）数量从6宗增至11宗。医疗健康服务的交易量和交易额分别下降了19%和32%。2023年只有一项大宗交易，而2022年有三宗。进入2024年，全球制药与生命科学领域交易热点可能集中在胰高血糖素样肽-1（GLP-1）、生物技术公司、CRO（合同研发外包服务）及CDMO（合同定制研发生产外包服务）、人工智能及非核心资产剥离等方面。

动脉网《2023年全球医疗健康投融资分析报告》[33]显示：①2023年全球医疗健康产业吸金能力进一步萎缩，全球医疗健康投融资总额下降至574亿美元，总投融资规模退回2019年水平。其中，国内医疗健康投融资总额再次下降，降幅为30.1%。②以单笔金额在1亿美元以下的中小额投融资为主，单笔投融资超亿美元的事件占比退回5%以下。③拉长周期看，市场交易活跃度尚处于历史高位，但平均交易规模逼近历史低点，投资机构偏爱小步、快跑的投资方式。④信息科技与生物科技的深度融合，推动了医疗健康主流风投资金向生物医药创新项目汇集。⑤风险投资也开始追求确定性，通过资产收购、产业并购等方式做强产品线的创新企业更受资本青睐。⑥医疗首次公开发行（initial public offering，IPO）再度缩水，部分美国生物科技创新企业开始通过粉单市场投融资，医疗创新企业需要拓展更多元的投融资渠道。⑦国内多地加大生物医药产业培育力度，但长三角地区作为国内医疗创新策源地的区位优势仍十分明显。

二、我国生命科学与生物技术发展态势

在国家政策的快速布局与支持下，我国生命科学与生物技术发展迅速，技术快速革新，相关研究和应用进一步推进，推动我国在该领域持续创新突破。2023年，我国的生命组学、基因编辑、合成生物学、类器官与器官芯片等基础

33 王世薇. 2023年全球医疗健康投融资分析报告[EB/OL]. (2024-01-28) [2024-05-26]. https://www.vbdata.cn/1518949168.

前沿技术，脑科学、免疫学、再生医学等领域，以及基因检测、液体活检、免疫治疗、基因治疗、核酸药物等先进治疗手段均取得突破性成果。

（一）重大研究进展

1. 脑科学与神经科学基础研究持续推进，不断取得多项突破

我国脑科学与神经科学取得多项成果。在技术开发上，中国科学院化学研究所等机构实现了神经化学信号与电信号之间转导的模拟[34]。在基础研究上，军事科学院军事医学研究院揭示了生物钟的存在及其节律调控机制[35]；中国科学院脑科学与智能技术卓越创新中心等揭示了细胞类型组成与灵长类动物各个脑区的关系[36]。在应用研究上，浙江大学发现了周围神经疾病发生的新机制，为针对多亚型进行性神经性腓骨肌萎缩症（Charcot-Marie-Tooth disease，CMT）的广谱治疗药物的开发提供了重要理论基础[37]；中国科学院脑科学与智能技术卓越创新中心首次成功构建了高比例胚胎干细胞的嵌合体猴，对于理解灵长类胚胎干细胞的全能性具有重要意义[38]。

2. 干细胞和类器官领域应用前景可观，保持较快发展势头

我国在干细胞和类器官领域保持较快发展势头。干细胞基础研究一直是我国的优势领域，在国际上也始终位居前列。2023年，我国在相关领域继续深入探索，并在我国首创的化学重编程领域进一步取得突破，北京大学建立了更

34 Xiong T Y, Li C W, He X L, et al. Neuromorphic functions with a polyelectrolyte-confined fluidic memristor[J]. Science, 2023, 379: 156-161.

35 Tu H Q, Li S, Xu Y L, et al. Rhythmic cilia changes support SCN neuron coherence in circadian clock[J]. Science, 2023, 380: 972-979.

36 Chen A, Sun Y, Lei Y, et al. Single-cell spatial transcriptome reveals cell-type organization in the macaque cortex[J]. Cell, 2023, 186: 3726-3743.

37 Cui Q Q, Bi H Y, Lv Z Y, et al. Diverse CMT2 neuropathies are linked to aberrant G3BP interactions in stress granules[J]. Cell, 2023, 186: 803-820.

38 Cao J, Li W J, Li J, et al. Live birth of chimeric monkey with high contribution from embryonic stem cells[J]. Cell, 2023, 186: 4996-5014.

加高效的化学重编程策略[39]；同时，中国科学院脑科学与智能技术卓越创新中心和中国科学院广州生物医药与健康研究院还在国际上首次构建了人类胚胎干细胞嵌合体猴，成为领域里程碑[38]；我国探索干细胞治疗疾病的进程也不断加速，陆续探明了代谢性疾病[40]、神经系统疾病[41]、血液疾病[42]等多种疾病的治疗机制，为相关疾病疗法的开发奠定了基础。

2023年，我国进一步构建出针对多种组织器官的类器官，在相关领域的技术水平不断提升。例如，中国科学院脑科学与智能技术卓越创新中心利用胚胎干细胞构建出食蟹猴的类囊胚，其可进一步发育，而且将其移植到食蟹猴体内能实现妊娠[43]；复旦大学首次培养出具有功能性外周听觉回路的耳蜗类器官[44]；上海科技大学构建出腹侧丘脑类器官[45]。同时，我国在利用类器官作为模型揭示疾病机制及助力药物筛选方面开展了大量研究，并建立了一系列类器官库，为指导临床用药提供了稳定的模型。

3. 免疫学机制研究推动了疾病免疫预防和治疗手段的开发

单细胞测序、基因编辑技术、双光子显微镜等先进技术手段的应用推动了免疫学领域的发展。2023年，研究人员在免疫学领域取得的进展不仅拓宽了对免疫细胞和分子的认识，深入探索了免疫系统的各种识别、应答和调控机制，也推动了产品的临床应用。在机制解析上，中国科学院深圳先进技术研究院构

---

39 Liuyang S J, Wang G, Wang Y L, et al. Highly efficient and rapid generation of human pluripotent stem cells by chemical reprogramming[J]. Cell Stem Cell, 30(4): 450-459.

40 Liang Z, Sun D, Lu S, et al. Implantation underneath the abdominal anterior rectus sheath enables effective and functional engraftment of stem cell-derived islets[J]. Nature Metabolism, 2023, 5(1): 29-40.

41 Tao Y L, Li X Y, Dong Q P, et al. Generation of locus coeruleus norepinephrine neurons from human pluripotent stem cells[J]. Nature Biotechnology, 2023, doi:10.1038/s41587-023-01977-4.

42 Gao X, Murphy M M, Peyer J G, et al. Leptin receptor+ cells promote bone marrow innervation and regeneration by synthesizing nerve growth factor[J]. Nature Cell Biology, 2023, (12): 1746-1757.

43 Li J, Zhu Q, Cao J, et al. Cynomolgus monkey embryo model captures gastrulation and early pregnancy[J]. Cell Stem Cell, 2023, 30(4): 362-377.

44 Xia M, Ma J, Wu M, et al. Generation of innervated cochlear organoid recapitulates early development of auditory unit[J]. Stem Cell Reports, 2023, 18(1): 319-336.

45 Kiral F R, Cakir B, Tanaka Y, et al. Generation of ventralized human thalamic organoids with thalamic reticular nucleus[J]. Cell Stem Cell, 2023, 30(5): 677-688.

建了人类胚胎免疫系统发育高分辨率图谱[46]；中国科学院生物物理研究所和北京生命科学研究所等在免疫识别、应答、调节的规律与机制方面取得了突破[47]。在疫苗开发上，中国科学院微生物研究所开发了针对寨卡病毒、猴痘病毒的mRNA疫苗；中国科学院北京基因组研究所公开了一种新冠mRNA疫苗；中国科学院生物物理研究所则公开了一种mRNA疫苗序列设计方法；中国科学院化学研究所与北京大学合作研发了一种针对结直肠癌的mRNA疫苗ATRA（全反式视黄酸）-LNP，目前处于临床前研究阶段。尽管我国在传染病mRNA疫苗基础研发方面取得了一定成效，但仍存在检测复杂且成本高、研发创新力不足、生态环境和生产产业链不完备、缺少临床数据、兽用mRNA疫苗基础研究薄弱等问题。

（二）技术进步

1. 生命组学技术快速迭代，使人们突破对生命重要组成部分的认识

单细胞水平、空间分辨的多组学分析技术的进步直接推动更加完整、全面、精细细胞图谱的绘制。在技术开发上，北京大学等开发了一种单细胞染色质构象捕获方法scNanoHi-C[48]；南京大学等构建了一种工程化耻垢分枝杆菌膜蛋白A纳米孔，实现了对20种氨基酸及多种翻译后修饰的分辨[12]；中国科学院上海有机化学研究所等机构开发了四维代谢组学精准分析技术Met4DX[49]。在图谱绘制方面，中国科学家发起并主导的"灵长类基因组计划"发布阶段成果，进一步厘清了灵长类动物的系统发育关系，揭示了灵长类动物的基因组多样性特征和演化历史[50]；中国人群泛基因组联盟发布一期研究进展，初步构建了高质量中国

46 Wang Z, Wu Z, Wang H, et al. An immune cell atlas reveals the dynamics of human macrophage specification during prenatal development[J]. Cell, 2023, 186(20): 4454-4471, e19.

47 Shi X, Sun Q, Hou Y, et al. Recognition and maturation of IL-18 by caspase-4 noncanonical inflammasome[J]. Nature, 2023, 624(7991): 442-450.

48 Li W, Lu J, Lu P, et al. scNanoHi-C: a single-cell long-read concatemer sequencing method to reveal high-order chromatin structures within individual cells[J]. Nature Methods, 2023, 20(10): 1493-1505.

49 Luo M, Yin Y, Zhou Z, et al. A mass spectrum-oriented computational method for ion mobility-resolved untargeted metabolomics[J]. Nature Communications, 2023, 14(1): 1813.

50 Vignieri S. Understanding our own order[EB/OL]. (2023-06-01)[2024-01-16]. https://www.science.org/doi/10.1126/science.adi8248.

人群参考泛基因组[51]；中国科学院生物物理研究所等机构也发布了“女娲”基因组资源研究最新进展，为人类基因组中全基因组短串联重复序列（STR）变异的多样性和潜在功能提供了新的见解，为未来STR相关的研究提供了参考资料[52]。

2. 合成生物学取得系列成果，为人工生命合成带来了新的可能

2023年，我国合成生物学领域在基础研究和应用研究等方面也取得了一系列成果，包括蛋白质设计与合成、基因编辑工具开发、天然产物合成等。例如，江南大学首次在原核微生物中建立了正交DNA复制系统，成功进化出了适用于典型模式微生物大肠杆菌及枯草芽孢杆菌的强启动子[53]；华东师范大学开发了一系列腺嘌呤颠换编辑工具，为多元化的遗传操作和人类第二大类单碱基突变（SNV）的基因治疗提供了新的工具[54]；四川大学的研究人员开发了一种膜化的肽凝聚体（PC）的新型原始细胞模型，该模型具有作为药物递送平台的前景[55]。

人工生命合成是我国政府高度重视的方向，国家重点研发计划2023年度项目申报指南将“合成生物学设计理论研究”作为其三大任务之一进行部署；2024年，中国科学院战略性先导科技专项（B类）“生物大分子合成单细胞生命”获批。我国在人工生命合成方面取得突破性进展。2023年，中国科学院在酵母底盘中构建振荡基因线路，实现了可调振幅、同步周期输出；同时，探索了基因线路与底盘细胞生理耦合机制[56]，为波动环境下设计鲁棒、可预测的大规模基因线路提供了理论基础。

---

51 Gao Y, Yang X, Chen H, et al. A pangenome reference of 36 Chinese populations[J]. Nature, 2023, 619(7968): 112-121.

52 Shi Y, Niu Y, Zhang P, et al. Characterization of genome-wide STR variation in 6487 human genomes[J]. Nature Communications, 2023, 14(1): 2092.

53 Tian R, Zhao R, Guo H, et al. Engineered bacterial orthogonal DNA replication system for continuous evolution[J]. Nat Chem Biol, 2023, 19(12): 1504-1512.

54 Chen L, Hong M, Luan C, et al. Adenine transversion editors enable precise, efficient A・T-to-C・G base editing in mammalian cells and embryos[J]. Nat Biotechnol, 2023, doi:10.1038/s41587-023-01821-9.

55 Jiang L, Zeng Y, Li H, et al. Peptide-based coacervate protocells with cytoprotective metal-phenolic network membranes[J]. J Am Chem Soc, 2023, 145(44): 24108-24115.

56 Heltberg M S, Jiang Y, Fan Y, et al. Coupled oscillator cooperativity as a control mechanism in chronobiology[J]. Cell Syst, 2023, 14: 382-391, e5.

3. 表观遗传学研究为疾病治疗提供了潜在的新靶点和新思路

2023年，我国表观遗传学领域取得了一系列突破，尤其在DNA修饰、RNA修饰、组蛋白修饰等领域，以及人类甲基化图谱、表观遗传时钟、修饰检测工具的构建等方面取得了重要进展。这些进展为相关疾病的治疗和临床应用提供了新的思路和策略。在DNA修饰上，香港中文大学开发了一种多位点分析方法，并在一个独立的2型糖尿病原住民队列中进行了验证，探索了在2型糖尿病患者中使用DNA甲基化标志物进行肾病风险分层的潜力[57]；复旦大学证实通过检测血液循环肿瘤DNA（ctDNA）甲基化标志物，可实现结直肠癌早期检测与风险分层，为个性化治疗提供精准依据[58]。在RNA修饰上，中国科学院上海药物研究所提出了通过抑制YTHDF2来增强临床放射治疗效果的新策略[59]；上海交通大学的研究揭示了T细胞中RNA修饰机制与自身免疫性脑脊髓炎（EAE）发生的相关机制，可为该疾病的治疗提供研究思路[60]；中山大学通过精准修饰显著提高了siRNA的有效性和稳定性，可作为类风湿关节炎治疗的潜在方法[61]。在组蛋白修饰上，华中科技大学和山东大学通过筛查哺乳动物细胞核内蛋白质修饰图谱发现，酪氨酸硫酸化修饰是组蛋白翻译后修饰的新类型[62]；清华大学采用表观遗传学药物联合免疫疗法治疗H3K27M突变引起的表观遗传学改变的弥漫性中线胶质瘤，取得了较好的疗效[63]。

---

57 Li K Y, Tam C H T, Liu H, et al. DNA methylation markers for kidney function and progression of diabetic kidney disease[J]. Nature Communications, 2023, 14(1): 2543.

58 Mo S, Ye L, Wang D, et al. Early detection of molecular residual disease and risk stratification for stage Ⅰ to Ⅲ colorectal cancer via circulating tumor DNA methylation[J]. JAMA Oncology, 2023, 9(6): 770-778.

59 Wang L, Dou X, Chen S, et al. YTHDF2 inhibition potentiates radiotherapy antitumor efficacy[J]. Cancer Cell, 2023, 41(7): 1294-1308, e8.

60 Wang X, Chen C, Sun H, et al. m^6A mRNA modification potentiates Th17 functions to inflame autoimmunity[J]. Science China Life Sciences, 2023, 66(11): 2543-2552.

61 Lin L, Zhu S, Huang H, et al. Chemically modified small interfering RNA targeting Hedgehog signaling pathway for rheumatoid arthritis therapy[J]. Molecular Therapy-Nucleic Acids, 2023, 31: 88-104.

62 Yu W, Zhou R, Li N, et al. Histone tyrosine sulfation by SULT1B1 regulates H4R3me2a and gene transcription[J]. Nature Chemical Biology, 2023, 19(7): 855-864.

63 Jing L, Qian Z, Gao Q, et al. Diffuse midline glioma treated with epigenetic agent-based immunotherapy[J]. Signal Transduction and Targeted Therapy, 2023, 8(1): 23.

4. 人工智能蛋白质设计的突破带动了多个产业领域的变革式发展

鉴于人工智能蛋白质设计将带动生物医药、生物农业、生物制造等领域的颠覆式发展，重构生物经济，我国已有系列项目布局，并将其列入国家自然科学基金“十四五”发展规划的优先发展领域，以通过计算赋能实现蛋白质等动态复杂分子体系的精准预测和设计。我国在蛋白质智能设计领域取得了一定的成果，但在蛋白质设计的人工智能算法或模型研发方面仍有提高的潜力与空间。我国在人工智能蛋白质设计领域的应用具备一定基础，主要聚焦蛋白质折叠、合成生物学、点击化学、生物降解等基础前沿或应用场景。例如，利用新型蛋白质稳定性计算设计策略改造生物酶以实现温和条件下微塑料的生物降解，提出基于蛋白质序列进行药物设计发现的理性药物设计新概念等。较具突破性的成果是中国科学技术大学研究团队基于数据驱动原理研发出的蛋白质从头设计路线。

（三）产业发展

生物技术不断向医药、农业、化工、材料、能源等领域融入应用，生物产品和服务、生物安全保障需求受到空前关注，为更好地解决经济社会可持续发展面临的重大问题提供了新路径。我国生物产业快速发展，生物医药、生物农业、生物制造、生物服务等生物产业规模持续增长。

1. 代表性领域与发展现状

生物医药产业是实现健康中国目标的战略性新兴产业。近年来，伴随国家产业政策的密集发布、产业集群的快速发展、全球资本市场的广泛关注，中国医药创新持续发力，创新成果不断涌现，中国生物医药产业正驶入发展“快车道”。①从政策导向上看，我国产业政策进一步提升了整体创新活力和质量水平。在药品监管制度方面，进一步提升了监管现代化水平并与国际接轨；在集采方面，带量采购常态化推进，集采价格保持稳定，多措并举保障中选企业利益，确保药品正常供应；在药品审批方面，新规的推出避免了重复竞争，缩短

了药品上市时间，进一步推动了企业源头创新。②我国生物医药产业集群呈现出从仿制追随到创新，医疗企业国产替代势头较好的局面。从优势领域来看，我国化学原料及制造、原料药、中药、医药中间体、医学影像、体外诊断、心血管器械等领域具有发展优势，双抗、ADC、基因与细胞治疗领域有望全球领先，在低价值医用耗材领域产能巨大，出口额较高。③我国生物医药制造业受全球大趋势的影响，2023年规模以上医药工业增加值约为1.3万亿元，实现营业收入为29 552.5亿元，利润为4127.2亿元，这三项指标首次出现负增长。④全国药品流通市场销售规模呈稳定上升之势。2022年，全国七大类医药商品销售总额为27 516亿元，同比增长6.0%；2023年，中国与全球医药产品的进出口贸易总额为1953.64亿美元，相较上一年同比下降了11.11%。⑤从药品与医疗器械上市情况来看，2023年全年，我国共上市2179款药品，同比增长49%，其增长主要来源于国产药品批准数量的增加；上市医疗器械共29 606项。

农业是我国国民经济中的基础性产业，生物技术极大地提高了农业育种效率、种质资源保护和利用水平，我国生物农业可划分为生物育种、生物肥料、生物农药、生物饲料等领域。①生物育种是我国生物农业的主要领域，其中杂交育种和转基因育种都获得了较快发展。在杂交育种方面，我国的杂交水稻育种技术已经世界领先，杂交水稻单产远高于南亚主要稻米生产和出口国水平，为国内粮食产量的连年增长奠定了基础；在转基因育种方面，我国已经开展了棉花、小麦、玉米、大豆等作物的转基因育种研发工作，并取得了一系列研究成果，做好了充足的技术储备，超级稻、转基因抗虫棉等生物育种技术已经达到世界先进水平，我国已成为少数能独立完成大作物测序工作的国家之一。②生物肥料领域，我国生物肥料产业已形成较大规模，开发出根瘤菌及解磷、溶磷、解钾、促生磷细菌等一批生物肥料产品，我国生物肥料行业市场规模由2019年的816.9亿元增至2023年的1195.5亿元，年均复合增长率为10.0%；核心菌种资源的规模化挖掘和评价是生物肥料生产的关键步骤，我国已经发现的菌种资源不断增加，生物肥料的种类也在不断扩展。③生物农药领域，我国近年来也获得较快发展，2023年市场规模达到178.1亿元，预计到2027年将增长至330.9亿元，年均复合增长率将达到16.8%，中国生物农药市场呈现出快速

增长的态势。④生物饲料领域，2023年，全国饲料工业实现产值、产量双增长，行业创新发展步伐加快，饲用豆粕减量替代取得新成效。

生物制造已成为生物经济的核心发展领域。尽管目前在我国工业增加值中，生物制造仅占2.4%的比例，但其增长势头强劲，潜力巨大。①生物技术的蓬勃发展使得生物基化学品以卓越的成本和性能优势逐渐主导市场。我国是生物基1,3-丙二醇的第二大生产地区，近年来在规模化生产上取得了显著进展；作为生物基1,4-丁二醇的两大核心生产地区之一，我国也有越来越多的企业参与布局；我国生物基丁二酸需求巨大，带动了相关产品的规模化生产。②生物基材料是我国战略性新兴产业，我国生物基材料产业发展迅速，构建了较为完整的产业技术体系，当前产业规模不断扩大，市场发展进入快车道。③生物质能是我国重点关注领域，中商产业研究院相关调研显示，2022年我国可收集的秸秆资源量约为7.37亿吨，同比增长0.41%，并预计在2024年将达到7.42亿吨。从发电结构来看，我国生物质发电主要包括垃圾焚烧发电、农林生物质发电和沼气发电。其中，垃圾焚烧发电在总生物质发电量中占据主导地位，占比达到57.7%。

2. 中国生命科学投融资与并购形势

受整体大环境影响，2023年我国投融资市场的寒冬也仍在持续。与全球情况类似，国内近年医疗健康行业投资交易的高点出现在2021年，2023年的经济复苏并未达到市场预期。具体行业方面，医保监管深化、医疗反腐持续推进等合规化举措使得医疗健康行业发展暂时性承压。此外，新冠疫情过后，体外诊断、疫苗等细分行业也面临着产能出清的压力。以上均是影响2023年投资规模的影响因素。对于具体企业而言，创新型生物医药企业海森生物获国内2023年度最多投融资金额，专注于全球生物偶联药物CDMO的企业药明合联（分拆自药明生物）是年度投融资金额第二大的企业；从国内医疗健康IPO排名前十的事件来看，生物医药创新企业仍然是IPO的主力军，其中，从事肿瘤、自身免疫病和传染病的单克隆抗体药物开发与生产的智翔金泰是年度IPO募资最多的企业。从国内医疗健康企业IPO登陆地来看，深圳证券交易所成为2023年

医疗健康企业IPO首选的资本市场，26家企业在深圳证券交易所上市，占比达到一半；其次是香港证券交易所，有14家企业在香港证券交易所上市。从投资区域来看，国内医疗健康投融资事件发生最多的5个地区分别是江苏、广东、上海、北京和浙江，这5个地区累计产生了1034件投融资事件，全国近8成投融资事件发生在这5个地区。整体来看，江苏是国内最热门的医疗投资区域，但上海的投融资金额最多。

第二章　生命科学

一、生命组学与细胞图谱

（一）概述

生命组学研究技术快速迭代升级，使人们突破了对生命重要组成部分的认识，回答了之前未知的生物学问题。第三代测序技术（长读长）的发展直接推动了最完整人类基因组序列、人类泛基因组图谱绘制的完成，标志着人类生命蓝图解读取得又一突破性里程碑，有助于加深人们对生命演化中重要性状和功能产生的遗传基础和分子机制的理解。单分子蛋白质测序技术的进步使得研究人员从能够分辨蛋白质序列中的单个氨基酸的改变发展到能够完全区分20种蛋白质氨基酸和4种代表性翻译后修饰，实现了蛋白质的直接测序，满足了低丰度蛋白质的深度分析需求。与此同时，空间组学技术的出现和发展进一步加深了对复杂组织微环境和动态生物过程的理解，在重点发展空间转录组学技术，实现亚细胞水平基因表达观察的基础上，大量新技术的创新使得研究人员能够在空间维度进行表观遗传修饰、染色质可及性、三维基因组及多组学联合分析。

单细胞水平、空间分辨的多组学分析技术的进步也直接推动了更加完整、全面、精细的细胞图谱的绘制。2023年，人类细胞图谱计划、脑科学计划-细胞普查联盟及人类生物分子图谱计划密集发布系列研究成果，构建出了人类细胞高清地图，加深了人们对生命的理解和认知。

（二）国际重要进展

1. 生命组学研究技术

美国加利福尼亚大学等机构开发了不依赖于微流控的单细胞基因组测序技术PIP-seq（particle-templated instant partition sequencing），其利用颗粒模板乳化技术，通过涡旋仪，在均匀的液滴乳液中进行单细胞封装和cDNA条形码编码，可在几分钟内完成数千个样品或数百万个细胞的处理。与之前的单细胞基因组测序技术相比，PIP-seq更加简单和灵活，不需要用到微流控设备或硬件，适用于不同数量级细胞的基因组测序[64]。

德国马克斯·普朗克生物化学研究所和美国威斯康星大学麦迪逊分校等机构开发出一种新的蛋白质组深度测序方法，使用6种蛋白酶对6个不同的人类细胞系中的蛋白质进行消化，再结合液相色谱分离和串联质谱分析，识别出不同的蛋白质变体和亚型，生成了人类蛋白质多样性目录。该研究大大提高了鸟枪法蛋白质组学分析中单个蛋白质的序列覆盖率，为全面绘制蛋白质多样性图谱奠定了基础[65]。

美国麻省理工学院和哈佛大学博德研究所等机构报道了一种新的空间基因组技术Slide-tags，利用源自具有已知位置的DNA条形码磁珠的空间条形码寡核苷酸，对完整组织切片内的单个细胞核进行标记，使得人们能够对这些被标记的细胞核进行多种单细胞空间组学分析，为相关空间组学研究提供了一个通用平台[66]。

美国麻省理工学院等机构开发了一种能够对正在翻译的mRNA进行空间分辨的原位测序的翻译组测序技术RIBOmap，可用于研究完整细胞和组织中RNA

---

64 Clark I C, Fontanez K M, Meltzer R H, et al. Microfluidics-free single-cell genomics with templated emulsification[J]. Nature Biotechnology, 2023, 41(11): 1557-1566.

65 Sinitcyn P, Richards A L, Weatheritt R J, et al. Global detection of human variants and isoforms by deep proteome sequencing[J]. Nature Biotechnology, 2023, 41(12): 1776-1786.

66 Russell A J C, Weir J A, Nadaf N M, et al. Slide-tags enables single-nucleus barcoding for multimodal spatial genomics[J]. Nature, 2024, 625(7993): 101-109.

与蛋白质合成的调控机制。与之前的技术相比，此次开发的RIBOmap不需要进行复杂的细胞分离和基因干扰操作，能够系统地识别细胞类型和组织区域特异性翻译调控，为揭示新的调控原理和机制铺平了道路[67]。

德国马克斯·普朗克生物化学研究所等机构通过结合高分辨率成像、激光显微切割、单细胞质谱分析、机器学习等技术，开发了一种全新的空间分辨的单细胞深度视觉蛋白质组学技术scDVP，并基于该技术探究了肝细胞蛋白质组的分布特征。该技术为理解组织中细胞蛋白质组的空间异质性提供了重要工具[68]。

美国耶鲁大学等机构提出了两种空间多组学技术，分别实现了在同一组织样本上，以接近单细胞分辨率开展染色质可及性和基因表达的联合空间组学分析，以及3种特定组蛋白修饰和基因表达的联合分析。该研究为深入探寻表观遗传机制对转录表型和细胞动态的调控奠定了重要基础[69]。

瑞典乌普萨拉大学和瑞典皇家理工学院等机构通过引入空间多模态分析方法，结合组织学、质谱成像和空间转录组学，开发了一种新的空间多组学技术，能够同时对组织切片的mRNA转录物和低分子量代谢物进行空间精确测量。该技术可被推广应用至肿瘤分析等方向，为揭示相关发病机制、评估药物疗效提供了重要工具[70]。

美国威尔康奈尔医学院等机构利用Visium载玻片的poly-A捕获技术，开发了可以高通量同步开展空间转录组和蛋白质组分析的SPOTS（spatial protein and transcriptome sequencing）系统，显著提高了可检测到的基因数量、信号分辨率、细胞聚类的能力。该技术为更好地获取组织尤其是实体瘤的空间组学数据，更为精准地揭示免疫细胞群分子特征铺平了道路[71]。

---

67 Zeng H, Huang J, Ren J, et al. Spatially resolved single-cell translatomics at molecular resolution[J]. Science, 2023, 380(6652): eadd3067.

68 Rosenberger F A, Thielert M, Strauss M T, et al. Spatial single-cell mass spectrometry defines zonation of the hepatocyte proteome[J]. Nature Methods, 2023, 20(10): 1530-1536.

69 Zhang D, Deng Y, Kukanja P, et al. Spatial epigenome-transcriptome co-profiling of mammalian tissues[J]. Nature, 2023, 616(7955): 113-122.

70 Vicari M, Mirzazadeh R, Nilsson A, et al. Spatial multimodal analysis of transcriptomes and metabolomes in tissues[J]. Nature Biotechnology, 2023, doi:10.1038/s41587-023-01937-y.

71 Ben-Chetrit N, Niu X, Swett A D, et al. Integration of whole transcriptome spatial profiling with protein markers[J]. Nature Biotechnology, 2023, 41(6): 788-793.

2. 分子图谱绘制

端粒到端粒联盟利用长读长测序技术和新型的计算组装方法，首次发布了完整的人类Y染色体基因序列，填补了Y染色体长度50%以上的空白，还纠正了原先人类参考基因组（GRCh38）序列中关于Y染色体的多个错误。该研究组装完成的完整Y染色体序列，将为与生育和男性癌症等相关的生物医学研究提供重要参考资料[72]。

人类泛基因组参考联盟发布了首个人类泛基因组草图，整合了47个个体的基因组序列，在原先人类参考基因组（GRCh38）基础上新增了1.19亿碱基对，还发现了1115个新的与进化有关的基因重复，并利用该草图进一步系统表征了人类基因组中重复片段的单核苷酸变异，观察了异源人类近端着丝粒染色体间的重组信号，为相关细胞遗传学假说提供了证据。该成果使得人们能够更全面、更准确地了解人类基因组多样性，并进一步加深了对人类进化、疾病发生发展的认识，是人类遗传学研究的新的里程碑[11,73-75]。

Zoonomia项目发布阶段性成果，构建了迄今最大的哺乳动物比较基因组数据集，包含240种哺乳动物的全基因组资源。相关研究为理解哺乳动物、哺乳动物的进化和人类自身打开了新的大门，为揭示人类健康和疾病奥秘的相关研究提供了信息基础[76]。

大规模人群血浆蛋白质组学研究获得重要进展，研究人员利用英国生物样本库药物蛋白质组学项目的数据，生成了全面的血浆蛋白质组遗传图谱，分别探究了罕见遗传变异与人体血浆蛋白丰度之间的关联[77]、高通量蛋白质组学平台

---

72 Rhie A, Nurk S, Cechova M, et al. The complete sequence of a human Y chromosome[J]. Nature, 2023, 621(7978): 344-354.

73 Vollger M R, Dishuck P C, Harvey W T, et al. Increased mutation and gene conversion within human segmental duplications[J]. Nature, 2023, 617(7960): 325-334.

74 Guarracino A, Buonaiuto S, de Lima L G, et al. Recombination between heterologous human acrocentric chromosomes[J]. Nature, 2023, 617(7960): 335-343.

75 Hickey G, Monlong J, Ebler J, et al. Pangenome graph construction from genome alignments with Minigraph-Cactus[J]. Nature Biotechnology, 2023, 42: 663-673.

76 Vignieri S. Zoonomia[J/OL]. [2024-04-27]. https://www.science.org/doi/10.1126/science.adi1599.

77 Dhindsa R S, Burren O S, Sun B B, et al. Rare variant associations with plasma protein levels in the UK Biobank[J]. Nature, 2023, 622(7982): 339-347.

的差异[78]，以及血浆蛋白质组与基因和健康之间的关系[79]，开启了大规模人群蛋白质组学研究新时代。

美国斯坦福大学等机构通过结合液体活检样本蛋白质组数据和组织细胞水平单细胞转录组数据，绘制出眼睛内不同类型细胞的蛋白质组图谱，再进一步利用人工智能技术创建蛋白质组时钟，为研究眼部疾病机制及衰老与疾病之间的联系提供了新见解[80]。

美国圣路易斯华盛顿大学、麻省理工学院和哈佛大学博德研究所等机构发布了泛癌蛋白基因组学和蛋白质修饰组学研究成果，绘制了泛癌蛋白基因组图谱和磷酸化、乙酰化修饰分子图谱，超越了传统单个癌种研究，揭示了癌症驱动分子机制及蛋白质翻译后修饰调控机制。该研究为更好地解码癌症驱动因素，开发新治疗方法奠定了重要基础[81,82]。

瑞士巴塞尔大学等机构结合单细胞RNA测序、单细胞ATAC-seq（assay for transposase-accessible chromatin with high throughput sequencing）及迭代间接免疫荧光成像技术，分析研究了人视网膜类器官发育的多模态时空表型，推断出类器官发育的基因调控网络。该研究将单细胞多组学分析和组织成像技术相结合，为跨谱系和空间域的细胞动力学解析提供了新的见解[83]。

3. 细胞图谱绘制

脑科学计划-细胞普查联盟发布阶段性成果，相继构建完成迄今最全面的

---

78 Eldjarn G H, Ferkingstad E, Lund S H, et al. Large-scale plasma proteomics comparisons through genetics and disease associations[J]. Nature, 622(7982): 348-358.

79 Sun B B, Chiou J, Traylor M, et al. Plasma proteomic associations with genetics and health in the UK Biobank[J]. Nature, 2023, 622(7982): 329-338.

80 Wolf J, Rasmussen D K, Sun Y J, et al. Liquid-biopsy proteomics combined with AI identifies cellular drivers of eye aging and disease *in vivo*[J]. Cell, 2023, 186(22): 4868-4884.

81 Li Y, Porta-Pardo E, Tokheim C, et al. Pan-cancer proteogenomics connects oncogenic drivers to functional states[J]. Cell, 2023, 186(18): 3921-3944.

82 Geffen Y, Anand S, Akiyama Y, et al. Pan-cancer analysis of post-translational modifications reveals shared patterns of protein regulation[J]. Cell, 2023, 86(18): 3945-3967.

83 Wahle P, Brancati G, Harmel C, et al. Multimodal spatiotemporal phenotyping of human retinal organoid development[J]. Nature Biotechnology, 2023, 41(12): 1765-1775.

人类[84]和小鼠脑细胞[85]图谱。研究人员对3000多种人类脑细胞类型进行了特征分析，阐明了不同个体间脑细胞差异及人类脑细胞与其他灵长类动物的区别，还分析了小鼠大脑中总计约3200万个细胞，鉴别出约5300个细胞类型，提供了迄今为止最全的小鼠完整大脑细胞类型的特性描述和分类。

人类生物分子图谱计划发布最新成果，绘制了肠道[13]、肾[86]和母胎界面[87]（胎盘及其周围母体组织）的空间分辨细胞图谱，可识别新的细胞类型及细胞功能。相关成果是研究人类生物学和疾病的宝贵资源，为疾病的早期发现和早期治疗提供了重要基础。

德国亥姆霍兹慕尼黑中心等机构基于对49个人类呼吸系统单细胞测序数据集的综合分析，绘制出全面的人类肺细胞图谱，发现了罕见的细胞类型，揭示了肺部细胞类型的多样性及健康和疾病之间的关键差异。该研究为帮助理解人类肺部疾病的成因，识别出新型疗法靶点奠定了重要基础，有望加速人类肺部疾病的研究[88]。

英国维康桑格研究所等机构绘制出迄今最详细且最全面的人类心脏细胞图谱，揭示了人类心脏8个区域内的细胞生态位，其中包括对心脏传导系统的描绘，明确了心脏起搏点窦房结的详细结构，以及起搏细胞与胶质细胞的相互作用。该研究为深入理解心脏细胞的运作机制，探究心脏疾病发病机制，开发新疗法提供了宝贵参考资料[89]。

美国得克萨斯大学安德森癌症中心等机构构建了人类乳腺细胞图谱，对12种主要的细胞类型集群进行高度详细的分析，揭示了血管周围细胞、内皮细胞

---

84 Brain Cell Census[J/OL]. [2024-05-08]. https://www.science.org/collections/brain-cell-census.

85 BICCN: The first complete cell census and atlas of a mammalian brain[J/OL]. [2024-05-13]. https://www.nature.com/immersive/d42859-023-00069-2/index.html.

86 Lake B B, Menon R, Winfree S, et al. An atlas of healthy and injured cell states and niches in the human kidney[J]. Nature, 2023, 619(7970): 585-594.

87 Greenbaum S, Averbukh I, Soon E, et al. A spatially resolved timeline of the human maternal-fetal interface[J]. Nature, 2023, 619(7970): 595-605.

88 Sikkema L, Ramírez-Suástegui C, Strobl D C, et al. An integrated cell atlas of the lung in health and disease[J]. Nature Medicine, 2023, 29(6): 1563-1577.

89 Kanemaru K, Cranley J, Muraro D, et al. Spatially resolved multiomics of human cardiac niches[J]. Nature, 2023, 619(7971): 801-810.

和免疫细胞群特征，以及高度多样化的管腔上皮细胞状态。相关数据为研究乳腺生物学和乳腺癌等疾病提供了重要参考资料[90]。

美国哈佛大学等机构绘制了衰老小鼠脑额叶皮层和纹状体细胞图谱，揭示了衰老过程中神经胶质细胞和免疫细胞激活的分子与空间特征，证实了大脑中的炎症与认知衰退的重要关联。该研究为解释随年龄增长而出现的认知衰退和其他大脑功能缺陷提供了新的思路[91]。

（三）国内重要进展

1. 生命组学研究技术

北京大学等机构使用单分子测序平台开发了一种单细胞染色质构象捕获方法scNanoHi-C，实现了单细胞水平的高阶染色质相互作用检测。scNanoHi-C易于操作，具有良好的可扩展性和灵活性，为在单细胞水平研究高阶3D基因组结构提供了新的机会[48]。

南京大学等机构构建了一种工程化耻垢分枝杆菌膜蛋白A纳米孔，通过在孔道的收缩区域引入镍离子-次氮基三乙酸适配体，利用配位相互作用，实现了对20种氨基酸及多种翻译后修饰的分辨，准确率高达98.8%。该研究对于开发纳米孔蛋白质测序和翻译后修饰测序技术具有里程碑意义[12]。

北京大学等机构开发了一种在活细胞内关联解析蛋白质化学修饰机制与功能的单位点-多组学技术SiTomics，建立了表观遗传调控的蛋白质组与基因组信息关联，为阐明“代谢物-修饰-调控”机制提供了通用技术平台[92]。

中国科学院上海有机化学研究所等机构开发了四维代谢组学精准分析技术Met4DX，通过二级谱图去冗余模块、自下而上的峰组装模块、四维峰对齐及分

---

90 Kumar T, Nee K, Wei R, et al. A spatially resolved single-cell genomic atlas of the adult human breast[J]. Nature, 2023, 620(7972): 181-191.

91 Allen W E, Blosser T R, Sullivan Z A, et al. Molecular and spatial signatures of mouse brain aging at single-cell resolution[J]. Cell, 2023, 186(1): 194-208.

92 Qin F, Li B, Wang H, et al. Linking chromatin acylation mark-defined proteome and genome in living cells[J]. Cell, 2023, 186(5): 1066-1085.

组模块、代谢物的多维匹配与鉴定模块等实现了四维复杂代谢组的精准定性和精确定量分析。该研究为基于四维代谢组分析的代谢物同分异构体的准确识别提供了重要工具[49]。

北京大学等机构开发了一种新型单细胞多组学技术HiRES，其基于测序方法，可同时分析单细胞中的3D基因组结构和基因表达。该研究为更好地认识复杂组织器官和丰富细胞类型背景下染色质构象与基因表达之间的直接联系提供了有力的工具[93]。

北京大学等机构开发了单细胞多组学测序技术scNanoCOOL-seq，整合了单分子测序平台和scCOOL-seq原理，实现了在一个单细胞中同时精准检测拷贝数变异、DNA甲基化组、染色质可及性及转录组等多个组学层面的信息，为在单细胞分辨率下更深入地了解不同分子间互作调控提供了重要工具[94]。

中国科学院广州生物医药与健康研究院等机构开发了一种名为MISAR-seq的空间多组学技术，并进一步成功地将其应用到小鼠脑发育机制解析研究中。该技术能够在保留细胞空间位置信息的前提下同时实现细胞内ATAC和RNA两种组学信息的捕获，有助于更加深刻地解析细胞分子时空调控机制，从而更好地服务于生命科学和生物医学研究[95]。

2. 分子图谱绘制

中国科学家发起并主导的"灵长类基因组计划"发布阶段成果，进一步厘清了灵长类动物的系统发育关系，揭示了灵长类动物的基因组多样性特征和演化历史。该研究对灵长类动物多样性保护、遗传资源的开发和利用具有重要的指导与现实意义，也为人类特殊性状的起源、发育及疾病医学研究提供了重要的遗传学材料和候选分子靶标[50]。

---

93 Liu Z, Chen Y, Xia Q, et al. Linking genome structures to functions by simultaneous single-cell Hi-C and RNA-seq[J]. Science, 2023, 380(6649): 1070-1076.

94 Lin J, Xue X, Wang Y, et al. scNanoCOOL-seq: a long-read single-cell sequencing method for multi-omics profiling within individual cells[J]. Cell Research, 2023, 33(11): 879-882.

95 Jiang F, Zhou X, Qian Y, et al. Simultaneous profiling of spatial gene expression and chromatin accessibility during mouse brain development[J]. Nature Methods, 2023, 20(7): 1048-1057.

中国人群泛基因组联盟发布一期研究进展，初步构建了高质量中国人群参考泛基因组，在现有人类参考基因组的基础上新增了约1.9亿碱基对的新序列，新鉴定约590万个小变异和约3.4万个结构变异，涉及至少1367个蛋白质编码基因复制事件。该成果为完整构建中华民族参考泛基因组打下了坚实的基础，对于进一步指导遗传学和医学研究具有重要意义[51]。

中国科学院生物物理研究所等机构发布了“女娲”基因组资源研究最新进展，结合3983个中国样本和2504个“千人基因组计划”样本的高深度全基因组测序数据，构建了全基因组短串联重复序列（STR）变异图谱，对STR的基因组分布、突变特征、功能影响、基因调控效应、人群特征与人群差异等进行了系统分析。该研究为人类基因组中STR变异的多样性和潜在功能提供了新的见解，为未来STR相关的研究提供了参考资料[52]。

中国科学院动物研究所结合单细胞转录组和空间转录组分析，绘制完成了多时间点、超大面积的人脑多个区域时空发育转录组图谱，鉴定并揭示了发育早期具有特定空间分布特点的异质性放射状胶质细胞亚型及其功能。该研究为解码人脑发育及区域特化提供了全面的见解，为脑疾病的治疗提供了切入点[96]。

中国科学院广州生物医药与健康研究院等机构绘制了小鼠胚胎器官发生时期的空间转录组图谱，对器官发育的动态特征、细胞相互作用、胚轴形成和细胞命运调控进行了系统的分析。该研究为组织器官工程和基于干细胞的再生医学发展铺平了道路[97]。

中国科学院分子细胞科学卓越创新中心等机构利用109份中国人肺腺鳞癌样本的全基因组和转录组测序数据，绘制了迄今为止最大规模的肺腺鳞癌分子全景图谱，并利用动态网络标志物临界理论揭示了调控肺腺鳞癌转分化的关键分子机制，提出了潜在的治疗靶点。该研究揭示了中国人肺腺鳞癌的综合分子

---

96 Li Y, Li Z, Wang C, et al. Spatiotemporal transcriptome atlas reveals the regional specification of the developing human brain[J]. Cell, 2023, 186(26): 5892-5909.

97 Qu F, Li W, Xu J, et al. Three-dimensional molecular architecture of mouse organogenesis[J]. Nature Communications, 2023, 14(1): 4599.

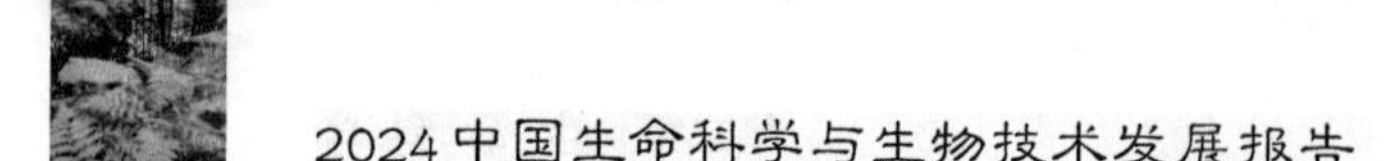

景观、致癌驱动因素谱和治疗靶点，为相关疗法的开发奠定了重要基础[98]。

中国科学院动物研究所等机构结合人工智能技术和转录组、蛋白质组、代谢组和微生物组等分析，系统探究了中国女性衰老的多维特征，鉴定了一系列新型衰老生物标志物，建立了中国女性的多维衰老时钟，并证明了这些时钟具有评价人类衰老干预措施效果的潜力。该研究建立并丰富了人群衰老的系统生物医学研究范式，为衰老过程监测和衰老干预措施开发提供了重要信息[99]。

3. 细胞图谱绘制

中国科学院脑科学与智能技术卓越创新中心等机构利用中国自主研发的超高精度大视场空间转录组测序技术Stereo-seq和高通量单细胞核转录组测序技术DNBelab C4 snRNA-seq，成功绘制了单细胞分辨率猕猴大脑皮层细胞空间分布图谱，揭示了细胞类型组成和灵长类脑区层级结构之间的关系，为进一步研究各类神经元之间的连接奠定了分子细胞基础[36]。

中山大学与英国维康桑格研究所等机构合作，基于单细胞转录组学和空间转录组学技术建立了首个人类肢体发育单细胞图谱，解析了从肢体发生早期到形态完全形成的细胞演变路径和细胞空间位置决定过程。该研究为四肢发育异常等先天性疾病发生的分子机制解析提供了重要参考资料[100]。

北京大学等机构结合单细胞转录组和单细胞空间转录组技术对小鼠妊娠早期着床位点的细胞组成进行了详细分析，鉴定出主要由蜕膜组织细胞、免疫细胞、血管内皮细胞和滋养层细胞等组成的着床位点的8个功能中心，揭示了胚胎着床初期蜕膜微环境建立及稳态维持是成功妊娠至关重要的条件[101]。

---

98 Tang S, Xue Y, Qin Z, et al. Counteracting lineage-specific transcription factor network finely tunes lung adeno-to-squamous transdifferentiation through remodeling tumor immune microenvironment[J]. National Science Review, 2024, 10(4): nwad028.

99 Li J, Xiong M, Fu X H, et al. Determining a multimodal aging clock in a cohort of Chinese women[J]. Med, 2023, 4(11): 825-848.

100 Zhang B, He P, Lawrence J E G, et al. A human embryonic limb cell atlas resolved in space and time[J]. Nature, 2023, doi:10.1038/s41586-023-06806-x.

101 Yang M, Ong J, Meng F, et al. Spatiotemporal insight into early pregnancy governed by immune-featured stromal cells[J]. Cell, 2023, 186(20): 4271-4288.

北京大学等机构通过收集大规模单细胞转录组测序数据，系统刻画了自然杀伤（NK）细胞在不同癌症类型和组织之间的异质性，发现了肿瘤微环境特异富集、杀伤功能异常的NK细胞亚类，揭示了NK细胞与微环境中其他组分的潜在调控关系。该研究提供了对基于NK细胞的癌症免疫的见解，并强调了NK细胞亚类作为治疗靶点的潜力[102]。

西北工业大学等机构建立了鹿角再生发育的细胞图谱，系统描述了鹿角再生和快速生长的细胞分子机制，发现了具有极强的自我更新、成骨和软骨分化及骨骼修复能力的特有干细胞群。该研究为哺乳动物再生提供了全新的认知，同时为哺乳动物骨骼修复和人类骨骼的再生医学研究提供了新切入点[103]。

中国科学院动物研究所等机构综合运用单细胞核转录组、神经组织学、神经电生理等技术手段，系统刻画了灵长类脊髓衰老的表型、病理及细胞分子特征，发现了一群全新的在年老的灵长类动物脊髓中特异存在的CHIT1（chitotriosidase-1）阳性小胶质细胞亚型AIMoN-CPM，并进一步揭示了驱动和抑制衰老的分子机制。该研究为延缓人类脊髓衰老，实现老年人共病的积极防控带来了新的希望[104]。

（四）前景与展望

生命组学研究技术始终是生命科学发展的重要技术驱动力。未来，计算能力的升级将进一步推进生命组学研究范畴从基因、蛋白质、代谢层面向与表型组、暴露组、免疫组、微生物组、影像组等更广泛的信息整合的方向发展，助力更透彻地理解机体内更多生理现象和疾病机制。同时，空间组学技术也将进一步向单细胞分辨率、兼容多组学信息及三维组织水平的分析迈进，助力更好地理解复杂组织微环境和动态生物过程。

---

102 Tang F, Li J, Qi L, et al. A pan-cancer single-cell panorama of human natural killer cells[J]. Cell, 2023, 186(19): 4235-4251.

103 Qin T, Zhang G, Zheng Y, et al. A population of stem cells with strong regenerative potential discovered in deer antlers[J]. Science, 2023, 379(6634): 840-847.

104 Sun S, Li J, Wang S, et al. CHIT1-positive microglia drive motor neuron ageing in the primate spinal cord[J]. Nature, 2023, 624(7992): 611-620.

二、脑科学与神经科学

（一）概述

在国际层面，国际脑计划（International Brain Initiative，IBI）的愿景是通过国际合作和知识共享来催化与推进神经科学的研究，团结全球力量，传播大脑健康领域的发现。2023年，IBI召开了国际神经技术伦理大会[105]，并组织了“2023大脑意识周”（Brain Awareness Week 2023）[106]，宣布了新一轮的促进全球神经科学合作的行动，涉及数据共享与治理、伦理安全、人才培养等方面[107]，IBI发表了多篇神经伦理方面的论文。

在国家和地区层面，欧盟“人脑计划”（HBP）于2023年9月实施结束，美国“脑计划”（BRAIN计划）、我国科技创新2030“脑科学与类脑研究”重大项目及其他国家脑计划正在顺利开展中。

美国BRAIN计划“细胞普查网络”项目绘制出了迄今为止最全面的人类和非人灵长类动物大脑细胞图谱，揭示了不同脑区、不同个体大脑、人类与非人灵长类动物大脑的差异，引领人脑研究进入细胞水平的新时代，为理解人类大脑的结构和功能、人类神经精神疾病机制奠定了基础。BRAIN计划在2024年6月17～18日召开了实施10周年的会议[108]，旨在加强BRAIN计划参与机构与人员之间的交流和合作，讨论未来科学发展和潜在的新方向。BRAIN计划的财年预算在不断增长中，2023财年的预算达到最高，接近7亿美元；共有美国

---

105 International Brain Initiative. International Conference on Ethics of Neurotechnology[EB/OL]. (2023-07-13)[2023-12-11]. https://www.internationalbraininitiative.org/news/2023/07/13/international-conference-on-ethics-of-neurotechnology.

106 International Brain Initiative. Brain Awareness Week 2023 Highlights[EB/OL]. (2023-04-01)[2023-12-11]. https://www.internationalbraininitiative.org/news/2023/04/02/brain-awareness-week-2023-highlights.

107 The IBI Launches a New Round of Activity[EB/OL]. (2023-03-10)[2023-12-11]. https://www.internationalbraininitiative.org/news/2023/03/10/the-ibi-launches-a-new-round-of-activity.

108 10th Annual BRAIN Initiative conference-celebrating a decade of innovation[J/OL]. [2024-03-15]. https://brainmeeting.swoogo.com/2024/home.

国立卫生研究院（National Institutes of Health，NIH）下属10个研究所和中心参与到该计划中；截至2023年底，共有来自265个机构的1705位PI（principal investigator）获得共计1575项项目资助[109]。检索该计划网站，2023财年共资助了156个项目，涉及的优先领域有细胞类型（102项）、环路图谱（circuit diagrams，116项）、人类神经科学（69项）、综合方法（93项）、干预工具（95项）、监测神经元活动（100项）、理论与数据分析工具（83项）[110]等。

欧盟“人脑计划”在经历了曲折的实施过程后，于2023年9月结束，*Nature*相关论文总结了其成果，包括：①制作了三维人脑图谱；②开发了独特算法，可从显微图像构建大脑区域的全尺寸支架模型；③使用“数字孪生”大脑改善癫痫和帕金森病的治疗；④开发新型神经网络，模拟大型类脑系统，用于测试关于大脑如何工作的想法，或控制其他硬件，如机器人或智能手机；⑤构建了统一的EBRAINS平台。未来，EBRAINS平台仍将持续获得资助。欧盟正在酝酿下一阶段的欧洲大脑健康研究计划，重点是利用个性化大脑模型来推进药物研发和改进大脑疾病的治疗方法。该计划将吸取“人脑计划”的经验与教训，将聚焦科学问题的小项目与雄心勃勃的大项目相结合[111]。欧盟神经退行性疾病联合项目（EU Joint Programme-Neurodegenerative Disease Research，JPND）于2023年发布了“大规模组学数据分析以寻找神经退行性疾病药物靶点”项目招标，经过同行评审及公众参与，最终资助了11个项目，研究方向涉及帕金森病、阿尔茨海默病、脊髓性肌萎缩等疾病的发病机制、相关生物标志物发现、新疗法开发等[112]。

日本“综合神经技术用于疾病研究的脑图谱”计划（Brain Mapping by

---

109 US BRAIN Initiative. 10 years of BRAIN-A decade of innovation[EB/OL]. (2023-04-01)[2024-02-20]. https://braininitiative.nih.gov/sites/default/files/documents/brain_initiative_scientific_advancements_508c.pdf.

110 一个项目同属于多个优先领域。

111 Miryam Naddaf. Europe spent €600 million to recreate the human brain in a computer. How did it go[EB/OL]. (2023-08-22)[2023-12-11]. https://www.nature.com/articles/d41586-023-02600-x.

112 EU Joint Programme-Neurodegenerative Disease Research. Large scale analysis of omics data for drug-target finding in neurodegenerative diseases projects[EB/OL]. (2023-08-22)[2024-02-20]. https://neurodegenerationresearch.eu/initiatives/annual-calls-for-proposals/closed-calls/2023-research-call-on-large-scale-analysis-of-omics-data-for-drug-target-finding-in-neurodegenerative-diseases/large-scale-analysis-of-omics-data-for-drug-target-finding-in-neurodegenerative-diseases-projects/.

Integrated Neurotechnologies for Disease Studies，Brain/MINDS）于2024年3月31日结束[113]。日本正在实施“战略性国际脑科学研究促进计划”（Brain/MINDS Beyond），旨在通过脑成像技术揭示人类在大脑环路水平的智力、敏感性和社交能力，以早期检测与干预心理和精神神经疾病，并开发基于AI的技术。2023年8月3日，*Nature*杂志以专题形式介绍了Brain/MINDS 和 Brain/MINDS Beyond两个项目的最新成果[114]。Brain/MINDS Beyond下的“人类大脑MRI项目”（Human Brain MRI Project）是一个大型队列研究，目前有2000多个受试者，包括健康人群和精神疾病患者。研究人员将开发AI诊断技术，并探索大脑功能与疾病机制[115]。

加拿大脑研究战略（CBRS）在稳步推进中，如实施了CBRS原住民倡议（CBRS Indigenous Initiatives），让更多原住民参与进来，该行动计划已发布了中期报告[116]。该战略正在呼吁加拿大政府设立加拿大脑研究计划（A Brain Initiative for Canada）。

（二）国际重要进展

2023年，研究人员在新型神经元鉴定、脑图谱绘制、脑功能研究等基础研究领域，神经发育障碍、脑疾病等应用研究领域，以及以神经成像、脑机接口为代表的技术开发领域均取得了一系列重要进展。

1. 基础研究

（1）新型神经元鉴定与神经元操控

美国哈佛大学和加利福尼亚大学伯克利分校等研究机构整合了来自17个物

113 Brain mapping by integrated neurotechnologies for disease studies[EB/OL]. (2024-03-31)[2024-05-20]. https://brainminds.jp/en/.

114 Focal point on brain science in Japan[EB/OL]. (2023-08-02)[2023-12-11]. https://www.nature.com/collections/bbcgefaifg.

115 Human Brain MRI Project[EB/OL]. (2022-04-11)[2024-02-20]. https://hbm.brainminds-beyond.jp/.

116 Canadian Brain Research Strategy. Brain Research: The cornerstone for Canada's future social-economic wealth [J/OL]. [2024-06-20]. https://canadianbrain.ca/wp-content/uploads/2023/08/CBRS_Brief_2024_Finance_Budget2024.pdf.

种的视网膜单细胞转录组图谱，发现6种视网膜细胞类别具有高度分子保守性，物种间的转录组变异与进化距离相关。由于小鼠是研究青光眼的常见模式动物，因此能够精确定位这些细胞具有潜在的重要意义[117]。

美国哈佛大学医学院利用其开发的遗传标记小鼠模型，首次确定了小鼠结肠中5种不同亚型的感觉神经元向大脑传递信号，为了解结肠感觉的基本神经生物学机制提供了重要线索，未来如果该结果在人体中得到证实，有可能为开发治疗多种胃肠道疾病提供更好的方法[118]。

瑞士洛桑大学发现了一种对大脑功能至关重要的新型大脑细胞——谷氨酸能星形胶质细胞，这种细胞介于神经元和胶质细胞这两种常见的大脑细胞类型之间。该类型细胞在促进记忆功能、参与运动控制、保护中枢神经系统中发挥着重要作用，为星形胶质细胞在中枢神经系统生理和疾病中的复杂作用提供了新见解，并为癫痫、阿尔茨海默病、帕金森病等脑疾病的治疗提供了潜在靶点[119]。

（2）脑谱图绘制与脑结构解析

美国国立卫生研究院通过其“脑计划”（The BRAIN Initiative）资助的国际研究团队创建了一个完整的哺乳动物大脑细胞图谱。该图谱可作为小鼠大脑的地图，描述了超过3200万个细胞的类型、位置和分子信息，同时提供这些细胞之间的连接信息，为开发针对大脑精神和神经系统疾病患者的新一代精准疗法奠定了基础[120]。

美国加利福尼亚大学圣地亚哥分校通过分析来自117个解剖的小鼠中230万个单个脑细胞的染色质可及性，生成了成年小鼠大脑中候选DNA顺式调节元件（*cis*-regulatory element，CRE）的综合图谱，为小鼠和人类大脑中细胞类型特异

---

117 Hahn J, Monavarfeshani A, Qiao M, et al. Evolution of neuronal cell classes and types in the vertebrate retina[J]. Nature, 2023, 624: 415-424.

118 Wolfson R L, Abdelaziz A, Rankin G, et al. DRG afferents that mediate physiologic and pathologic mechanosensation from the distal colon[J]. Cell, 2023, 186(16): 3368-3385.

119 de Ceglia R, Ledonne A, Litvin D G, et al. Specialized astrocytes mediate glutamatergic gliotransmission in the CNS[J]. Nature, 2023, 622: 120-129.

120 Brain Initiative Cell Census Network 2.0[EB/OL]. (2023-12-13)[2024-04-30]. https://www.nature.com/collections/fgihbeccbd.

性基因调控程序的分析提供了资源[121]。

英国剑桥大学和美国约翰斯·霍普金斯大学等机构成功绘制了黑腹果蝇（*Drosophila melanogaster*）幼虫的全脑图谱，其中包含了3016个神经元和54.8万个突触连接，是理解大脑如何处理感官信息流并将其转化为行动的一个里程碑式的成果[122]。

德国马克斯·普朗克大脑研究所从7个不同的转基因小鼠系中制备了具有荧光标记的突触前末端的突触小体，对5个不同脑区进行显微解剖，分离并分析了18种不同突触类型的蛋白质组，鉴定出约1800种独特的突触型富集蛋白，揭示了突触连接所依赖的分子的惊人多样性。该研究不仅扩大了对大脑功能的认识，还为神经系统疾病的研究和潜在的治疗干预开辟了新的途径[123]。

美国洛克菲勒大学在小鼠中执行的一项持续数周的基于虚拟现实的记忆引导任务中，记录了连接海马体与皮层回路的大规模神经活动，结果发现前丘脑存在一个显著且持久的神经记忆相关标志，其抑制会显著干扰记忆巩固过程，进而识别出一条参与记忆巩固调控的丘脑-皮层环路，并提出了一种可能适用于海马体记忆向长期皮层储存选择性稳定化的机制[124]。

（3）神经发生与发育

美国耶鲁大学利用大脑类器官追踪神经干细胞在猕猴和人类大脑中产生的变化，并将这些研究结果与之前对小鼠大脑的研究结果进行比较后，揭示了灵长类动物与小鼠大脑发育差异的分子起源[125]。

英国牛津大学利用连续获得的2194名胎儿在母体期间2500多份三维超声脑部扫描图，构建了一张显示胎儿大脑如何随着孕期的进展而逐渐成熟的发育图

121 Zu S, Li Y E, Wang K, et al. Single-cell analysis of chromatin accessibility in the adult mouse brain[J]. Nature, 2023, 624: 378-389.

122 Windign M, Pedigo B D, Barnes C L, et al. The connectome of an insect brain[J]. Science, 2023, 379: 6636.

123 Oostrum M V, Blok T M, Giandomenico S L, et al. The proteomic landscape of synaptic diversity across brain regions and cell types[J]. Cell, 2023, 186(24): 5411-5427.

124 Toader A C, Regalado J M, Li Y R, et al. Anteromedial thalamus gates the selection and stabilization of long-term memories[J]. Cell, 2023, 186(7): 1369-1381.

125 Micali N, Ma S J, Li M F, et al. Molecular programs of regional specification and neural stem cell fate progression in macaque telencephalon[J]. Science, 2023, 382: eadf3786.

谱，是人类早期生长发育系统的最新研究。该研究还捕捉到了早在妊娠14周时的大脑生长模式，填补了对胎儿早期大脑成熟6周的知识空白[126]。

奥地利科学技术研究所采用代谢组学分析研究了不同发育阶段大脑皮层的代谢状态，结果发现前脑在整个发育过程中经历了显著的代谢重塑，其中某些代谢物群体表现出特定阶段的变化。其中，皮质中的一种大型中性氨基酸（large neutral amino acid, LNAA）和脂质的代谢是相互关联的，在神经元中删除LNAA相关的*Slc7a5*基因会影响出生后的代谢状态，导致脂质代谢发生转变，最终导致长期的回路功能障碍[127]。

美国俄勒冈健康与科学大学揭示了一种对大脑发育和功能至关重要的受体——γ-氨基丁酸A型受体（type A GABA receptor，GABAAR）的分子结构，该受体由于在大脑功能中的重要作用，已经成为药物麻醉剂、镇静剂和抗抑郁药的靶标，这一发现有助于开发出更有针对性的针对一系列医学疾病的新化合物[128]。

（4）脑功能研究

美国斯坦福大学对小鼠大脑进行了RNA测序，对来自15个区域、跨越7个年龄段及采取两种抗衰干预措施的1076个样本进行了分析，鉴定出了一种遍布全脑的胶质细胞中的衰老基因特征，发现相较于皮质区域，胶质细胞衰老在白质中尤为加速，而特定神经元群体则显示出区域特异性的表达变化。同时还发现了与三种人类神经退行性疾病相关的基因差异表达模式，为针对与年龄相关的认知衰退的靶向干预提供了基础[129]。

美国斯克里普斯研究所识别出了丘脑中线的一簇神经元，确立了其是控制冷诱导摄食的关键区域，冷诱导摄食是维持吸热动物能量稳态的重要机制，这

---

126 Namburete A I, Papież B W, Fernandes M, et al. Normative spatiotemporal fetal brain maturation with satisfactory development at 2 years[J]. Nature, 2023, 623: 106-114.

127 Knaus L S, Basilico B, Malzl D, et al. Large neutral amino acid levels tune perinatal neuronal excitability and survival[J]. Cell, 2023, 186(9): 1950-1967.

128 Sun C, Zhu H T, Clark S, et al. Cryo-EM structures reveal native GABAA receptor assemblies and pharmacology[J]. Nature, 2023, 622: 195-201.

129 Hahn O, Foltz A G, Atkins M, et al. Atlas of the aging mouse brain reveals white matter as vulnerable foci[J]. Cell, 2023, 186(19): 4117-4133.

一研究发现也有望帮助人们开发维持机体代谢健康和减肥的新型疗法[130]。

美国加利福尼亚理工学院发现耐受性神经元表面有前列腺素E2（prostaglandin E2，PGE2）受体，其受血液中PGE2激素的调节，这种前列腺素与钠摄入量之间的关联阐明了炎症状态如何影响钠摄入量的重要问题，为钠水平与机体促炎症状态之间的相互作用提供了新的见解[130]。

康奈尔大学的研究表明，大鼠的海马联想和预测代码得到了相互关联但不同的环路机制的支持，这表明情景记忆可能在大脑中分层组织。这一发现对治疗痴呆中发现的记忆和学习问题具有重要意义[131]。

2. 应用研究

（1）神经发育障碍

美国斯坦福大学制作了1000多个类器官，模仿前脑中间神经元从大脑皮层下开始到皮质结束的迁移过程，随后使用CRISPR基因编辑技术消除了筛选的425个神经发育障碍基因中的一个，并将基因编辑的皮质下类器官与皮质类器官融合且生成了组合体。通过标记中间神经元，实现了追踪中间神经元的生成，以及它在大脑皮层和皮质之间的迁移。这些中间神经元迁移可能会导致一部分神经发育障碍，因此研究这些关键的疾病过程有望研究出潜在新药来治疗或修复缺陷[132]。

（2）脑肿瘤及创伤性脑损伤

美国哈佛大学医学院开发了一种米粒大小（6 mm×0.75 mm）的设备，通过微创手术植入脑肿瘤中，为药物对脑胶质瘤的影响提供了前所未有的见解，从而帮助研究新疗法对难治性脑肿瘤的影响。在Ⅰ期临床试验中，该设备未对

---

130 Lal N K, Le P, Aggarwal S, et al. Xiphoid nucleus of the midline thalamus controls cold-induced food seeking[J]. Nature, 2023, 621(7977): 138-145.

131 Liu C, Todorova R, Tang W, et al. Associative and predictive hippocampal codes support memory-guided behaviors[J]. Science, 2023, 382(6668): eadi8237.

132 Meng X L, Yao D, Imaizumi K, et al. Assembloid CRISPR screens reveal impact of disease genes in human neurodevelopment[J]. Nature, 2023, 622: 359-366.

患者产生不良影响。该研究首次提供了人体实验数据，证明了这种肿瘤内药物释放微装置可以安全、有效地用于获取患者特异性、高通量的分子和组学病理学反应谱[133]。

美国丹娜-法伯癌症研究所对具有异柠檬酸脱氢酶（IDH）突变的胶质瘤进行了建模，这种胶质瘤表现出DNA超甲基化，而过度甲基化被认为会促进肿瘤进展。该研究表明，绝缘子和拓扑边界的破坏可以在体内驱动致癌基因的表达和胶质瘤的形成，并为未来的致癌调控变化建模和功能表征提供了一个框架[134]。

加利福尼亚大学旧金山分校通过术中电生理学分析语言任务中胶质母细胞瘤浸润皮层的局部场电位，确定了神经胶质瘤诱导的神经元变化影响认知基础的神经回路，并揭示了对神经元信号有差异反应的肿瘤细胞亚群在神经元环境中表现出增殖、侵入和生存方面的负面影响[135]。

（3）神经退行性疾病

美国贝勒医学院发现真菌白念珠菌能够通过血液进入大脑，并导致阿尔茨海默病样变化，并揭示了导致该变化的分子机制，以及大脑中的小胶质细胞清除白念珠菌感染的机制，后续进一步评估白念珠菌在人类阿尔茨海默病发展中的作用，可能会为神经退行性疾病带来新的治疗策略[136]。

美国华盛顿大学医学院利用转基因小鼠证实了携带两个罕见的*APOE*基因变体拷贝［该变体被称为“基督城突变”（Christchurch mutation）］可以切断阿尔茨海默病早期（β淀粉样蛋白在大脑中积聚）和晚期（tau蛋白积聚，认知能力开始下降）之间的联系，提出了一种预防阿尔茨海默病的新方法[137]。

---

133 Peruzzi P, Dominas C, Fell G, et al. Intratumoral drug-releasing microdevices allow *in situ* high-throughput pharmaco phenotyping in patients with gliomas[J]. Science Translational Medicine, 2023, 15: 712.

134 Rahme G, Javed N, Puorro K L, et al. Modeling epigenetic lesions that cause gliomas[J]. Cell, 2023, 186(17): 3674-3685, e14.

135 Krishna S, Choudhury A, Keough M B, et al. Glioblastoma remodelling of human neural circuits decreases survival[J]. Nature, 2023, 617: 599-607.

136 Wu Y F, Du S Q, Bimler L H, et al. Toll-like receptor 4 and CD11b expressed on microglia coordinate eradication of *Candida albicans* cerebral mycosis[J]. Cell Reports, 2023, 42: 113240.

137 Chen Y, Song S H, Parhizkar S, et al. APOE3ch alters microglial response and suppresses Aβ-induced tau seeding and spread[J]. Cell, 2023, 187(2): 428-445.

（4）心理健康/精神疾病

美国南加利福尼亚大学利用类器官模型，发现自闭症谱系障碍（ASD）的首要危险因素*SYNGAP1*基因变异通过破坏大脑皮层关键区域的早期发育而导致自闭症的发生，证实了*SYNGAP1*单倍体功能不全小鼠模型中祖细胞与神经元比例的不平衡。因此，与*SYNGAP1*相关的脑部疾病可能通过非突触机制出现，这凸显了研究不同人类细胞类型和发育阶段中与神经发育障碍相关的基因的必要性[138]。

美国加利福尼亚大学通过研究小鼠的神经元和星形胶质细胞所表达的蛋白质，发现了一种通常被描述为大脑支持系统的细胞似乎在强迫性障碍［又称为强迫症（obsessive-compulsive disorder）］相关行为中发挥着重要作用，该研究表明靶向星形胶质细胞和神经元的治疗策略可能对强迫症和潜在的其他大脑疾病有效[139]。

奥地利科学院分子生物技术研究所开发了一种CRISPR-人类类器官-单细胞RNA测序系统——CHOOSE，随后使用该系统揭示了36个与转录调控有关的自闭症风险基因突变对大脑类器官不同细胞命运的影响，其中背侧中间祖细胞、腹侧祖细胞和上层兴奋性神经元是最脆弱的细胞类型。该研究为人类大脑最复杂的疾病之一——自闭症的临床研究带来了新见解[140]。

3. 技术开发

瑞典林雪平大学开发了一种用于注射的凝胶，该凝胶有两类有效成分，分别是可以组装形成导电聚合物的一系列单体分子，以及两种催化这个组装过程的酶。该凝胶在斑马鱼体内的常见代谢产物的帮助下，触发了电极的形成机制，并且自行长出了聚合物电极。这项技术有望在生物体内制造完全集成的电

138 Birtele M, Dosso A D, Xu T T, et al. Non-synaptic function of the autism spectrum disorder-associated gene *SYNGAP1* in cortical neurogenesis[J]. Nature Neuroscience, 2023, 26: 2090-2103.

139 Soto J S, Alahmadi Y, Chacon J, et al. Astrocyte-neuron subproteomes and obsessive-compulsive disorder mechanisms[J]. Nature, 2023, 616: 764-773.

140 Li C, Fleck J S, Martins C, et al. Single-cell brain organoid screening identifies developmental defects in autism[J]. Nature, 2023, 621(7978): 373-380.

子电路[141]。

美国斯坦福大学给肌萎缩侧索硬化患者的大脑体感运动皮层植入了一个阵列电极，用于收集单个神经元活动，所有的信息会通过神经网络进行解码，并且研究会搭配一个语言模型共同用于从神经元活动中预测发声。结果发现患者可以以接近自然说话的速度进行交流[142]。

美国加利福尼亚大学旧金山分校在脑干卒中患者的语言皮层植入了脑机接口设备，用于解码大脑信号。经过训练深度学习模型，研究者尝试让神经信号产生了三种输出模式，包括文本、语音和可说话的虚拟形象，该方法有望让严重瘫痪患者恢复完整的交流[143]。

美国斯坦福大学开发出了一种微型、超柔性的血管内神经探针，可以植入啮齿动物大脑中直径小于100 μm的血管中。使用这一血管内神经探针，无须开颅手术，即可在不损伤大脑或血管的情况下测量大鼠大脑皮层和嗅球中的场电位与单元峰值。此外，该探针还表现出长期的稳定性和最小的免疫反应[144]。

（三）国内重要进展

1. 基础研究

军事科学院军事医学研究院通过对脑切片纤毛结构的连续观察，并建立时差动物模型，发现纤毛特异缺陷小鼠视交叉上核（suprachiasmatic nucleus，SCN）神经元间的通信能力大为减弱，经过更深入的机制研究发现，SCN初级纤毛的节律性变化驱动了细胞命运、增殖与分化相关通路的节律性激活，进而调控多个核心生物钟基因及神经递质等的振荡性变化，揭示了生物钟的存在及其节律调控机制[35]。

---

141 Strakosas X, Biesmans H, Abrahamsson T, et al. Metabolite-induced *in vivo* fabrication of substrate-free organic bioelectronics[J]. Science, 2023, 379: 795-802.

142 Willett F R, Kunz E M, Fan C, et al. A high-performance speech neuroprosthesis[J]. Nature, 2023, 620: 1031-1036.

143 Metzger S L, Littlejohn K T, Silva A B, et al. A high-performance neuroprosthesis for speech decoding and avatar control[J]. Nature, 2023, 620: 1037-1046.

144 Zhang A, Mandeville E T, Xu L, et al. Ultraflexible endovascular probes for brain recording through micrometer-scale vasculature[J]. Science, 2023, 381: 306-312.

中国科学技术大学发现光可通过视网膜-下丘脑上核-棕色脂肪组织轴调节葡萄糖代谢，揭示了视网膜-下丘脑上核-棕色脂肪组织轴介导光对葡萄糖代谢的影响，提出了一种潜在的预防和治疗策略，以调节葡萄糖代谢紊乱[145]。

中国科学院脑科学与智能技术卓越创新中心等多家研究机构利用自主研发的空间转录组测序技术Stereo-seq及snRNA-seq技术，绘制了猕猴大脑皮层细胞类型分类图谱，揭示了细胞类型组成与灵长类动物各个脑区的关系，为进一步研究神经回路提供了分子和细胞基础[36]。

中国科学院动物研究所将单细胞RNA测序（scRNA-seq）和时空转录组测序（scStereo-seq）技术相结合，首次解析了迄今为止跨时间点最广、面积最大的人脑多区域时空发育转录组图谱[146]。

2. 应用研究

浙江大学发现虽然在正常生理状态下不同的进行性神经性腓骨肌萎缩症（Charcot-Marie-Tooth disease，CMT）致病蛋白在细胞中的定位各异，但这些CMT致病蛋白在应激状态下会表现出相同的细胞定位，使得周围神经应对环境不良刺激的能力下降，从而导致周围神经病的发生。该项研究为针对多亚型CMT的广谱治疗药物的开发提供了重要的理论基础，也为其他疾病遗传异质性的机制研究提供了新的思路[37]。

厦门大学通过连体共生手术将唐氏综合征小鼠模型Dp16和野生型小鼠建立血液共享，发现唐氏综合征小鼠血液会损害野生型小鼠的突触功能，解析了唐氏综合征外周组织功能异常与中枢神经系统病理的关联，为理解唐氏综合征认知损伤的机制提供了全新视角[147]。

中国科学院深圳先进技术研究院开发了一种全新的基于逆向腺相关病毒

---

145 Meng J J, Shen J W, Li G, et al. Light modulates glucose metabolism by a retina-hypothalamus-brown adipose tissue axis[J]. Cell, 2023, 186(2): 398-412.

146 Li Y X, Li Z Q, Wang C L, et al. Spatiotemporal transcriptome atlas reveals the regional specification of the developing human brain[J]. Cell, 2023, 186: 5892-5909.

147 Gao Y, Hong Y J, Huang L H, et al. β2-microglobulin functions as an endogenous NMDAR antagonist to impair synaptic function[J]. Cell, 2023, 186: 1026-1038.

（retrograde AAV）的神经调控策略，这一技术与现有左旋多巴和多巴胺受体激动剂类药物相比，其最大特点是可以实现对帕金森病累及的基底节神经环路的精准靶向干预，而不影响其他多巴胺通路和系统，为帕金森病的临床治疗提供了潜在的精准干预技术[148]。

中国科学院脑科学与智能技术卓越创新中心系统地测试了建立猴子幼稚胚胎干细胞的各种培养条件，并优化了嵌合胚胎培养的程序，首次成功构建了高比例胚胎干细胞的嵌合体猴，并证实了猴胚胎干细胞可以高效地贡献到胚外胎盘组织和生殖细胞，对于理解灵长类胚胎干细胞的全能性具有重要意义，同时也为遗传修饰模型猴的构建奠定了技术基础[38]。

3. 技术开发

中国科学院化学研究所等机构利用聚电解质对不同对离子的识别能力，实现了神经化学信号与电信号之间转导的模拟，在化学突触的模拟研究中迈出了关键的一步[34]。

（四）前景与展望

示踪技术、光遗传技术、新型成像技术、神经调控与脑机接口等技术的发展，以及人工智能技术的融入，将推动脑认知、脑疾病等各方面的发展。

在脑认知基础机制方面，随着脑计划等的实施，人脑中的各类脑细胞类型将被鉴定清楚，其功能将被进一步揭示，人脑研究进入细胞水平的新时代，真正实现在细胞水平揭示不同个体、不同物种的大脑差异，以及随时间变化的大脑发育与衰老规律，为进一步从环路、系统层面揭示人类行为、神经系统疾病机制及新疗法开发提供重要基础和工具。

针对脑疾病机制复杂多样、诊断困难、现有方法的疗效存在一定的局限性及患者的个体差异等难点问题，研究人员正在深入了解各类脑疾病的遗传、环

---

148 Chen Y F, Hong Z X, Wang J Y, et al. Circuit-specific gene therapy reverses core symptoms in a primate Parkinson’s disease model[J]. Cell, 2023, 186: 5394-5410.

境因素，开发新的诊断标志物，为针对患者个体量身定制的靶向治疗铺平道路[149]。未来脑疾病逐步迈向个性化、精准化治疗。同时，脑机接口等新兴技术的发展，将为疾病治疗与康复提供新的治疗方案。

脑科学与人工智能进一步深入融合，推动类脑智能技术的发展。借鉴神经元和突触结构开发的类脑器件将进一步发展成熟，推动存算一体等新型类脑计算架构与系统的发展。

在脑机接口方面，未来，随着材料学、电子工程与微纳加工技术等相关领域的发展，脑电采集电极、芯片等硬件将向柔性、小型化、高通量和集成化发展；在编解码算法方面，深度学习算法和类脑智能算法的运用，将有效提高脑电信息的编解码效率和质量。脑机接口实现的功能将由目前的替换和修复患者功能向改善、补充和增强人体功能转变。脑机接口的应用将从医疗领域向消费、教育等其他领域拓展。

脑科学与类脑智能领域的伦理和数据治理问题越来越受到关注，尤其是近年来植入式脑机接口迅猛发展，其伦理安全问题将逐步受到重视。IBI启动了新一轮的全球神经科学领域的伦理合作行动。在联合国教育、科学及文化组织（UNESCO）于2023年7月13日召开的国际神经技术伦理大会上，与会者认为，需要建立一个全面的治理框架，以利用神经技术的潜力并解决其给社会带来的风险，并支持制定一项神经技术的全球准则性文书和伦理框架（a global normative instrument and ethical framework）[150]。我国科技部牵头，联合教育部、工业和信息化部等部委印发的《科技伦理审查办法（试行）》将“侵入式脑机接口用于神经、精神类疾病治疗的临床研究”列为高风险，需要开展伦理审查复核[151]，并于2024年2月发布《脑机接口研究伦理指引》，明确开展脑机接口研

149 Neurology Mobile. Emerging trends in neuroscience: what to watch in 2024[J/OL]. [2024-03-15]. https://neurologymobile.com/home/trends-neuroscience-2024.

150 UNESCO. The International Conference on Ethics of Neurotechnology[EB/OL]. (2023-07-17)[2024-03-15]. https://www.unesco.org/en/articles/ethics-neurotechnology-unesco-leaders-and-top-experts-call-solid-governance.

151 中华人民共和国科学技术部，中华人民共和国教育部，中华人民共和国工业和信息化部，等. 关于印发《科技伦理审查办法（试行）》的通知[EB/OL]. (2023-09-07)[2023-12-18]. https://www.most.gov.cn/xxgk/xinxifenlei/fdzdgknr/fgzc/gfxwj/gfxwj2023/202310/t20231008_188309.html.

究，应确保研究具有社会价值，应主要致力于修复型脑机接口技术，强调通过技术的发展服务公众的健康需求[152]。我国开展了一些尝试，但对脑机接口（BCI）项目尚未形成共识性的临床伦理规范。例如，脑虎科技公司与复旦大学附属华山医院正在合作研讨、制定脑机接口相关伦理共识。在数据治理方面，IBI将：①创建负责任和可持续的治理框架，长期目标是构建强大的大脑与精神健康国际数据治理框架；②协调和组织一个国际专家组，制定共识文件，以促进欧洲、北美洲、亚洲、拉丁美洲和非洲的数据共享。

三、合成生物学

（一）概述

合成生物学正在推动整个生物经济的进步，或将改变现有的领域和供应链，解决可持续性和全球健康挑战，如替换石化原料，创造全新的领域。2023年3月，美国白宫科技政策办公室（OSTP）发布《生物技术与生物制造宏大目标》，设定了新的明确目标和优先事项，用以推进美国生物技术和生物制造发展[153]；这也是对2022年9月美国总统拜登签署的《促进生物技术与生物制造创新，实现可持续、安全和可靠的美国生物经济》的行政命令的响应。英国科学、创新和技术部（DSIT）于2023年12月发布《工程生物学的国家愿景》，规划了未来10年的投资、政策和监管改革，并计划投入20亿英镑支持工程生物学的发展，包括投资世界级的研发，促进创新、扩大的基础设施的建设，实施有助于工程生物衍生产品进入市场的监管措施等[154]。

---

152 中华人民共和国科学技术部.《脑机接口研究伦理指引》和《人—非人动物嵌合体研究伦理指引》发布[EB/OL]. (2024-02-02)[2024-04-15]. https://www.most.gov.cn/kjbgz/202402/t20240202_189582.html.

153 OSTP. FACT SHEET: Biden-Harris administration announces new bold goals and priorities to advance American biotechnology and biomanufacturing[J/OL]. [2024-03-22]. https://www.whitehouse.gov/ostp/news-updates/2023/03/22/fact-sheet-biden-harris-administration-announces-new-bold-goals-and-priorities-to-advance-american-biotechnology-and-biomanufacturing/.

154 DSIT. National vision for engineering biology[J/OL]. [2023-12-05]. https://www.gov.uk/government/publications/national-vision-for-engineering-biology/national-vision-for-engineering-biology#introduction.

在项目布局方面，美国陆军合成生物学中心（Army Center for Synthetic Biology）启动两项大型跨学科团队的基础研究项目，分别是西北大学领导的“可预测材料设计中心”（PreMaDe），以及麻省理工学院领导的“军事环境微生物群利用中心”。美国国防部高级计划研究局（DARPA）于2023年发布了两个合成生物学领域的新项目：“特勒斯”（Tellus）和“国防废物升级回收”（WUD），前者的目标是开发一种基于微生物的感知与响应设备的交互式平台；后者旨在研究和开发一种全流程工艺，将废木材和其他纤维素废物（如纸板等）转化为轻质、坚固和可持续利用的材料。英国政府投资1200万英镑建立细胞农业制造中心（CARMA）用于生产可持续蛋白质和人造肉，这是英国政府迄今为止对可持续蛋白质的最大投资。CARMA将运行7年，研发重点主要是组织工程细胞农产品、培养肉、精密发酵产品和替代棕榈油等[155]。此外，我国2023年度“合成生物学”重点专项，围绕合成生物学设计理论研究、合成生物学使能技术研究、合成生物学应用研究等3个任务部署，支持了26个项目。

此外，随着基因编辑技术和DNA合成技术的快速发展，其研发和应用带来的潜在生物安全问题与监管措施一直备受关注。2023年3月，英国政府颁布了《基因技术法案》（Genetic Technology Act），允许在英格兰使用包括基因编辑在内的技术，精准、有针对性地改变生物体的遗传密码，从而使植物获得更有利的特性，如抗旱和抗病能力；同时还允许通过基因编辑等技术对动物进行精准育种，使动物免受一些疾病的困扰[156]。这是欧洲首个放宽基因编辑管控的法案。2023年10月，美国卫生与公共服务部（HHS）正式发布了《合成寡核苷酸供应商和使用者筛选框架指南》，这是对2010年《合成双链DNA供应商筛选框架指南》的更新，新版指南建议将序列筛查下限降低至50 bp，同时还将受关注序列（SOC）类型扩展到可能构成风险的任何DNA序列，而不止是受管制的病原体和毒素[157]。

---

155 CARMA: Cellular agriculture manufacturing hub[J/OL]. [2023-04-07]. https://www.bath.ac.uk/projects/carma-cellular-agriculture-manufacturing-hub/.

156 UK Parliament. Genetic Technology (Precision Breeding) Act 2023[J/OL]. [2023-03-27]. https://bills.parliament.uk/bills/3167.

157 HHS. Screening framework guidance for providers and users of synthetic nucleic acids[J/OL]. [2023-10-13]. https://aspr.hhs.gov/legal/synna/Documents/SynNA-Guidance-2023.pdf.

（二）国际重要进展

2023年，合成生物学领域出现了多项突破性的学术成果，在生物元件与基因线路设计、合成系统、底盘细胞的设计与改造及应用研究领域都取得了一些重要进展和突破。

1. 元件开发与基因线路设计

天然蛋白质通常采用多种构象状态，从而改变其活性或结合配偶体以响应另一种蛋白质、小分子或其他刺激。在人工设计的蛋白质中，设计两种折叠状态之间的构象转换一直很困难，因为它需要塑造具有两个不同最小值的能量景观。华盛顿大学的研究人员设计的“铰链”蛋白可在两种状态之间转换，在不存在配体的情况下呈现一种状态，在存在配体的情况下变为另一种状态，与目标结合后表现出的巨大构象转变，为蛋白质开关特异性定制提供了基础[158]。此外，他们还通过微调RoseTTAFold结构预测网络来实现蛋白质结构模型降噪，所获得的蛋白质主链模型在无条件和拓扑约束的蛋白质单体设计、蛋白质结合物设计、对称寡聚物设计、酶活性、用于治疗的蛋白质支架等方面取得了出色的性能，称为 RoseTTAFold Diffusion（RFdiffusion），该研究进一步推动了蛋白质设计和预测，为设计更复杂的蛋白质提供了可能[159]。

来自原核生物的CRISPR系统应用广泛，但真核生物是否也具有RNA引导的核酸内切酶仍不清楚。哈佛大学博德研究所的研究人员发现了一类新的原核RNA引导系统OMEGA（obligate mobile element guided activity），其中的TnpB是Cas12的推定祖先，具有RNA引导的核酸内切酶活性。研究人员分析了Fz的生化特征，表明它是一种RNA引导的DNA核酸内切酶，同时利用冷冻电镜解析了来自真菌斑点拟酵母（*Spizellomyces punctatus*）的Fz蛋白（SpuFz）结构，揭示了Fz、TnpB

---

158 Praetorius F, Leung P J Y, Tessmer M H, et al. Design of stimulus-responsive two-state hinge proteins[J]. Science, 2023, 381(6659): 754-760.

159 Watson J L, Juergens D, Bennett N R, et al. *De novo* design of protein structure and function with RFdiffusion[J]. Nature, 2023, 620(7976): 1089-1100.

和Cas12之间核心区域的保守性（尽管同源RNA的结构不同）。该研究表明Fz是一个真核OMEGA系统，证明RNA引导的核酸内切酶存在于生命的所有领域[160]。

在酵母细胞中，有一个控制细胞死亡命运的转录切换开关，用于控制细胞死于核仁衰老，或者死于线粒体衰老。加利福尼亚大学圣地亚哥分校的研究人员利用这个内源性开关设计了一个自主振荡的基因线路来延缓细胞衰老。通过操纵两个保守转录调节因子——沉默信息调节因子2（Sir2）和血红素激活蛋白4（Hap4）的表达，基因线路能控制细胞在核仁衰老和线粒体衰老过程之间产生持续的振荡，从而延迟由染色质沉默丧失或血红素耗竭而导致的衰老来延长细胞寿命[161]。该研究在基因网络结构和细胞寿命之间建立了联系，为理性设计基因线路来延缓衰老提供了思路。此外，新加坡国立大学的研究人员开发了一种新型DNA存储技术，可以利用光遗传学技术直接捕获空间信息，然后将图像等数字信息作为输入信号储存到活细胞的DNA中，并且可以随时用现有的测序技术读取其储存的信息[162]。相比于以往的DNA存储技术，这种技术易于复制和扩展，这可能会颠覆现有的DNA存储行业。

2. 合成系统

“酵母基因组合成计划”（Sc2.0）于2023年完成了酵母全部16条染色体的设计与合成，包括早先合成的6条及尚未发布但已完成的2条染色体，并分别创造出了16种酵母菌株，每种均包含15条天然染色体和1条合成染色体[163]。同时，美国纽约大学的研究人员利用内源性复制杂交（endoreduplication intercross）技术成功将7.5条合成染色体（synⅡ、synⅢ、synⅤ、synⅥ、synⅩ、synⅫ、synⅨ的右臂及synⅣ）成功整合到天然酿酒酵母菌株中。相对于野生型原始

---

160 Saito M, Xu P, Faure G, et al. Fanzor is a eukaryotic programmable RNA-guided endonuclease[J]. Nature, 2023, 620(7974): 660-668.

161 Zhou Z, Liu Y, Feng Y, et al. Engineering longevity-design of a synthetic gene oscillator to slow cellular aging[J]. Science, 2023, 380(6643): 376-381.

162 Lim C K, Yeoh J W, Kunartama A A, et al. A biological camera that captures and stores images directly into DNA[J]. Nat Commun, 2023, 14(1): 3921.

163 Boeke J D. Researchers assemble nine synthetic yeast chromosomes[J/OL]. [2023-11-08]. https://nyulangone.org/news/researchers-assemble-nine-synthetic-yeast-chromosomes.

序列，这一真核酵母细胞中已经有超过一半的基因组是人工设计并合成的，但其生存和复制能力与野生型的酵母菌株相似，为创造完全由合成染色体构成的人造酵母奠定了基础[164]。此外，英国曼彻斯特大学的研究人员设计、构建和表征了tRNA新染色体，这是一种真核生物体内从零开始人工设计的全新染色体（neochromosome）。作为Sc2.0项目的核心设计之一，这条190 kb的tRNA全新染色体包含所有275个重新定位的核tRNA基因。它的构建证明了酵母模型的可追溯性，并为揭示相关非编码RNA提供了方法[165]。

克雷格·文特尔（J. Craig Venter）研究所的科研人员在2016年报道了通过删改丝状支原体基因组创造出了只拥有493个必需基因的最小细胞JCVI-syn3.0。印第安纳大学对最小细胞的进化做了系列研究，与该细胞的最初版本JCVI-syn1.0（非最小细胞）相比，最小细胞突变率在所有报道的细菌中最高，但不受基因组最小化的影响。基因组精简成本高昂，导致其适应性下降超过50%，但这种缺陷在2000代进化过程中又得到了恢复。精简的丝状支原体基因组本质上并没有被削弱，并且在重新适应后可以像非最小细胞一样发挥作用。此外，最小细胞的进化速度比非最小细胞快39%。唯一明显的差异在于细胞尺寸的演变，非最小细胞进化后，其大小增加了80%，而最小细胞保持不变。该研究表明，自然选择可以迅速提高生命体的适应性，同时也可以将其作为一种筛选工业化底盘细胞和提高生物性能的方法[166]。

3. 底盘细胞的设计与改造

对底盘细胞进行多维度的改造与构建，将为医药、工业等多个领域的应用生产提供优良的细胞工厂。特拉华大学的研究人员通过耦合代谢工程和遗传密码扩展构建合成硝化蛋白的大肠杆菌菌株，实现了大肠杆菌中对硝基-L-苯丙氨酸的生物合成，合成滴度可达（820±130）μmol/L，该研究为将来开发独特的

---

164 Zhao Y, Coelho C, Hughes A L, et al. Debugging and consolidating multiple synthetic chromosomes reveals combinatorial genetic interactions[J]. Cell, 2023, 186(24): 5220-5236, e16.

165 Daniel Schindler D, Walker R S K, Jiang S, et al. Design, construction, and functional characterization of a tRNA neochromosome in yeast[J]. Cell, 2023, 186(24): 5237-5253, e22.

166 Moger-Reischer R Z, Glass J I, Wise K S, et al. Evolution of a minimal cell[J]. Nature, 2023, 620(7972): 122-127.

疫苗和免疫疗法奠定了基础[167]。以色列雷霍沃特魏茨曼科学研究所等机构合作在菊科植物蜡菊（*Helichrysum umbraculigerum*）中发现了大麻素生物合成的独立进化的证据，探索了蜡菊中大麻素合成代谢通路，并在本氏烟草和酿酒酵母中进行了重建和表征，蜡菊可产生大麻型大麻素（如4.3%的大麻酚酸），这将拓展合成生物学的工具箱，供研究人员操纵大麻素生物合成途径用于药物发现[168]。马克斯·普朗克陆地微生物研究所的研究人员开发了一种基于磷酸盐的级联双酶途径，使甲酸被激活为磷酸甲酰基后被还原为甲醛，并设计了一种甲酰磷酸还原酶变体，使甲酸作为大肠杆菌中的唯一碳源用于提高产率，为利用大肠杆菌实现甲酸规模化生长奠定了基础[169]。

4. 应用研究领域

在医药健康应用领域，嵌合抗原受体T细胞（CAR-T细胞）等肿瘤抗原靶向疗法面临的主要挑战是识别在异质实体瘤上特异性且一致表达的合适靶点。相比之下，某些细菌物种选择性地定植于免疫豁免的肿瘤核心，并且可以被设计为不依赖于抗原的治疗传递平台。哥伦比亚大学的研究人员开发了益生菌引导的CAR-T细胞平台 ProCAR，其中肿瘤定植益生菌释放合成靶标，标记肿瘤组织以进行CAR介导的原位裂解。该系统证明了CAR-T细胞可以被引导至实体瘤，在乳腺癌和结肠癌的实验模型中协调肿瘤细胞的杀伤。研究团队还进一步设计了多功能益生菌，可共同释放趋化因子，以增强CAR-T细胞募集和治疗反应[170]。治疗性寡核苷酸具有治疗多种疾病的潜力，然而现有合成方法的可扩展性和可持续性仍然具有限制。曼彻斯特大学的研究人员提出了一种等温生物催化方法，可在一步操作中有效地生产寡核苷酸。该方法中聚合酶和核酸内切酶协

---

167 Butler N D, Sen S, Brown L B, et al. A platform for distributed production of synthetic nitrated proteins in live bacteria[J]. Nat Chem Biol, 2023, 19(7): 911-920.

168 Berman P, de Haro L A, Jozwiak A, et al. Parallel evolution of cannabinoid biosynthesis[J]. Nat Plants, 2023, 9(5): 817-831.

169 Nattermann M, Wenk S, Pfister P, et al. Engineering a new-to-nature cascade for phosphate-dependent formate to formaldehyde conversion *in vitro* and *in vivo*[J]. Nat Commun, 2023, 14(1): 2682.

170 Vincent R L, Gurbatri C R, Li F, et al. Probiotic-guided CAR-T cells for solid tumor targeting[J]. Science, 2023, 382(6667): 211-218.

同工作，前者用修饰的核苷酸延伸模板链，后者释放产物链并重新生成模板，以扩增嵌入催化自引导模板中的互补序列。与传统合成方法相比，该生物催化方法的资源需求和废物密集度可能更低[171]。

在天然产物的生物合成方面，尽管生物合成作为一种环境友好且可再生的方法可用于生产多种天然产物，在某些情况下还能生产全新的天然产物，但生物合成缺乏许多化学合成可用的反应，导致生物合成的产品范围更窄。例如，化学中的卡宾转移（carbene-transfer）反应，尽管已有研究表明卡宾转移反应可以在细胞中进行并用于生物合成，但其成本远大于化学合成。加利福尼亚大学伯克利分校的研究人员报道了通过细胞代谢和将非天然卡宾转移反应引入生物合成的微生物平台获得重氮酯卡宾前体的代谢途径。α-重氮酯氮丝氨酸由白色链霉菌中的生物合成基因簇产生，细胞内产生的氮丝氨酸作为卡宾供体，用来环丙烷化细胞内产生的苯乙烯。该研究建立了一个可扩展的微生物平台，用于进行细胞内非生物卡宾转移反应，扩大了通过细胞代谢生产有机产品的范围[172]。疫苗佐剂级角鲨烯传统上来自鲨鱼肝油，鲨鱼的过度捕捞和随之而来的海洋鲨鱼种群减少引发了其可持续性问题；利用合成生物学合成角烯鲨被视为有希望的替代途径，但产品收率低，副产物多，因此难以工业放大，特别是导致大量角鲨烯双键异构体的途径，需要大量纯化才能满足所需的纯度标准。Amyris公司的研究人员开发了一种可以半生物合成疫苗级角鲨烯的方法，可以进行千克级良好生产规范（GMP）合成，其研究数据证明这种半生物合成的角鲨烯在疫苗佐剂配方中使用时具有物理稳定性和生物活性，符合当前欧盟药典标准。这种半生物合成角鲨烯有望在乳化疫苗佐剂中替代鲨鱼角鲨烯[173]。甜菜苷（也称甜菜红素）是从红甜菜根中提取的，是一种常用的天然红色食用色素，但甜菜根的甜菜苷含量非常低。丹麦技术大学的研究人员利用解脂耶氏酵母为

---

171 Moody E R, Obexer R, Nickl F, et al. An enzyme cascade enables production of therapeutic oligonucleotides in a single operation[J]. Science, 2023, 380(6650): 1150-1154.

172 Huang J, Quest A, Cruz-Morales P, et al. Complete integration of carbene-transfer chemistry into biosynthesis[J]. Nature, 2023, 617(7960): 403-408.

173 Fisher K J, Shirtcliff L, Buchanan G, et al. Kilo-scale GMP synthesis of renewable semisynthetic vaccine-grade squalene[J]. Org Process Res Dev, 2023, 27(12): 2317-2328.

底盘细胞，以葡萄糖为碳源，成功地将甜菜苷的产量提升了40余倍，达到克级/L，经过技术经济评估（TEA）发现，在现有市场条件下，通过发酵生产的甜菜苷有望迈入商业规模[174]。

在环境应用方面，北卡罗来纳州立大学的研究人员对一种海洋微生物成功进行了基因改造，使其可以分解海水中的聚对苯二甲酸乙酯（PET）塑料颗粒。PET被广泛地用于制造塑料瓶和纺织品，是造成海洋微塑料污染的重要因素。研究人员利用合成生物学开发了一种全细胞生物催化剂，能够利用快速生长、无致病性、中等嗜盐性的营养弧菌在海水环境中解聚PET。这是迄今为止报道的唯一在盐水环境中降解PET微塑料的基因工程生物，或将为微塑料检测、降解等提供新的思路与方法[175]。

在新型食品开发方面，植物肉作为更环保、低碳的蛋白质来源，逐渐成为食品行业的新兴研究方向之一。利兹大学的研究人员发现，通过将植物蛋白转化为物理交联的微凝胶，可以显著改善植物肉的润滑性。这种改善取决于它们的体积分数，并得到了仿生舌状表面的摩擦学与原子力显微镜、动态光散射、流变学和吸附测量的证据支持。实验结果表明，与天然蛋白质相比，这些非脂质微凝胶不仅减少了一个数量级的边界摩擦，还达到了20 ： 80的油/水乳液的润滑性能。这种植物蛋白微凝胶为设计下一代健康、美味和可持续食品提供了平台[176]。

（三）国内重要进展

2023年，我国合成生物学领域在基因线路工程及元件挖掘、使能技术创新、底盘细胞的设计与改造等基础研究及应用研究等领域也取得了一系列成果。

---

174 Thomsen P T, Meramo S, Ninivaggi L, et al. Beet red food colourant can be produced more sustainably with engineered *Yarrowia lipolytica*[J]. Nat Microbiol, 2023, 8(12): 2290-2303.

175 Li T, Menegatti S, Crook N. Breakdown of polyethylene terephthalate microplastics under saltwater conditions using engineered *Vibrio natriegens*[J]. AIChE Journal, 2023, 69(12): e18228.

176 Kew B, Holmes M, Liamas E, et al. Transforming sustainable plant proteins into high performance lubricating microgels[J]. Nat Commun, 2023, 14(1): 4743.

1. 基因线路工程及元件挖掘

定向进化技术极大地改变了生物酶催化剂的蛋白质工程改造效率。但目前通过在体外建立并筛选突变体文库依然是一项劳动密集型工作，且体外文库构建往往受限于文库大小、DNA长度等。江南大学的研究人员首次在原核微生物中建立了正交DNA复制系统，并设计了易错复制的正交DNA聚合酶，实现了体内连续进化。该系统能够以高于基因组突变率6700倍的速度进化正交线性质粒上的目的基因，且突变包括全部12种碱基替换，进化的目的基因或基因簇可长达15 kb。利用该系统，研究人员不仅成功进化出了适用于典型模式微生物大肠杆菌及枯草芽孢杆菌的强启动子，还通过进化甲醇同化基因簇，大大提高了宿主对甲醇的利用效率[53]。

2. 使能技术创新

人类的遗传疾病主要是由基因突变造成的，并且约58%为单碱基突变（SNV）。目前，不依赖DNA双链断裂和模板参与的单碱基编辑器（base editor）是治疗遗传病强有力的基因编辑工具。华东师范大学的研究人员开发了一系列腺嘌呤颠换编辑工具（AXBE和ACBE），并且证明了ACBE在不同细胞系和小鼠胚胎中的高效性与精确性，其中产生的小鼠疾病模型（A→C平均效率为44%～56%）等位基因突变高达100%。AXBE和ACBE为多元化的遗传操作和人类第二大类SNV的基因治疗提供了新的工具[54]。许多线粒体疾病是由点突变引起的，这些点突变可以通过碱基编辑器进行纠正，但很难将CRISPR的指导RNA（gRNA）递送到线粒体中。北京大学的研究人员报告了一种新型线粒体DNA碱基编辑器mitoBE，它结合了转录激活因子样效应（TALE）融合切口酶和脱氨酶，用于线粒体DNA中的精确碱基编辑。该工具包含3部分，即具有定位功能的可编程转录激活子样效应因子（TALE）结合蛋白、切口酶MutH或Nt.BspD6I（C）及脱氨酶。研究显示mitoBE实现了碱基序列从A→G或C→T，分别对应的碱基编辑器为mitoABE和mitoCBE，编辑效率最高可达77%。该工具可作为一种精确、高效的DNA编辑工具，将适用于线粒体遗传疾

病的治疗[177]。

上海交通大学的研究人员开发了一种适合于微生物单细胞代谢组数据采集的新方法，名为“RespectM”。该方法在不依赖基因型构建的前提下，就可以获取单细胞水平的大数据，通过该方法可低成本进行数据采集，解决了学习步骤的数据输入问题，为学习步骤引入机器学习的算法，特别是为深度神经网络的使用提供了前提。研究人员基于这个新方法，建立了首个基于单细胞大数据和深度学习的细胞代谢模型，用于预测和优化微生物的代谢网络。该方法有效地解决了设计-构建-测试-学习（DBTL）流程中“学习”环节的挑战，重塑了传统DBTL循环[178]。

3. 底盘细胞的设计与改造

原始细胞（protocell）的研究不仅有助于人类深入理解生命的起源，还能启发人类对类似系统的设计，推动生物技术、材料科学与纳米技术的发展。四川大学的研究人员开发了一种膜化的肽凝聚体（PC）的新型原始细胞模型，该模型以带相反电荷的寡肽作为细胞质，以金属多酚网络（MPN）作为细胞膜。该研究证明了可以在MPN原细胞膜上添加各种功能分子进行功能化，使其更接近真实细胞的功能，如识别特定分子，从而允许药物传递。例如，负载抗癌药物阿霉素并被叶酸修饰过的PC@MPNs原细胞可被用于治疗鳞状细胞癌，这表明该模型具有作为药物递送平台的前景[55]。

4. 应用研究领域

在新疗法开发方面，华东师范大学的研究人员开发了一种基于蛋白酶的快速蛋白质分泌系统（PASS），通过直接调控蛋白质的释放而不是转录表达，实现了对治疗蛋白质分钟级别的可控释放。研究人员开发了3种PASS变体（chemPASS、antigenPASS和optoPASS），分别是临床药物小分子调控的蛋白质

---

177 Yi Z, Zhang X, Tang W, et al. Strand-selective base editing of human mitochondrial DNA using mitoBEs[J]. Nat Biotechnol, 2024, 42(3): 498-509.

178 Meng X, Xu P, Tao F. RespectM revealed metabolic heterogeneity powers deep learning for reshaping the DBTL cycle[J]. iScience, 2023, 26(7): 107069.

快速释放系统、响应肿瘤抗原的杀伤蛋白质快速释放系统及光诱导调控的蛋白质快速释放系统。该研究开发的PASS具有灵活可变、快速处理外界指令，并在分钟级别释放蛋白质药物的特点，为精准可控的基因治疗和细胞治疗提供了全新的控制遗传学系统[179]。

在天然产物合成方面，武汉大学的研究人员揭示了药用植物益智中圆柚酮的生物合成途径，并在萜类前体高效供应酵母底盘中进行重构。圆柚酮是柚子味的特征分子，非常适合用于芳烃、制药和生物燃料的开发，也是新一代安全的驱虫剂，目前其主要从柚子等植物中提取，产量和成本都难以满足市场需求。该研究发现的新基因可以作为有价值的生物合成模块，进一步用于圆柚酮的工业生产。这种高效的酵母底盘筛选方法可用于未来的研究，以阐明其他天然植物产品的完整生物合成途径[180]。蛇床子素具有广泛的药理和生物活性，如抗哮喘、抗炎、神经保护和心血管保护作用。中国科学院分子植物科学卓越创新中心的研究人员首次在工程酿酒酵母中构建了完整的蛇床子素生物合成途径，引入了6种不同来源的10个外源基因，并通过菌株工程和补料分批发酵，将蛇床子素的产量提高了520倍，达到255.1 mg/L，为蛇床子素的大规模生产提供了蓝图[181]。

在新材料开发方面，为了直接从稀土矿石中获得高性能稀土材料，清华大学的研究人员通过开发新一代的生物合成策略来高效制备稀土元素，建立了微生物合成系统，实现了高纯稀土产品的活性生物制造。该研究构建的生物合成系统与传统化学提纯法相比，不仅实现了关键稀土元素的绿色生物制造，减少了对环境的污染，还实现了高纯稀土的高附加值利用，具有较高的成本效益。该生物合成系统有望作为新一代生物铸造工厂，在高纯稀土材料制备中显示出

---

179 Wang X, Kang L, Kong D, et al. A programmable protease-based protein secretion platform for therapeutic applications[J]. Nat Chem Biol, 2024, 20(4): 432-442.

180 Deng X, Ye Z, Duan J, et al. Complete pathway elucidation and heterologous reconstitution of (+)-nootkatone biosynthesis from *Alpinia oxyphylla*[J]. New Phytol, 2024, 241(2): 779-792.

181 Wang P, Fan Z, Wei W, et al. Biosynthesis of the plant coumarin osthole by engineered *Saccharomyces cerevisiae*[J]. ACS Synth Biol, 2023, 12(8): 2455-2462.

巨大的应用前景[182]。

（四）前景与展望

合成生物学将有助于生物经济的发展，如基于产品、服务和生物资源衍生的经济份额的增长。许多人预测，生物经济或将成为经济增长的重要驱动力，未来10年，全球每年估值高达4万亿美元。许多人认为，生物经济的发展和转型是应对和解决气候变化、粮食安全、能源独立性和环境可持续性等重大挑战的途径之一[183]。美国总统科学技术顾问委员会（PCAST）在其关于《生物制造促进生物经济发展》的报告中也指出，生物技术与合成生物学的进步带来了丰富的创新型产品，新型生物产品正在推动生物资源和生物技术应用领域的创新，催生了一个新兴且快速扩张的生物经济领域。同时，生物制造是将创新生物产品推向商业规模的引擎。基因编辑、CAR-T和其他细胞疗法、代谢工程等技术的变革性发展，正在为生物经济的发展创造巨大的新机遇[184]。

四、表观遗传学

（一）概述

表观遗传学（epigenetics）作为一门研究基因表达调控机制的学科，与干细胞的分化、组织再生、衰老过程，以及DNA损伤与修复等多种生命过程密切相关。研究表明，表观遗传变化是哺乳动物衰老的一个重要驱动因素，而恢复表观基因组的完整性可以在一定程度上逆转衰老的迹象[185]。在肿瘤领域，表观遗传

---

182 Cui H, Zhang X, Chen J, et al. The construction of a microbial synthesis system for rare earth enrichment and material applications[J]. Adv Mater, 2023, 35(33): e2303457.

183 CRS. Synthetic/engineering biology: Issues for congress[J/OL]. [2022-09-30]. https://crsreports.congress.gov/product/pdf/R/R47265.

184 PCAST. Report to the president: Biomanufacturing to advance the bioeconomy[J/OL]. [2022-12-08]. https://www.manufacturingusa.com/reports/report-president-biomanufacturing-advance-bioeconomy.

185 Yang J H, Hayano M, Griffin P T, et al. Loss of epigenetic information as a cause of mammalian aging[J]. Cell, 2023, 186(2): 305-326.

学有助于揭示肿瘤发生机制与环境因素的复杂关系，提供潜在的治疗靶点，且由于其修饰的可逆性，表观遗传学在肿瘤靶向治疗领域展现出了巨大潜力[186]。

2023年，全球科学界通过举办重大会议和研究项目，助推了表观遗传学领域的国际交流与合作，进一步加深了对基因研究、疾病诊断和治疗的认识。为纪念科学史上的重要里程碑——“人类基因组计划”（HGP）完成20周年，2023年4月，美国国家人类基因组研究所（National Human Genome Research Institute）召开了一次大会，回顾了HGP这一历时13年的伟大项目的完成过程，并指出HGP的完成开启了人类基因组学的新纪元，为后续的基因研究、疾病诊断和治疗等提供了坚实的基础。同时，随着技术的不断进步和数据的不断积累，人类基因组学将面临更多的机遇和挑战[187]。2023年8月，表观遗传学“戈登研究会议”（Gordon Research Conference）在美国举办，该会议是一场专注于表观遗传学的国际性学术会议，旨在通过呈现尖端且未发表的研究成果推动科学前沿的发展，会议主题涵盖RNA介导的过程、异染色质、代际间的表观遗传、发育过程中的表观遗传信息等[188]。2023年8月，我国“2023表观遗传调控研讨会”在北京市举办，主题为“表观遗传与调控”，涵盖表观遗传生物化学机制、新型表观遗传修饰、发育与疾病的表观遗传调控机制、细胞命运决定调控机制、跨代遗传表观遗传机制、前沿新技术，以及衰老的表观遗传机制与干预等多个研究领域[189]。2023年11月，“国际人类表型组计划（二期）”上海市市级科技重大专项正式启动，该专项将升级目前的人类表型组导航图，最终形成一套人类表型组全景“导航图”2.0版，该“导航图”和人类基因组图谱的结合将为新药研发、疾病预测等提供更完整的信息，帮助人们更加科学、精准地认识

---

186 陈剑锋，王雅丽，王沛莉，等. 靶向表观遗传调控的肿瘤治疗进展[J]. 中国细胞生物学学报, 2023, 45(12): 1908-1919.

187 Green E. Human Genome Project leaders release video of virtual reunion[J/OL]. [2023-09-07]. https://www.genome.gov/about-nhgri/Director/genomics-landscape/sept-7-2023/human-genome-project-leaders-release-video-of-virtual-reunion.

188 Gehring M A, Hajkova P, Goll M, et al. Epigenetic information: Mechanisms, memory and inheritance[J/OL]. [2023-08-11]. https://www.grc.org/epigenetics-conference/2023/.

189 中国遗传学会. 2023表观遗传调控研讨会在北京市成功举办[EB/OL]. (2023-08-05)[2024-04-20]. http://www.gsc.ac.cn/zhxw/202308/t20230814_748565.html.

健康评估的标准[190]。

2023年，表观遗传学领域取得了一系列突破，尤其在DNA修饰、RNA修饰、组蛋白修饰等领域，以及人类甲基化图谱、表观遗传时钟、修饰检测工具的构建等方面取得了重要进展。这些进展为相关疾病的治疗和临床应用提供了新的思路和策略。

（二）国际重要进展

1. DNA修饰

5-甲基胞嘧啶（m^5C）和5-羟甲基胞嘧啶（hm^5C）是最为常见的DNA修饰，对基因调控具有重要作用。新加坡国立大学的研究人员提出了一种基于限制性内切酶，可同时检测多种表观基因组状态的DNA分析方法——DARESOME（DNA analysis by restriction enzyme for simultaneous detection of multiple epigenomic states）。该方法通过测序可唯一识别全基因组中CCGG位点的DNA修饰状态，包括未修饰的胞嘧啶、5-甲基胞嘧啶（m^5C）和5-羟甲基胞嘧啶（hm^5C），并同时进行定量分析。利用DARESOME，该研究揭示了基因组中hm^5C/m^5C值与基因表达的相关性，以及小鼠脑中与年龄相关的m^5C/hm^5C相互转换；在单细胞中，通过DARESOME可检测细胞之间的差异DNA甲基化。此外，该研究还证明DARESOME能够对细胞游离DNA（cfDNA）进行整合基因组、m^5C和hm^5C分析，有望在液体活检中发现多组学癌症特征[191]。

目前人类DNA甲基化的数据集通常仅包括一小部分甲基化位点，可用的数据集十分受限。耶路撒冷希伯来大学的研究人员描述了一种基于深度全基因组重亚硫酸盐测序（whole genome bisulfite sequencing，WGBS）的人类甲基化图谱，对从205个健康组织样本中分选的39种细胞类型的数千种独特标记进行片段水平分析。相同细胞类型的重复超过99.5%，证明了细胞识别程序对环境扰

190 复旦大学.破解更多生命健康奥秘！这项国际大科学计划“二期”启动[EB/OL]. (2023-11-01)[2024-04-20]. https://www.fudan.edu.cn/2023/1101/c24a137725/page.htm.

191 Viswanathan R, Cheruba E, Wong P M, et al. DARESOME enables concurrent profiling of multiple DNA modifications with restriction enzymes in single cells and cell-free DNA[J]. Science Advances, 2023, 9(37): eadi0197.

动的稳健性。图谱的无监督聚类概括了组织个体发生的关键要素，并确定了自胚胎发育以来保留的甲基化模式。这一DNA甲基化图谱有助于精确识别出患有癌症和其他疾病的个体血浆中cfDNA的来源组织，将为多个研究方向及翻译水平的应用提供宝贵资源[192]。

衰老通常被视为随机细胞损伤的结果，但可以使用泛组织表观遗传时钟的基础——DNA甲基化谱来准确估计。加利福尼亚大学洛杉矶分校的研究人员基于185个哺乳动物物种、59种组织类型的11 754个甲基化阵列数据，成功开发出了通用型泛哺乳动物时钟（universal pan-mammalian clock）。这些预测模型具有高度准确性，能够估算出哺乳动物组织的年龄。该研究识别并描述了与哺乳动物年龄紧密相关的进化保守胞嘧啶甲基化模式，成功建立了泛哺乳动物表观遗传时钟，为深入探索衰老机制及其与发育过程的关联提供了有力的工具[193]。

染色质可及性对于调节基因表达和细胞身份至关重要，也与驱动癌症的发生、进展和转移相关。美国圣路易斯华盛顿大学和普林斯顿大学的研究人员通过大规模分析癌症患者的170万个细胞样本，研究了癌症的表观遗传学变化，结果表明DNA中的特定区域以癌症特异性的方式被激活或失活，这些变化与癌症的进展和细胞恶化进程相关。这一结果揭示了DNA水平的表观遗传变化是癌症发生的根本原因，特别是增强子区域的可及性变化。该研究团队还确定了与癌症预后相关的基因列表，并揭示了这些基因在细胞通路中的作用，为未来的癌症治疗提供了新策略[194]。

2. RNA修饰

RNA修饰在许多生物过程中扮演着关键角色。METTL1-WDR4复合体是修饰某些tRNA可变环中的G46的甲基转移酶，其失调在众多癌症类型的肿瘤发

192 Loyfer N, Magenheim J, Peretz A, et al. A DNA methylation atlas of normal human cell types[J]. Nature, 2023, 613(7943): 355-364.

193 Lu A T, Fei Z, Haghani A, et al. Universal DNA methylation age across mammalian tissues[J]. Nature Aging, 2023, 3(9): 1144-1166.

194 Terekhanova N V, Karpova A, Liang W W, et al. Epigenetic regulation during cancer transitions across 11 tumour types[J]. Nature, 2023, 623(7986): 432-441.

生中起驱动作用。美国哈佛大学医学院的研究人员通过对人类METTL1-WDR4的结构、生化和细胞进行研究，揭示了WDR4作为METTL1和tRNA T臂的支架。研究结果还表明METTL1的N端区域中S27磷酸化通过局部破坏催化中心来抑制甲基转移酶活性，该研究加深了对tRNA底物识别和磷酸化介导的METTL1-WDR4调控的分子理解[195]。同期，得克萨斯大学西南医学中心的研究人员通过解析METTL1-WDR4的晶体结构及METTL1-WDR4-tRNA的冷冻电子显微镜结构，发现复合蛋白质表面能够利用形状互补的特性，精确地识别并结合tRNA的肘部区域，并揭示了催化过程中的活性位点及其在不同状态下的变化。该研究为深入理解RNA修饰过程在生物学和疾病发生发展中的作用提供了重要框架[196]。

N6-甲基腺苷（m^6A）是真核生物的mRNA和非编码RNA上最丰富的化学修饰类型，m^6A对RNA代谢有重要影响，并涉及癌症在内的一系列生理和疾病过程。匹兹堡大学的研究人员探索了表皮生长因子受体（EGFR）信号在胶质母细胞瘤干细胞（glioblastoma stem cell，GSC）中的作用。研究结果表明，EGFR通过m^6A去甲基化酶ALKBH5的细胞核定位，重编程表观转录组图谱，以防止铁死亡，进而揭示了EGFR信号、m^6A修饰和铁死亡之间的联系，为胶质母细胞瘤的联合治疗开辟了道路[197]。

在急性白血病中，一类重要遗传突变是由于染色体易位，在混合谱系白血病（MLL）基因和易位伴侣基因之间形成了一个致癌基因谱，被称为MLL重组体。澳大利亚弗林德斯大学的研究人员发现环状RNA（circRNA）会在MLL重组体中富集，可以结合DNA在其同源位点形成环状RNA-DNA杂合体（circR loop）。这些circR loop会促进转录暂停、蛋白酶体抑制、染色质重组和DNA断裂，并加速疾病发作。该研究提出了非编码的环状RNA的一种新型调控方式，

---

195 Li J, Wang L, Hahn Q, et al. Structural basis of regulated m^7G tRNA modification by METTL1-WDR4[J]. Nature, 2023, 613(7943): 391-397.

196 Ruiz-Arroyo V M, Raj R, Babu K, et al. Structures and mechanisms of tRNA methylation by METTL1-WDR4[J]. Nature, 2023, 613(7943): 383-390.

197 Lv D, Zhong C, Dixit D, et al. EGFR promotes ALKBH5 nuclear retention to attenuate N6-methyladenosine and protect against ferroptosis in glioblastoma[J]. Molecular Cell, 2023, 83(23): 4334-4351, e7.

也提出了一种源自体内的癌症发生新机制——内源RNA介导的DNA损伤[198]。

3. 组蛋白修饰

组蛋白（histone）是染色质的主要蛋白质组分，作为DNA缠绕的骨架，与DNA共同组成核小体结构，并在遗传信息表达等染色质相关的生物学过程中发挥重要作用。在正常生理条件下，组蛋白翻译后修饰（PTM）是核小体结构和功能的重要调节机制，在基因表达、DNA复制、DNA损伤修复和染色质结构调节等过程中起重要作用[62]。近年来的研究表明，组蛋白修饰在肿瘤发生发展过程中发挥着重要的作用，其异常的修饰模式可能是导致肿瘤发生的重要因素之一[186]。

组蛋白H3赖氨酸9的三甲基化（H3K9me3）是真核细胞内最重要的抑制性组蛋白修饰，哥伦比亚大学的研究人员首次揭示了H3K9me3在复制时显著富集于前导链上，且这种不对称分配模式在多种哺乳动物细胞中保守存在。经过进一步研究发现，H3K9me3的不对称分配主要发生在L1序列，并受到HUSH复合物和Pol ε的共同调节，这种不对称分配有效地抑制了L1的表达和转座活性，从而维持了基因组的稳定性。这一机制有望成为细胞复制时H3K9me3受新合成组蛋白的掺入而被稀释的临时应对方法[199]。此外，伦敦癌症研究所的研究人员揭示了组蛋白H3赖氨酸4的三甲基化（H3K4me3）通过调节RNA聚合酶Ⅱ的移动，决定基因表达应该何时开始及RNA聚合酶Ⅱ的运行速度，这有望成为已在开发的癌症药物的靶标[200]。

先锋转录因子（pioneer transcription factor）具有进入压缩染色质中DNA的能力，先锋转录因子OCT4和SOX2之间的合作对于多能性和重编程至关重要。美国圣犹达儿童研究医院的研究人员基于结构和生化数据，揭示OCT4的结合诱导了核小体结构的变化，重新定位了核小体DNA，并促进了额外的OCT4和

198 Conn V M, Gabryelska M, Toubia J, et al. Circular RNAs drive oncogenic chromosomal translocations within the MLL recombinome in leukemia[J]. Cancer Cell, 2023, 41(7): 1309-1326, e10.

199 Li Z, Duan S, Hua X, et al. Asymmetric distribution of parental H3K9me3 in S phase silences L1 elements[J]. Nature, 2023, 623: 643-651.

200 Wang H, Fan Z, Shliaha P V, et al. H3K4me3 regulates RNA polymerase Ⅱ promoter-proximal pause-release[J]. Nature, 2023, 615(7951): 339-348.

SOX2在其内部结合位点的协同结合。OCT4的灵活激活结构域与组蛋白H4的N端尾接触，改变了其构象，从而促进染色质解压缩。此外，OCT4的DNA结合结构域与组蛋白H3的N端尾相互作用，组蛋白H3K27上的翻译后修饰调节DNA定位并影响转录因子的协作性。这些发现解释了表观遗传如何调节OCT4的活性，以确保适当的细胞编程[201]。

核小体会阻止DNA甲基转移酶的进入，除非其被一个类似Snf2的表观遗传继承的主调控因子——DDM1Lsh/HELLS重构。美国冷泉港实验室的研究人员探讨了植物如何传递使转座子保持在非活性状态的化学标记。研究人员基于遗传和生化实验发现，蛋白DDM1能促进组蛋白H3.3被组蛋白H3.1代替，从而为在新DNA链上添加这些标记的酶让路。这一过程被称为甲基化，是抑制转座子并保护基因组的重要步骤。这项研究揭示了DDM1与某些组蛋白的亲和力如何跨代保持表观遗传控制，对于理解人们如何维持基因组的功能和完整性具有重要意义[202]。

（三）国内重要进展

1. DNA 修饰

表观遗传标志物可能能够捕捉环境因素和基因组之间的相互作用，并可能为糖尿病相关并发症提供新的生物标志物。香港中文大学的研究人员在1271名2型糖尿病受试者中进行了两项独立的表观基因组关联研究，分析了外周血中CpG位点的甲基化与肾功能之间的关联，鉴定出与基线估计肾小球滤过率（eGFR）和随后的肾功能下降（eGFR斜率）相关的DNA甲基化标志物。同时，研究人员还开发了一种多位点分析方法，并在一个独立的2型糖尿病原住民队列中进行了验证。该研究强调了在2型糖尿病患者中使用DNA甲基化标志物进行肾病风险分层的潜力[57]。

---

201 Sinha K K, Bilokapic S, Du Y, et al. Histone modifications regulate pioneer transcription factor cooperativity[J]. Nature, 2023, 619(7969): 378-384.

202 Lee S C, Adams D W, Ipsaro J J, et al. Chromatin remodeling of histone H3 variants by DDM1 underlies epigenetic inheritance of DNA methylation[J]. Cell, 2023, 186(19): 4100-4116, e15.

尽早检测分子残留疾病和风险分层可能有助于改善癌症患者的治疗。复旦大学的研究人员基于癌症治疗优化的迫切需求，收集了350名Ⅰ～Ⅲ期结直肠癌患者的血液样本，并应用多重ctDNA甲基化定量聚合酶链反应技术，精确检测血浆中的ctDNA。术前样本显示78.4%的患者至少对一种ctDNA甲基化标志物呈阳性，术后首月ctDNA阳性患者复发风险是阴性患者的17.5倍。结合ctDNA与癌胚抗原检测，复发风险分层更为精准。此外，研究结果表明，术后首月ctDNA状态与辅助化疗效果密切相关，ctDNA阳性患者无复发生存期显著缩短。该成果证实了通过检测血液ctDNA甲基化标志物，可实现结直肠癌早期检测与风险分层，为个性化治疗提供精准依据[58]。

DNA甲基化及相关的调控元件在基因表达调控中起着重要作用，以往的研究主要集中在平均甲基化水平的分布上。中国科学院分子细胞科学卓越创新中心和上海交通大学医学院附属瑞金医院的研究人员绘制了正常组织DNA甲基化单体图谱。通过收集17种正常组织的全基因组DNA甲基化数据（通过WGBS技术），研究人员鉴定出58 385个DNA甲基化单体水平上的共甲基化区间（MHB），综合分析揭示了MHB作为一种独特的调控元素类型，其特征是共同甲基化模式而非平均甲基化水平，并展示了MHB在开放染色质区域、组织特异性组蛋白标记和增强子（包括超级增强子）中的富集。此外，研究人员还发现MHB倾向于定位在组织特异性基因附近，并与独立于平均甲基化的差异基因表达相关联，这一DNA甲基化单体图谱为研究DNA甲基化的组织特异性和发展动态提供了参考资料[203]。

长单分子测序技术（如PacBio CCS和纳米孔测序）在检测DNA中的5-甲基胞嘧啶（m^5C）方面表现出显著优势。中南大学的研究人员提出了一种名为ccsmeth的深度学习方法，其利用环形一致性测序（circular consensus sequencing，CCS）读数来检测DNA的m^5C。为了训练ccsmeth，研究人员采用了经过PCR和M.SssI甲基转移酶处理的人类样本DNA进行PacBio CCS测序。通过使用长度大

203 Feng Y, Zhang Z, Hong Y, et al. A DNA methylation haplotype block landscape in human tissues and preimplantation embryos reveals regulatory elements defined by comethylation patterns[J]. Genome Research, 2023, 33(12): 2041-2052.

于或等于10 kb的CCS读数，ccsmeth在单分子分辨率下检测m^5C的准确率高达0.90，曲线下面积达到0.97。在全基因组位点水平上，ccsmeth仅需使用10倍的读数，便能与重亚硫酸盐测序（bisulfite sequencing）和纳米孔测序的相关性保持在0.90以上。此外，研究人员还开发了一个名为ccsmethphase的Nextflow管道，可利用CCS读数来检测单倍型感知甲基化。ccsmeth和ccsmethphase有望成为检测DNA 5-甲基胞嘧啶的稳健且准确的工具[204]。

2. RNA修饰

m^6A的修饰对mRNA代谢、细胞分化、增殖和对刺激的反应等过程有重要作用。中国科学院上海药物研究所的研究人员基于遗传学和表观遗传学分析，揭示了YTHDF2诱导激活的MDSC在肿瘤及整个身体中的迁移和免疫抑制功能。通过抑制YTHDF2蛋白可以增强放疗的抗肿瘤效果，并改善放疗和免疫联合疗法的效果，该研究提出了通过抑制YTHDF2来增强临床放射治疗效果的新策略[59]。中国人民解放军空军军医大学的研究人员发现剔除METTL3可减少关键的m^6A阅读蛋白的活性，且能识别m^6A修饰的mRNA并促进其翻译为蛋白质，并能减缓小鼠模型机体中阿尔茨海默病的疾病症状，该研究有望为开发治疗阿尔茨海默病的新型疗法提供新型靶点[205]。上海交通大学的研究人员揭示了T细胞中METTL3的缺失会引起Th17细胞分化的严重缺陷，从而会阻碍实验性自身免疫性脑脊髓炎（EAE）的发生，提示了这一自身免疫病的潜在治疗性靶点[60]。武汉大学的研究人员解码了急性髓系白血病（acute myeloid leukemia，AML）发生过程中RNA m^6A修饰动态变化，发现了关键分子PRMT6并阐明其调控AML发生发展和LSC功能的重要作用与机制，为AML临床治疗提供了潜在治疗策略[206]。

类风湿关节炎（rheumatoid arthritis，RA）是一种导致残疾的炎症性疾病，

---

204 Ni P, Nie F, Zhong Z, et al. DNA 5-methylcytosine detection and methylation phasing using PacBio circular consensus sequencing[J]. Nature Communications, 2023, 14(1): 4054.

205 Yin H, Ju Z, Zheng M, et al. Loss of the m^6A methyltransferase METTL3 in monocyte-derived macrophages ameliorates Alzheimer's disease pathology in mice[J]. PLoS Biology, 2023, 21(3): e3002017.

206 Cheng Y, Gao Z, Zhang T, et al. Decoding m^6A RNA methylome identifies PRMT6-regulated lipid transport promoting AML stem cell maintenance[J]. Cell Stem Cell, 2023, 30(1): 69-85, e7.

活化的成纤维样滑膜细胞（fibroblast-like synoviocyte，FLS）在类风湿关节炎滑膜炎的形成和关节破坏中起着重要作用。Hedgehog信号通路被异常激活，参与了类风湿关节炎成纤维样滑膜细胞（RA-FLS）的侵袭性表型。中山大学的研究人员设计了一系列针对抑制Hedgehog信号通路的关键成分*SMO*基因的小干扰RNA（siRNA）。通过精确的化学修饰，siRNA的有效性和稳定性显著提高，靶外效应被降至最低，该研究结果表明针对Hedgehog信号通路的化学修饰的siRNA可能是一种潜在的类风湿关节炎治疗方法[61]。

长期失衡的心脏稳态可能导致细胞结构和功能及组织架构的不可逆适应性变化，如心脏肥大。现有研究已识别出了许多特异性表达于心脏的lncRNA，但部分特异性心脏lncRNA似乎对心脏发育并非必需。清华大学的研究人员首次发现lncRNA LncSync可以通过加工合成miRNA以调控心肌细胞稳态维持，敲除LncSync可导致小鼠发生病理性心脏肥大。研究结果为心脏病理性肥厚的发病机制提供了新的线索，也为相关疾病的临床治疗提供了潜在的分子靶点[207]。

他莫昔芬是雌激素受体阳性（ER＋）乳腺癌患者的常用治疗药物。已有研究人员发现lncRNA MIR497HG及其内含的miR-497和miR-195在多种人类癌症中发挥着重要作用，但这些分子在他莫昔芬耐药乳腺癌中的具体作用机制尚不明确。天津医科大学的研究人员揭示了MIR497HG缺陷会导致miR-497/195的表达下调，进而促进乳腺癌的进展并增加对他莫昔芬的耐药性。此外，miR-497和miR-195能够协同抑制5个正向PI3K-AKT调节因子，从而有效抑制PI3K-AKT信号转导。此外，雌激素受体α（ERα）能够结合到MIR497HG的启动子上，以雌激素依赖的方式激活其转录；而ZEB1则与MIR497HG启动子处的HDAC1/2和DNMT3B相互作用，导致启动子高甲基化和组蛋白脱乙酰化。这些发现进一步揭示了ZEB1诱导的MIR497HG耗竭通过PI3K-AKT信号转导来促进乳腺癌进展和他莫昔芬耐药性的机制，为乳腺癌的个体化治疗提供了新的思路和策略[208]。

---

207 Huang R, Liu J, Chen X, et al. A long non-coding RNA LncSync regulates mouse cardiomyocyte homeostasis and cardiac hypertrophy through coordination of miRNA actions[J]. Protein & Cell, 2023, 14(2): 153-157.

208 Tian Y, Chen Z H, Wu P, et al. MIR497HG-Derived miR-195 and miR-497 mediate tamoxifen resistance via PI3K/AKT signaling in breast cancer[J]. Advanced Science, 2023, 10(12): 2204819.

铜死亡是一种特殊的细胞死亡方式，对癌症治疗尤其是肺腺癌（LUAD）具有重要意义，lncRNA已被证明通过与包括DNA、RNA和蛋白质在内的多种靶标结合来影响癌细胞活动。江苏省人民医院的研究人员利用铜死亡相关的lncRNA（CRlncRNA）构建了一个风险预测模型，成功地将LUAD患者划分为高风险与低风险两组。经过进一步分析，结果发现不同风险类别和分子亚型的患者在总生存期（overall survival，OS）、免疫细胞浸润、信号通路活性和基因突变模式上表现出统计学上的显著差异。基于CRlncRNA构建的预测模型为精准评估LUAD患者的预后、分子特征和治疗策略提供了有力工具，有望为临床决策提供科学依据，推动肺腺癌治疗领域的创新发展[209]。

3. 组蛋白修饰

酪氨酸硫酸化是哺乳动物中一种常见的翻译后修饰，但关于核蛋白上酪氨酸硫酸化的研究有限。华中科技大学和山东大学的研究人员通过筛查哺乳动物细胞核内蛋白质修饰图谱发现，酪氨酸硫酸化修饰是组蛋白翻译后修饰的新类型，揭示了硫酸转移酶SULT1B1用3′-磷酸腺苷-5′-磷酰硫酸（3′-phosphoadenosine-5′-phosphosulfate，PAPS）为底物直接催化组蛋白H3Y99位点的硫酸化修饰（H3Y99sulf），阐明了H3Y99sulf通过招募PRMT1并调控组蛋白H4R3me2a和基因转录的功能机制。这一研究扩展了核蛋白上酪氨酸硫酸化的范围，以及调控染色质功能的组蛋白修饰的种类[62]。

组蛋白H3K27M突变型弥漫性中线胶质瘤（DMG）是一种好发于儿童的高级弥散性胶质瘤。清华大学的研究人员采用表观遗传学药物联合免疫疗法治疗弥漫性中线胶质瘤，该疗法针对H3K27M突变引起的表观遗传学改变，通过组蛋白去乙酰化酶抑制剂帕比司他和组蛋白甲基转移酶抑制剂他泽司他联合免疫检测点抑制剂帕博丽珠单抗与伊匹木单抗，有效缩小了患者神经系统内广泛的软膜播散转移灶，改善了患者的生活质量。该研究成果为弥漫性中线胶质瘤的治疗提供了新的思路和方法，具有重要的临床意义[63]。

---

209 Zhang P, Pei S, Liu J, et al. Cuproptosis-related lncRNA signatures: Predicting prognosis and evaluating the tumor immune microenvironment in lung adenocarcinoma[J]. Front Oncology, 2023, 12: 1088931.

组蛋白H3K79的甲基化是基因调控在发育、细胞分化和疾病进展中的一种表观遗传标记。香港大学的研究人员设计合成了一种多功能的核小体探针，能够对细胞内结合在核小体上的修饰识别蛋白进行共价交联，再通过亲和纯化与细胞培养中氨基酸的稳定同位素标记（stable isotope labeling by amino acids in cell culture，SILAC）技术及质谱技术发现Menin蛋白是H3K79me2组蛋白修饰的“阅读器”。进一步的生物信息学分析表明，Menin可能富集于被H3K79甲基化标记的基因增强子上，参与了基因转录的调控。Menin蛋白与H3K79me2修饰在增强子上的作用可能是一条新的基因转录调控通路，其细节的揭示和阐明对白血病等疾病的治疗具有重要意义[210]。

多组学分析在定义发育过程中细胞分化途径的有效性方面存在模糊性。北京大学的研究人员发现与增强子相关的组蛋白修饰相比，启动子相关的组蛋白修饰和染色质可及性动态更能有效地描绘肝母细胞分化的“默认-定向”（default vs. directed）过程。在小鼠和人类中，双价启动子上的组蛋白H3K27me3与这种不对称分化策略相关。该研究证明了Ezh2和Jmjd3在肝母细胞向胆管细胞分化过程中具有相反的调节作用。此外，由P300调控的活跃增强子与肝细胞和胆管细胞的发育相关。这项研究提出了一个模型，强调了启动子和增强子之间的分工，启动子相关的染色质修饰控制肝母细胞的“默认-定向”分化模式，而增强子相关的修饰主要决定肝胆谱系的渐进发育过程，为体外优化肝细胞定向分化提供了重要信息[211]。

（四）前景与展望

在医疗实践中，个性化治疗正逐步成为主流趋势，其核心在于根据个体的遗传背景、表观遗传特征及环境因素，量身定制最适合的治疗方案。在这一过程中，表观遗传学占据着重要地位——基于表观遗传学能够精准识别个性化的

---

210 Lin J, Wu Y, Tian G, et al. Menin “reads” H3K79me2 mark in a nucleosomal context[J]. Science, 2023, 379(6633): 717-723.

211 Yang L, Wang X, Yu X X, et al. The default and directed pathways of hepatoblast differentiation involve distinct epigenomic mechanisms[J]. Developmental Cell, 2023, 58(18): 1688-1700, e6.

生物标志物和治疗靶点，提供关于患者患病风险及治疗反应的关键信息。随着科学技术的飞速进步，表观遗传学领域的研究工具也将不断迭代更新，为疾病的精准诊断和治疗提供有力支持，为患者提供更为精准、有效的治疗选择。

展望未来，表观遗传学具有巨大的产业发展潜力。据咨询公司Markets and Markets统计，2023年全球表观组学市场规模已经达到约18亿美元，并将以18.3%的复合年均增长率于2028年达到约43亿美元[212]。随着慢性病发病率的不断攀升和研发投入的持续增加，新兴市场对表观遗传学研究工具与服务的需求将不断提升。表观遗传药物的研发可能为医疗领域带来革命性突破，通过深入研究表观遗传机制，开发针对特定疾病靶点的创新药物，有望为癌症、神经系统疾病和自身免疫病等领域的治疗提供更为安全、有效的选择，进一步推动医疗领域的进步。同时，表观遗传学与其他学科如基因组学、蛋白质组学和生物信息学等的交叉融合，将为该领域带来新的发展机遇。

五、结构生物学

（一）概述

结构生物学是研究生物大分子三维结构与功能的学科。随着冷冻电子显微镜（cryo-EM）、冷冻电子断层扫描（cryo-ET）、X射线晶体学、核磁共振（NMR）和人工智能/计算方法等技术的进步，研究人员能够从独立样品和细胞微环境中测定重要蛋白质和大分子复合物的结构，在膜蛋白结构研究、病毒结构研究、结构免疫学和原位结构生物学等方面取得了突破性进展。尤其是自谷歌DeepMind公司宣布其蛋白质结构预测工具AlphaFold3[213]诞生后，研究人员能够利用它预测蛋白质与其他分子如DNA、RNA等的相互作用结构。

---

212 Epigenetics Market. Epigenetics market size by product & service, method, technique, application-global forecast to 2028[J/OL]. [2024-04-20]. https://www.marketsandmarkets.com/Market-Reports/epigenetics-technologies-market-896.html.

213 Abramson J, Adler J, Dunger J, et al. Accurate structure prediction of biomolecular interactions with AlphaFold3[J]. Nature, 2024, doi:10.1038/s41586-07487-w.

这些进展将为深入理解生命现象、开发新药物和治疗方法提供重要基础，并带来变革性影响。

（二）国际重要进展

1. 成像技术的创新应用与交叉融合

德国慕尼黑亥姆霍兹中心的研究人员开发了一种新的全身免疫标记成像技术wildDISCO[214]，其无需造价昂贵且耗时的转基因技术或纳米抗体技术，成功克服了现有方法面临的技术限制。他们以细胞级别的分辨率，绘制了小鼠外周神经系统、淋巴管和免疫细胞图谱，并基于该技术发现微生物的缺失会损害神经系统的发育，以及探索了三级淋巴结构和乳腺癌转移之间的关系。这项革命性技术为理解复杂的生物系统和疾病提供了新的线索，有可能改变对健康状态和疾病过程的理解。

德国马克斯·普朗克医学研究所的研究人员开发出一种时空精度为1 nm/ms的超分辨率显微镜MINFLUX[215]。该显微镜的改进版本能够以前所未有的细节水平观察单个蛋白质的微小运动，如马达蛋白KINESIN-1通过消耗ATP沿着微管行走时的步进运动。该成果展现了MINFLUX作为观察蛋白质中纳米级构象变化的革命性新工具的力量。

美国得克萨斯大学的研究人员开发了一种名为ARPLA（唾液酸适配体和RNA原位杂交介导的邻位连接技术）的糖基化RNA原位成像方法[216]，首次实现了在细胞内直接原位观测糖基化RNA，并具有极高的灵敏度和特异性。该方法首次实现了高灵敏性的糖基化RNA成像，具有较高的选择性和特异性，是研究糖基化RNA在不同细胞类型中的空间分布和相对丰度的有力工具。

---

214 Mai H, Luo J, Hoeher L, et al. Whole-body cellular mapping in mouse using standard IgG antibodies[J]. Nature Biotechnology, 2024, 42(4): 617-627.

215 Wirth J O, Scheiderer L, Engelhardt T, et al. MINFLUX dissects the unimpeded walking of kinesin-1[J]. Science, 2023, 379(6636): 1004-1010.

216 Ma Y, Guo W, Mou Q, et al. Spatial imaging of glycoRNA in single cells with ARPLA[J]. Nature Biotechnology, 2023, doi:10.1038/s41587-023-01801-2.

2. 基因编辑工具的结构解析

立陶宛维尔纽斯大学与丹麦哥本哈根大学的研究团队合作，利用cryo-EM确定了最小的可编程核酸酶TnpB的结构[217]。这种结构与生化实验数据一起解释了TnpB基因剪刀如何精确识别和切割DNA靶标。这项研究揭示了TnpB基因剪刀的结构和机制，为进一步有针对性地改造TnpB复合物奠定了基础。

美国犹他州立大学等机构的研究人员利用cryo-EM技术，在Cas12a2切割双链DNA的过程中捕捉到了它的结构[218]，包括它的RNA触发的单链RNA、单链DNA和双链DNA的降解，从而导致一种自然发生的防御策略。在进一步结构分析中，他们发现Cas12a2在免疫反应的不同阶段与它的靶RNA结合后会发生重大结构变化[219]。上述成果具有重要的治疗应用潜力，CRISPR-Cas12a2的RNA诊断能力也有望减免一些遗传性疾病引发的影响。

日本东京大学的研究人员从耐辐射奇球菌中提取了TnpB蛋白，并使用低温电镜技术获得了其高清结构[220]。该研究还揭示了TnpB如何识别ωRNA并切割靶DNA，并了解到TnpB可能进化成CRISPR-Cas12酶的两种可能方式。该成果为TnpB的功能提供了机制上的见解，并推进了科研人员对从TnpB蛋白到CRISPR-Cas12效应蛋白的进化的理解，有望推动基于TnpB的基因编辑技术的潜在应用。

3. 生物大分子的结构与功能解析

瑞士巴塞尔大学的研究人员通过使用高灵敏度的显微镜和核磁共振光谱等先进技术，阐明了一种嵌入细胞膜的小蛋白NINJURIN-1在单原子水平上诱发

---

217 Sasnauskas G, Tamulaitiene G, Druteika G, et al. TnpB structure reveals minimal functional core of Cas12 nuclease family[J]. Nature, 2023, 616(7956): 384-389.

218 Dmytrenko O, Neumann G C, Hallmark T, et al. Cas12a2 elicits abortive infection through RNA-triggered destruction of dsDNA[J]. Nature, 2023, 613(7944): 588-594.

219 Bravo J P K, Hallmark T, Naegle B, et al. RNA targeting unleashes indiscriminate nuclease activity of CRISPR-Cas12a2[J]. Nature, 2023, 613(7944): 582-587.

220 Nakagawa R, Hirano H, Omura S N, et al. Cryo-EM structure of the transposon-associated TnpB enzyme[J]. Nature, 2023, 616(7956): 390-397.

细胞膜破裂的机制[221]。这一新的见解是理解细胞死亡的一个重要里程碑，有望促进寻找新的药物靶点，干预细胞的过早死亡。

瑞典斯德哥尔摩大学的研究人员将断层扫描和分子模拟结合起来，揭示了单细胞真核生物嗜热四膜虫中呼吸链复合物的组装[222]。该复合物包括150种不同的蛋白质和311种结合的脂质，形成一个稳定的5.8 MDa组件。这种超级复合物不仅具有酶的功能，还具有塑造线粒体膜的结构功能，这两者共同支持能量转换，为生命提供燃料。

韩国基础科学研究院的研究人员利用pre-miRNA变体和人类Dicer酶（Dicer1）进行了大规模平行试验，对Dicer酶的结构和功能有了新的重要认识[223]。该成果揭示了Dicer酶识别底物的一种完整和保守的机制，并提供了一个框架来理解Dicer酶如何产生小RNA以进行生物学调节和治疗调节。

美国丹娜-法伯癌症研究所的研究人员使用X射线晶体学等技术，解析了Gabija蛋白复合物的结构[224]，揭示了噬菌体如何进化出一张回避网来逃避细菌防御系统的攻击。该成果改变了研究者对噬菌体如何与这些防御系统相互作用的看法，并有望深入研究 Gabija 用来打败噬菌体的精确机制。

美国斯克里普斯研究所的研究人员描述了感觉离子通道PIEZO1嵌入细胞膜时的形状和构象[225]，展示了这种传感蛋白在机械刺激下如何改变形状，从而揭示了它如何发挥作用的关键信息。该成果有望应用于筛选可能抑制或激活PIEZO1的传感器的药物。

4. 细胞机器的结构解析与分子机制研究

瑞士保罗谢勒研究所的研究人员在SwissFEL X射线自由电子激光器的帮助

---

221 Degen M, Santos J C, Pluhackova K, et al. Structural basis of NINJ1-mediated plasma membrane rupture in cell death[J]. Nature, 2023, 618(7967): 1065-1071.

222 Mühleip A, Flygaard R K, Baradaran R, et al. Structural basis of mitochondrial membrane bending by the Ⅰ-Ⅱ-Ⅲ2-Ⅳ2 supercomplex[J]. Nature, 2023, 615(7954): 934-938.

223 Lee Y Y, Lee H, Kim H, et al. Structure of the human DICER-pre-miRNA complex in a dicing state[J]. Nature, 2023, 615(7951): 331-338.

224 Antine S P, Johnson A G, Mooney S E, et al. Structural basis of Gabija anti-phage defence and viral immune evasion[J]. Nature, 2024, 625(7994): 360-365.

225 Mulhall E M, Gharpure A, Lee R M, et al. Direct observation of the conformational states of PIEZO1[J]. Nature, 2023, 620(7976): 1117-1125.

下，破译了当光线照射到视网膜时首先在眼睛里发生的分子过程，确定了在视觉感知过程的第一万亿分之一秒之后究竟发生了什么[226]。该研究也体现了重大科技基础设施对于科学研究的重要作用。

德国马克斯·普朗克分子生理学研究所与英国伦敦国王学院合作，利用cryo-ET技术成功获得了粗蛋白丝（thick protein filament）在天然细胞环境中的首张高分辨率三维图像[227]，展现了粗蛋白丝内部的分子分布和成分排列。这一新发现是理解肌肉在健康和疾病状态下如何运作的重要框架，有助于更好地了解肥厚型心肌病等疾病，并有助于开发创新疗法。

美国哈佛大学医学院和英国伦敦大学学院等机构的研究人员利用先进的显微镜和人工智能技术，首次获得了人类纤毛（cilia）结构的图像[228]，从而可以可视化的方式观察导致纤毛跳动的分子“纳米机器”。这有望为罕见的纤毛疾病患者带来亟须的治疗方案，提供了开发可以精确地靶向轴丝的微小缺陷从而使纤毛按照它们应该的方式跳动的分子药物的可能性。

美国宾夕法尼亚大学的研究人员利用cryo-EM技术揭示了肌动蛋白丝两个末端的关键原子结构[229]，为更深入了解整个肌动蛋白生物学提供了关键的机制细节。该研究有助于填补一些由肌动蛋白缺陷或缺乏导致的肌肉、骨骼、心脏、神经系统和免疫系统疾病背后的细节，有助于深入了解乃至治疗由肌动蛋白功能障碍引起的疾病。

5. 疾病机制与药物设计的结构生物学分析

美国康涅狄格大学收集了焦孔素B的数十万张冷冻电镜图片，在原子水平

---

226 Gruhl T, Weinert T, Rodrigues M J, et al. Ultrafast structural changes direct the first molecular events of vision[J]. Nature, 2023, 615(7954): 939-944.

227 Tamborrini D, Wang Z, Wagner T, et al. Structure of the native myosin filament in the relaxed cardiac sarcomere[J]. Nature, 2023, 623(7988): 863-871.

228 Walton T, Gui M, Velkova S, et al. Axonemal structures reveal mechanoregulatory and disease mechanisms[J]. Nature, 2023, 618(7965): 625-633.

229 Carman P J, Barrie K R, Rebowski G, et al. Structures of the free and capped ends of the actin filament[J]. Science, 2023, 380(6651): 1287-1292.

上构建了这类蛋白质分子的三维模型[230]，以此了解这类蛋白质的结构与工作机制，从而分析志贺菌可以感染人类却不能感染小鼠的原因。该研究为设计调控焦孔素B活性的小分子药物提供了信息，从而通过抑制或增强免疫反应来治疗一系列的疾病，为开发新型疗法带来了希望。

美国伊利诺伊大学和威斯康星大学的研究人员利用固态核磁共振技术，通过改进著名抗真菌药物两性霉素B的结构，设计出了一种新的抗真菌分子AM-2-19[231]，有望利用这种药物的威力来对付真菌感染，同时消除它的毒性。这种分子具有不影响肾、阻止抗药性产生的能力和广谱疗效。作为迈向临床应用的第一步，AM-2-19 已被授权给 Sfunga Therapeutics 公司，并且进入了 I 期临床试验阶段。

荷兰乌得勒支大学的研究人员利用功能强大的显微镜和计算机模拟技术，揭示了一种名为唾液酸聚糖的微小糖分子如何与人类冠状病毒刺突蛋白结合，发现了冠状病毒刺突蛋白被激活后进入宿主细胞的复杂机制[232]。该成果对于了解病毒-宿主相互作用、人畜共患病的传播及开发有效的对策具有非常重要的意义。

美国加利福尼亚大学的研究人员首次展示了经常用于治疗癫痫和止痛的药物加巴喷丁（gabapentin）如何在细胞内发挥作用[233]，发现了加巴喷丁如何与称为电压门控钙通道（voltage-gated calcium channel）的离子通道相互作用的过程[234]。该研究为开发癫痫和狼疮等疾病新的、更有效的新一代治疗方法奠定了坚实的基础。

---

230 Wang C, Shivcharan S, Tian T, et al. Structural basis for GSDMB pore formation and its targeting by IpaH7. 8[J]. Nature, 2023, 616(7957): 590-597.

231 Maji A, Soutar C P, Zhang J, et al. Tuning sterol extraction kinetics yields a renal-sparing polyene antifungal[J]. Nature, 2023, 623(7989): 1079-1085.

232 Pronker M F, Creutznacher R, Drulyte I, et al. Sialoglycan binding triggers spike opening in a human coronavirus[J]. Nature, 2023, 624(7990): 201-206.

233 Chen Z, Mondal A, Minor Jr D L. Structural basis for CaVα2δ: gabapentin binding[J]. Nature Structural & Molecular Biology, 2023, 30(6): 735-739.

234 Chen Z, Mondal A, Abderemane-Ali F, et al. EMC chaperone-CaV structure reveals an ion channel assembly intermediate[J]. Nature, 2023, 619(7969): 410-419.

（三）国内重要进展

1. 成像技术的创新应用与交叉融合

中国科学院生物物理研究所联合清华大学等机构的研究人员提出了一套合理化深度强化学习（DRL）显微成像技术框架[235]，将光学成像模型及物理先验与神经网络结构设计相融合，实现了当前国际最快（684 Hz）、成像时程最长的活体细胞成像性能。

北京大学的研究人员开发了第三代红绿双色多巴胺探针工具包[236]，并通过在体红绿双色成像等方式证明全新一代多巴胺探针在多脑区、多行为范式下均能灵敏、特异地检测多巴胺及其他信号分子的时空动态释放。该研究开发的全新一代多巴胺探针弥补了现有多巴胺探针的短板，对于中枢神经系统不同脑区的多巴胺都能实现灵敏、特异的检测，为进一步深入研究多巴胺系统在生理和病理条件下的作用与分子机制提供了更为强大的工具。

苏州大学与复旦大学附属眼耳鼻喉科医院利用细菌特异性ATP结合盒（ABC）糖转运蛋白，开发了高效的体内生物发光成像系统——特洛伊-生物发光成像（Trojan-BLI）系统[237]。该成像系统能够对从细菌性眼内炎患者收集的含有10种病原体的人玻璃体进行体外生物发光成像。该成果能够进一步区分化学发光技术无法区分的小鼠细菌性和非细菌性肾炎与结肠炎，还可以对深层组织中的病原体进行光热治疗。

2. 生物大分子和细胞机器的结构与功能解析

山东大学、浙江大学等机构的研究人员利用冷冻电镜解析了在4种脂肪酸

---

235 Qiao C, Li D, Liu Y, et al. Rationalized deep learning super-resolution microscopy for sustained live imaging of rapid subcellular processes[J]. Nature Biotechnology, 2023, 41(3): 367-377.

236 Zhuo Y, Luo B, Yi X, et al. Improved green and red GRAB sensors for monitoring dopaminergic activity *in vivo*[J]. Nature Methods, 2024, 21(4): 680-691.

237 Zhang Q, Song B, Xu Y, et al. *In vivo* bioluminescence imaging of natural bacteria within deep tissues via ATP-binding cassette sugar transporter[J]. Nature Communications, 2023, 14(1): 2331.

配体（EPA、LA、9-HSA、OA）和小分子激动剂TUG891激活下的GPR120-Gi/Giq复合物高分辨率三维结构[238]。该成果揭开了GPR120芳香氨基酸选择性识别不饱和脂肪酸不同位置的双键来响应下游不同效应器发挥众多功能的神秘面纱，具有里程碑的意义，为推动开发精准靶向GPR120的新型高效不饱和脂肪酸类药物提供了理论依据和结构基础，同时为糖尿病、肥胖及炎症等疾病的药物开发和治疗带来了新的曙光。

清华大学、普林斯顿大学和哈佛大学医学院等机构的研究人员利用cryo-EM技术来研究人Navv1.7通道与大麻二酚（CBD）的复合物结构，观察到Navv1.7通道与CBD复合物的详细结构[239]，包括Navv1.7通道的α1亚基、β1亚基和β2亚基，以及CBD分子的结合位点。该成果为进一步研究Navv1.7通道与CBD复合物之间的相互作用提供了基础，也为开发新的治疗方法提供了理论基础。

北京大学的研究人员报道了人源UCP1处于无核苷酸结合、2,4-二硝基苯酚（DNP）结合及ATP结合三种状态的高分辨率冷冻电镜结构[240]。该研究通过冷冻电镜对不同状态下UCP1的结构进行解析，从原子水平上观察到了DNP和ATP是如何与UCP1结合并引起构象变化的，为深入理解UCP1的工作机制提供了结构基础。

香港大学、香港科技大学、香港理工大学等机构的研究人员从体外培养的人类细胞中纯化出MCM2-7 DH[241]，并确定了它在分辨率为2.59 Å时的结构，发现了人类MCM2-7复合物调节复制起始的新机制。这一发现有助于开发一种新的有效的抗癌策略，可用于开发靶向MCM2-7复合物的无毒抗癌药物。

中国科学院上海有机化学研究所联合澳大利亚张任谦心脏研究所和新南威尔士大学等研究机构，采用两种分子策略及CRISPR-Cas9 编辑技术，确定了以

---

238 Mao C, Xiao P, Tao X N, et al. Unsaturated bond recognition leads to biased signal in a fatty acid receptor[J]. Science, 2023, 380(6640): eadd6220.

239 Huang J, Fan X, Jin X, et al. Cannabidiol inhibits Nav channels through two distinct binding sites[J]. Nature Communications, 2023, 14(1): 3613.

240 Kang Y, Chen L. Structural basis for the binding of DNP and purine nucleotides onto UCP1[J]. Nature, 2023, 620(7972): 226-231.

241 Li J, Dong J, Wang W, et al. The human pre-replication complex is an open complex[J]. Cell, 2023, 186(1): 98-111, e21.

前未认识到的PIEZO离子通道结合搭档[242]。依据这些发现将有可能设计出新的疗法来降低或减少PIEZO离子通道的活性，有助于开发未来治疗肥胖、骨质疏松和炎症性疾病的药物。

中国科学技术大学的研究人员利用单颗粒冷冻电镜技术解析了人类SIDT1结合磷脂酸的复合物及突变体E555Q的三维结构[243]。该团队基于蛋白质结构分析和一系列生化分析及细胞生物学实验，发现SIDT1是一种跨膜磷脂酶，并揭示了其利用磷脂酶活性调控核酸摄取的分子机制。

3. 植物大分子机器的结构解析与能量转换的功能机制探索

清华大学与中国科学院生物物理研究所的研究人员通过结合冷冻聚焦离子束（cryo-FIB）、cryo-ET、子断层平均（subtomogram averaging）技术和原位单颗粒分析方法（isSPA）解析了PBS-PSⅡ-PSⅠ-LHC超大复合体两种构象的原位结构[244]。该成果为阐明细胞内天然状态下PBS-PSⅡ-PSⅠ-LHC超大复合体的组装机制，以及能量从PBS向PSⅡ和PSⅠ高效转移的机制奠定了坚实的结构基础，为人工模拟光合作用研究提供了新的理论依据。

中国科学院物理研究所与深圳湾实验室等机构的研究人员利用单颗粒冷冻电子显微镜技术与多态密度泛函理论计算，通过实验结果和理论计算，共同在原子、分子水平上揭示了高等植物LHCⅡ在高效捕光和光保护功能间的切换机制[245]。该研究证实了酸性条件分子动力学模拟结构，支持了先前提出的LHCⅡ通过蛋白质变构效应实现传能态到猝灭态可逆切换的剪切模型。

北京大学、中国科学院物理研究所等机构的研究人员利用冷冻电镜技术首次解析了集胞藻（*Synechocystis* sp. PCC 6803）CpcL藻胆体（phycobilisome，

---

242 Zhou Z, Ma X, Lin Y, et al. MyoD-family inhibitor proteins act as auxiliary subunits of piezo channels[J]. Science, 2023, 381(6659): 799-804.

243 Sun C R, Xu D, Yang F, et al. Human SIDT1 mediates dsRNA uptake via its phospholipase activity[J]. Cell Research, 2024, 34(1): 84-87.

244 You X, Zhang X, Cheng J, et al. *In situ* structure of the red algal phycobilisome-PSⅡ-PSⅠ-LHC megacomplex[J]. Nature, 2023, 616(7955): 199-206.

245 Ruan M, Li H, Zhang Y, et al. Cryo-EM structures of LHCⅡ in photo-active and photo-protecting states reveal allosteric regulation of light harvesting and excess energy dissipation[J]. Nature Plants, 2023, 9(9): 1547-1557.

PBS）的高分辨率结构[246]，确定了蓝细菌藻胆体中胆素（bilin）基团的不同构象，结合超快光谱实验确认了在能量吸收中起关键作用的胆素的构象并证实了它在能量传递中的作用。该研究对于理解其他类型藻胆体的能量传递机制提供了关键信息，也为捕光复合物中蛋白质-色素的相互作用和高效的能量迁移研究提供了一个具有代表性的实验体系。

4. 基于结构生物学的疾病机制研究与药物设计筛选

中国科学院上海药物研究所联合美国北卡罗来纳大学，利用低温电镜技术解决了整个阿片类受体（opioid receptor）家族与其天然的肽结合的详细结构[247]。研究人员进行了结构指导下的生化研究，以更好地了解肽-阿片类受体的选择性和信号转导药物的作用机制，并提供了一个全面的结构框架，有助于药物开发者合理地设计出更安全的药物来缓解剧痛。

中国科学院上海药物研究所、分子细胞科学卓越创新中心与上海科技大学的研究团队利用cryo-EM测定了受甲基苯丙胺、β-苯乙胺（β-PEA）、选择性激动剂 RO5256390 和临床候选药物 SEP-363856 刺激的人类TAAR1-Gs 蛋白复合物的高分辨率结构[248]。该研究揭示了甲基苯丙胺与TAAR1结合的分子机制，为开发新的成瘾治疗方案和精神疾病药物奠定了基础。

中国科学院上海药物研究所的研究人员解析了腺苷受体家族A2BR受体分别结合内源性配体腺苷（ADO）和选择性激动剂小分子（BAY 60-6583）并偶联改造型Gs复合物的冷冻电镜结构[249]。该研究成果帮助科研人员从结构的角度理解了A2BR结合腺苷和非核苷类配体的机制，为腺苷家族受体的选择性配体开发奠定了结构基础。

---

246 Zheng L, Zhang Z, Wang H, et al. Cryo-EM and femtosecond spectroscopic studies provide mechanistic insight into the energy transfer in CpcL-phycobilisomes[J]. Nature Communications, 2023, 14(1): 3961.

247 Wang Y, Zhuang Y, DiBerto J F, et al. Structures of the entire human opioid receptor family[J]. Cell, 2023, 186(2): 413-427, e17.

248 Liu H, Zheng Y, Wang Y, et al. Recognition of methamphetamine and other amines by trace amine receptor TAAR1[J]. Nature, 2023, 624(7992): 663-671.

249 Cai H, Xu Y, Guo S, et al. Structures of adenosine receptor A2BR bound to endogenous and synthetic agonists[J]. Cell Discovery, 2022, 8(1): 140.

清华大学的研究人员结合冷冻电子断层成像、单颗粒分析和质谱技术，解析了新冠病毒Delta变异株的原位特征，并展示了Delta不同于原始株的结构基础[250]。该成果丰富了新冠病毒变异株的原位结构研究，在高致病性囊膜病毒灭活手段选择方面具有借鉴意义，为新冠病毒变异株相关疫苗设计及抗体药物研发提供了参考资料。

（四）前景与展望

冷冻电镜技术经历了数十年发展，层出不穷的软件和硬件革新带来了一场“分辨率革命”。然而，冷冻电镜密度图通常会呈现出局部分辨率的较大差异，因此对结构模型的搭建和分析存在一定的主观性，研究者对结构模型解读时应考虑到这方面的因素，对模型搭建应需多重考量。此外，考虑到不同结构生物学研究方法自身固有的局限性，应综合多种技术手段（尤其是AI技术），对生物大分子结构-功能关系进行全方位精细解读。同时，综合运用冷冻电镜单颗粒技术、cryo-ET、生物物理学和细胞生物学相关方法可以实现对大脑中淀粉样蛋白的全面理解，以克服“体外纯化获得的淀粉样蛋白的单颗粒冷冻电镜结构研究并不能完全代表其体内真实的分子排布”“cryo-ET的分辨率较低”等问题。此外，需要向以结构生物学相关技术作为主导的模式转变，面向复杂生命过程中生物大分子的研究开发全新技术，应对内源生物样品的制备优化、组成复杂且存在柔性的生物大分子的结构解析等带来的挑战[251]。

六、免疫学

（一）概述

免疫学是研究免疫系统结构和功能的科学，主要探讨免疫系统识别抗原后

---

250 Song Y, Yao H, Wu N, et al. *In situ* architecture and membrane fusion of SARS-CoV-2 delta variant[J]. Proceedings of the National Academy of Sciences, 2023, 120(18): e2213332120.

251 Khanppnavar B, North R A, Ventura S, et al. Advances, challenges, and opportunities in structural biology[J]. Trends in Biochemical Sciences, 2024, 49(2): 93-96.

发生免疫应答以清除抗原的规律，阐明免疫功能异常所致疾病的病理过程及其机制，并致力于为多种疾病提供免疫预防或治疗手段。2023年，研究人员在免疫学领域取得的进展不仅拓宽了人们对免疫细胞和分子的认识，深入探索了免疫系统的各种识别、应答和调控机制，也推动了产品的临床应用。

单细胞测序、基因编辑技术、双光子显微镜等先进技术手段在免疫学领域的应用推动了对免疫系统发育、免疫细胞新功能及新免疫功能分子等的认识。在免疫识别、应答和调控机制方面的研究成果也为抗病毒感染、肿瘤免疫、自身免疫病的治疗及实现免疫耐受等奠定了理论基础。在临床应用方面，新冠病毒给人类健康和生命安全带来了重大威胁，mRNA疫苗作为新一代疫苗在疫情防控中发挥了举足轻重的作用，因发现核苷酸碱基修饰从而使开发出有效的抗COVID-19 mRNA疫苗成为可能的卡塔琳·考里科（Katalin Karikó）和德鲁·韦斯曼（Drew Weissman）获得了2023年诺贝尔生理学或医学奖。此外，研究人员在针对疟原虫、呼吸道合胞病毒及禽流感病毒等的疫苗研发上取得了多项突破性成果。例如，美国辉瑞公司和英国葛兰素史克公司分别开发的RSV疫苗，英国牛津大学和印度血清研究所联合开发的疟疾疫苗，均已成功上市，将为更多人群提供有效保护，其中疟疾疫苗的成功上市还被纳入2023年*Science*十大科学突破。近年来，肿瘤免疫治疗已成为肿瘤的重要治疗手段。研究人员近期在免疫细胞新功能、肿瘤免疫逃逸机制、免疫微环境、肿瘤抗原识别及肿瘤代谢等方面取得的进展也有望为肿瘤免疫治疗提供更多的潜在靶点、治疗手段，以及实现免疫治疗效果的提升。

（二）国际重要进展

1. 免疫细胞和分子的再认识与新发现

澳大利亚加文医学研究所等机构利用新一代双光子显微镜首次追踪了可染体巨噬细胞（tingible body macrophage，TBM）的生命周期和功能，经研究发现TBM是驻留在淋巴结的CSF1R 阻断抗性巨噬细胞，TBM 是静止的，且均匀分

布在整个生发中心，通过伸出细胞突起来捕获凋亡细胞碎片[252]。该研究破解了困扰人们近140年的关于TBM起源和行为的难题，有助于进一步了解自身免疫病的起因，并开发相关的预防和治疗方法。

德国癌症研究中心的研究人员发现小鼠胃肠道的肥大细胞被摄入的过敏原激活，肥大细胞可作为传感器通过产生白三烯介导小鼠产生抗原回避行为。该研究首次发现了肥大细胞可将2型免疫反应引起的抗原识别与行为联系起来的传感细胞作用这一种重要新功能[253]。

美国麻省理工学院和哈佛大学博德研究所等机构的研究人员创建了一个单细胞分辨率的细胞分子免疫反应图谱，涵盖了小鼠淋巴结中的超17种免疫细胞类型和86种细胞因子（超过1400种的细胞因子-细胞类型组合），研究人员还开发了配套软件——免疫反应富集分析（immune response enrichment analysis，IREA），以帮助确定在一些疾病中发挥重要作用的细胞因子等。该研究在单细胞和单细胞因子水平上详细描述了免疫系统的反应，为从更全局的角度了解复杂的免疫系统提供了重要基础[254]。

美国格拉德斯通研究所的研究人员利用其开发的大规模碱基编辑诱变平台对原代人类T细胞中385个基因的10万多个位点进行了研究，绘制出了更高分辨率的精确翔实的人类免疫反应分子图谱。该研究成果具有重要的临床意义，有助于克服当前免疫疗法的局限性，确定治疗自身免疫病和癌症等多种疾病的新药物靶标，开发新的免疫疗法[255]。

2. 免疫识别、应答、调节的规律与机制

美国格拉德斯通研究所等机构的研究人员通过全基因组CRISPR筛选，发现

---

252 Grootveld A K, Kyaw W, Panova V, et al. Apoptotic cell fragments locally activate tingible body macrophages in the germinal center[J]. Cell, 2023, 186(6): 1144-1161, e18.

253 Plum T, Binzberger R, Thiele R, et al. Mast cells link immune sensing to antigen-avoidance behaviour[J]. Nature, 2023, 620(7974): 634-642.

254 Cui A, Huang T, Li S, et al. Dictionary of immune responses to cytokines at single-cell resolution[J]. Nature, 2024, 625(7994): 377-384.

255 Schmidt R, Ward C C, Dajani R, et al. Base-editing mutagenesis maps alleles to tune human T cell functions[J]. Nature, 2024, 625(7996): 805-812.

癌细胞中嗜乳脂蛋白BTN3A和BTN2A1的丰度通过多种应激途径被调控，从而促进γδ T细胞最丰富的亚群Vγ9Vδ2 T细胞识别并靶向杀伤肿瘤细胞，经过进一步研究发现，AMPK（AMP活化的蛋白激酶）是影响BTN2A1和BTN3A 表达的关键调节因子，AMPK小分子激动剂二甲双胍可促进Vγ9Vδ2 T细胞的肿瘤杀伤作用[256]。该发现不仅揭示了γδ T细胞肿瘤抗原识别机制，还将为基于γδ T细胞的癌症免疫疗法打开新的大门。

美国洛克菲勒大学等机构的研究人员发现感染葡萄球菌的噬菌体会产生一种结构性RNA——cabRNA（CBASS-activating bacteriophage RNA），通过与CdnE03环化酶结合，促进合成环状二核苷酸cGAMP，从而激活基于环状寡核苷酸的抗噬菌体信号系统（cyclic oligonucleotide-based antiphage signalling system，CBASS）免疫反应，而逃避CBASS免疫反应的噬菌体会突变产生较长的无法激活CdnE03的cabRNA。这项研究揭示了激活先天免疫抗病毒通路的保守机制，为未来相关研究奠定了基础[257]。

英国剑桥大学等机构的研究人员在小鼠模型中发现，肾细胞内延胡索酸水化酶缺失会导致延胡索酸水平的增加，进一步诱导线粒体DNA通过分选连接蛋白9（sorting nexin 9，SNX9）依赖性的线粒体衍生囊泡（mitochondrial-derived vesicle，MDV）慢性释放到细胞质中，从而引发持续的炎症反应激活。这项研究拓展了对线粒体如何影响先天性免疫反应的认识，并为进一步研究代谢物驱动的免疫病理提供了基础[258]。

3. 疫苗与抗感染

美国哈佛大学医学院和霍华德·休斯医学研究所等机构的研究人员利用VirScan噬菌体展示平台分析了来自美国、秘鲁及法国等各地志愿者的近600份

---

256 Mamedov M R, Vedova S, Freimer J W, et al. CRISPR screens decode cancer cell pathways that trigger γδ T cell detection[J]. Nature, 2023, 621(7977): 188-195.

257 Banh D V, Roberts C G, Morales-Amador A, et al. Bacterial cGAS senses a viral RNA to initiate immunity[J]. Nature, 2023, 623(7989): 1001-1008.

258 Zecchini V, Paupe V, Herranz-Montoya I, et al. Fumarate induces vesicular release of mtDNA to drive innate immunity[J]. Nature, 2023, 615(7952): 499-506.

血液样本，发现人类免疫系统产生的抗体会反复靶向相同的病毒抗原区域，即“公共表位”（public epitope），病毒可通过少量突变实现免疫逃逸，进一步确定了抗体通过生殖系编码的氨基酸结合（germline-encoded amino acid binding）基序驱动识别这些公共表位[259]。此外，还发现不同物种识别的公共表位是不同的。这一发现对理解免疫、研发疫苗和促进公共卫生有重要的启发意义。

美国Novavax公司佐剂开发的疟疾疫苗R21/Matrix-M™在英国牛津大学和印度血清研究所组织的一项大规模Ⅲ期临床试验中显示出较好的安全性和较高的有效率，于2023年成功获得加纳（Ghana）食品和药物管理局的批准，标志着R21/Matrix-M™在全球范围内首次获得监管批准，这也是继英国葛兰素史克公司的Mosquirix后，第二款获世界卫生组织（WHO）推荐用于在疟疾传播高风险地区为儿童提供保护，并已被列入世界卫生组织资格预审疫苗清单中的疟疾疫苗。该疫苗的获批将为更多的受疟疾影响人群提供保护。

英国葛兰素史克公司的呼吸道合胞病毒疫苗Arexvy在一项Ⅲ期临床试验中显示出良好的安全性和较高的疫苗效力[260]，基于此，其于2023年5月获美国食品药品监督管理局（FDA）批准上市，成为全球首个为60岁及以上的成人提供针对呼吸道合胞病毒相关疾病保护的RSV疫苗。随后美国辉瑞公司的Abrysvo也成功获批，同样可以针对60岁以上人群，同时在一项Ⅲ期临床试验中首次证明可通过对孕妇注射疫苗预防婴儿感染呼吸道合胞病毒[261]。这两款疫苗的成功获批为易感人群提供了有效的保护。

4. 肿瘤免疫

瑞士巴塞尔大学等的研究人员在小鼠和人类肝细胞癌中发现，癌细胞通过增加对精氨酸的摄入和抑制对精氨酸的消耗来积累高水平的精氨酸，之后通过

---

259 Shrock E L, Timms R T, Kula T, et al. Germline-encoded amino acid-binding motifs drive immunodominant public antibody responses[J]. Science, 2023, 380(6640): eadc9498.

260 Papi A, Ison M G, Langley J M, et al. Respiratory syncytial virus prefusion F protein vaccine in older adults[J]. N Engl J Med, 2023, 388(7): 595-608.

261 Kampmann B, Madhi S A, Munjal I, et al. Bivalent prefusion F vaccine in pregnancy to prevent RSV illness in infants[J]. N Engl J Med, 2023, 388(16): 1451-1464.

进一步的代谢重编程促进肿瘤形成。从机制上来看，精氨酸通过结合RNA结合基序蛋白39（RNA-binding motif protein 39，RBM39），促进天冬酰胺合成上调，进而导致精氨酸摄取增强，形成的这个正反馈循环可使肿瘤维持高水平的精氨酸[262]。该研究为肝癌的早期诊断和治疗提供了新的生物标志物和靶点。

德国马格德堡大学等机构的研究人员发现少量的$CD4^+$ T细胞就足以使逃避了$CD8^+$ T细胞杀伤作用的主要组织相容性复合体（major histocompatibility complex，MHC）缺陷肿瘤发生炎性细胞死亡，该研究发现的这一抗肿瘤机制为临床上利用$CD4^+$ T细胞补充$CD8^+$ T细胞和自然杀伤细胞的抗肿瘤效果提供了基础[263]。

美国圣裘德儿童研究医院的研究人员利用体内单细胞CRISPR筛选系统绘制了瘤内T细胞分化的基因调控图谱，揭示了促使耗竭T细胞前体/祖细胞（precursor exhausted T，Tpex）摆脱静止状态和增强终末耗竭T细胞（terminally exhausted T，Tex）的增殖状态是提高抗肿瘤效果的关键模式。该研究为整合细胞命运调控组和癌症免疫可重塑功能决定因素提供了一个系统框架[264]。

美国麻省理工学院的研究人员发现利用一种携带与CAR-T靶标相同抗原的疫苗不仅可以增强CAR-T的代谢和活性，还可诱导抗原扩散现象以激活内源性免疫细胞，提升对异质性肿瘤的杀伤作用[265]。该研究有望为利用CAR-T细胞治疗实体瘤带来新方法。

美国纪念斯隆-凯特琳癌症中心等机构的研究人员在Ⅰ期临床研究中发现，表达胰腺导管腺癌（pancreatic ductal adenocarcinoma，PDAC）患者20种新抗原的个体化mRNA疫苗cevumeran，与化疗和免疫检查点疗法联用，通过诱导

---

262 Mossmann D, Müller C, Park S, et al. Arginine reprograms metabolism in liver cancer via RBM39[J]. Cell, 2023, 186(23): 5068-5083, e23.

263 Kruse B, Buzzai A C, Shridhar N, et al. $CD4^+$ T cell-induced inflammatory cell death controls immune-evasive tumours[J]. Nature, 2023, 618(7967): 1033-1040.

264 Zhou P, Shi H, Huang H, et al. Single-cell CRISPR screens *in vivo* map T cell fate regulomes in cancer[J]. Nature, 2023, 624(7990): 154-163.

265 Ma L, Hostetler A, Morgan D M, et al. Vaccine-boosted CAR T crosstalk with host immunity to reject tumors with antigen heterogeneity[J]. Cell, 2023, 186(15): 3148-3165, e20.

T细胞活性有效降低了PDAC患者的复发风险[266]，该产品由德国BioNTech公司开发，目前正进行Ⅱ期临床试验。该研究取得的积极早期临床试验结果为后续开发提供了有效的数据支持。

（三）国内重要进展

1. 免疫细胞和分子的再认识与新发现

中国科学院深圳先进技术研究院等机构结合单细胞转录组测序等技术，构建了横跨18个发育阶段、19种组织的人类胚胎免疫系统发育高分辨率图谱，着重描绘了15种巨噬细胞亚型的时空动态变化，还鉴定出两种新的巨噬细胞亚型——类小胶质细胞（microglia-like cell）和促血管生成巨噬细胞（proangiogenic macrophage，PraM）。该研究揭示了多种巨噬细胞亚型在发育过程中的分化起源、空间定位、功能特征及转录调控机制，为探讨人类巨噬细胞的异质性和发育提供了高分辨率的时空动态图谱[46]。

北京大学等机构的研究人员发现基因组DNA m^6A是秀丽隐杆线虫天然免疫反应过程中重要的功能修饰，进一步确定了一种全新的m^6A甲基转移酶METL-9，其可通过甲基转移酶活性和非甲基转移酶活性两种途径，共同调控线虫天然免疫反应。该研究为理解真核生物DNA m^6A的功能和调控提供了新见解[267]。

2. 免疫识别、应答、调节的规律与机制

中国科学院生物物理研究所和北京生命科学研究所等机构经研究发现炎症因子IL-18是非经典炎症小体通路caspase-4/5的生理底物，并进一步完整地揭示了天然免疫通路中胱天蛋白酶（caspase）识别和活化IL-18的精确分子机制。

---

266 Rojas L A, Sethna Z, Soares K C, et al. Personalized RNA neoantigen vaccines stimulate T cells in pancreatic cancer[J]. Nature, 2023, 618(7963): 144-150.

267 Ma C, Xue T, Peng Q, et al. A novel N6-deoxyadenine methyltransferase METL-9 modulates *C. elegans* immunity via dichotomous mechanisms[J]. Cell Res, 2023, 33(8): 628-639.

该研究为天然免疫提供了新认知，为探索与血液中高水平IL-18相关的自身免疫病如特异性皮炎、炎症性肠病和幼年型特发性关节炎的发生机制及开发新的干预策略提供了全新思路[47]。

空军军医大学等机构对强直性脊柱炎患者体内的蛋白质翻译后修饰进行了分析，发现在肠道代谢产物3-羟基丙酸（3-hydroxypropionic acid，3-HPA）的催化下，整合素蛋白96位半胱氨酸的一个半胱氨酸残基被羧基乙基化，激活了溶酶体降解途径，产生的羧乙基化ITGA2B修饰肽，会引起人类自身免疫反应。此研究首次揭示了强直性脊柱炎的致病新机制和新理论，还鉴定了一种全新的蛋白质翻译后修饰——半胱氨酸羧基乙基化修饰，不仅有助于开发强直性脊柱炎的诊断和治疗新方法，也为代谢物修饰形成新生抗原、诱发自身免疫病的病因病理学研究奠定了至关重要的基础[268]。

中国科学技术大学等机构经研究发现十二指肠上皮细胞中Gasdermin D（GSDMD）蛋白可以被食物抗原诱导剪切N端产生N_{13}片段，并入核调控肠道上皮细胞的二类分子水平上升，诱导调节性的Tr1细胞上调，最终促进食物免疫耐受。该研究揭示了食物抗原诱导免疫耐受的机制，为食物过敏的治疗手段提供了新思路[269]。

3. 疫苗与抗感染

北京大学的研究人员通过冷冻电镜等技术揭示了哺乳动物中唯一的免疫球蛋白M（immunoglobulin M，IgM）特异性受体FcμR特异性识别不同形式IgM的复杂分子机制，该研究为深入理解IgM的生物学功能奠定了基础[270]。

中国科学院微生物研究所和中国农业大学等机构的研究人员证明了H3N8亚型禽流感病毒能够在人类呼吸道类器官模型中有效感染和复制，从人类感染者中分离的H3N8毒株与鸡来源的相比具有更强的毒力，还可通过空气在雪貂

---

268 Zhai Y, Chen L, Zhao Q, et al. Cysteine carboxyethylation generates neoantigens to induce HLA-restricted autoimmunity[J]. Science, 2023, 379(6637): eabg2482.

269 He K, Wan T, Wang D, et al. Gasdermin D licenses MHC Ⅱ induction to maintain food tolerance in small intestine[J]. Cell, 2023, 186(14): 3033-3048, e20.

270 Li Y, Shen H, Zhang R, et al. Immunoglobulin M perception by FcμR[J]. Nature, 2023, 615(7954): 907-912.

之间传播，进一步的研究表明H3N8的PB2-E627K突变对于其在雪貂中的空气传播能力至关重要。该研究对我国出现的H3N8亚型禽流感病毒的致病、传播能力与分子机制进行了详细研究，对公共卫生风险具有极大的预警意义[271]。

中国科学院过程工程研究所和军事科学院军事医学研究院生物工程研究所等机构的研究人员通过将可呈现病毒抗原的纳米颗粒封装于微球，开发了一款可吸入、单剂量、干粉状气雾剂新冠病毒疫苗，在小鼠、仓鼠和非人灵长类中的测试显示，给药后，该疫苗可被有效递送到肺部黏膜组织，诱导持久的呼吸道免疫反应，从而提供有效保护，且该干粉状疫苗在室温下具有较好的稳定性[272]。该疫苗有望为未来传染病防控提供快速、有效的新手段。

4. 肿瘤免疫

北京大学和中国科学技术大学等机构的研究人员对来自716名癌症患者（涵盖 24 种癌症类型）的 NK 细胞进行了大规模单细胞转录组测序数据分析，发现NK细胞在不同癌症类型和组织之间具有异质性，在肿瘤微环境中特异富集着一种杀伤功能异常的NK细胞亚群——TaNK细胞，还揭示了髓系细胞LAMP3$^+$ DC是NK细胞的重要调控因子[102]。该研究为未来开发基于NK细胞的癌症免疫疗法奠定了基础。

中国科学技术大学的研究人员利用透射与扫描电镜技术发现肿瘤组织微环境NK细胞表面膜突起丢失，导致无法识别和杀伤肿瘤细胞，进一步揭示了该现象是由肿瘤微环境的丝氨酸代谢失调导致NK细胞膜主要组分鞘磷脂的下降引起的，并证实了靶向鞘磷脂酶可作为一种潜在的抗肿瘤免疫疗法。本研究揭示的新机制为基于NK细胞的肿瘤免疫治疗提供了新思路与新靶标[273]。

中国科学院分子细胞科学卓越创新中心等机构的研究人员发现肿瘤微环境中

---

271 Sun H, Li H, Tong Q, et al. Airborne transmission of human-isolated avian H3N8 influenza virus between ferrets[J]. Cell, 2023, 186(19): 4074-4084, e11.

272 Ye T, Jiao Z, Li X, et al. Inhaled SARS-CoV-2 vaccine for single-dose dry powder aerosol immunization[J]. Nature, 2023, 624(7992): 630-638.

273 Zheng X, Hou Z, Qian Y, et al. Tumors evade immune cytotoxicity by altering the surface topology of NK cells[J]. Nat Immunol, 2023, 24(5): 802-813.

富集的氧化型胆固醇通过抑制SREPB2通路和激活LXR通路，引发肿瘤浸润T细胞胆固醇缺陷，进一步导致关键代谢和信号通路的异常，从而引发T细胞失能，研究人员还测试了通过敲除*LXRβ*基因使T细胞胆固醇正常化的策略，发现该策略可提高CAR-T细胞对实体瘤的抗肿瘤能力。该研究揭示了肿瘤微环境中T细胞胆固醇缺乏机制，为进一步通过靶向胆固醇代谢治疗肿瘤提供了理论基础[274]。

中山大学的研究人员通过对人类乳腺癌样本的HLA Ⅰ类肽组进行分析，发现肿瘤特异性环状RNA——circFAM53B编码的隐性抗原肽可以驱动有效的抗肿瘤免疫反应，并在肿瘤小鼠中证实利用肿瘤特异性环状RNA 或其编码的抗原肽进行疫苗接种可作为潜在肿瘤免疫治疗策略[275]。该研究为抗肿瘤免疫治疗提供了新思路。

复旦大学和中国科学院分子细胞科学卓越创新中心等机构的研究人员在病理性激活的中性粒细胞［又称多形核髓系来源的抑制细胞（polymorphonuclear myeloid derived suppressor cell，PMN-MDSC）］表面发现了一个全新的、功能高度保守的肿瘤免疫抑制受体CD300ld，CD300ld通过调控PMN-MDSC的募集以促进免疫抑制，阻断CD300ld可重塑免疫微环境，从而产生广谱抗肿瘤效果[276]。该研究有望为肿瘤免疫治疗提供新的理想靶点。

（四）前景与展望

未来，免疫学基础问题的研究不断深入，跨学科融合不断加深，以及前沿免疫学新技术的开发和应用，将为更加全面、系统、精细化地认识免疫系统提供机遇。近年来，免疫学已在传染病、肿瘤、自身免疫病等领域取得了多项重要突破，同时更多的疾病如阿尔茨海默病、糖尿病等也将受益于相关的免疫机制和临床转化研究。

---

274 Yan C, Zheng L, Jiang S, et al. Exhaustion-associated cholesterol deficiency dampens the cytotoxic arm of antitumor immunity[J]. Cancer Cell, 2023, 41(7): 1276-1293, e11.

275 Huang D, Zhu X, Ye S, et al. Tumour circular RNAs elicit anti-tumour immunity by encoding cryptic peptides[J]. Nature, 2024, 625(7995): 593-602.

276 Wang C, Zheng X, Zhang J, et al. CD300ld on neutrophils is required for tumour-driven immune suppression[J]. Nature, 2023, 621(7980): 830-839.

七、干细胞

（一）概述

干细胞的自我更新、定向分化等特性使其在多种疾病治疗中展现出可观的应用前景，因此多年来始终是各国重点布局的方向。随着对干细胞特性和调控机制探索的深入，干细胞在疾病治疗中的应用越来越成熟。同时，干细胞衍生类器官领域发展迅速，随着类器官类型和功能的完善，其在助力发现疾病机制及药物开发等方面已经发挥了巨大作用。我国在干细胞和类器官领域同样保持较快发展势头，在干细胞领域的优势地位继续保持，在类器官领域也逐渐加快发展步伐。

（二）国际重要进展

1. 干细胞

（1）干细胞机制探索持续深入

2023年，干细胞领域继续保持较快发展速度，对干细胞体外培养、定向分化等过程的机制认识持续深入和全面，助力对干细胞培养的各个过程实现更加精准的控制，为开发更稳定的干细胞疗法奠定了基础。

日本东京大学和筑波大学建立了一种新型人造血干细胞培养系统，可以通过化学激动剂和己内酰胺基聚合物完全替代外源性细胞因子与白蛋白来实现人造血干细胞的长期体外扩增，为在体外获得大量造血干细胞用于移植治疗奠定了基础[277]。

澳大利亚西澳大学、阿德莱德大学和莫纳什大学等机构通过对人类体细胞

277 Sakurai M, Ishitsuka K, Ito R, et al. Chemically defined cytokine-free expansion of human haematopoietic stem cells[J]. Nature, 2023, 615: 127-133.

向诱导多能干细胞（iPSC）分化的启动和初始重编程阶段进行全基因组DNA甲基化分析，研究了诱导多能干细胞表观遗传记忆的特征，并基于此开发了一种新的重编程策略，纠正了表观遗传记忆和畸变，产生了在分子和功能上更类似于人类胚胎干细胞的诱导多能干细胞[278]。该成果有助于获得更加接近天然多能干细胞的iPSC，从而促进其在疾病治疗中的应用。

美国西北大学等机构利用3种超分子纳米纤维构建了3种人工细胞外基质，发现具有更强内部超分子运动强度的纳米纤维能够使iPSC衍生的运动神经元和皮质神经元具有更强的生物活性。这一研究成果提示设计仿生的细胞外基质对研究人类神经元的发育、功能和功能障碍具有重要意义[279]。

美国加利福尼亚大学洛杉矶分校的研究团队发现了RBFox1介导的RNA剪接在促进人类干细胞衍生的心肌细胞成熟中发挥作用的机制，有助于更深入了解心肌细胞随着发育过程如何生长，有望促进治疗心脏病和心脏损伤的全新疗法的开发[280]。

（2）疾病干细胞疗法开发进程快速推进

随着对干细胞调控机制认识的深入，2023年科研人员进一步实现了干细胞向多种类型细胞的稳定分化及体外扩增，并探索了其在多种疾病治疗中的应用，部分疗法还在临床研究中获得了疗效的验证。

美国丹娜-法伯癌症研究所开发了一种不使用外源药物、血清和抗生素的两步制造工艺，将从角膜缘活检样本中分离的角膜缘干细胞在人羊膜上扩增，并在5名患者身上进行了治疗单侧角膜缘干细胞缺乏症的Ⅰ期临床试验，取得了良好的治疗效果，改善了患者的视力，并在不同程度上修复了角膜[281]。

278 Buckberry S, Liu X, Poppe D, et al. Transient naive reprogramming corrects hiPS cells functionally and epigenetically[J]. Nature, 2023, 620(7975): 863-872.

279 Alvarez Z, Ortega J A, Sato K, et al. Artificial extracellular matrix scaffolds of mobile molecules enhance maturation of human stem cell-derived neurons[J]. Cell Stem Cell, 2023, 30(2): 219-238.

280 Huang J, Lee J Z, Rau C D, et al. Regulation of postnatal cardiomyocyte maturation by an RNA splicing regulator RBFox1[J]. Circulation, 2023, 148: 1263-1266.

281 Jurkunas U V, Yin J, Johns L K, et al. Cultivated autologous limbal epithelial cell (CALEC) transplantation: Development of manufacturing process and clinical evaluation of feasibility and safety[J]. Science Advances, 2023, 9(33): eadg6470.

英国剑桥大学等机构将皮肤细胞重编程为脑干细胞，并将其移植到15例继发性多发性硬化症患者体内，结果显示，在12个月的随访期间，这些患者的认知功能和症状没有显著恶化，且能够抑制患者大脑体积减小的进程，显示该疗法是缓解多发性硬化症的一种可行策略[282]。

美国斯坦福大学医学院干细胞生物学与再生医学研究所将血液干细胞和祖细胞移植到Trem2突变小鼠阿尔茨海默病模型中，实现了对小鼠体内小胶质细胞的替代，并恢复了Trem2的活性，从而发挥改善小鼠大脑健康的作用。该成果为利用干细胞治疗神经退行性疾病提供了新思路[283]。

韩国延世大学医学院从临床级人类胚胎干细胞中大规模衍生出高纯度的中脑多巴胺能祖细胞，并评估了这些细胞在免疫缺陷大鼠中的毒性、生物分布和致瘤性，进而将不同剂量的中脑多巴胺能祖细胞移植到帕金森病大鼠体内，观察到显著的剂量依赖性行为改善。这些结果为确定用于人体临床试验的细胞剂量提供了见解[284]。

2. 类器官

（1）类器官结构和功能持续优化

2023年，科研人员持续对类器官进行优化，进一步构建出一系列在细胞组成、组织器官结构和功能方面更加完整、精细的类器官，为其应用奠定了基础。

奥地利科学院分子生物技术研究所建立了多腔心脏类器官，其包含左右心室、心房、心室流出道和房室管等心脏主要的结构，该成果为研究心脏发育及相关疾病提供了一个良好的模型[285]。

慕尼黑工业大学利用人类多能干细胞构建出心外膜类器官，其显示出视黄

---

282 Leone M A, Gelati M, Profico D C, et al. Phase Ⅰ clinical trial of intracerebroventricular transplantation of allogeneic neural stem cells in people with progressive multiple sclerosis[J]. Cell Stem Cell, 2023, 30(12): 1597-1609.

283 Yoo Y, Neumayer G, Shibuya M D M. A cell therapy approach to restore microglial Trem2 function in a mouse model of Alzheimer's disease[J]. Cell Stem Cell, 2023, (8): 1043-1053.

284 Park S, Park C W, Eom J H, et al. Preclinical and dose-ranging assessment of hESC-derived dopaminergic progenitors for a clinical trial on Parkinson's disease[J]. Cell Stem Cell, 2024, 31(2): 278-279.

285 Schmidt C, Deyett A, Ilmer T, et al. Multi-chamber cardioids unravel human heart development and cardiac defects[J]. Cell, 2023, 186: 5587-5605.

酸依赖的心外膜和心肌的形态、分子特征和功能，并利用该类器官模拟了先天性或压力引起的肥大和纤维化等疾病，并揭示了其发病机制，为心脏发育、疾病和再生研究提供了工具[286]。

美国辛辛那提儿童医院等机构通过将人类肠道类器官移植到具有人源化免疫系统的小鼠肾包膜下，首次构建出具有免疫系统的人类肠道类器官，为研究消化道的免疫介导疾病提供了一种新的功能模型[25]。

美国耶鲁医学院在活体小鼠体内构建出功能性人源化肝，其与人类的肝结构相同，包含人类肝细胞及人类免疫细胞、内皮细胞和星状细胞，且能够执行重要的人类特异性代谢过程，并可用于模拟纤维化和非酒精性脂肪性肝病等病理过程。利用该模型，研究人员揭示了肝代谢的微环境调控机制[287]。

美国得克萨斯大学开发出一种促使人类扩展多能干细胞自组织形成外周类原肠胚的新方法，所构建的模型不仅包含了胚胎组织，而且包含了此前类似模型中缺少的卵黄囊和胎盘等支持组织，该模型能够再现人类原肠运动的关键阶段，如形成羊膜腔和卵黄囊腔、发育出二胚层和三胚层胚盘、形成原始生殖细胞、启动原肠运动及早期神经和器官形成。该成果为了解胚胎早期发育提供了新工具[288]。

（2）类器官的应用范围不断拓宽

2023年，类器官不仅作为组织器官模型助力揭示了一系列传染病、遗传性疾病和癌症等疾病的发生发展机制，而且作为药物发现和筛选平台，在药物筛选、药物毒理筛查等方面展现出其应用潜力。同时科研人员也围绕类器官作为替代的移植器官开展了初步探索。

美国斯坦福大学通过构建能模拟正常人气道结构和功能的鼻上皮类器官，揭示了新冠病毒感染鼻腔细胞的全过程，发现新冠病毒会首先感染呼吸道纤毛

---

286 Meier A B, Zawada D, de Angelis M T, et al. Epicardioid single-cell genomics uncovers principles of human epicardium biology in heart development and disease[J]. Nat Biotechnol, 2023, 41: 1787-1800.

287 Kaffe E, Roulis M, Zhao J, et al. Humanized mouse liver reveals endothelial control of essential hepatic metabolic functions[J]. Cell, 2023, 186(18): 3793-3809.

288 Liu L, Oura S, Markham Z, et al. Modeling post-implantation stages of human development into early organogenesis with stem-cell-derived peri-gastruloids[J]. Cell, 2023, 186(18): 3776-3792.

细胞，移除纤毛可阻止新冠病毒的感染[289]。

奥地利科学院分子生物技术研究所利用人脑类器官全面测试了多个高风险孤独症谱系障碍基因突变对细胞命运的影响，识别出更容易受影响的细胞类型及与孤独症相关的基因调控网络[290]。

荷兰哈布勒支（Hubrecht）研究所的研究人员针对缺乏非酒精性脂肪性肝病靶点和化合物筛选的人类模型，建立了人类脂肪肝类器官模型，并成功筛选出治疗脂肪肝的潜在新靶点*FADS2*基因[291]。

美国宾夕法尼亚大学等机构证明人类大脑类器官在移植到大鼠视觉皮层的大损伤腔后，能够与成年大鼠视觉系统整合，同时对大鼠进行视觉刺激能够引起类器官中神经元的反应，该成果提示类器官具有大脑损伤修复的潜力[292]。

（三）国内重要进展

1. 干细胞

（1）我国继续保持在干细胞基础研究中的领先地位

干细胞基础研究一直是我国的优势领域，在国际上也始终位居前列。2023年，我国在相关领域也继续深入探索，并在我国首创的化学重编程领域进一步取得了突破，同时还在国际上首次构建了人类胚胎干细胞嵌合体猴，成为领域里程碑。

北京大学建立了一个更加高效的化学重编程策略，该策略将诱导多能干细胞（iPSC）的诱导时间从50天缩短至最少16天，并能够从所有17个测试供体中高度可重复和高效地生成iPSC，该成果为人类多能干细胞的构建提供了一条

289 Wu C T, Lidsky P V, Xiao Y, et al. SARS-CoV-2 replication in airway epithelia requires motile cilia and microvillar reprogramming[J]. Cell, 2023, 186: 112-130.

290 Li C, Fleck J S, Martins-Costa C, et al. Single-cell brain organoid screening identifies developmental defects in autism[J]. Nature, 2023, 621: 373-380.

291 Hendriks D, Brouwers J F, Hamer K, et al. Engineered human hepatocyte organoids enable CRISPR-based target discovery and drug screening for steatosis[J]. Nat Biotechnol, 2023, 41: 1567-1581.

292 Jgamadze D, Lim J, Zhang Z, et al. Structural and functional integration of human forebrain organoids with the injured adult rat visual system[J]. Cell Stem Cell, 2023, 30(2): 137-152.

优化的路径[39]。

浙江大学开发了一种快速化学重编程系统，该系统将之前约40天的重编程时间缩短至7～12天，同时利用多组学分析还发现了化学重编程过程中的转录与表观遗传动态，并揭示化学重编程后期会经历一个独特的滞育阶段[293]。

中国科学院动物研究所等机构通过单细胞多组学、谱系追踪和功能分析，发现了人类造血干细胞的起源、生物学功能和异质性的分子决定因素，为体外获得人类造血干细胞用于患者移植奠定了基础[294]。

昆明理工大学实现了在同一种培养条件下，同时从小鼠和食蟹猴囊胚的3种基础组织中获得了胚胎干细胞、胚胎外内胚层干细胞和滋养细胞干细胞，阐明了囊胚时期胚胎组织和胚外组织之间的相互作用及其调控机制，这一成果为开发更仿生的胚胎模型及设计与发育过程更符合的分化方案提供了新途径[295]。

中国科学院脑科学与智能技术卓越创新中心和中国科学院广州生物医药与健康研究院在国际上首次成功构建了高比例胚胎干细胞贡献的出生存活嵌合体猴，并证实了猴胚胎干细胞可以高效地贡献到胚外胎盘组织和生殖细胞。该研究对于理解灵长类胚胎干细胞全能性和发育潜能具有重要意义，为建立基于猴胚胎干细胞嵌合体的基因打靶和模型构建技术奠定了基础[38]。

（2）我国在多种疾病的干细胞治疗机制研究中获得突破

2023年，我国探索干细胞治疗疾病的进程也不断加速，陆续探明了多种疾病的治疗机制，为相关疾病疗法的开发奠定了基础。

北京大学开发了一种全新的胰岛移植策略，通过腹直肌前鞘下移植人多能干细胞分化的胰岛细胞。使用该方案，移植的胰岛细胞功能显著优于其他移植方案，所有接受移植的糖尿病猴的血糖控制都得到了显著改善。且相较于其他腹腔外移植方案，该方案的创伤小、操作简便、移植物易于长期追踪观察，这些

293 Chen X, Lu Y, Wang L, et al. A fast chemical reprogramming system promotes cell identity transition through a diapause-like state[J]. Nature Cell Biology, 2023, 25(8): 1146-1156.

294 Xia J, Liu M, Zhu C, et al. Activation of lineage competence in hemogenic endothelium precedes the formation of hematopoietic stem cell heterogeneity[J]. Cell Research, 2023, 33: 448-463.

295 Wei Y, Zhang E, Yu L, et al. Dissecting embryonic and extraembryonic lineage crosstalk with stem cell co-culture[J]. Cell, 2023, 186(26): 5859-5875.

优点使这一方案成为未来人多能干细胞用于临床糖尿病治疗理想的移植策略[40]。

南京大学等机构揭示了人类蓝斑去甲肾上腺素能神经元发育过程中的关键信号通路，并实现了利用人多能干细胞向这类神经元的体外高效分化，分化获得的神经元具有产生去甲肾上腺素神经递质等特征。该研究成果为了解去甲肾上腺素能神经元在相关神经系统疾病中的作用奠定了基础，也让开发药物治疗相关疾病成为可能[41]。

北京生命科学研究所等机构揭示了骨髓内外周神经通过促进LepR＋细胞释放生长因子来促进骨髓再生，为造血干细胞移植及白血病等血液疾病的临床治疗提供了重要参考资料[42]。

中国科学院分子细胞科学卓越创新中心发现了乳腺干细胞与免疫微环境细胞的相互作用，揭示了乳腺干细胞维持生存并对化疗耐药的分子机制，为乳腺癌的治疗提供了新的理论依据[296]。

2. 类器官

（1）我国构建出多种新型类器官

2023年，我国也进一步构建出针对多种组织器官的类器官，在相关领域的技术水平不断提升。

中国科学院脑科学与智能技术卓越创新中心利用胚胎干细胞构建出食蟹猴的类囊胚，在体外培养后，其能够发育成胚盘，并形成卵黄囊、绒毛膜腔、羊膜腔、原始条纹和沿喙尾轴的连接柄等结构，将其移植到食蟹猴体内能实现妊娠，该成果为了解灵长类动物胚胎发育提供了一个实用的新系统[43]。

复旦大学通过对耳蜗祖细胞进行重编程，并诱导耳蜗毛细胞的分化和螺旋神经节神经元的生长，从而在体外首次培养出具有功能性外周听觉回路的耳蜗类器官，该类器官为揭示感音神经性听力损失的机制提供了新平台[44]。

上海科技大学构建出腹侧丘脑类器官，其中富集了与背侧丘脑类器官差异

---

296 Liu C Y, Xu Y S, Yang G W, et al. Niche inflammatory signals control oscillating mammary regeneration and protect stem cells from cytotoxic stress[J]. Cell Stem Cell, 2024, 31(1): 89-105, e6.

化的细胞谱系，尤其是包含具备网状核特征的抑制性神经元类群，研究人员还利用该模型首次探索了网状核中富集表达的、疾病相关基因的功能，该成果为体外重现人类特定脑区、核团发育提供了新的三维模型，尤其为了解人类丘脑核团发育及病理机制提供了全新的方法[45]。

（2）我国利用类器官揭示了多种疾病机制

在利用类器官作为模型揭示疾病机制及助力药物筛选方面，我国开展了大量研究，并建立了一系列类器官库，为指导临床用药提供了稳定的模型。

西湖大学成功构建了具有更完善生理结构、更稳定的小鼠乳腺微器官，其在细胞组成及转录异质性上维持了与正常乳腺相似的特征，并且能够模拟乳腺在青春期、生理期及怀孕哺乳期的生理及病理变化，为乳腺干细胞研究及肿瘤发生的早期病理过程研究提供了有力的工具[297]。

中山大学成功构建了来源于胆道系统肿瘤患者肿瘤组织的类器官生物库，从组织病理学和多组学角度展现了其来源肿瘤的特征，并利用这些类器官揭示了人源性胆道系统肿瘤对不同药物反应的特征，为相关患者的个性化精准治疗提供了新的临床决策工具[298]。

广东省肺癌研究所从107名晚期癌症患者中生成了212个肺癌类器官，并在真实世界研究中进行了针对化疗和靶向治疗的肺癌类器官药物敏感性测试，结果显示药物敏感性与临床反应的总体一致性可达83.33%，提示该肺癌类器官模型在预测晚期癌症治疗反应中具有较大的应用潜力[299]。

（四）前景与展望

第一，干细胞在疾病治疗中的应用潜力获得全球广泛认可，当前干细胞领域也正处于基础研究向临床转化的关键时期，因此，未来有必要进一步夯实干

---

297 Yuan L, Xie S, Bai H, et al. Reconstruction of dynamic mammary mini gland *in vitro* for normal physiology and oncogenesis[J]. Nat Methods, 2023, 20: 2021-2033.

298 Ren X, Huang M, Weng W, et al. Personalized drug screening in patient-derived organoids of biliary tract cancer and its clinical application[J]. Cell Rep Med, 2023, 4: 101277.

299 Wang H, Zhang C, Peng K, et al. Using patient-derived organoids to predict locally advanced or metastatic lung cancer tumor response: A real-world study[J]. Cell Report Medicine, 2023, 4(2): 100911.

细胞应用的基础，从更系统、更深入的角度探索干细胞发挥再生修复功能的机制，从而为干细胞疗法的稳定应用提供保障，与此同时，也应进一步推动临床导向的干细胞研究的开展，促进干细胞疗法的转化。

第二，类器官领域是由干细胞领域衍生出的一个新兴方向，也是当前的热点领域，相关技术处于发展快车道，相关成果呈现井喷状态。尽管类器官已经展现出可观的应用前景，并已经实现了一定规模的应用，但还应看到，类器官在结构和功能的完整性、系统的稳定性及器官的成熟性等方面仍然存在不足，在应用中也缺乏稳健的验证方法、统一的标准和大规模生产能力等。未来也应围绕这些方向进一步开展攻关，以促进类器官更大程度地发挥其对生物医学研究及生物医药行业发展的推动作用。

八、新兴前沿与交叉技术

（一）人工智能设计蛋白质

1. 概述

近年来，Deepmind团队开发的人工智能工具——AlphaFold系列工具相继在种类、数量和预测精度等角度基本解决了困扰人类50年的蛋白质结构预测难题。此后，科学界将关注点聚焦到蛋白质的智能设计方面。人工智能蛋白质设计领域是近年来快速发展的交叉学科，它结合了计算机科学、生物学和化学等多个学科的知识，旨在利用人工智能技术设计出具有特定结构和功能的蛋白质。根据特定的功能需求设计自然界不存在的蛋白质，或者改造已有的蛋白质，将带动以药物研发为代表的生物医药，以农业育种、绿色农药为代表的生物农业，以生物基材料、生物燃料为代表的生物制造，以环境保护、生物修复为代表的生物环保等领域的颠覆式发展，为整个生物经济带来重构的机遇。

随着AI技术的赋能，其应用将加速蛋白质设计的过程，提高设计的准确性

和效率，从而使人工蛋白质设计中对结构细节的精确调整、与小分子结构的精确互补等关键问题得以破解，其时间成本、经济成本大幅度降低，成功率迅速提升。目前，AI蛋白质计算设计的发展和应用处于初级阶段，相关模型与应用日益增多，设计出的蛋白质已进入临床试验阶段，甚至获得了美国FDA的批准，并逐步拓展到生物诊疗、生物材料、半导体合成生物学等尖端领域。

2. 国际重要进展

美国华盛顿大学通过对蛋白质结构去噪任务中的RoseTTAFold结构预测网络进行细微调整，获得了一个蛋白质骨架的生成模型RFdiffusion[300]，并用其从头设计蛋白质结构和功能。通过实验表征、冷冻电镜等技术手段的反复验证，证实了RFdiffusion方法的通用性与准确性。该方法降低了蛋白质生成的知识门槛，使人们能够从简单的分子出发，设计出具有不同功能的蛋白质。

加拿大Salesforce Research公司、Tierra Biosciences公司与美国加利福尼亚大学的研究团队开发出一种名为ProGen的蛋白质工程深度学习语言模型[301]，在实验室中合成了由 AI 模型预测的蛋白质，并发现它们与天然对应物一样有效。该模型接受了来自公开的已测序天然蛋白质数据库中的 2.8 亿个原始蛋白质序列的训练，能够从头开始生成人工蛋白质序列。这项新技术可能比获得诺贝尔奖的蛋白质设计技术的定向进化更强大，有望为已有 50 年历史的蛋白质工程领域注入活力，从而为医疗、工业、农业、环境等应用领域带来巨大收益。

加拿大Salesforce Research公司、美国约翰斯·霍普金斯大学和哥伦比亚大学等机构的研究人员引入了一套名为ProGen2的蛋白质语言模型[302]，模型的规模扩大到了64亿参数，并且在从基因组、宏基因组和免疫库数据库中提取的超过10亿个蛋白质的不同序列数据集上训练。ProGen2模型在捕捉观察到的进化序列

---

300 Watson J L, Juergens D, Bennett N R, et al. *De novo* design of protein structure and function with RFdiffusion[J]. Nature, 2023, 620(7976): 1089-1100.

301 Madani A, Krause B, Greene E R, et al. Large language models generate functional protein sequences across diverse families[J]. Nature Biotechnology, 2023, 41(8): 1099-1106.

302 Nijkamp E, Ruffolo J A, Weinstein E N, et al. Progen2: exploring the boundaries of protein language models[J]. Cell Systems, 2023, 14(11): 968-978, e3.

分布、生成新的可行序列，以及在不需要额外微调的情况下预测蛋白质适应性方面展示了最先进的性能。

以色列魏茨曼科学研究所的研究人员介绍了一种原子学和机器学习策略[303]，用于酶的组合装配和设计（CADENZ），以设计相互结合的片段，产生具有稳定催化结构的多样化、低能量结构。研究人员将CADENZ应用于内切木聚糖酶，并使用基于活性的蛋白质分析来恢复数千种结构多样的酶。这种设计-测试-学习的循环原则上可以应用于任何模块化的蛋白质家族，并产生巨大的多样性和关于蛋白质设计原则的通用经验。

3. 国内重要进展

华大智造研究团队发布了一款名为EvoPlay的强化学习算法模型[304]，采用“蒙特卡洛树搜索＋神经网络”可以更好地结合“从头设计”框架，从而为蛋白质设计领域提供新的思路，也可以用来进一步优化基因测序仪里用到的各种工具酶。研究人员已经利用EvoPlay前瞻性地设计了36个萤光素酶变体，其中29个变体已申请专利。实践证实了EvoPlay在高效设计高质量多肽上的性能，将适用于蛋白质-蛋白质相互作用、酶设计和药物发现等多个应用领域。

四川大学等机构的研究人员总结了AlphaFold2的原理和系统架构、成功的原因，以及在生物学和医学领域的应用（如结构生物学、药物发现、蛋白质设计、靶点预测、蛋白质功能预测、蛋白质-蛋白质相互作用、生物学作用机制等）。此外，还讨论了目前AlphaFold2预测的局限性。例如，深度学习模型目前的可解释性较低；结构预测需要大量进化相关的序列，这可能会导致预测速度相对较慢[305]。

集美大学的研究人员提出了一个能够快速、准确地开展滴定平衡$\mathrm{p}K_\mathrm{a}$预测

303 Lipsh-Sokolik R, Khersonsky O, Schröder S P, et al. Combinatorial assembly and design of enzymes[J]. Science, 2023, 379(6628): 195-201.

304 Wang Y, Tang H, Huang L, et al. Self-play reinforcement learning guides protein engineering[J]. Nature Machine Intelligence, 2023, 5(8): 845-860.

305 Yang Z, Zeng X, Zhao Y, et al. AlphaFold2 and its applications in the fields of biology and medicine[J]. Signal Transduction and Targeted Therapy, 2023, 8(1): 115.

模型DeepKa[306]。经测试,DeepKa得到了显著的改进，并优于其他最先进的方法。除了结构蛋白，DeepKa还适用于本质上无序的多肽。该研究证明DeepKa是一种有效的蛋白质pK_a预测器，因此可以立即被应用于pK_a数据库构建、蛋白质设计、药物发现等方面。

4. 前景与展望

目前，国外科技发达国家先后研发出以ProtGPT2、ESM-2、ProGen为代表的基于序列信息的模型，以及以RFdiffusion、ProteinMPNN、Hallucination为代表的基于结构信息的模型。然而，人工智能设计蛋白质面临诸多挑战。首先，从蛋白质分子的复杂性出发，蛋白质结构复杂且功能多样，设计时需准确预测和调控其折叠、相互作用及活性。其次，从算据算力算法的视角出发，该领域仍然缺乏海量高质量的可用数据，缺乏具有可解释性的人工智能模型，缺乏计算资源和效率。最后，实验验证不仅仍然耗时昂贵，还可能因技术限制而不便实现。

未来，要开发更好的数据收集和注释方法，并利用人工智能技术来提高数据的质量和可用性。通过结合深度学习和强化学习等技术，优化蛋白质的氨基酸序列和折叠方式，开发能够处理复杂结构（如膜蛋白和多亚基复合物）的算法和模型，提高设计的准确性和效率。同时，在设计大型蛋白质组件时，可以考虑采用模块化的工程原理，通过将蛋白质分解为可互换的模块进行设计，可以提高设计的灵活性和可扩展性。

（二）无细胞合成生物学

1. 概述

无细胞合成生物学是在不使用整个活细胞的情况下，理解、利用和扩展自然生物系统的功能。为此构建的无细胞系统也称为无细胞转录-翻译系统（cell-

306 Cai Z, Liu T, Lin Q, et al. Basis for accurate protein pK_a prediction with machine learning[J]. Journal of Chemical Information and Modeling, 2023, 63(10): 2936-2947.

free transcription-translation system，TXTL），是基于不同来源（原核和真核）的细胞提取物在体外快速表达蛋白质的系统。由于体外操作容易控制反应底物和条件，具有灵活方便和多功能性等优点，目前已被广泛用于CRISPR系统的表征、基因线路设计和生物传感器开发之中。

近年来，无细胞蛋白质合成（cell-free protein synthesis，CFPS）技术发展迅速，成为蛋白质表达的新平台。CFPS是基于天然的细胞提取物或纯化后的蛋白质合成组分，通过添加蛋白质合成反应底物（如DNA或mRNA模板、氨基酸、核苷酸等）、能源物质及必要的辅因子，将细胞内的蛋白质合成反应简化为细胞外的溶液反应的方法，容易实现反应过程的标准化。2024年3月，合成生物学创新平台SynBioBeta发布的《2024年合成生物学年度投资报告》指出：无细胞蛋白质合成技术正在成为资本追逐的新热点，多家专注于此技术的公司频频上榜，并吸引了大量资金注入。在全球经济不确定性增加的大背景下，合成生物学独特的价值和潜力日益凸显；特别是无细胞蛋白质合成技术，它以高效、环保、可持续、低成本等特点，正逐渐成为生物技术领域的新宠[307]。

2. 国际重要进展

新一代无细胞基因表达系统使体外生物系统的原型设计和工程具有广泛的应用和物理规模。随着DNA定向体外蛋白质合成应用范围的扩大，开发更强大的TXTL平台仍然是执行更大的DNA程序或提高无细胞生物制造能力的主要目标。明尼苏达大学的研究团队构建并改进了大肠杆菌TXTL工具箱3.0，新的功能可以通过转录库合成蛋白质，将噬菌体T7的合成用作大型DNA程序处理和合成细胞系统中蛋白质合成的参考依据。该平台可以作为重要的无细胞合成生物平台，有助于表达编码生物合成途径或构建合成细胞的生物功能的大型DNA程序[308]。

---

307 SynBioBeta. 2024 aunnual synthetic biology investment report[J/OL]. [2024-03-29]. https://www.synbiobeta.com/2024-investment-report.

308 Garenne D, Thompson S, Brisson A, et al. The all-*E. coli* TXTL toolbox 3.0: new capabilities of a cell-free synthetic biology platform[J]. Synth Biol (Oxf), 2021, 6(1): ysab017.

无细胞生物传感器可以作为监测人类和环境健康的平台技术。然而，传统的无细胞生物传感器仅包含基于RNA或蛋白质的生物传感层和报告构建输出层，缺乏信息处理层，因此无法对于信息做出判断。美国西北大学的研究团队开发了DNA 链可编程相互作用与无细胞传感平台连用的基因线路系统。该系统采用了立足点介导的DNA链置换（TMSD）方法，构建了允许微调的RNA-DNA混合线路，并使用该系统构建了12条不同的基因线路。同时，研究团队还展示了一条类似于模数转换器的线路，创建一系列二进制输出并实现数字化，大大提高了生物传感器的检测速度和实用性，为智能诊断建立了一条新途径，也为无细胞系统中其他类型的分子计算打开了大门[309]。

可穿戴无细胞合成生物学定制生物电路的设计提供了丰富的模块生物传感器、遗传逻辑门和输出效应器。无线技术、可穿戴电子产品、智能材料及具有新型机械、电气和光学特性的功能纤维的最新发展，催生了复杂的生物传感系统。哈佛大学的研究团队报道了一种功能化的柔性无细胞合成线路，能够实现对代谢物、化学物质和病原体核酸特征的检测。通过对元件结构进行优化，减少了蒸发或组件过度稀释而导致的基因电路操作的抑制。研究团队展示了这种带有冻干CRISPR传感器面罩的开发，用于在室温下90 min内对SARS-CoV-2进行可穿戴、无创检测，除按下按钮外无需用户干预[310]。

许多蛋白质作为治疗糖尿病、癌症和关节炎等疾病的药物是有用的。合成这些蛋白质的人工版本是一个耗时的过程，需要通过对微生物或其他细胞进行基因改造来产生所需的蛋白质。美国麻省理工学院的研究团队开发出一种无细胞合成的新技术，可以大幅降低合成蛋白质所需的时间。他们的台式自动流动合成机（flow synthesis machine）可以在几小时内将数百个氨基酸连接在一起。这项体外合成蛋白质的新技术可能会加快按需药物的制造和新药的开发，并允许科学家通过加入细胞中不存在的氨基酸来设计人工蛋白质[311]。

---

309 Jung J K, Archuleta C M, Alam K K, et al. Programming cell-free biosensors with DNA strand displacement circuits[J]. Nature Chemical Biology, 2022, 18: 385-393.

310 Nguyen P Q, Soenksen L R, Donghia N M, et al. Wearable materials with embedded synthetic biology sensors for biomolecule detection[J]. Nat Biotechnol, 2021, 39(11): 1366-1374.

311 Hartrampf N, Saebi A, Poskus M, et al. Synthesis of proteins by automated flow chemistry[J]. Science, 2020, 368(6494): 980-987.

3. 国内重要进展

在物理控制手段中，温度是一个理想的控制开关，可以实现精确的时空控制，并且副作用较小。因此，开发能在无细胞体系实现温度控制蛋白质合成的开关，具有重要的基础科学和应用研究意义。清华大学的研究团队建立了一个用温度控制蛋白质合成的无细胞表达系统，并证明了温度控制基因表达的无细胞蛋白质合成系统（tcCFPS）在蛋白质合成反应开始后的第1小时内最有效，最佳温控效果实现了表达量143倍的动态调控。该研究开发的温度控制的蛋白质合成开关，可有效代替化学物质诱导表达的方法，是一种具备时空调控能力的分子合成手段，有潜力应用在功能蛋白质合成、人工细胞构筑、分子智能递送、健康传感诊断等前沿领域[312]。

目前，荧光蛋白和适配体通常用作信号输出。然而，这些信号输出模式无法同时实现更快的信号输出、更准确可靠的性能及信号放大。核酶是一种高度结构化的催化RNA分子，可以特异性地识别和切割特定的底物序列。上海大学的研究团队开发了一种与核酶切割反应相结合的无细胞生物传感基因线路，能够快速、灵敏地检测小分子，并构建了一个3D打印的传感器阵列，实现了抑制药物的高通量分析[313]。该研究成果将有助于扩大核酶在合成生物学领域的应用范围，从而促进无细胞合成生物学在生物医学研究、临床诊断、环境监测和食品检测方面的发展。

无细胞蛋白质合成（CFPS）表达体系的构建主要基于原核微生物大肠杆菌，但是由于密码子偏好和缺乏翻译后修饰机制等问题，其在表达高GC含量基因编码蛋白质和需要翻译后修饰的真核蛋白质等方面存在很多不足之处。上海科技大学的研究团队针对上述问题，分别选取链霉菌和毕赤酵母为对象，成功开发和优化了基于上述两种微生物的CFPS体系，为相关蛋白质的体外快速表

---

312 Yang J, Wang C, Lu Y. A temperature-controlled cell-free expression system by dynamic repressor[J]. ACS Synth Biol, 2022, 11(4): 1408-1416.

313 Li W, Xu Y, Zhang Y, et al. Cell-free biosensing genetic circuit coupled with ribozyme cleavage reaction for rapid and sensitive detection of small molecules[J]. ACS Synth Biol, 2023, 12(6): 1657-1666.

达提供了新平台。其中，优化后的链霉菌CFPS体系，高GC含量基因编码的蛋白质产量提高了8倍，达到400 μg/mL左右，是目前已报道的链霉菌CFPS体系中的最高蛋白质表达产量，预期该高产体系将为链霉菌来源的天然产物合成酶表达及相关天然产物体外生物合成等研究提供新的技术平台[314]。

由于维生素B_{12}结构复杂，化学合成产量低，因此大规模的维生素B_{12}工业生产依赖于微生物发酵。然而，无论是工业菌株还是工程菌株，在发酵过程或菌株进化方面都存在缺陷，因此需要探索和分析合成途径，并创新合成方法。中国科学院天津工业生物技术研究所的研究团队通过将维生素B_{12}合成途径中24步催化反应进行模块划分，构建了体外无细胞催化合成维生素B_{12}的技术体系，并实现了体外多酶催化体系中产量的较大提升[315]。该研究不仅开拓了除化学合成法、微生物合成法之外的第三种维生素B_{12}合成方法，而且对维生素B_{12}合成途径的解析发挥了积极的推动作用，对构建长途径、多元素的复杂无细胞合成体系具有一定的指导意义。

4. 前景与展望

随着现代技术的发展，生物技术学家开始转向采用体外方法利用无细胞环境生产生化物质和材料。无细胞生物合成有助于克服传统全细胞代谢过程中的不足之处，有其优势，如降低结构和功能的复杂性，避开细胞生长和受控于环境的问题。但无细胞生物合成仍面临诸多挑战，其中最主要的障碍是缺乏稳定的酶及其复合物和昂贵的辅助因子。因此，有学者提出，未来可能需要设计适合无细胞合成系统的低成本和稳定的酶、辅助因子平衡和再生系统等。酶需要在无细胞和无膜环境中保持稳定、完整，同时具有热稳定性。此外，仿真工具、数据库、数学建模和新的统计工具的运用也将进一步促进无细胞系统的发展[316]。

---

314 Xu H, Liu W Q, Li J. Translation related factors improve the productivity of a *Streptomyces*-based cell-free protein synthesis system[J]. ACS Synth Biol, 2020, 9(5): 1221-1224.

315 Kang Q, Fang H, Xiang M, et al. A synthetic cell-free 36-enzyme reaction system for vitamin B_{12} production[J]. Nat Commun, 2023, 14(1): 5177.

316 Ullah M W, Manan S, Ul-Islam M, et al. Cell-free systems for biosynthesis: towards a sustainable and economical approach[J]. Green Chemistry, 2023, 25: 4912-4940.

第三章 生 物 技 术

一、医药生物技术

（一）新药研发

2023年，国家药品监督管理局（NMPA）批准了36款由我国自主研发的新药上市，包括16款化学药、15款生物制品和5款中药（表3-1）。36款均是我国自主研发的1类创新药。

表3-1 2023年NMPA批准上市的我国自主研制的创新药及中药新药

序号	通用名	商品名	上市许可持有人/生产单位	适应证	注册分类
1	氢溴酸氘瑞米德韦片	民得维	上海旺实生物医药科技有限公司	用于治疗新型冠状病毒感染（COVID-19）的患者	化学药1类
2	先诺特韦片/利托那韦片组合包装	先诺欣	海南先声药业有限公司	用于治疗轻中度新型冠状病毒感染的成年患者	化学药1类
3	盐酸凯普拉生片	倍稳	江苏柯菲平医药股份有限公司	用于治疗反流性食管炎、十二指肠溃疡患者	化学药1类
4	谷美替尼片	海益坦	上海海和药物研究开发股份有限公司	用于治疗具有细胞间质上皮转化因子（c-MET）外显子14跳变的局部晚期或转移性非小细胞肺癌患者	化学药1类
5	来瑞特韦片	乐睿灵	广东众生睿创生物科技有限公司	用于治疗轻中度新型冠状病毒感染的成年患者	化学药1类
6	奥磷布韦片	圣诺迪	南京圣和药业股份有限公司	本品与盐酸达拉他韦联用，治疗初治或干扰素经治的基因1、2、3、6型成人慢性丙型肝炎病毒（HCV）感染，可合并或不合并代偿性肝硬化	化学药1类

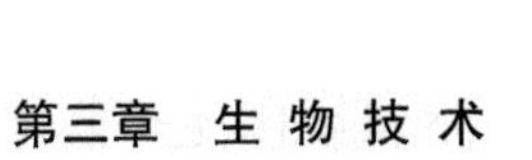

续表

序号	通用名	商品名	上市许可持有人/生产单位	适应证	注册分类
7	甲磺酸贝福替尼胶囊	赛美纳	贝达药业股份有限公司	本品适用于既往经表皮生长因子受体（EGFR）酪氨酸激酶抑制剂（TKI）治疗出现疾病进展，并且伴随EGFR T790M突变阳性的局部晚期或转移性非小细胞肺癌（NSCLC）患者的治疗	化学药1类
8	伏罗尼布片	伏美纳	贝达药业股份有限公司	与依维莫司联合，用于既往接受过酪氨酸激酶抑制剂治疗失败的晚期肾细胞癌（RCC）患者的治疗	化学药1类
9	安奈拉唑钠肠溶片	安久卫	轩竹（北京）医药科技有限公司	用于抑制胃酸，治疗酸相关性疾病，如成人十二指肠溃疡（DU）的治疗及其相关症状（腹痛、腹胀、烧灼感、反酸、嗳气、恶心、呕吐等）的控制	化学药1类
10	伊鲁阿克片	启欣可	齐鲁制药有限公司	适用于既往接受过克唑替尼治疗后疾病进展或对克唑替尼不耐受的间变性淋巴瘤激酶（ALK）阳性的局部晚期或转移性非小细胞肺癌（NSCLC）患者的治疗	化学药1类
11	磷酸瑞格列汀片	瑞泽唐	江苏恒瑞医药股份有限公司	配合饮食控制和运动，本品单药或与二甲双胍联合用于治疗成人2型糖尿病	化学药1类
12	培莫沙肽注射液	圣罗莱	江苏豪森药业集团有限公司	用于治疗未接受过促红细胞生成素（EPO）治疗的非透析慢性肾病患者的贫血；因慢性肾病（CKD）引起贫血，且正在接受促红细胞生成素治疗的透析患者	化学药1类
13	舒沃替尼片	舒沃哲	迪哲（江苏）医药股份有限公司	用于治疗既往经含铂化疗治疗时或治疗后出现疾病进展，或不耐受含铂化疗，并且经检测确认存在表皮生长因子受体（EGFR）20号外显子插入突变的局部晚期或转移性非小细胞肺癌（NSCLC）的成人患者	化学药1类
14	地达西尼胶囊	京诺宁	浙江京新药业股份有限公司	本品适用于失眠障碍患者的短期治疗	化学药1类
15	伯瑞替尼肠溶胶囊	万比锐	北京浦润奥生物科技有限责任公司	用于治疗具有细胞间质上皮转化因子（c-MET）外显子14跳变的局部晚期或转移性非小细胞肺癌患者	化学药1类
16	阿泰特韦片/利托那韦片组合包装	泰中定	福建广生中霖生物科技有限公司	用于治疗轻型、中型新型冠状病毒感染的成年患者	化学药1类

续表

序号	通用名	商品名	上市许可持有人/生产单位	适应证	注册分类
17	口服三价重配轮状病毒减毒活疫苗（Vero细胞）	瑞特威	兰州生物制品研究所有限责任公司	本疫苗用于预防轮状病毒血清型G1、G2、G3、G4和G9导致的婴幼儿腹泻	生物制品1类
18	四价流感病毒亚单位疫苗	慧尔康欣	江苏中慧元通生物科技股份有限公司	接种本品后，可刺激机体产生抗流感病毒的免疫力，用于预防疫苗相关型别的流感病毒引起的流行性感冒	生物制品1类
19	阿得贝利单抗注射液	艾瑞利	上海盛迪医药有限公司	本品与卡铂和依托泊苷联合用于广泛期小细胞肺癌患者的一线治疗	生物制品1类
20	白桦花粉变应原皮肤点刺液	/	浙江我武生物科技股份有限公司	用于皮肤点刺试验，辅助诊断与白桦花粉致敏相关的Ⅰ型变态反应性疾病	生物制品1类
21	黄花蒿花粉变应原皮肤点刺液	/	浙江我武生物科技股份有限公司	用于皮肤点刺试验，辅助诊断与黄花蒿/艾蒿花粉致敏相关的Ⅰ型变态反应性疾病	生物制品1类
22	葎草花粉变应原皮肤点刺液	/	浙江我武生物科技股份有限公司	用于皮肤点刺试验，辅助诊断与葎草花粉致敏相关的Ⅰ型变态反应性疾病	生物制品1类
23	艾贝格司亭α注射液	亿立舒	亿一生物制药（北京）有限公司	本品适用于成年非髓性恶性肿瘤患者在接受容易引起发热性中性粒细胞减少症的骨髓抑制性抗癌药物治疗时，降低以发热性中性粒细胞减少症为表现的感染发生率	生物制品1类
24	泽贝妥单抗注射液	安瑞昔	浙江博锐生物制药有限公司	本品适用于治疗CD20阳性弥漫大B细胞淋巴瘤，非特指性（DLBCL、NOS）成人患者，应与标准CHOP化疗（环磷酰胺、阿霉素、长春新碱、泼尼松）联合治疗	生物制品1类
25	拓培非格司亭注射液	珮金	厦门特宝生物工程股份有限公司	本品适用于非髓性恶性肿瘤患者在接受容易引起发热性中性粒细胞减少症的骨髓抑制性抗癌药物治疗时，降低以发热性中性粒细胞减少症为表现的感染发生率	生物制品1类
26	伊基奥仑赛注射液	福可苏	南京驯鹿生物医药有限公司	用于复发或难治性多发性骨髓瘤成人患者，既往经过至少3线治疗后进展（至少使用过一种蛋白酶体抑制剂及免疫调节剂）的治疗	生物制品1类

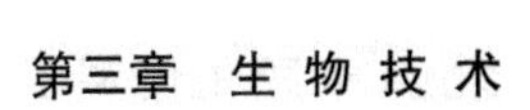

续表

序号	通用名	商品名	上市许可持有人/生产单位	适应证	注册分类
27	托莱西单抗注射液	信必乐	信达生物制药(苏州)有限公司	在控制饮食的基础上，与他汀类药物，或者与他汀类药物及其他降脂疗法联合用药，用于在接受中等剂量或中等剂量以上他汀类药物治疗，仍无法达到低密度脂蛋白胆固醇（LDL-C）目标的原发性高胆固醇血症（包括杂合子型家族性和非家族性高胆固醇血症）和混合型血脂异常的成人患者，以降低低密度脂蛋白胆固醇（LDL-C）、总胆固醇（TC）、载脂蛋白B（ApoB）水平	生物制品1类
28	纳鲁索拜单抗注射液	津立泰	上海津曼特生物科技有限公司	适用于治疗不可手术切除或手术切除可能导致严重功能障碍的骨巨细胞瘤成人患者	生物制品1类
29	注射用埃普奈明	沙艾特	武汉海特生物制药股份有限公司	本品联合沙利度胺和地塞米松用于治疗既往接受过至少两种系统性治疗方案的复发或难治性多发性骨髓瘤成人患者，既往含免疫调节剂（如来那度胺、沙利度胺）方案难治的患者不宜接受本联合方案治疗	生物制品1类
30	纳基奥仑赛注射液	源瑞达	合源生物科技(天津)有限公司	本品适用于治疗复发或难治性急性B淋巴细胞白血病成人患者	生物制品1类
31	索卡佐利单抗注射液	善克钰	兆科（广州）肿瘤药物有限公司	适用于既往接受含铂化疗治疗失败的复发或转移性宫颈癌患者的治疗	生物制品1类
32	参郁宁神片	/	广东思济药业有限公司	具有益气养阴、宁神解郁的功效。用于治疗轻、中度抑郁症中医辨证属气阴两虚证者，症见失眠多梦、多疑善惊、口咽干燥，舌淡红或红、苔薄白少津，脉细或沉细等	中药1.1类
33	小儿紫贝宣肺糖浆	/	健民药业集团股份有限公司	具有宣肺止咳、化痰利咽的功效。用于治疗小儿急性气管-支气管炎风热犯肺证者，症见咳嗽不爽或咳声重浊，痰黄黏稠，不易咳出，恶风，汗出，咽痛，口渴，鼻浊流涕等；舌苔薄黄，脉浮数	中药1.1类

续表

序号	通用名	商品名	上市许可持有人/生产单位	适应证	注册分类
34	通络明目胶囊	/	石家庄以岭药业股份有限公司	具有化瘀通络、益气养阴、止血明目的功效。用于治疗2型糖尿病引起的中度非增殖性糖尿病视网膜病变血瘀络阻、气阴两虚证所致的眼底点片状出血、目睛干涩、面色晦暗、倦怠乏力，舌质淡，或舌暗红少津，或有瘀斑瘀点，脉细，或脉细数，或脉涩	中药1.1类
35	枳实总黄酮片	奥兰替	江西青峰药业有限公司	具有行气消积、散痞止痛的功效。用于治疗功能性消化不良者，症见餐后饱胀感、早饱、上腹烧灼感和上腹疼痛等	中药1.2类
36	香雷糖足膏	/	合一生技股份有限公司	本品适用于治疗清创后创面截面积小于25 cm^2的Wagner 1级糖尿病足部伤口溃疡	中药1.1类

1. 新化学药

2023年，NMPA批准了16款我国自主研发的1类新化学药上市。

1）氢溴酸氘瑞米德韦片（国药准字H20230002），商品名称“民得维”，上海旺实生物医药科技有限公司为该品种上市许可持有人。该药物是一种具有高度口服活性的核苷类抗病毒剂，可抵抗SARS-CoV-2和呼吸道合胞病毒感染，是国产首个靶向COVID-19的氘代物。该药品适用于治疗新型冠状病毒感染的患者。

2）先诺特韦片/利托那韦片组合包装（国药准字H20230001），商品名称“先诺欣”，海南先声药业有限公司为该品种上市许可持有人。该药品适用于治疗轻中度新型冠状病毒感染的成年患者。

3）盐酸凯普拉生片（国药准字H20230003），商品名称“倍稳”，江苏柯菲平医药股份有限公司为该品种上市许可持有人。盐酸凯普拉生是一种新型钾离子竞争性酸阻滞剂，通过与H^+-K^+-ATP酶上的K^+结合位点结合，抑制胃酸分泌。该药品适用于治疗十二指肠溃疡和反流性食管炎患者。

4）谷美替尼片（国药准字H20230005），商品名称“海益坦”，上海海和药物研究开发股份有限公司为该品种上市许可持有人。谷美替尼能够选择性抑制

c-Met激酶活性，进而抑制肿瘤细胞的增殖、迁移和侵袭。该药品适用于治疗具有间质上皮转化因子外显子14跳变的局部晚期或转移性非小细胞肺癌患者。

5）来瑞特韦片（国药准字H20230007），商品名称“乐睿灵”，广东众生睿创生物科技有限公司为该品种上市许可持有人。来瑞特韦是一种具有口服活性的SARS-CoV-2主要蛋白酶Mpro（也称为3C-样蛋白酶，3CLpro）的拟肽类抑制剂，可抑制SARS-CoV-2 Mpro，使其无法加工多蛋白前体，从而阻止病毒复制。该药品适用于治疗轻至中度新型冠状病毒感染的成年患者。

6）奥磷布韦片（国药准字H20230010），商品名称“圣诺迪”，南京圣和药业股份有限公司为该品种上市许可持有人。奥磷布韦是HCV NS5B RNA依赖性RNA聚合酶（为病毒复制所必需）抑制剂，是一种核苷酸前体药物，在细胞内代谢为具有药理活性的代谢产物（SH229M3），可被NS5B聚合酶嵌入HCV RNA中而终止复制。该药品适用于与盐酸达拉他韦联用，治疗初治或干扰素经治的基因1、2、3、6型成人慢性HCV感染，可合并或不合并代偿性肝硬化。

7）甲磺酸贝福替尼胶囊（国药准字H20230011、H20230012），商品名称“赛美纳”，贝达药业股份有限公司为该品种上市许可持有人。甲磺酸贝福替尼是第三代表皮生长因子受体酪氨酸激酶抑制剂，能够选择性地抑制EGFR敏感突变和T790M耐药突变激酶。该药品适用于既往经EGFR酪氨酸激酶抑制剂治疗出现疾病进展，并且伴随EGFR T790M 突变阳性的局部晚期或转移性非小细胞肺癌患者的治疗。

8）伏罗尼布片（国药准字H20230013），商品名称“伏美纳”，贝达药业股份有限公司为该品种上市许可持有人。伏罗尼布为多靶点受体酪氨酸激酶抑制剂，对血管内皮生长因子受体-2（VEGFR2）、酪氨酸激酶受体3（KIT）、血小板衍生生长因子受体（PDGFR）、FMS样酪氨酸激酶3（FLT3）和酪氨酸激酶受体（RET）均有较强的抑制作用，主要通过抑制新生血管形成而发挥抗肿瘤作用。该药品与依维莫司联合，用于既往接受过酪氨酸激酶抑制剂治疗失败的晚期肾细胞癌患者的治疗。

9）安奈拉唑钠肠溶片（国药准字H20230014），商品名称“安久卫”，轩竹（北京）医药科技有限公司为该品种上市许可持有人。安奈拉唑为新一代

质子泵抑制剂（PPI）类药物，属于苯并咪唑类化合物，可通过抑制胃壁细胞H^+-K^+-ATP酶活性和降低质子转运能力而抑制胃酸分泌。该药品适用于抑制胃酸，治疗酸相关性疾病，如成人十二指肠溃疡的治疗及其相关症状（腹痛、腹胀、烧灼感、反酸、嗳气、恶心、呕吐等）的控制。

10）伊鲁阿克片（国药准字H20230015、H20230016），商品名称“启欣可”，齐鲁制药有限公司为该品种上市许可持有人。伊鲁阿克为ALK抑制剂，可通过抑制ALK和受体酪氨酸激酶样孤儿受体1（ROS1）激酶的磷酸化进而阻断细胞外信号调节激酶（ERK）、信号转导与转录激活因子5（STAT5）和蛋白激酶B（AKT）等下游信号通路蛋白质的激活，从而诱导肿瘤细胞死亡（凋亡）。该药品适用于既往接受过克唑替尼治疗后疾病进展或对克唑替尼不耐受的ALK阳性的局部晚期或转移性非小细胞肺癌患者的治疗。

11）磷酸瑞格列汀片（国药准字H20230017、H20230018），商品名称“瑞泽唐”，江苏恒瑞医药股份有限公司为该品种上市许可持有人。磷酸瑞格列汀是二肽基肽酶4（DPP4）抑制剂，通过抑制DPP4水解肠促胰岛激素，从而增加活性形式的胰高血糖素样肽-1（GLP-1）和葡萄糖依赖性促胰岛素多肽（GIP）的血浆浓度，以葡萄糖依赖的方式增加胰岛素释放并降低胰高血糖素水平，进而降低血糖。该药品配合饮食控制和运动，本品单药或与二甲双胍联合用于治疗成人2型糖尿病。

12）培莫沙肽注射液（国药准字H20230017、H20230018），商品名称“圣罗莱”，江苏豪森药业集团有限公司为该品种上市许可持有人。培莫沙肽是长效多肽类EPO受体激动剂，可促进体内红细胞增殖，改善慢性肾病患者的贫血及相关症状。该药品适用于治疗未接受过促红细胞生成素治疗的非透析慢性肾病患者的贫血；因慢性肾病引起贫血，且正在接受促红细胞生成素治疗的透析患者。

13）舒沃替尼片（国药准字H20230023、H20230024），商品名称“舒沃哲”，迪哲（江苏）医药股份有限公司为该品种上市许可持有人。舒沃替尼是一种EGFR酪氨酸激酶抑制剂。该药品适用于治疗既往经含铂化疗治疗时或治疗后出现疾病进展，或不耐受含铂化疗，并且经检测确认存在表皮生长因子受体20号外显子插入突变的局部晚期或转移性非小细胞肺癌的成人患者。

14）地达西尼胶囊（国药准字H20230030），商品名称“京诺宁”，浙江京新药业股份有限公司为该品种上市许可持有人。地达西尼属于苯二氮䓬类药物，是γ-氨基丁酸A型（GABAA）受体的部分正向别构调节剂，通过部分激活GABAA受体，产生促进睡眠的作用。该药品适用于失眠障碍患者的短期治疗。

15）伯瑞替尼肠溶胶囊（国药准字H20230027、H20230028），商品名称“万比锐”，北京浦润奥生物科技有限责任公司为该品种上市许可持有人。伯瑞替尼是一种细胞间质上皮转化因子（c-MET）受体酪氨酸激酶抑制剂，可抑制c-MET高表达肿瘤细胞的增殖。该药品适用于治疗具有c-MET外显子14跳变的局部晚期或转移性非小细胞肺癌患者。

16）阿泰特韦片／利托那韦片组合包装（国药准字H20230029），商品名称“泰中定”，福建广生中霖生物技术有限公司为该品种上市许可持有人。阿泰特韦是一种SARS-CoV-2主要蛋白酶Mpro的口服小分子抑制剂，抑制SARS-CoV-2 Mpro可使其无法加工多蛋白前体，从而阻止病毒复制。利托那韦抑制CYP3A介导的阿泰特韦代谢，从而升高阿泰特韦血药浓度。该药品用于治疗轻型、中型新型冠状病毒感染的成年患者。

2. 新生物制品

2023年，NMPA批准了15款我国自主研发的生物制品上市。

1）口服三价重配轮状病毒减毒活疫苗（Vero细胞）（国药准字S20230022），商品名称“瑞特威”，兰州生物制品研究所有限责任公司为该品种上市许可持有人。三价轮状病毒疫苗的有效成分为G2、G3、G4型人-羊轮状病毒基因重配株活病毒，适用于6～32周龄的婴幼儿，可有效预防轮状病毒血清型G1、G2、G3、G4和G9导致的婴幼儿腹泻。

2）四价流感病毒亚单位疫苗（国药准字S20230029），商品名称“慧尔康欣”，江苏中慧元通生物科技股份有限公司为该品种上市许可持有人。接种本品后，可刺激机体产生抗流感病毒的免疫力，用于预防疫苗相关型别的流感病毒引起的流行性感冒。

3）阿得贝利单抗注射液（国药准字S20233106），商品名称“艾瑞利”，上

海盛迪医药有限公司为该品种上市许可持有人。阿得贝利单抗是一种人源化抗PD-L1单克隆抗体，能够通过与PD-L1特异性结合，阻断PD-1/PD-L1信号转导通路，恢复T细胞对于肿瘤细胞的免疫应答，激发机体对肿瘤细胞的杀伤作用，发挥抗肿瘤作用。本品与卡铂和依托泊苷联合用于广泛期小细胞肺癌患者的一线治疗。

4）白桦花粉变应原皮肤点刺液（国药准字S20230023），浙江我武生物科技股份有限公司为该品种上市许可持有人。该品用于皮肤点刺试验，辅助诊断与白桦花粉致敏相关的Ⅰ型变态反应性疾病。

5）黄花蒿花粉变应原皮肤点刺液（国药准字S20230024），浙江我武生物科技股份有限公司为该品种上市许可持有人。该药品用于皮肤点刺试验，辅助诊断与黄花蒿/艾蒿花粉致敏相关的Ⅰ型变态反应性疾病。

6）葎草花粉变应原皮肤点刺液（国药准字S20230025），浙江我武生物科技股份有限公司为该品种上市许可持有人。该药品用于皮肤点刺试验，辅助诊断与葎草花粉致敏相关的Ⅰ型变态反应性疾病。

7）艾贝格司亭α注射液（国药准字S20230026），商品名称“亿立舒”，亿一生物制药（北京）有限公司为该品种上市许可持有人。第三代长效粒细胞集落刺激因子（G-CSF）艾贝格司亭α注射液，去除了二代升白针常用的聚乙二醇包裹，采用Fc融合技术延长G-CSF的血浆半衰期，不影响G-CSF部分的生物活性。该药品适用于成年非髓性恶性肿瘤患者在接受容易引起发热性中性粒细胞减少症的骨髓抑制性抗癌药物治疗时，降低以发热性中性粒细胞减少症为表现的感染发生率。

8）泽贝妥单抗注射液（国药准字S20230028），商品名称“安瑞昔”，浙江博锐生物制药有限公司为该品种上市许可持有人。泽贝妥单抗为针对B细胞表面CD20抗原的人-鼠嵌合型单克隆抗体，可特异性结合B细胞表面的CD20抗原，从而启动B细胞溶解的免疫反应，发挥抗肿瘤作用。该药品适用于治疗CD20阳性弥漫大B细胞淋巴瘤，非特指性（DLBCL、NOS）成人患者，应与标准CHOP化疗（环磷酰胺、阿霉素、长春新碱、泼尼松）联合治疗。

9）拓培非格司亭注射液（国药准字S20230036、S20230037、S20230038、S20230039），商品名称“珮金”，厦门特宝生物工程股份有限公司为该品种上市

许可持有人。该药品用于非髓性恶性肿瘤患者在接受容易引起发热性中性粒细胞减少症的骨髓抑制性抗癌药物治疗时，降低以发热性中性粒细胞减少症为表现的感染发生率。拓培非格司亭为Y型聚乙二醇（PEG）修饰的人粒细胞刺激因子（rhG-CSF），通过刺激骨髓造血干细胞向粒细胞分化，促进粒细胞增殖、成熟和释放，恢复外周血中性粒细胞数量，以降低肿瘤患者化疗后的感染发生率。

10）伊基奥仑赛注射液（国药准字S20230040），商品名称“福可苏”，南京驯鹿生物医药有限公司为该品种上市许可持有人。伊基奥仑赛注射液是一种自体免疫细胞注射剂，是采用慢病毒载体将靶向B细胞成熟抗原（BCMA）的嵌合抗原受体（CAR）基因整合入患者自体外周血CD3阳性T细胞后制备的。回输患者体内后，通过识别多发性骨髓瘤细胞表面的BCMA靶点杀伤肿瘤细胞。该药品用于复发或难治性多发性骨髓瘤成人患者，既往经过至少3线治疗后进展（至少使用过一种蛋白酶体抑制剂及免疫调节剂）的治疗。

11）托莱西单抗注射液（国药准字S20230043），商品名称“信必乐”，信达生物制药（苏州）有限公司为该品种上市许可持有人。托莱西单抗为前蛋白转化酶枯草溶菌素9（PCSK9）抑制剂。通过抑制PCSK9，阻断血浆PCSK9与低密度脂蛋白受体（LDLR）的结合，进而阻止LDLR的内吞和降解，增加细胞表面LDLR表达水平和数量，增加LDLR对LDL-C的重摄取，降低循环LDL-C水平，最终达到降低血脂的目的。在控制饮食的基础上，该药品与他汀类药物，或者与他汀类药物及其他降脂疗法联合用药，用于在接受中等剂量或中等剂量以上他汀类药物治疗，仍无法达到LDL-C目标的原发性高胆固醇血症（包括杂合子型家族性和非家族性高胆固醇血症）和混合型血脂异常的成人患者，以降低LDL-C、TC、ApoB水平。

12）纳鲁索拜单抗注射液（国药准字S20230047），商品名称“津立泰”，上海津曼特生物科技有限公司为该品种上市许可持有人。纳鲁索拜单抗为重组全人源抗核因子-κB受体活化因子配体（RANKL）单克隆抗体，通过与细胞表面的RANKL特异性结合，抑制RANKL活性，从而抑制RANKL参与介导的骨质溶解和肿瘤生长。该药品适用于治疗不可手术切除或手术切除可能导致严重功能障碍的骨巨细胞瘤成人患者。

13）注射用埃普奈明（国药准字S20230063），商品名称“沙艾特”，武汉海特生物制药股份有限公司为该品种上市许可持有人。注射用埃普奈明为重组变构人肿瘤坏死因子相关凋亡诱导配体，可结合并激活肿瘤细胞表面的死亡受体4（DR4）/死亡受体5（DR5），通过外源性细胞凋亡途径触发细胞内caspase级联反应，从而发挥抗肿瘤作用。本品联合沙利度胺和地塞米松用于治疗既往接受过至少两种系统性治疗方案的复发或难治性多发性骨髓瘤成人患者，既往含免疫调节剂（如来那度胺、沙利度胺）方案难治的患者不宜接受本联合方案治疗。

14）纳基奥仑赛注射液（国药准字S20230065），商品名称“源瑞达”，合源生物科技（天津）有限公司为该品种上市许可持有人。纳基奥仑赛是通过基因修饰技术将靶向CD19的嵌合抗原受体（CAR）表达于T细胞表面而制备成的自体T细胞免疫治疗产品。输注至体内后会与表达CD19的靶细胞结合，激活下游信号通路，诱导CAR-T细胞的活化和增殖并产生对靶细胞的杀伤作用。本品适用于治疗复发或难治性急性B淋巴细胞白血病成人患者。

15）索卡佐利单抗注射液（国药准字S20230071），商品名称“善克钰”，兆科（广州）肿瘤药物有限公司为本品上市许可持有人。该产品能与PD-L1蛋白结合，阻断PD-L1蛋白与其受体PD-1间的相互作用，从而解除PD-1或PD-L1信号通路对T细胞的抑制，增强T细胞对肿瘤的杀伤作用。另外，它还能够通过传统的抗体依赖性细胞介导的细胞毒作用（ADCC）来杀死癌细胞。该药品适用于既往接受含铂化疗治疗失败的复发或转移性宫颈癌患者的治疗。

3. 新中药

2023年，NMPA批准了5款中药上市。

1）参郁宁神片（国药准字Z20230001），广东思济药业有限公司为本品上市许可持有人。其为中药1.1类创新药，具有益气养阴、宁神解郁的功效，适用于治疗轻、中度抑郁症中医辨证属气阴两虚证者。作为我国具有自主知识产权的抗抑郁中药新药，该药品的上市为抑郁症患者提供了又一种治疗选择。

2）小儿紫贝宣肺糖浆（国药准字Z20230002），健民药业集团股份有限公司为本品上市许可持有人。其为中药1.1类创新药。小儿紫贝宣肺糖浆具有宣

肺止咳、化痰利咽的功效，用于小儿急性气管-支气管炎风热犯肺证者，伴咳痰、汗出、咽痛、口渴，舌苔薄黄，脉浮数。该药品的上市为急性气管-支气管炎的咳嗽患儿提供了又一种治疗选择。

3）通络明目胶囊（国药准字Z20230003），石家庄以岭药业股份有限公司为本品上市许可持有人。其为中药1.1类创新药。通络明目胶囊具有化瘀通络、益气养阴、止血明目的功效，用于治疗2型糖尿病引起的中度非增殖性糖尿病视网膜病变血瘀络阻、气阴两虚证所致的眼底点片状出血、目睛干涩等相关症状。该药品的上市为具有上述病证的患者增加了一种新的用药选择。

4）枳实总黄酮片（国药准字Z20230004），商品名称“奥兰替”，江西青峰药业有限公司为本品上市许可持有人。枳实总黄酮片的主要成分为枳实总黄酮提取物，具有行气消积、散痞止痛的功效，临床用于治疗功能性消化不良者，症见餐后饱胀感、早饱、上腹烧灼感和上腹疼痛等。作为国内消化领域1.2类中药新药，枳实总黄酮片可以有效促进胃肠动力，改善内脏高敏感状态，对于功能性消化不良的常见证候（肝胃不和、脾胃湿热、饮食停滞、脾胃虚弱等）具有良好的治疗效果。该品种的上市为功能性消化不良患者提供了又一种治疗选择。

5）香雷糖足膏（国药准字ZC20230001），合一生技股份有限公司为本品上市许可持有人。其为中药1.1类创新药。香雷糖足膏适用于治疗清创后创面截面积小于25 cm^2的Wagner 1级糖尿病足部伤口溃疡。该品种的上市为Wagner 1级糖尿病足患者提供了新的治疗选择。

此外，2023年NMPA还批准了3个按古代经典名方目录管理的中药复方制剂（即中药3.1类新药），分别为枇杷清肺颗粒（国药准字C20230001）、济川煎颗粒（国药准字C20230002）和一贯煎颗粒（国药准字C20230003）。在系列政策推动下，古代经典名方中药复方制剂已成为近年来中药新药注册申报的热点。2023年9月，国家中医药管理局发布了《古代经典名方目录（第二批）》，截至目前《古代经典名方目录》合计收录了324首方剂。2023年11月，国家药品监督管理局药品审评中心（CDE）发布了《关于加快古代经典名方中药复方制剂沟通交流和申报的有关措施》，旨在通过加强研发关键节点的沟通交流，

以及实行药学稳定性研究和毒理研究资料阶段性递交两大方面，进一步加快古代经典名方的技术审批。这都将推进来源于古代经典名方的中药复方制剂研发和简化注册审批，进一步激发中药创新研发活力。

（二）诊疗设备与方法

2023年4月，由华科精准（北京）医疗科技有限公司自主研发的“磁共振监测半导体激光治疗设备”通过NMPA批准上市。该产品与一次性使用激光光纤套件配合，用于对药物难治性癫痫患者（有明确的致痫区部位或明确的癫痫传导途径）的局部病灶进行激光治疗。其自主研发的磁共振温度成像算法和先进的组织消融评估算法，实现了术前消融范围和路径规划、术中颅内温度实时监测和组织消融区域评估等全流程智能化，解决了脑外科微创手术缺乏过程结果反馈的难题，产品温度监控准确度优于1℃，消融评估尺寸精度为1 mm，精度和安全性达到国际领先水平，实现了微创、可视化、精准消融，是神经外科微创治疗领域的创新解决方案。

2023年4月，北京爱康宜诚医疗器材有限公司研发的金属增材制造胸腰椎融合匹配式假体系统获批上市，该产品包括胸腰椎融合匹配式假体，以及配合组件钉扣、螺钉。产品创新性地采用聚乙烯钉扣作为柔性连接装置，联合后路钉棒系统，实现了前后路联合固定的“桁架”结构。对于需进行多节段胸腰椎切除重建的患者人群，该产品采用多孔结构，同时可实现患者匹配设计（基于患者CT数据设计制造）和植入假体固定，可在一定程度上提高患者术后生活质量和患者生存率。产品适用于上胸椎至下腰椎（T1～L5）因肿瘤或其他病变需进行连续3个及以上节段椎体切除后的结构重建，需与脊柱内固定系统匹配并实现永久植入。该产品的上市将为患者治疗提供新的选择，填补了国内空白。

腹腔内窥镜单孔手术是由单一创口向腹腔置入多个器械开展手术，相比传统的多孔腔镜手术具有更加微创、恢复快及手术美容等诸多优点。但依赖于传统硬性腔镜器械的单孔腔镜手术存在直线视野、操作三角丧失、器械干扰等诸多难题。2023年6月，北京术锐机器人股份有限公司研发生产的国内首个腹腔内窥镜单孔手术系统获批上市。该产品以单孔方式实施手术，内窥镜及手术器

械有多个主动自由度，仅通过手术器械在患者腹腔内的运动即可完成手术操作。体外定位臂在操作过程中保持静止，避免了术中相互碰撞的风险，相比常规单孔内镜手术，该产品具有单孔超微创、操作灵活有力、视野调整范围大、定位臂安全协动等优势。该产品由医生控制台、患者手术平台、三维电子腹腔内窥镜、手术器械及附件组成，用于泌尿外科腹腔镜手术操作，是国内首个内窥镜单孔手术系统，有效填补了国内空白。该产品中的手术器械采用国际首创、自主知识产权的创新技术，具有运动范围广、负载能力强和可靠性高等技术优势。同年11月，深圳市精锋医疗科技有限公司研发的单孔腹腔镜手术机器人获批上市。该产品由医生控制台、患者手术平台、图像处理机、三维电子腹腔内窥镜、手术器械和附件组成。基于单孔手术方式的腹腔内窥镜手术系统，设计了多自由度具有肩肘-腕柔性铰链关节的手术器械，操作灵活、精准，具有较大的负载能力，该产品独创的“藏袖”式器械控制技术，可使器械半隐于套管内进行操作，增加了机器人处理近腹壁端病灶的可能性；同时便捷的大臂移动使手术区域横向扩展，为医院、术者、患者提供了最为优质的手术条件及治愈效果。

人工心脏是一种使用机械或生物机械手段部分或完全替代自然心脏给人体供血的辅助装置。它能够帮助患者恢复心脏功能或者过渡到心脏移植阶段，甚至作为永久性治疗，是延续终末期心力衰竭患者生命和改善其生活质量的重要措施与有效手段。2023年6月，深圳核心医疗科技有限公司研发的当前全球体积最小、质量最轻的人工心脏植入式左心室辅助系（Corheart® 6）获批上市。该产品由植入部件、体外部件、手术附件组成，与特定人工血管配套使用，为进展期难治性左心衰患者血液循环提供机械支持，用于心脏移植前或恢复心脏功能的过渡治疗。该产品采用第三代非接触式磁悬浮离心泵，结构更简单、质量更轻、体积更小、功耗更低，可降低血泵热量导致的血栓风险。相对于传统的人工心脏而言，小型化的人工心脏对于患者的手术植入有较大优势，除了体积小、质量轻、临床手术侵犯性小、适用人群更广，也更有利于患者心脏功能的恢复。同时，在这样的优势下，该产品填补了国内儿童植入人工心脏的空白。2024年4月，心擎医疗（苏州）股份有限公司研发的另一款体外人工心脏

产品体外心室辅助系统——MoyoAssist®获批上市，该系统包括体外心室辅助设备、体外心室辅助泵头及管路。MoyoAssist®是一款提供中短期体外心室辅助的全磁悬浮离心泵，可用于治疗心力衰竭、心源性休克等需要临时提供心脏泵血功能的急重症。该产品采用全球先进的计算流体力学技术与全磁悬浮技术，保证血液相容性，能提供长达30天的支持时间，支持多种模式，包括心外科术后体外循环无法撤机、过渡到心脏功能恢复、过渡到其他长期替代治疗的患者。MoyoAssist®是国内首个拥有全磁悬浮技术的体外心室辅助设备及专用耗材，本次获批上市代表国产高端医疗器械的又一新突破。

2023年7月，上海美杰医疗科技有限公司研发的全球首款多模态肿瘤治疗系统获批上市，该产品是上海交通大学的研究团队与以复旦大学附属肿瘤医院为代表的临床专家团队的多年跨学科协作成果。多模态肿瘤治疗系统由射频主机、冷冻主机、一次性使用多模态肿瘤治疗消融针、脚踏板、辅助连接线组成，用于对肝恶性实体肿瘤进行消融治疗，肿瘤最大直径≤3 cm。该系统通过预冷冻目标病灶，后续进行射频加热并精确控制过程，从而实现加热区域与冷冻区域重合的多模态肿瘤消融，达到精准治疗病灶的效果。多模态的肿瘤微创治疗方法通过精准的热剂量控制，有机融合超低温冷冻与射频场加热，触发肿瘤细胞免疫原性坏死，释放特异性抗原。这一方法在实现局部病灶精准治疗的同时，激发特异性抗肿瘤免疫，抑制肿瘤的复发与转移。

2023年10月，南京世和医疗器械有限公司研发的国内首款检测超过10个基因的二代测序（NGS）试剂盒的非小细胞肺癌组织肿瘤突变负荷（TMB）检测试剂盒（可逆末端终止测序法）获批上市，这是首张与基因大Panel检测合规相关的证件。该产品由TMB修复缓冲液、TMB修复反应液、TMB连接酶、TMB连接缓冲液、TMB双标签接头1-48、TMB PCR扩增反应液、TMB PCR扩增引物、TMB富集探针、TMB DNA封闭液、TMB封闭序列、TMB杂交缓冲液1、TMB杂交缓冲液2、TMB清洗缓冲液1、TMB清洗缓冲液2、TMB清洗缓冲液3、TMB清洗缓冲液4、TMB磁珠清洗液、TMB磁珠、TMB阴性对照品、TMB阳性对照品组成，用于体外定性检测EGFR基因突变阴性和ALK阴性的非鳞状非小细胞肺癌患者经福尔马林固定的石蜡包埋（FFPE）组织样本中的TMB。大

Panel基因检测可以全面覆盖罕见突变靶点。肿瘤患者通过高通量大Panel基因检测才能全面覆盖肿瘤罕见靶点，获得更多靶向药物治疗的机会。另外，大Panel基因检测可以系统揭示肿瘤伴随突变。此外，大Panel基因检测可以大幅度提高临床检测效率。综上所述，大Panel基因检测覆盖范围大、准确程度高，可以有效提升诊断效率，为患者争取宝贵的治疗时间。

2023年11月，江苏霆升科技有限公司研发的国内首款一次性使用心腔内超声诊断导管获批上市，该产品由导管主体、操作手柄和连接器组成，适用于心脏及心脏大血管、心内解剖结构的超声成像。心腔内超声（ICE）是指将微型换能器安装在导管头端，经股静脉送至心腔，换能器发射声波，然后将接收到的回波经计算机处理后形成超声图像，可提供心腔内部解剖结构及其他心腔内导管和设备的高分辨率实时影像，实时监测血流动力学状态。心腔内超声具备成像质量高、实时性强、近360° 可观测等特点，可以更好地评估心脏功能和病变情况。同时医生能够更准确地识别病变部位，确定最佳的手术方案，提高手术的成功率和效果。该产品在治疗心律失常及封堵手术中得到了很好的临床验证，其操控方式、成像效果与进口产品一致，某些场景使用效果上更优于进口产品，可以很好地指导术者更快完成手术，减少术者及病患在手术过程中与X射线的接触。

2023年12月，由四川锦江电子医疗器械科技股份有限公司研发的国内首套心脏脉冲电场消融系统获批上市。该产品由心脏脉冲电场消融仪和一次性使用心脏脉冲电场消融导管组成，用于治疗药物难治性复发性症状性阵发性房颤。该产品三维模型定位准确，房间隔穿刺完后可在零射线下进行消融。导管操控灵活，便于上手，能降低操作难度。相较于射频消融，脉冲消融效率更高，能大大缩短手术时间。同时能大幅度降低手术过程中心房食管瘘、膈神经损伤、肺静脉狭窄等并发症的风险，配合环状导管设计，可减少操作带来的风险，给房颤患者带来了一种全新、安全、高效的治疗体验。

（三）疾病诊断与治疗

随着医药生物技术的快速发展，以及与多种前沿技术的交叉融合，相关领

域涌现出一系列创新技术和产品，为疾病的诊断与治疗提供了新的思路和方法。我国在国际生物医药领域的竞争力不断提升，同时取得的突破性进展也为全球生物医药产业的发展注入了新的活力。

1. 疾病诊断

中山大学等开发了一种基于人工智能的淋巴结转移诊断模型（LNMDM），该模型可通过影像、内镜和病理三个方面辅助医生诊断，其灵敏度和特异性均超过90%，实现了自动检测肿瘤转移，对膀胱癌淋巴结转移及微小病灶的诊断具有重要作用。相关研究成果于2023年3月在*Lancet Oncology*杂志发表[317]。

2023年3月，成都齐碳科技有限公司（齐碳科技）发布了其最新升级的K2纳米孔蛋白（以下简称K2）、硅基测序芯片QCell-S及新一代测序算法套件Hound v1.2（图3-1），使测序性能大幅提升。相较于上一代纳米孔蛋白，K2测序精度更高，有效信号分布更均匀，电流台阶的跳变更加清晰，信噪比更优。在K2体系下，齐碳科技纳米孔基因测序可带来更准确、更稳定、更高效的测序体验，单次测序准确率从90%跃升至97%，一致性准确率从Q40提升至Q50，即99.999%（70×）。该公司曾研发出我国第一台第四代纳米孔基因测序仪，能够稳定获得纳米孔基因测序数据，相关技术还可被应用于纯菌组装、癌症靶向用药检测、法医自动分型等多个场景[318]。

图3-1 齐碳科技纳米孔基因测序仪产品样机

厦门大学开发了一种用于核酸现场快速检测的微流控芯片。该芯片引入了动态密封、超声辅助和先进的控制方法，整合了试剂预封装存储、提取、快速qPCR扩增和实时荧光检测等多项功

317 Wu S, Hong G, Xu A, et al. Artificial intelligence-based model for lymph node metastases detection on whole slide images in bladder cancer: a retrospective, multicentre, diagnostic study[J]. The Lancet Oncology, 2023, 24(4): 360-370.

318 齐碳科技. 2023 "演进无所限"技术升级发布会[EB/OL]. (2024-03-10)[2024-03-30]. https://mp.weixin.qq.com/s/OIZhYQ8PDMni1_Wnma6Aog.

能，能在30 min内实现包括完整提取流程与45个扩增循环的全自动核酸定量检测，灵敏度与现行临床标准一致。相关研究成果于2023年5月发表在*Sensors and Actuators: B. Chemical*杂志上[319]。

2023年7月，圣湘生物科技股份有限公司自主研发的人乳头瘤病毒核酸检测试剂盒（PCR-荧光探针法）（图3-2）获欧盟CE IVDR认证，成功填补了CE IVDR严监管体系下，我国人乳头状瘤病毒（HPV）核酸诊断产品在欧洲市场的空白。该试剂可满足1管检测同时提供16型、18型分型和其他13种高危型3种结果，应用场景覆盖门诊、体检等[320]。

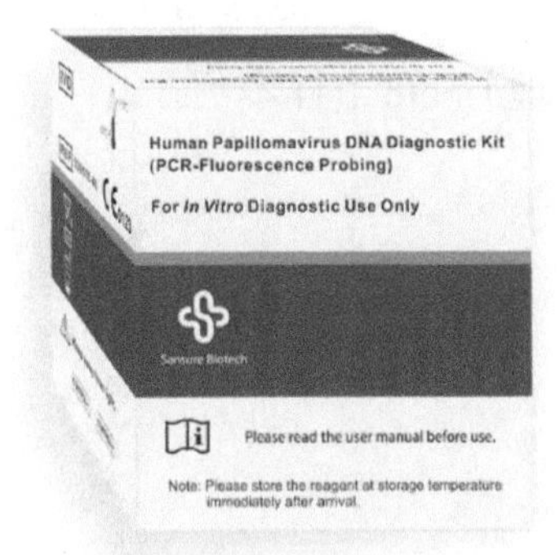

图3-2 人乳头瘤病毒核酸检测试剂盒（PCR-荧光探针法）

上海市胰腺疾病研究所等国内外联合研究团队提出了利用平扫CT结合AI算法的大规模胰腺癌早期筛查新策略。该研究构建了目前最大的胰腺肿瘤CT数据集，通过全球十多家医院的多中心验证，其模型敏感性和特异性分别为92.9%和99.9%。该模型在临床诊断、体检等场景中，已被调用超过50万次。相关研究成果于2023年10月发表在*Nature Medicine*杂志上[321]。

2023年10月，由北京华大吉比爱生物技术有限公司研发生产的MSP-400质谱全自动样本制备系统（图3-3）获得了医疗器械注册证（注册证号：鄂械注准20232224571），标志着临床质谱前处理进入了极简时代，能够实现全程无人值守，

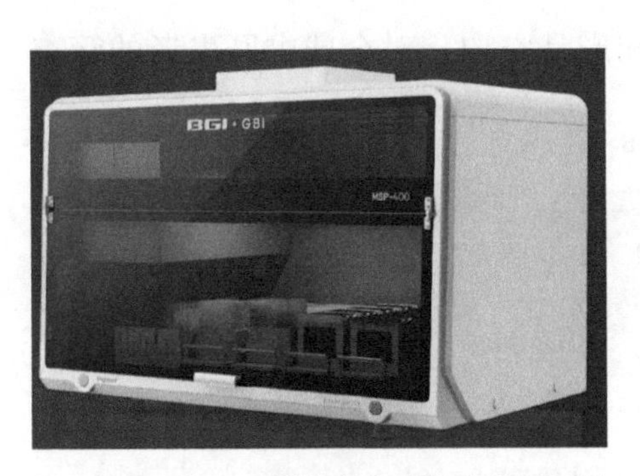

图3-3 MSP-400质谱全自动样本制备系统

319 Zhang D, Gao R, Huang S, et al. All-in-one microfluidic chip for 30-min quantitative point-of-care-testing of nucleic acids[J]. Sensors and Actuators B: Chemical, 2023, 390: 133939.

320 2023年7月25日，圣湘生物自主研发的人乳头瘤病毒核酸检测试剂盒（PCR-荧光探针法）获欧盟欧洲统一（CE）体外诊断医疗器械法规（IVDR）认证。

321 Cao K, Xia Y, Yao J, et al. Large-scale pancreatic cancer detection via non-contrast CT and deep learning[J]. Nature Medicine, 2023, 29(12): 3033-3043.

自动化完成样本处理，无需氮吹、正负压或离心步骤。MSP-400为国内首款应用磁珠法的质谱前处理全自动样本制备系统，具备灵活的机械臂、自动液面探测、凝块和气泡探测功能，以及智能错误报警和全程闭环状态监测，可一次性处理1～96个样本[322]。

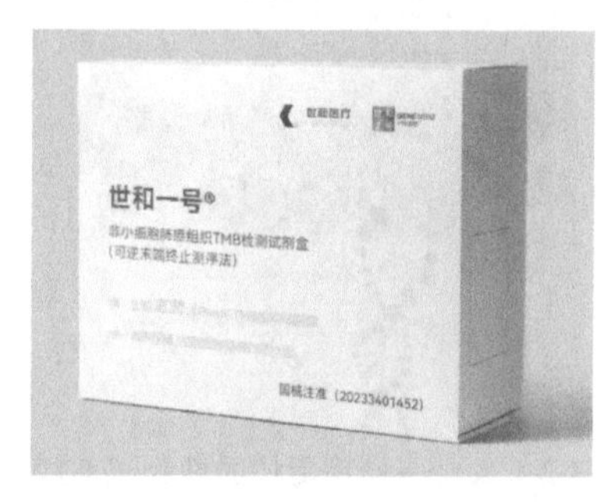

图3-4　非小细胞肺癌组织TMB检测试剂盒（可逆末端终止测序法）

2023年10月，南京世和医疗器械有限公司自主研发的“非小细胞肺癌组织TMB检测试剂盒（可逆末端终止测序法）”（图3-4）创新产品注册申请获国家药品监督管理局（NMPA）批准。该产品是国内肿瘤基因检测行业首个高通量基因测序大Panel体外诊断产品，也是首个肿瘤免疫治疗疗效预测新标志物产品。相关研究成果入选“2023年中国医药生物技术十大进展”[323]。

2023年10月，由厦门大学国家传染病诊断试剂与疫苗工程技术研究中心（NIDVD）、中国食品药品检定研究院和北京万泰生物药业股份有限公司（万泰生物）联合研制的两款戊型肝炎病毒抗原尿液检测试剂盒（胶体金法、荧光免疫层析法）（图3-5）获NMPA批准上市。作为以尿液抗原为靶标的创新型戊肝诊断试剂，填补了戊肝检测领域相关技术和产品空白，对全球戊肝患者的筛查

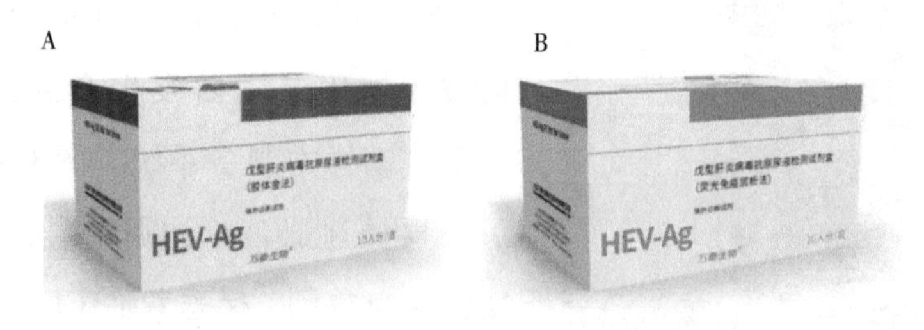

图3-5　戊型肝炎病毒抗原尿液检测试剂盒

A．胶体金法；B．荧光免疫层析法

322 武汉华大基因生物医学工程有限公司．全自动样本制备系统：鄂械注准20232224571[P]. (2023-10-16)[2024-03-20]. https://www.nmpa.gov.cn/datasearch/search-info.html?nmpa=aWQ9ODlhYjljNmIxOGU0OGM1ZWM2OTNlNGQwMzNkYzQ0MDEmaXRlbUlkPWZmODA4MDgxODNjYWQ3NTAwMTgzY2I2NmZlNjkwMjg1.

323 南京世和医疗器械有限公司．非小细胞肺癌组织TMB 检测试剂盒(可逆末端终止测序法)：国械注准20233401452[P]. (2023-10-12)[2024-03-20]. https://www.nmpa.gov.cn/datasearch/search-info.html?nmpa=aWQ9MWI1YmI5ZmM5YjA2YTZhZjYyZjM3NmNmNjkzOWEwYWUmaXRlbUlkPWZmODA4MDgxODNjYWQ3NTAwMTgzY2I2NmZlNjkwMjg1.

与临床诊治管理具有重要意义。相关研究成果入选“2023年中国医药生物技术十大进展”[324, 325]。

中国科学院动物研究所等发现一种高表达CHIT1蛋白的小胶质细胞可能是引发神经元衰老的驱动者，明确了CHIT1蛋白在脊髓退行性疾病中发挥的关键作用，可作为神经退行性疾病的潜在诊断靶标。相关研究成果于2023年12月发表在*Nature*杂志上[326]。

2. *疾病治疗*

2023年3月，北京品驰医疗设备股份有限公司研发的世界首款可充电、可感知、1.5T/3.0T磁共振兼容的植入式双通道可充电脑起搏器通过NMPA审核，获批第三类医疗器械注册证。该产品具备高场强磁共振兼容、刺激同步记录、蓝牙无线通信、异地远程程控等创新技术，不仅能够在刺激大脑核团的同时获取神经电生理与神经影像数据，还率先实现了融合调控与感知功能的双向脑（大脑）-机（脑起搏器）接口。该产品上市以来，已在全国近50家医院应用[327]。

2023年4月，西比曼生物科技（上海）有限公司启动了异体人源脂肪间充质祖细胞注射液AlloJoin®的Ⅲ期临床试验。该注射液先后获得37项中国专利、3项国际PCT专利，覆盖了其化学、制造、控制（即CMC）全过程，是我国第一个自主研发并经NMPA药品审评中心（CDE）默示许可后直接进入Ⅱ期临床的创新干细胞药品，同时也是我国第一个进入Ⅲ期临床的针对膝骨关节炎的干细胞药物[328]。

2023年4月，北京安龙生物医药有限公司的“AL-001眼用注射液”获得CDE

---

324 北京万泰生物药业股份有限公司. 戊型肝炎病毒抗原尿液检测试剂盒（胶体金法）：国械注准20233401470[P]. (2023-10-12)[2024-03-20]. https://www.nmpa.gov.cn/datasearch/search-info.html?nmpa=aWQ9MGI4MDEzMzhhNGIzYjI4MzI1OTkwYWM4MWQ3ZDE1MWUmaXRlbUlkPWZmODA4MDgxODNjYWQ3NTAwMTgzY2I2NmZlNjkwMjg1.

325 北京万泰生物药业股份有限公司. 戊型肝炎病毒抗原尿液检测试剂盒（荧光免疫层析法）：国械注准20233401473[P]. (2023-10-12)[2024-03-20]. https://www.nmpa.gov.cn/datasearch/search-info.html?nmpa=aWQ9OTA2NWQ4M2NiYjg0ZjRhNzUzNDVmYWUzZmIyOGJiZWQmaXRlbUlkPWZmODA4MDgxODNjYWQ3NTAwMTgzY2I2NmZlNjkwMjg1.

326 Sun S, Li J, Wang S, et al. CHIT1-positive microglia drive motor neuron ageing in the primate spinal cord[J]. Nature, 2023, 624(7992): 611-620.

327 北京品驰医疗设备股份有限公司. 双通道可充电植入式脑深部电刺激脉冲发生器套件：国械注准20223120085[P]. (2022-01-20)[2024-03-20]. https://www.nmpa.gov.cn/datasearch/search-info.html?nmpa=aWQ9YjAwZDkxN2Q3NjgyMjk2OGRlODBjZGJiOTUzY2FmNjMmaXRlbUlkPWZmODA4MDgxODNjYWQ3NTAwMTgzY2I2NmZlNjkwMjg1.

328 济南高华制药有限公司. 苯磺酸左氨氯地平片：CTR20243199[P]. (2024-06-18)[2024-07-20]. http://www.chinadrugtrials.org.cn/clinicaltrials.searchlistdetail.dhtml.

临床试验默示许可，适应证为湿性年龄相关性黄斑变性（wAMD）。这款注射液使用AAV为载体过表达抗VEGF蛋白，通过先进的微创性脉络膜上腔（SCS）注射方式给药，该注射操作导致的眼内并发症较少，眼内炎症反应发生率较低[328]。

2023年4月，上海天泽云泰公司自主研发的VGM-R02b获得CDE临床试验默示许可，同意其开展治疗戊二酸血症Ⅰ型（GA-Ⅰ）的临床试验。VGM-R02b属于治疗罕见病和儿童专用创新药，是全球首个用于治疗GA-Ⅰ的基因治疗产品。此前，该产品已获得美国FDA授予的用于治疗GA-Ⅰ的罕见儿科疾病认定（RPDD）资格[328]。

2023年5月和11月，亿一生物制药（北京）有限公司研发的艾贝格司亭α注射液（商品名：亿立舒®）分别获中国NMPA[329]和美国FDA[330]批准上市。该药物用于成年非髓性恶性肿瘤患者在接受容易引起发热性中性粒细胞减少症的骨髓抑制性抗癌药物治疗时，降低以发热性中性粒细胞减少症为表现的感染发生率。相关研究成果入选“2023年中国医药生物技术十大进展”。

2023年6月，四川至善唯新生物科技有限公司研制的针对血友病A的AAV基因治疗药物ZS802注射液获得CDE临床试验默示许可，即将开展临床Ⅰ/Ⅱ期试验。ZS802注射液是采用该公司自主开发的全球最小肝特异性启动子研发的AAV基因治疗药物，解决了被包装基因容量大的难题，提高了产品质量[328]。

2023年6月，南京驯鹿生物医药有限公司与信达生物科技有限公司联合开发的BCMA（一种蛋白质）靶向CAR-T产品伊基奥仑赛注射液获NMPA批准上市，用于治疗复发或难治性多发性骨髓瘤成人患者。该款产品是全球首个获批的全人源CAR-T细胞治疗药物，能够更加精准地靶向癌细胞，同时减少了由非人源成分引起的不良反应。相关研究成果入选“2023年中国医药生物技术十大进展”[331]。

---

329 亿一生物制药（北京）有限公司. 艾贝格司亭α注射液：国药准字S20230026[P]. (2023-05-06)[2024-03-20]. https://www.nmpa.gov.cn/datasearch/search-info.html?nmpa=aWQ9NzI5M2FmNWI0Zjg2N2E0OWUwYjMxNjRmYzA0MmMxY2EmaXRlbUlkPWZmODA4MDgxODNjYWQ3NTAwMTg0MDg4MWY4NDgxNzlm.

330 U.S. Food & Drug Administration. Novel Drug Approvals for 2023[EB/OL]. (2023-11-17) [2024-03-20]. https://www.fda.gov/drugs/novel-drug-approvals-fda/novel-drug-approvals-2023.

331 南京驯鹿生物医药有限公司. 伊基奥仑赛注射液：国药准字S20230040[P]. (2023-06-30)[2024-03-20]. https://www.nmpa.gov.cn/datasearch/search-info.html?nmpa=aWQ9YjRjODk4MzJiMjc4MTU0NmExNjUxNjY0ODgwNDg2NjcmaXRlbUlkPWZmODA4MDgxODNjYWQ3NTAwMTg0MDg4MWY4NDgxNzlm.

2023年7月，广州威溶特医药科技有限公司的溶瘤病毒M1第一款产品VRT106获得日本药品医疗器械管理局（PMDA）的批准，在日本开展晚期实体瘤的临床试验；11月，该产品获得NMPA临床试验默示许可，即将在我国开展针对局部晚期/转移性实体瘤的Ⅰ期临床试验，这是全球首款基于甲病毒M1骨架的溶瘤病毒疗法获批开展临床试验[332]。

北京大学和首都医科大学等联合研究团队首次提出肠道菌源宿主同工酶（microbial-host-isozyme，MHI）新概念，并发现这种菌源宿主同工酶在肠道中广泛存在，能够有效模拟宿主酶的功能，可在疾病的发生和发展中发挥关键作用。该研究还系统揭示了西格列汀临床响应性个体差异的机制与作用靶点，相关研究成果于2023年8月发表在*Science*杂志上[333]。

2023年11月，合源生物科技（天津）有限公司的免疫细胞CAR-T治疗产品源瑞达®（纳基奥仑赛注射液）获NMPA附条件批准上市，用于治疗成人复发或难治性急性B淋巴细胞白血病（r/r B-ALL）。该产品是我国首个具有自主知识产权的CD19 CAR-T细胞治疗新药，相关研究成果入选“2023年中国医药生物技术十大进展”[334]。

3. 疾病预防

2023年1月，长春百克生物科技股份公司生产的带状疱疹减毒活疫苗感维®（图3-6）获批上市，意味着全球首个适用于40岁及以上的带状疱疹减毒活疫苗申请在中国大陆获批。该疫苗是水痘-带状疱疹病毒的冻干减毒制品，是在水痘减毒活疫苗的

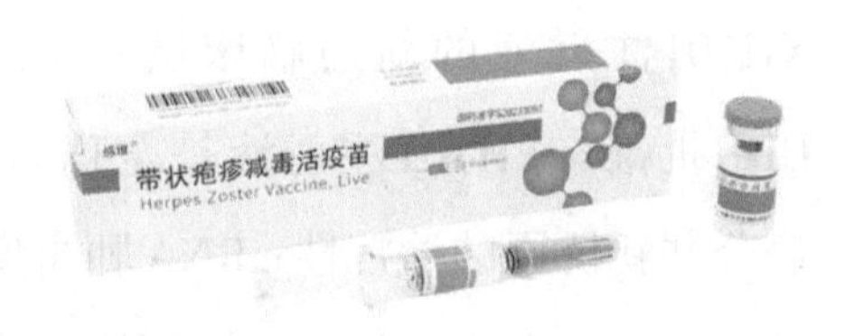

图3-6 长春百克生物科技股份公司的带状疱疹减毒活疫苗感维®

332 广州威溶特医药科技有限公司. 注射用重组溶瘤病毒M1: CXSL2300588[P]. (2023-11-28)[2024-03-20]. https://www.cde.org.cn/main/xxgk/listpage/4b5255eb0a84820cef4ca3e8b6bbe20c.

333 Wang K, Zhang Z, Hang J, et al. Microbial-host-isozyme analyses reveal microbial DPP4 as a potential antidiabetic target[J]. Science, 2023, 381(6657): eadd5787.

334 合源生物科技（天津）有限公司. 纳基奥仑赛注射液：国药准字S20230065[P]. (2023-11-07)[2024-03-20]. https://www.nmpa.gov.cn/datasearch/search-info.html?nmpa=aWQ9OGYxZWNlMzNhNjkxMGY3NDNlNTY2ODY2Y2UzZGNiNTUmaXRlbUlkPWZmODA4MDgxODNjYWQ3NTAwMTg0MDg4MWY4NDgxNzlm.

生产工艺基础上的高滴度水痘-带状疱疹病毒减毒制品，可用于预防老人带状疱疹及其并发症疱疹后神经痛。相关研究成果入选“2023年中国医药生物技术十大进展”[335]。

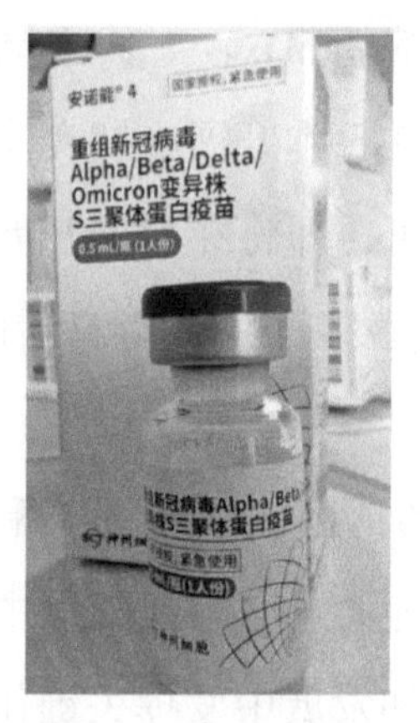

图3-7　神州细胞重组蛋白新冠多价疫苗安诺能®4

2023年3月，北京神州细胞生物技术集团股份公司（神州细胞）重组蛋白新冠多价疫苗SCTV01E（商品名：安诺能®4，Alpha/Beta/Delta/Omicron变异株）（图3-7）获NMPA批准紧急使用。该产品是国内首个针对变异株的新冠广谱多价疫苗，其正式接种标志着我国内地正式进入广谱多价新冠疫苗接种时代[336]。

2023年3月和12月，石药集团自主研发的新型冠状病毒变异株mRNA疫苗（含BA.5核心突变位点）（商品名：度恩泰®）（图3-8），以及第二代新冠mRNA疫苗——二价新冠病毒mRNA疫苗（XBB.1.5/BQ.1）（SYS6006.32）相继获得NMPA批准紧急使用。这两款疫苗分别成为我国首款mRNA疫苗和首款mRNA二价疫苗[337]。

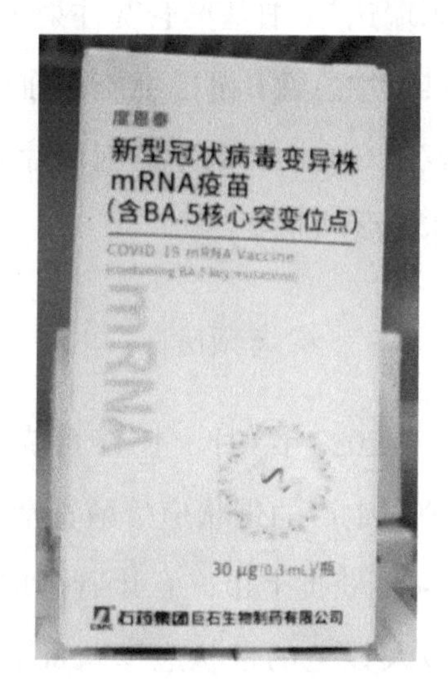

图3-8　石药集团自主研发的新型冠状病毒变异株mRNA疫苗度恩泰®

2023年3月，深圳市新合生物医疗科技有限公司提交的国内首个mRNA肿瘤新抗原疫苗XH101注射液的新药临床试验（IND）申请获CDE批准。XH101注射液是全球首创的靶向胃癌公共新抗原的治疗性mRNA肿瘤疫苗，其开发基于该公司自研的肿瘤新抗原预测算法平台。临床前研究显示，XH101能够有效激发患者的T细胞免疫应答及肿瘤细胞杀伤效应。作为国内首个

335 长春百克生物科技股份公司. 带状疱疹减毒活疫苗：国药准字S20233097[P]. (2023-01-29)[2024-03-20]. https://www.nmpa.gov.cn/datasearch/search-info.html?nmpa=aWQ9YjgwNjUwZTgzZDgxNTY1MTU5MjE5MjNmNGM5MjNjYmImaXRlbUlkPWZmODA4MDgxODNjYWQ3NTAwMTg0MDg4MWY4NDgxNzlm.

336 国务院应对新型冠状病毒肺炎疫情联防联控机制综合组. 关于印发新冠病毒疫苗第二剂次加强免疫接种实施方案的通知[EB/OL]. (2022-12-13)[2024-03-25]. https://www.gov.cn/xinwen/2022-12/14/content_5731899.htm.

337 石药集团. 石药集团新冠疫苗获批临床的通知[EB/OL]. (2022-04-03)[2024-03-25]. https://e-cspc.com/details/details_92_4645.html.

AI+mRNA肿瘤新抗原疫苗，XH101注射液的IND申请获受理，标志着AI赋能mRNA肿瘤疫苗研发领域取得了突破[338]。

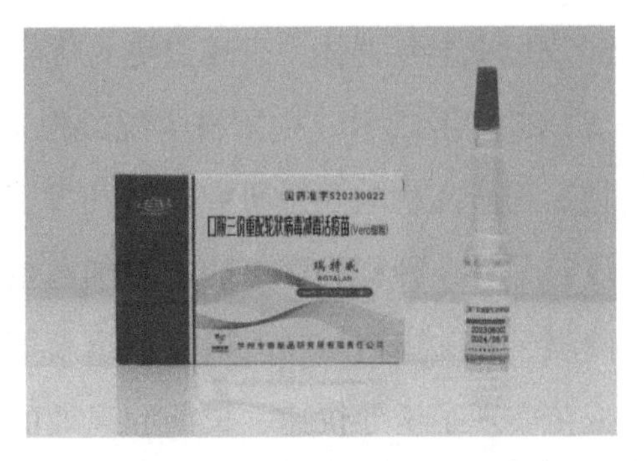

图3-9 兰州生物制品研究所口服三价重配轮状病毒减毒活疫苗（Vero细胞）瑞特威®

2023年4月，国药集团中国生物兰州生物制品研究所自主研发的口服三价重配轮状病毒减毒活疫苗（Vero细胞）（图3-9）获NMPA批准上市，成为国内首个获准上市的三价轮状病毒疫苗。该疫苗具有良好的交叉保护作用，可有效预防G1、G2、G3、G4和G9型轮状病毒导致的婴幼儿腹泻。相关研究成果入选"2023年中国医药生物技术十大进展"[339]。

2023年4月，杭州纽安津生物科技有限公司自主研发的注射用P01（个体化肿瘤治疗性多肽疫苗）获得CDE临床试验默示许可，随后在2023年8月获得美国FDA的IND批准，成为国内首款个体化定制药物。注射用P01是我国乃至全球首款同时获得中美药监机构（NMPA & FDA）批准可进行临床试验的个体化定制药物[338]。

2023年12月，复旦大学、上海蓝鹊和沃森生物联合研发的新型冠状病毒变异株mRNA疫苗（Omicron XBB.1.5）——RQ3033疫苗沃蓝安安®（图3-10）经国家相关部门批准纳入紧急使用。这款疫苗是我国首个基于完整Ⅲ期安全性和有效性数据，通过免疫原性桥接临床获批紧急使用的针对XBB等当前变异株的新冠mRNA疫苗。RQ3033疫苗具有良好的安全性和优异的保护效力，尤其在

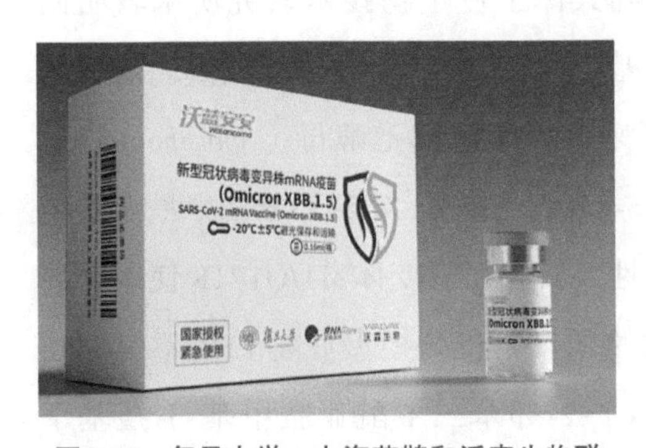

图3-10 复旦大学、上海蓝鹊和沃森生物联合研发的新型冠状病毒变异株mRNA疫苗沃蓝安安®

338 国家药品监督管理局药品审评中心. 受理品种目录[EB/OL]. (2024-08-22)[2024-08-25]. https://www.cde.org.cn/main/xxgk/listpage/9f9c74c73e0f8f56a8bfbc646055026d.

339 兰州生物制品研究所有限责任公司. 口服三价重配轮状病毒减毒活疫苗（Vero细胞）：CXSS1600009[P]. (2023-04-20)[2024-03-25]. https://www.nmpa.gov.cn/zwfw/sdxx/sdxxyp/yppjfb/20230421082613127.html.

60岁以上老年群体中表现出更为优异的安全性和有效性[340]。

2023年12月，中国科学院过程工程研究所与军事科学院军事医学研究院生物工程研究所的联合研究团队开发了一种可吸入、干粉状气雾剂新冠疫苗。该疫苗是将一种称为CTB的无毒细菌蛋白封装进小到足以进入和沉入肺深处的微胶囊，相关蛋白质经改造呈现出新冠病毒受体结合域抗原。在动物实验中，该疫苗实现了诱导快速、长期和高效的“黏膜—体液—细胞”三重免疫应答。相关研究成果于2023年12月发表在*Nature*杂志上[341]。

二、工业生物技术

（一）生物催化技术

1. 蛋白质工程设计

1）（2*S*，3*R*）-2-氨甲基-3-氧代羧酸酯是合成具有药用价值的β-内酰胺的关键中间体。2023年7月，中国科学院天津工业生物技术研究所朱敦明团队报道了羰基还原酶不对称还原2-氨甲基-3-氧代羧酸酯的研究成果。通过酶的筛选和蛋白质工程改造，同步提升了来源于赭色掷孢酵母（*Sporobolomyces salmonicolor* AKU4429）的羰基还原酶（SsCR）变体M1对2-邻苯二甲酰亚胺甲基-3-氧代丁酸甲酯（1a）和异丙醇的活性。其中，突变体M1/Q171K使用异丙醇作为辅因子再生共底物，在110 g/L底物浓度下催化模型底物1a的不对称还原，以94%的产率合成唯一产物（2*S*,3*R*）-2-邻苯二甲酰亚胺甲基-3-羟基丁酸酯。该研究首次表明，工程化的羰基还原酶可以同时提升其对大位阻底物酮和异丙醇的活性，并且可以通过底物偶联实现辅因子再生以有效制备目标手性

---

340 复旦大学. 共同开发“新型冠状病毒mRNA疫苗”，复旦大学与沃森生物、蓝鹊生物签署三方战略合作协议[EB/OL]. (2022-02-22)[2024-03-25]. https://xxgk.fudan.edu.cn/9c/53/c5197a433235/page.htm

341 Ye T, Jiao Z, Li X, et al. Inhaled SARS-CoV-2 vaccine for single-dose dry powder aerosol immunization[J]. Nature, 2023, 624(7992): 630-638.

醇。该成果发表在期刊*ACS Catalysis*上。

2）近年来，酶促解聚回收聚对苯二甲酸乙二醇酯（PET）已成为塑料循环经济中解决PET塑料污染危机的首要选择。目前已有生物酶法实现工业规模下PET塑料90%的解聚回收的报道。然而，高温操作条件导致残留的10% PET形成了不可降解的高结晶度废物，阻碍了其在实际工业场景中的应用，成为塑料循环经济中的挑战。2024年2月，中国科学院微生物研究所吴边教授团队报道了利用人工智能辅助PET解聚酶重设计在推动工业级废弃PET塑料完全解聚研究中的进展。该团队采用人工智能策略来重新设计PET水解酶，对来自细菌HR29的水解酶BhrPETase进行智能塑造。重设计的变体TurboPETase在高浓度固体底物条件下能够实现PET塑料的近乎完全解聚［200 g/L 预处理后的瓶级PET粉末，65℃，8 h，反应规模2 L（7.5 L反应器），解聚率高达98%］，解聚效率超越目前国际报道的高效PET解聚酶，显示出TurboPETase在PET废弃物循环利用中的潜力。该成果发表在期刊*Nature Communications*上。

3）黄体酮是皮质类固醇的主要碳骨架，因存在丰富的惰性C-H键，在不产生过多副产物的情况下利用P450实现对其骨架的精准单一或多重羟基化修饰，这在合成生物学中是一项艰巨的任务之一。2024年3月，江南大学生物工程学院陈坚院士团队的周景文教授课题组报道了理性工程改造P450BM3简化皮质类固醇生物合成途径的研究进展。该团队基于计算模拟指导改造了P450BM3并用于黄体酮合成皮质酮再合成氢化可的松的两步合成途径。第一步合成：以野生型P450BM3［巨大芽孢杆菌（*Bacillus megaterium*）来源］出发，逐步通过B-Factor指导的底物通道改造、重塑heme中心口袋和自由能计算指导的heme中心口袋柔性化的三代精细化酶工程，最终获得了4个突变体可以分别高效区域选择性羟化黄体酮的C16β、C17α、C21和C17α/21。第二步合成：基于底物通道切换策略，理性改造得到了FA11a-BM3，可高效催化皮质酮合成11α-氢化可的松。最终，将开发的P450突变体用于构建高效的大肠杆菌全细胞催化体系，实现了从1 g/L黄体酮一锅生产11α/β-氢化可的松，其摩尔转化率分别为81%和84%。本研究为简化甾体药物的生物合成步骤和生物催化剂提供了可行的策略。该成果发表在期刊*ACS Catalysis*上。

4）手性的有机过氧化物是极具价值的合成中间体，因此，在不对称合成领域，手性的有机过氧化物的合成方法学开发一直备受重视。2024年3月，中国科学院天津工业生物技术研究所张武元研究员团队报道了利用酶工程实现有机过氧化物的动力学拆分的研究进展。该团队首次开发了过氧合酶催化的还原反应，建立了新型的动力学拆分方法，并拓展了当前过氧合酶仅限于氧化反应的范畴，实现了光学纯有机过氧化物的高效合成。在该反应体系中，过氧合酶的催化周转数（TON）最高可达100 000，对应的周转频率（TOF）可达55.6 s^{-1}，手性选择性＞99%。此外，针对野生型过氧合酶催化动力学拆分只能得到*S*-构型有机过氧化物的局限性，通过进一步研究以蛋白质工程手段获得的酶突变体，实现了催化有机过氧化物立体选择性的反转，即*R*-构型有机过氧化物产物的合成。该研究成果发表在期刊*Angewandte Chemie International Edition*上。

5）酶催化立体发散合成以获得具有多个立体中心的有机氟化合物的所有可能的立体异构体仍然是一个重要且具有挑战性的课题。2024年4月，天津大学张发光-马军安团队与中国科学院天津工业生物技术研究所孙周通团队合作报道了羰基还原酶三参数定向进化立体发散合成氟代β-内酰胺母核的研究进展。该团队首先以2-（苯甲酰胺甲基）-4,4-二氟-3-氧代丁酸酯为模式底物，对一系列羰基还原酶进行筛选过滤，最后确认来源于唐菖蒲伯克霍尔德氏菌（*Burkholderia gladioli*）的羰基还原酶*Bg*ADH的催化效果较好。随后，通过半理性组合活性中心饱和突变/迭代饱和突变（CAST/ISM）策略的快速三参数协同进化提供了羰基还原酶*Bg*ADH的四突变体M5（A140K/L203T/G92A/V84I），它不仅对目标立体异构体表现出高的立体选择性［99∶1 dr（diastereoselectivity），99% ee（enantioselectivity）］，而且活性（k_{cat}/K_m）增强了6.3倍，热稳定性（T_{50}^{15}）提高了4℃。最后，通过氟烷基底物谱扩展、克级反应［648 g/（L·d）］和合成转化为手性氟代β-内酰胺（即抗生素碳青霉烯核心），进一步证明了合成的实用性。该研究成果发表在期刊*ACS Catalysis*上。

2. 新反应设计

1）将酶催化和光催化结合的光酶催化，融合可见光化学多样的反应性和酶

的高选择性，成为开发新酶功能最前沿的策略。近年来，烟酰胺依赖酶、黄素依赖酶、非天然氨基酸插入的人工光酶及磷酸吡哆醛依赖酶与可见光化学的结合，向人们展示了光酶催化生物合成的原始创新在于创制新酶元件、解决传统合成面临的问题。2023年12月，南京大学黄小强课题组和梁勇课题组联合中国科学技术大学田长麟课题组报道了光酶协同催化实现不对称自由基酰基化的研究进展。综合利用仿生和化学模拟的思路，研究团队利用可见光激发和定向进化手段，将焦磷酸硫胺素（ThDP）依赖的苯甲醛裂解酶“重塑”为自由基酰基转移酶（RAT），开发了ThDP依赖酶和光催化协同的双催化新体系，实现了一例非天然的高对映选择性的自由基-自由基偶联反应。该成果首次将ThDP依赖酶用于催化非天然的自由基转化，同时实现了有机氮杂环卡宾催化不能达到的低催化剂负载量和高立体选择性的效果。该研究成果发表在期刊*Nature*上。

2）对映选择性氢原子转移（HAT）反应在不对称催化领域是一个长期存在的挑战，这主要归因于自由基活性高、氢原子体积小且HAT过程涉及早期过渡态。虽然使用小分子催化剂已经实现了一些对映选择性HAT反应，但如何进一步扩大底物适用范围和扩充反应类型仍然是亟待解决的问题。受单电子还原启动的光酶催化及自然界中黄素依赖的脂肪酸光脱羧酶的启发，2024年1月，上海交通大学化学化工学院叶俊涛课题组与丁蓓课题组及生命科学技术学院戴少波课题组合作，发展了一例单电子氧化引发的光酶催化体系，利用廉价易得的芳基或烷基亚磺酸钠盐为自由基前体，成功实现了非环状烯烃的对映选择性氢磺酰化反应，高产率和高对映选择性地合成了一系列手性砜类化合物。该成果发表在期刊*Journal of the American Chemical Society*上。

3）生物合成是提升“新质生产力”的重要手段之一，受到了学术界和工业界的广泛关注，同时也是大国竞争的重点领域之一。相对于化学合成，生物合成能制造的产品有限，但是这也为我们带来了更多的机遇。限制生物合成范畴的关键因素之一是“酶元件”的催化功能相对有限。2024年4月，南京大学黄小强团队和张艳团队联合厦门大学王斌举团队报道了重塑烯烃还原酶合成手性内酯类化合物的研究进展。研究团队基于先前开发的可见光直接激发烯烃还原酶（ene reductase, ER）的策略，针对ER催化机制中初始自由基成键步骤的

立体化学控制难的问题，团队通过可见光引发的单电子氧化策略及对烯烃还原酶的进化改造，获得了最佳突变体ER-M5，能以57%的收率、95%的ee值和7.3：1 dr值催化模式反应。进一步精准调控自由基C-O键形成和HAT步骤，实现了一系列含有相邻立体中心的内酯类化合物的不对称光酶催化合成。该研究成果发表在期刊*Angewandte Chemie International Edition*上。

4）引入有机光化学反应机制，将天然存在的非光酶“重塑”为新型的光酶，能够开发全新的非天然生物催化转化，互补当前的化学合成手段。利用这个策略，该领域的前期工作主要集中在黄素依赖蛋白和酮还原酶上。2024年5月，南京大学黄小强团队联合厦门大学王斌举团队报道了将天然亚胺还原酶重新设计为一类新的光酶元件的研究进展。研究团队基于亚胺还原酶在天然反应中通过双电子氢负转移的机制实现了羰基化合物和胺的还原胺化过程，首次利用可见光直接激发与底物结合的亚胺还原酶，通过光引发的单电子转移过程产生具活性的自由基物种；同时通过工程化改造亚胺还原酶，有效调控后续自由基转化的化学选择性和立体选择性。他们最终完成手性胺化合物的立体选择性合成，实现了具挑战性的烯酰胺的对映选择性自由基氢烷基化。该光酶催化体系能够广泛适用多种自由基前体，并且都能以高选择性得到相应的产物，是现有光酶催化领域中底物范围最广的报道之一（45例，ee值普遍高于94%）。该研究成果发表在期刊*Journal of the American Chemical Society*上。

5）光酶催化正成为合成化学领域的研究热点之一，在多种不对称自由基反应尤其是碳-碳键构建方面展现出其独有的优势，为多种手性功能分子的合成提供了新的思路。2023年10月，中国科学院天津工业生物技术研究所朱敦明研究员、吴洽庆研究员团队报道了光酶催化合成氨基醇产物的研究成果。该工作建立了氧化-还原中性的光酶催化体系，通过使用有机光敏剂曙红Y（eosin Y）和来源于罗尔斯通菌（*Ralstonia* sp.）的脱氢酶RasADH组合，实现了*N*-芳基甘氨酸和醛之间的自由基碳-碳偶联反应，高效、高立体选择性地构建了一系列1,2-氨基醇产物。该反应体系无需额外添加辅酶循环体系和还原试剂，相关机制研究实验表明该反应经历了串联的脱羧自由基偶联和去对称化过程。该研究为探索新的自由基偶联反应及生物活性分子的合成提供了新的思路。该成果发

表在期刊*Journal of the American Chemical Society*上。

3. 新途径的组装与调控

1）维生素B_{12}是自然界中天然合成的最复杂的小分子化合物之一，也是高等动植物生理活动必需的化合物。目前，维生素B_{12}的工业生产主要依赖微生物发酵来实现，然而该方法存在菌种改造困难、发酵周期长、合成途径的瓶颈点难发掘、产物生产和菌株生长难以实现平衡等问题。2023年8月，中国科学院天津工业生物技术研究所张大伟团队报道了维生素B_{12}生物合成技术开发方面取得的新进展。该研究通过将维生素B_{12}合成途径中24步催化反应进行模块划分，构建了体外无细胞催化合成维生素B_{12}的技术体系，并实现了体外多酶催化体系中产量的较大提升。该研究不仅开拓了除化学合成法、微生物合成法之外的第三种维生素B_{12}合成方法，同时也对维生素B_{12}合成途径的解析发挥了积极的推动作用，对构建长途径、多元素的复杂无细胞合成体系具有一定的指导意义。该成果发表在期刊*Nature Communications*上。

2）苯并含氧杂环骨架广泛存在于天然产物和药物分子中，如血管扩张剂维司那定和抗凝血剂华法林。生物催化因其条件温和、具有良好的选择性等优点而被认为是不对称合成的理想策略。然而，由于天然酶具有严格的反应和底物特异性，通过生物催化法制备手性苯并含氧杂环化合物仅局限于个别孤例。2023年10月，江南大学饶义剑教授团队报道了一种新颖的对映选择性光酶催化反应，实现了一系列手性苯并含氧杂环化合物的不对称合成。该研究通过对黄素依赖的“烯”还原酶GluER的半理性定向进化，实现了突变体GluER-W100H在可见光下能以高收率、高立体选择性地合成手性苯并氧杂草酮、色满酮和茚酮类化合物。该研究为化学酶法合成重要生物活性药物的手性骨架提供了一种理想的绿色途径。该成果发表在期刊*Angewandte Chemie International Edition*上。

3）氮氮键是天然产物的重要功能基团，它可以通过不同的形式如重氮、肼、腙、偶氮、吡啶等嵌入化合物结构中，从而赋予天然产物独特的化学结构和多样的生物活性。醌那霉素为Ⅱ型聚酮化合物，重氮键是其重要的功能基团之一，赋予其良好的抗菌和抗肿瘤活性。2023年9月，上海交通大学微生物代谢国家重点

实验室邓子新院士团队的蒋明副研究员课题组报道了醌那霉素生物合成中氮氮键的形成机制。该研究通过生物信息学分析、体内遗传实验操作和化学喂养实验，证明了氧甲基转移酶AlpH参与醌那霉素重氮基团的生物合成，并结合体外生化反应、蛋白质晶体结构解析、体外突变等实验确定了AlpH的关键催化位点并推测了其反应机制。该工作首次在体外成功重构了醌那霉素重氮键的生物合成，并解析了其生物合成重氮键关键步骤的反应机制。AlpH的发现不仅扩大了氧甲基转移酶家族蛋白功能的多样性，也为通过基因组挖掘和合成生物学发现与开发新型含重氮键化合物奠定了坚实的基础。该成果发表在期刊*Nature Communications*上。

4）植物来源的生物碱是一类重要的药物。然而，其获取方式仍然依赖植物提取，难以满足当前市场需求。多酶级联反应作为一种高效的生产方式，正在革新天然产物的生物制造。2024年1月，江南大学生物工程学院饶义剑教授团队借助酶挖掘和酶工程手段，构建了一个能够利用简单易得的底物合成天然和非天然的苯乙基异喹啉生物碱的人工酶级联反应系统。更重要的是，通过“即插即用”策略替换该系统中的限速酶，该研究实现了秋水仙碱前体（*S*）-秋丽碱的高效合成与放大制备，在300 mL反应体系下，其产量达到了709 mg/L。这不仅简化了未来秋水仙碱生物合成的步骤，还为通过多酶级联反应合成其他生物碱提供了范例。该成果发表在期刊*Nature Communications*上。

5）硒（Se）与硫（S）同属硫属元素，具有相似的物理化学性质，但与有机硫化物相比，有机硒化物在改善氧化还原性、优化药物构象、调节药物代谢、增加生物利用度、抵抗耐药性等方面别具优势，近年来逐渐成为药物研发领域的新兴热点分子类群。2024年1月，山东大学微生物技术国家重点实验室李盛英团队基于自然界硫载体蛋白催化系统的基本化学原理，以及硒和硫相近的物理化学性质，成功地将“S”引入系统切换为“Se”引入系统，通过体外多酶级联催化反应，实现了硒代半胱氨酸、硒代维生素B_1和硒代创新霉素衍生物的酶法合成，为手性有机硒化物的创制提供了全新且具有一定普适性的生物催化方案。此外，这项研究还揭示了通过运用“元素工程”策略改造天然生物合成系统，创制含生命稀有元素/非生命元素化合物的巨大潜力。该成果发表在期刊*Nature Synthesis*上。

6）前列腺素是生物体内一系列具有独特生物活性的小分子化合物，到目前为止，已有超过20个前列腺素类药物被批准用于各类疾病的治疗，全球年销售额达数十亿美元，市场巨大、需求广泛。2024年3月，上海交通大学李健团队报道了基于化学酶法的前列腺素类分子高效合成的研究进展。该团队基于化学酶法和自由基切断策略，以科立内酯（Corey lactone）自由基等价物8为共同中间体，以生物酶催化精准构建了分子的手性中心，通过廉价金属Ni催化高效偶联了分子侧链，实现了对几种具代表性前列腺素类分子的高效合成，其中通过5步实现了对天然前列腺素PGF2α的10 g规模的合成，是该分子距今报道过的最短合成路线之一。此外，基于该合成策略，也可以实现对其他一些新型前列腺素类似物的快速合成。该研究成果发表在期刊*Nature Communications*上。

7）DNA能够折叠形成具有催化活性的三维结构，在生物传感等领域具有广泛的应用。跟基于蛋白质的酶相比，DNA酶的催化活性较低，原因之一是DNA的化学官能团种类较少。研究者通过引入化学修饰的方法，提升脱氧核酶的催化性能；甚至使用体外筛选的技术，直接鉴定具有催化活性的非天然核酶。2024年3月，南京大学于涵洋课题组与梁勇课题组合作报道了通过化学酶法添加修饰提升DNA催化活性的研究进展。该团队设计了使用化学酶法在DNA特定位点引入化学修饰的新策略：先通过糖苷酶特异性切除非经典碱基，产生缺碱基位点；裸露出的醛基与氧胺化合物发生缩合反应，从而引入多种官能团修饰。随后基于建立的新策略，成功地将不同性质的官能团引入到DNA酶10～23催化核心的不同位点，其中在一个DNA酶分子的8和12号位分别引入羧基和苯环，双修饰DNA酶（CaBn）的催化活性比野生型提升了近700倍。最后，将这一策略方法扩展到其他DNA酶上发现，使用该化学酶法既能够提升催化RNA切割反应的DNA酶的催化活性，又能够提升具有RNA连接酶活性的DNA酶的催化活性。该研究成果发表在期刊*Journal of the American Chemical Society*上。

8）手性β-羟基腈是一类重要的腈类化合物。卤醇脱卤酶可以通过催化环氧化物区域选择性和立体选择性氰化反应制备手性β-羟基腈化合物，该策略已被用于降血脂药物阿托伐他汀的绿色生物制造工业生产。然而，与大多数化学氰化反应工艺类似，该反应需要以剧毒的氰化钠（NaOCN）或氢氰酸（HCN）作

为氰源，具有极大的安全隐患。2023年10月，遵义医科大学陈永正教授团队报道了一种以商业可得的、更加安全的腈醇为氰源原位提供氰根离子的策略。研究人员基于腈醇化合物在水中存在生成醛和氰根离子的可逆反应特性，建立了卤醇脱卤酶催化环氧化物精准合成手性β-羟基腈的技术路线，实现了一系列手性β-羟基腈化合物的高效合成。该成果发表在期刊*ACS Catalysis*上。

9）具有γ-叔醇基团的多功能非天然氨基酸（noncanonical amino acid，ncAA）是许多天然产物的母核，如马雷霉素A和蛋白酶体抑制剂TMC-95 A。2023年12月，中国科学院上海药物研究所廖苍松团队报道了含γ-叔醇的非天然α-氨基酸的酶法合成研究进展。该研究提出了一种酶法脱羧-羟醛缩合策略，实现了一系列ncAA与γ-叔丁醇的快速组装。该研究提供了一种单步法生产多功能化ncAA的方法，可直接用于多肽的合成和生物活性的评价。该成果发表在期刊*Angewandte Chemie International Edition*上。

10）在化学合成和药物开发领域，半缩醛是一类重要的有机合成中间体，其结构中同一个碳原子上连有一个羟基、一个烷氧基和一个氢原子。尽管酶催化在许多合成反应中具有广泛的应用，但是通过酶催化合成半缩醛一直被认为是难以实现的目标，主要原因是酶催化通常需要水作为反应介质，而半缩醛类分子在水中不稳定。2024年2月，中国科学院天津工业生物技术研究所张武元研究员、盛翔研究员和西安交通大学段培高教授团队合作报道了过氧合酶催化C-H键活化研究方面取得的重要进展。该团队以真菌来源的过氧合酶作为催化剂，在纯有机相条件下顺利地实现了对环醚类分子的C-H键选择性羟化反应，合成了光学纯的手性半缩醛化合物。进一步，通过将反应条件转换为水相条件，半缩醛产物进一步被原位氧化为内酯，这为半缩醛的原位应用及内酯的合成提供了新思路，拓展了酶催化不对称合成的应用领域。该成果发表在期刊*Nature Communications*上。

11）甾体作为仅次于抗生素的第二大类药物，在医药健康等领域扮演着十分重要的角色，9,10-开环甾体（9,10-secosteroid）是一类重要的亚家族，主要来源于海洋柳珊瑚，具有抗病毒、抗炎、免疫调节、抑制肿瘤细胞相关蛋白激酶等多样的生物活性。2024年2月，中国科学院上海有机化学研究所刘文和桂敬汉团队合作报道了化学-酶催化高效合成9,10-开环甾体天然产物的研究进展。

该研究团队受到细菌甾醇降解途径的启发，提出以高效、高选择性的甾体C9α-羟基化和C9-C10键断裂为关键步骤的9,10-开环甾体合成策略。通过筛选和比较研究，从红球菌（*Rhodococcus rhodochrous*）中找到了一个里斯（Rieske）型非血红素单加氧酶KshA3/KshB（KSH），专一、高效地实现了甾体C9α-羟基化。基于化学-酶法偶联反应，通过3～8步便实现了10种9,10-开环甾体产物的高效、快速合成。该成果发表在期刊*Angewandte Chemie International Edition*上。

12）芳香聚酮是一类结构多样的天然产物，其丰富的化学多样性赋予了其丰富多样的生物学活性。然而，尽管芳香聚酮数量庞大，但仅有大约8种基本骨架，由8种不同类型的芳香化酶/环化酶（ARO/CYC）组成。2024年3月，上海交通大学科学技术学院和张江高等研究院瞿旭东团队报道了芳香聚酮骨架生物合成新途径的研究进展。该研究团队首先在体外重构了芳香聚酮蒽苯并氧辛酮［(＋)-anthrabenzoxocinone，(＋)-ABX］、(－)-ABX和法沙霉素（fasamycin，FAS）途径中共享的苯基二甲基蒽酮（PDA）骨架的生物合成途径。经过进一步的体外实验和体内敲除，发现PDA环化过程只需要一种非典型的类Tcm I的ARO/CYC［$Abx_{(+)}$D/$Abx_{(-)}$D/FasL］和一种甲基转移酶（MT）［$Abx_{(+)}$M、$Abx_{(-)}$M和FasT］就能完成非连续共轭四环芳香结构的环化和芳构化。这部分工作不仅在Ⅱ型芳香聚酮骨架生物合成方式的理解上实现了重大的突破，还为未来产生新型ARO/CYC和芳香聚酮骨架提供了重要思路。该成果发表在期刊*Proceedings of the National Academy of Sciences*上。

13）手性醇是用于合成药物、农用化学品和精细化学品的重要中间体。酶作为一种天然的手性催化剂，在不对称催化方面有着明显的优势。将化学催化剂和生物催化剂相结合的化学酶催化体系反应已成为化学合成中一种高效而理想的方法。碳酸酐酶Ⅱ是一种底物范围广、反应条件温和且不需要辅因子NAD(P) H辅助的高效酶催化剂。2024年5月，浙江大学化学系季鹏飞课题组报道了化学酶法催化烷烃、烯烃和炔烃转化合成手性醇的研究进展。该团队开发了一种将化学催化剂与碳酸酐酶协同的化学酶体系应用于催化烷烃、烯烃和炔烃合成手性醇的方法。整个过程分为两步：光催化氧化烷烃、钯催化的Tsuji-Wacker氧化烯烃和金催化的炔烃水合反应分别生成酮中间体，以及碳酸酐酶的

酮还原过程。通过化学催化和酶催化相结合，构建了3种简单高效的化学酶体系用于手性醇的合成，从廉价易得的芳基烷烃、烯烃和炔烃成功制备了一系列手性醇。这些用于合成手性醇的串联反应系统降低了操作成本，并提高了转化的总产率，且无需苛刻的反应条件。光催化、钯催化和金催化与碳酸酐酶Ⅱ的化学酶催化转化体系显示出良好的产率和优异的对映体选择性（高达99%），可用于生产有价值的手性醇。该研究确定了化学催化剂与碳酸酐酶Ⅱ（hCA Ⅱ）的相容性，并证明了化学酶体系在高效合成手性醇方面的巨大潜力。该研究成果发表在期刊*ACS Catalysis*上。

14）核糖体合成和翻译后修饰肽（RiPP）是一类主要的天然产物，具有多种化学结构和有效的生物活性。微生物基因组中绝大多数 RiPP 基因簇仍未被探索，部分原因是缺乏用于 RiPP 表征和生物合成的快速有效的异源表达系统。2024年5月，上海科技大学物质科学与技术学院刘一凡、凌盛杰和李健团队合作报道了核糖体合成羊毛硫肽的无细胞生物合成和工程化改造的研究进展。该研究团队通过重建完整的生物合成途径从头生物合成了唾液素B（一种羊毛硫肽RiPP）以展示统一生物催化（UniBioCat）系统。随后，通过删除源菌株中的部分蛋白酶/肽酶基因，增强了UniBioCat的性能，使其可合成和筛选具有增强抗菌活性的唾液素 B变体。最后，10种未表征的羊毛硫肽的合成和生物活性评估显示了该平台对RiPP的体外生物合成具有普适性。该研究针对RiPP天然产物，开发构建了一体化的无细胞生物合成平台，具有快速便捷、灵活性好、通用型强等优势。UniBioCat平台有望在RiPP天然产物的生物合成途径解析、酶催化机制研究、突变体构建与活性筛选及新颖多肽发现等方面发挥积极作用，进一步推动核糖体多肽类天然产物的研究与开发。该研究成果发表在期刊*Nature Communications*上。

15）在自然界中，几乎所有生物体的蛋白质都是由20种天然氨基酸组成的，这些氨基酸的排列组合形成了种类和功能各异的蛋白质，进而让生物体可以执行复杂的功能。不同于20种天然氨基酸，非天然氨基酸具有多样化的侧链基团，可以赋予蛋白质更优的或全新的物理、化学或生物特性。因此，实现非天然氨基酸在生命体中的遗传编码，将有助于设计并构建出具有全新功能的蛋白质，甚至改造出全新形式的细胞和生命体，促进基础和应用研究。2024年6

月，浙江大学林世贤课题组报道了稀有密码子重编码技术的研究进展。该团队提出利用相对稀有的密码子TCG，设计并开发了名为稀有密码子重编码的非天然氨基酸编码体系。通过系统的工程改造和核酸序列的大数据模型预测，稀有密码子重编码技术以接近天然氨基酸的编码效率高效合成系列带有非天然氨基酸的功能蛋白质，并在哺乳动物细胞中首次成功合成了带有6个位点非天然氨基酸和4种不同类型非天然氨基酸的蛋白质。该研究成果发表在期刊*Science*上。

16）卟啉是一种具有多种功能和活性的大环化合物，由4个吡咯环通过次甲基相连形成，具有广泛的应用。2024年6月，华东理工大学张立新和谭高翼团队合作报道了在血红素及卟啉化合物高效生物制造方向上的研究进展。该研究团队创造性地利用光合细菌类球红细菌（*Rhodobacter sphaeroides*）作为底盘微生物，构建高效细胞工厂，并通过偶联酶催化生产卟啉化合物。首先，基于CRISPRi的关键基因筛选和调控双组分系统prrAB磷酸化水平的方法，结合分批补料发酵，在5 L反应器中使目标卟啉中间体卟啉Ⅲ（CP Ⅲ）的产量达到16.5 g/L；随后设计开发了基于CRISPR-Cas12a的高通量酶筛选平台而获得了高效的酶催化元件，实现了CP Ⅲ的高效酶促转化，合成了各种金属卟啉，包括具有抗肿瘤活性的Zn-CP Ⅲ和具有多种功能、用途的血红素。进一步，在200 L反应器中实现了CP Ⅲ的中试放大，并建立了基于重结晶的CP Ⅲ纯化工艺，产物纯度超过95%，回收率接近90%。在5 L反应器中通过酶催化放大合成血红素和锌卟啉，产量分别达到10.8 g/L和21.3 g/L，均为迄今报道的最高生产水平。该研究成果发表在期刊*Nature Biotechnology*上。

（二）生物制造技术

内蒙古伊利实业集团股份有限公司（以下简称“伊利”）刘彪等开发的“产丁酸的益生元、益生菌组合物的研发及应用”成果，荣获2023年度中国轻工业联合会技术发明奖一等奖，刘彪等发明了益生元和益生菌组合物，发现了促进乳双歧杆菌HN019产生丁酸的方法，包括将低聚半乳糖和异构化乳糖作为乳双歧杆菌HN019培养的碳源产生益生元与益生菌组合物。该技术可被应用于多种产品，有助于实现机体健康，该成果介绍了伊利通过食品工艺技术创新，包括

酶解乳脂、定制化减糖、乳脂提取等技术，为消费者提供既美味又天然健康的产品。

由山东省食品药品检验研究院石峰博士团队牵头，联合山东大学等4家单位共同完成的“高端蛇毒血凝酶产业化关键技术体系构建与规模化应用”成果，荣获2023年度山东省科学技术进步奖一等奖。该项目针对高端蛇毒血凝酶原料及制剂技术瓶颈，创新蝮蛇蛇毒种属溯源技术，突破原料分离纯化与制备技术瓶颈，构建了蛇毒血凝酶生产和质量控制关键技术体系，实现了高端蛇毒血凝酶制剂技术的突破。该项目完成国家药品标准的制定，授权发明专利10余项，整体技术达到国际先进水平。

浙江工业大学的郑仁朝教授牵头完成的“大品种非天然氨基酸高效手性合成关键技术及产业化”成果，荣获2023年度中国石油和化学工业联合会科学技术进步奖一等奖及2022年度浙江省科学技术进步奖一等奖。该项目开发了以手性构筑为核心的大品种芳香族和支链非天然氨基酸合成新方法，发明了基于特征结构的生物催化剂精准设计和功能调控新技术，创建了基于质子转移机制的对映体消旋回用新工艺，攻克了非天然氨基酸先进制造系列关键共性技术。近三年新增销售收入52.2亿元，新增利税7.4亿元。该成果推动了我国β-内酰胺类抗生素、酰胺醇类抗生素和γ-氨基丁酸类药物制造技术的革新和升级，有力保障了人民生命健康和高端医药产业链安全。

江南大学徐岩教授和五粮液集团共创的科技成果“我国特色酿造微生物新种挖掘及其在浓香型白酒酿造中的应用”荣获2023年度中国轻工业联合会科学技术进步奖一等奖。这项科技成果在行业内首次分离并确定了以窖泥优势己酸菌-解乳酸己小杆菌（JNU-WLY1368菌）和优势丙酸菌-丙酸嗜蛋白菌（JNU-WLY501菌）等为代表的核心功能菌，揭开了浓香型白酒核心微生物的科学奥秘，解决了白酒行业半个世纪以来，对窖泥核心优势功能菌（特别是优势己酸菌）种类及其代谢机制认识不清的难题，进一步开发了优质窖泥菌群工业化扩培应用技术、窖泥微生态稳态维护技术等，形成了浓香型白酒的提质增效关键技术体系。这些极具五粮液集团特色的微生物菌株的发现，破译了大国浓香的核心奥秘，也为白酒行业高质量发展提供了强有力的技术支撑。在高质量倍增

工程中大幅度提升了窖池生产效率，对稳定窖泥优势微生态、提升原酒风味及感官品味等方面发挥了重要作用，取得了显著的社会和经济效益。

南京工业大学张志东与新疆农业科学院微生物应用研究所长期联合开展极端微生物资源的挖掘和利用，双方共同申报的“极端菌糖酶资源挖掘关键技术开发及应用”科技成果通过中国轻工业联合会组织的专家鉴定，获得2023年度中国轻工业联合会科学技术进步奖一等奖。该项目收集了超过4000份环境样品，创建极端耐盐促生菌种库，挖掘获得了一批具备耐盐基因元件和优异性能的功能酶，建立了耐盐土壤酶资源库。通过自主创新和技术集成研发，研制出适合盐碱地改良修复的极端菌糖酶复配生物有机肥。该研发通过为期3～5年的推广应用，碱解氮、速效磷、速效钾、有机质等土壤肥力指标得到有效提升。棉花、小麦、玉米、沙棘、甘草等作物产量提升了10%～30%，取得了显著的经济、社会和生态效应，为广阔贫瘠盐碱地的综合利用，推进乡村振兴提供了典型示范。

东晓生物科技股份有限公司王松江与齐鲁工业大学联合申报的“淀粉基稀有糖及糖醇生产关键技术产业化”项目获得2023年度中国轻工业联合会科学技术进步奖一等奖。该项目利用淀粉基糖为原料，开发出5种生物法生产稀有功能糖和糖醇的产业化技术，有效降低稀有功能糖生产成本的同时，提高了产品质量。这一项目的菌种、发酵、提取与精制等各项技术均达到国际先进水平，极大地提高了我国在稀有糖等糖醇类甜味剂领域的创新能力，对全球相关产业的技术进步产生了深远影响。

（三）生物技术工业转化研究

常州大学的任建军研究员牵头完成的“典型抗生素菌渣多路径脱抗与高价值利用关键技术开发与应用”成果，荣获2023年度中国石油和化学工业联合会科学技术进步奖二等奖。该项目针对抗生素菌渣无害化处理与资源化利用过程中面临的能耗高、转化效率低、安全性差、二次污染严重等难题进行了深入的研究和探索，成功开发出了抗生素菌渣脱抗与高价值利用的系列菌酶制剂与相关工艺体系，为抗生素菌渣的脱抗与高价值利用提供了全新的解决方案。该

成果填补了行业在脱抗技术、资源化利用方法、检测标准等方面的多项国际空白，总体处于国际领先水平。

中国食品发酵工业研究院有限公司姚粟牵头完成的“中国传统发酵食品用微生物菌种资源库建设及产业化应用”项目荣获中国轻工业联合会科学技术进步奖二等奖，该项目针对我国传统发酵食品行业微生物菌种来源不清晰、应用领域和功能机制不明确等问题，开展了名单菌种认定原则、关键参数、综合评价模型、菌种实物库和数据库的构建研究，整理了有安全使用历史、分类准确、无致病性风险、功能和应用领域明确的微生物菌种名单，构建了传统发酵食品用微生物菌种资源库。名单涉及白酒、啤酒、乳制品、酱油等13个传统发酵食品领域，共56属124种微生物，其中细菌74种、酵母22种和丝状真菌28种。该项目成果为发酵微生物菌种功能特征分析、群落演替及代谢机制解析和传统发酵食品的微生物调控提供了参考资料，推动了行业的高质量发展，提升了我国传统发酵食品国际化影响力。

山东焦点福瑞达生物股份有限公司廉少杰与江南大学共建联合实验室，他们联合开发的“透明质酸酶高产菌株构建及透明质酸寡糖生物制造产业技术研究”获得2023年度中国轻工业联合会科学技术进步奖二等奖。该项目利用合成生物学技术，弱化透明质酸酶产生菌旁路代谢途径，并进行透明质酸合成酶hasA、hasB、hasC的高效虚拟筛选及强化表达，成功构建了透明质酸生产菌株和透明质酸酶高效表达菌株。随后，将透明质酸酶成功应用于不同分子量透明质酸的精准酶切控制。结合发酵工艺优化，形成透明质酸钠寡糖生物制造体系，最终建立了高产率透明质酸钠寡糖生产线，并联合开发了乙酰化透明质酸等衍生物。

重庆市天友乳业股份有限公司赵欣与重庆第二师范学院联合开发的“益生菌资源发掘及其在功能性发酵乳中的技术创新和产业化”项目荣获2023年度中国轻工业联合会科学技术进步奖三等奖。该项目实现了具有自主知识产权益生菌资源的发掘和菌种库的建立，建成了1000多株食品可用菌种的资源库。通过体外、动物体内和人体临床试验，发掘出具有提高人体免疫力、调节胃肠功能、预防高血压、减脂减肥等生物活性的乳酸菌50多株。以上述筛选出的知识产权菌种和酶制剂等为基础，通过自然发酵开发了具有功能性作用的发酵乳

品，在重庆市天友乳业股份有限公司实现了产业化。该项目实现了益生菌的开发和应用，为益生菌和发酵乳制品产业结构的转型升级提供了示范，起到了推动行业发展的作用。

南京师范大学的施天穹教授牵头完成的“赤霉素系列衍生物的先进生物制造技术开发与应用”成果，荣获2023年度中国商业联合会科学技术进步奖特等奖。该项目采用系列合成生物学技术，对藤仓赤霉菌中复杂的代谢网络进行精准重塑，成功实现了赤霉素产量翻倍并消除了多种副产物，简化了分离步骤，解决了工业菌改造难、开发周期长的问题。通过技术攻关，最终使赤霉素生产成本显著降低。相关技术成果应用于合作企业，近三年新增净利润2亿元以上。企业研发的赤霉素新产品也已经被用于200万亩[342]以上的经济作物。该成果对增加单位粮食产量起着促进作用，对保障我国粮食安全至关重要。

三、农业生物技术

（一）分子培育与品种创制

1. 农作物分子设计与品种创制

2023年，我国科技人员在基因编辑技术开发、植物抗病育种、马铃薯基因组育种及水稻籼粳亚种间杂种不育等重要性状的机制研究等方面取得了突破性进展和重要成果。

在基因编辑技术开发应用上，中国科学院遗传与发育生物学研究所的研究人员首次利用蛋白质结构预测模型辅助，创造性地基于蛋白质三维结构的聚类方法，发掘出各种新型脱氨酶，克服现有碱基编辑器中脱氨酶的技术缺陷，开发了具有自主知识产权的新型碱基编辑系统。华中农业大学从水稻突变体中鉴定到一个类病斑（lesion mimic）突变基因*RBL1*。对*RBL1*基因编码区的多位点

342 1亩≈666.7 m^2。

进行基因编辑，创制了一个广谱抗病的新基因*RBL1*^{Δ12}。该基因能对稻瘟病有显著抗性，且不影响作物的产量。由于该基因在作物中高度保守，该研究对于提高其他作物的抗病性也具有重要意义。

在重要农艺性状机制解析方面，中国农业大学在小麦中鉴定出比“绿色革命”基因更好的新基因位点。该研究表明，基于油菜素内酯（BR）信号转导途径的基因突变，相较于原“绿色革命”中基于赤霉素（GA）信号转导途径的基因突变，不仅可以降低植株的株高，还可以进一步提升产量潜力。南京农业大学联合中国农业科学院解析了一个控制水稻籼稻和粳稻亚种杂种不育的主效数量性状基因座（QTL）位点*RHS12*发挥作用的分子机制，为利用籼粳亚种间杂种优势奠定了重要理论基础。武汉大学在植物抗虫机制研究方面取得了重要进展，该研究从褐飞虱唾液中鉴定出首个昆虫效应子BISP，并揭示了植物抗虫基因的蛋白质产物如何与昆虫唾液中效应子通过相互识别和互作，精细调控抗性与生长之间平衡的新机制。华中农业大学与德州农工大学合作在植物抗病机制研究上取得了重要进展，该研究解析了植物如何激活自身免疫（autoimmunity）的分子机制。

在基因组设计育种方面，中国农业科学院深圳农业基因组研究所绘制了首个马铃薯有害突变图谱，并开发了新的全基因组预测模型。该模型对马铃薯产量预测的精确度提高了25%，能加速马铃薯的育种进程。这也是“优薯计划”（即用二倍体马铃薯替代四倍体马铃薯，利用杂交种子替代薯块的育种和繁殖）获得的又一个重要的技术突破。

在种质创新及重大品种创制方面，农业农村部首次颁发了3个基因编辑大豆生产应用的安全证书，其中两个基因编辑大豆为油酸含量提升，另一个基因编辑大豆为生育期改变。这意味着我国在基因编辑作物的应用上迈出了关键一步。此外，农业农村部还为1个转基因棉花、6个转基因玉米和3个转基因大豆首次颁发了生产应用的安全证书。

（1）作物基因编辑技术的应用研究

2023年6月，*Cell*发表了中国科学院遗传与发育生物学研究所在挖掘新型碱基编辑工具方面的重要研究进展，该研究运用AI辅助结构预测，建立了基

于三级结构的蛋白质聚类方法，并发展为新型脱氨酶的挖掘体系，成功开发了具有自主知识产权的新型碱基编辑工具。研究人员利用蛋白质结构预测模型AlphaFold2对代表性的脱氨功能序列进行批量的三维结构预测，随后创新性地进行基于蛋白质三维结构的多重比对与聚类，将潜在的脱氨酶分为20个不同的分支。除已报道的APOBEC/AID胞嘧啶脱氨酶外，该研究检测到5个结构序列全新且具有活性的胞嘧啶脱氨酶分支。在这些分支中，研究人员对具有类DddA（double-stranded DNA deaminase toxin A-like）脱氨结构域的蛋白质进一步结构聚类和功能验证，发现除以前预测的具有双链DNA脱氨活性的蛋白质外，该分支还包含了大量只具有单链DNA脱氨活性的蛋白质，该结果颠覆了之前对该类蛋白质功能的认知。以上研究表明，当蛋白质集合的序列同源性较低且功能多样时，通过AI辅助的蛋白质结构聚类相比于传统的基于氨基酸一级序列的聚类方法，能够得到更准确的结果。因此，该方法为蛋白质功能分析和挖掘提供了一个高效、可靠的新策略。基于上述进一步聚类的结果，鉴定到45个新的单链胞嘧啶脱氨酶（Sdd）和13个双链胞嘧啶脱氨酶（Ddd）。这些脱氨酶全部来自细菌的脱氨酶，而现有APOBEC/AID脱氨酶家族成员均来自真核生物（主要包括人、哺乳动物或鱼类）。进一步基于新鉴定的脱氨酶开发了一系列新型碱基编辑系统，并在动植物细胞中进行了测试。结果表明，基于Ddd1和Ddd9新开发的双链碱基编辑系统克服了常规碱基编辑器对GC序列编辑效率偏低的缺陷；基于Sdd7和Sdd3的单链碱基编辑系统展现出非常高的编辑活性，对GC序列同样具有较强的编辑能力；基于Sdd6的单链碱基编辑系统具有极高的特异性，几乎检测不到脱靶事件。进一步基于AlphaFold2的结构预测合理地截短Sdd6，开发了可被单个腺相关病毒（AAV）包被的新型Sdd6-CBE碱基编辑器，在小鼠细胞系中成功获得高达43.1%的编辑效率，解决了常规碱基编辑器过大而无法被腺相关病毒颗粒包被递送的难题。此外，针对大豆中长期存在碱基编辑效率低下的问题，该研究新开发了Sdd7-CBE系统，在154株大豆阳性苗中获得了34株稳定编辑的植株，编辑效率达22.1%。该研究突破了现有脱氨酶的应用瓶颈，展现出新型碱基编辑系统在医学和农业方面广阔的应用前景。同时新研发的碱基编辑系统具有自主知识产权，有望打破碱基编辑底层专利垄断，助力我国在

未来的生物技术产业竞争中处于有利地位。

2023年4月，*Nature Biotechnology*发表了中国科学院遗传与发育生物学研究所在基因编辑工具开发上的重要研究进展。该研究开发了一种名为PrimeRoot（prime editing-mediated recombination of opportune targets）的精准插入技术，通过整合引导编辑工具和位点特异性重组酶系统，实现了长达11.1 kb的大片段DNA高效精准地定点插入。该研究首先结合已发表的PPE（engineered plant prime editor）和epegRNA（engineered pegRNA）在植物细胞内建立了dual-ePPE系统，实现了短片段DNA的高效精准定点插入。在此基础上，将高效的酪氨酸家族位点特异性重组酶Cre与dual-ePPE结合，进一步开发出能将大片段DNA精准插入的PrimeRoot系统。经验证，该系统在水稻和玉米中能够实现一步法大片段DNA的精准定点插入，效率可达6%，成功插入的片段最长达11.1 kb。相比于传统非精准的非同源末端连接（non-homologous end-joining, NHEJ）策略，PrimeRoot插入5 kb及以上DNA片段的效率有明显提升，且插入完全精准、可预测，在编辑效率和精准性上具有显著优势。该研究进一步展示了PrimeRoot系统的两个具体应用案例：利用PrimeRoot在水稻*HPPD*基因的5′ UTR精准插入1.4 kb的 Actin启动子；使用PrimeRoot将稻瘟病抗性基因*pigmR*精准插入到事先预测的基因组安全港（genomic safe harbor）内。最后，该研究还建立了PrimeRoot组分和供体DNA连续转化体系，相较于一次转化的方式，基于连续转化体系大片段DNA精准插入的效率进一步提高。

2023年6月，*Nature*杂志发表了华中农业大学在抗病育种领域的重要研究成果。该研究从水稻突变体群体中克隆到一个广谱抗病的类病斑突变体基因*RBL1*（resistance to blast 1）。*RBL1*基因编码一个胞苷二磷酸-二酰甘油合成酶，该基因中一个29 bp缺失赋予突变体广谱的抗病性，但同时使其产量下降到原来的1/20。*rbl1*突变体中磷脂酰肌醇及其衍生物磷脂酰肌醇-4,5-二磷酸的含量较野生型显著减少。磷脂酰肌醇-4,5-二磷酸在稻瘟病菌侵染水稻时被招募到侵染菌丝周围，并在稻瘟病菌效应蛋白分泌结构中富集，表明该化合物在水稻-稻瘟病菌互作中发挥重要作用。对*RBL1*基因编码区的多位点进行基因编辑，创制了一个新基因$RBL1^{\Delta12}$。$rbl1^{\Delta12}$突变体植株虽然仅在成株期呈现微弱的类病斑

表型，但对不同地区分离的多个稻瘟菌、白叶枯菌和稻曲菌生理小种有显著抗性。大田试验表明，*rbl1*$^{\Delta 12}$突变体产量稳定且具有显著的抗稻瘟病能力，在稻瘟病害严重发生时能够挽回约40%的产量损失。该基因在作物中高度保守，初步测试显示该基因在小麦抗锈病和纹枯病上也有显著效果，证明其在作物抗病育种中的巨大应用潜力。该研究成果对扩大抗病基因来源、推动作物抗病育种、植物病害绿色防控、保障国家粮食安全具有重要意义。

（2）重要农艺性状的分子基础

2023年4月，*Nature*杂志发表了中国农业大学在小麦中发现的一个具有替代“绿色革命”基因潜力的新基因位点。该研究表明，小麦中一个BR信号转导的正调控因子的功能缺失不仅具有与“绿色革命”基因类似的降低植株株高的功能，还能进一步提高产量潜力。

小麦的“绿色革命”基因主要利用GA信号转导的关键负调控基因*Rht-1*，该基因的两个显性等位变异*Rht-B1b*和*Rht-D1b*，编码N端截短的突变DELLA蛋白。DELLA蛋白是GA信号转导的负调控因子，突变的DELLA蛋白不易被降解，从而对GA不敏感产生半矮秆性状。但是，小麦半矮秆品种同时表现出了对氮肥响应减弱、根系吸收氮素能力下降及氮肥利用率低的弊端。因此，“绿色革命”是以降低氮肥利用效率、大量施用氮肥为代价提高作物的产量。

中国农业大学的研究人员利用小麦‘石4185’和‘衡597’为亲本材料构建了遗传群体，在小麦4B染色体上定位到一个控制株高和千粒重的主效QTL。通过图位克隆的方法，目的基因被定位于‘衡597’中一段约500 kb的大缺失片段上，该缺失片段被命名为r-e-z片段。田间试验表明，含有r-e-z片段的近等基因系NIL-Shi相对于不含该片段的近等基因系NIL-Heng，表现出更优异的农艺性状。无论在高密度还是低密度种植条件下，NIL-Heng均表现出较NIL-Shi更高的氮肥利用效率和收获指数，且平均产量增加约12%。此外，NIL-Heng相较于NIL-Shi更抗倒伏。r-e-z片段中包含3个保守基因*Rht-B1*、*EamA-B*和*ZnF-B*，其中*Rht-B1*为小麦“绿色革命”等位基因。基因敲除研究表明，敲除*Rht-B1*导致小麦株高和千粒重增加，敲除*ZnF-B*使得小麦株高和千粒重降低，

敲除*EamA-B*对小麦的株高和千粒重无明显影响。同时敲除*Rht-B1*和*ZnF-B*表现出与对照类似的矮秆性状，但穗长、粒长和千粒重显著增加。这表明*ZnF-B*缺失具有替代“绿色革命”基因的潜力。进一步的研究表明，*ZnF-B*编码一个具有7次跨膜结构域的RING E3泛素连接酶，是BR信号转导的正调控因子。BR途径同样可以调控植株的株高。ZnF-B在小麦中特异地与BR受体TaBRI1及BR的负调控因子TaBKI1相互作用。BR通过TaBRI1增强ZnF与TaBKI1之间的结合，诱导TaBKI1被泛素化降解，解除TaBKI1对TaBRI1的抑制作用，最终促进BR信号转导。

对来自全球的556份小麦品种进行分析，发现仅12份中国小麦品种具有r-e-z片段缺失的单倍体型。研究人员将含有r-e-z片段缺失的小麦品种‘Erwa’与含“绿色革命”矮秆基因的‘农大4803’杂交，从中选育出4个r-e-z片段缺失的品系。田间测产显示，上述4个品系比主栽高产品种‘良星99’增产6.84%～15.25%。以上结果表明，r-e-z缺失是一个新的“绿色革命”优异位点，而*Rht-B1*和*ZnF-B*基因模块为新一轮“绿色革命”高产高效育种提供了具有实用价值的基因资源。

2024年7月，南京农业大学和中国农业科学院合作在*Cell*杂志上发表了对水稻籼粳亚种间生殖隔离机制解析的重要进展。该研究克隆了一个控制籼粳杂种不育的主效QTL位点*RHS12*，并对其遗传和分子机制进行了解析，解开了水稻生殖隔离之谜，同时揭示了该基因的演化规律及其在不同水稻种质资源之间的分布。

目前的杂交水稻主要利用了籼稻亚种内的杂种优势，实现了大幅增产。一般来说，品种间亲缘关系越远，杂交优势越明显。理论上，利用籼稻和粳稻亚种间的杂种优势，可以培育比现有杂交水稻具有更强产量优势的新杂交水稻品种。然而，籼稻和粳稻之间存在严重的生殖隔离，其杂交种常表现出杂种不育现象，是阻碍籼粳间杂种优势利用的最大障碍之一。

研究人员利用DJY1（jj）×RD23（ii）和T65（jj）×G4（ii）（粳稻基因型表示为jj，籼稻基因型表示为ii）两个籼粳杂交的F_2群体定位了控制籼粳杂种花粉不育的主效QTL位点，然后对位于第12号染色体上的一个效应最大的位

点*RHS12*开展了基因克隆。精细定位和遗传学研究表明*RHS12*位点包含两个基因（*iORF3/DUYAO*和*iORF4/JIEYAO*）。*DUYAO*基因编码一种线粒体靶向蛋白，它与线粒体中活性氧代谢关键调节因子OsCOX11相互作用，引发细胞毒性和细胞死亡；而*JIEYAO*基因编码的蛋白质可以直接与DUYAO互作，消除DUYAO-OsCOX11的互作，而且JIEYAO还可以将DUYAO定向至自噬体降解，达到解毒作用。在该系统中，DUYAO以孢子体方式发挥作用并编码毒素，而JIEYAO以配子体方式发挥作用并编码解毒剂以保护雄性配子。最终，RHS12-j花粉粒被选择性消除，而RHS12-i花粉被JIYAO保护并优先传递给后代，从而形成“天然基因驱动”。演化轨迹分析表明，DUYAO-JIEYAO元件很可能是从AA基因组野生稻中从头形成的，并最终形成DUYAO和JIEYAO的功能型，驯化后只有部分籼稻继承了普通野生稻的功能型的单倍型组合 DUYAO-JIEYAO。该研究为利用水稻亚种间杂种优势培育高产品种提供了理论和技术支撑。

2023年5月，华中农业大学与德州农工大学合作在*Cell*杂志上发表了植物抗病领域的重要研究进展，揭示了长期未知的植物如何避免自身免疫的机制。植物依赖于细胞膜表面的模式识别受体（pattern-recognition receptor, PRR）识别微生物相关分子模式（microbe-associated molecular pattern, MAMP）或植物自身损伤分子模式（danger-associated molecular pattern, DAMP），从而激活PTI（pattern triggered immunity）或DTI（danger-triggered immunity）免疫反应。胞内的NLR（nucleotide-binding, leucine-rich repeat receptor）直接或间接地识别病原分泌的效应蛋白，触发ETI（effector trigged immunity）免疫反应。植物类受体蛋白激酶BAK1作为共受体，与多种免疫相关PRR形成受体复合物激活PTI，而病原细菌和真菌的多种效应蛋白攻击BAK1以抑制植物PTI。BAK1及其同源蛋白BAK1-LIKE 1（BKK1）/SERK4的双突变体表现出自身免疫和细胞死亡，表明植物中存在监控BAK1蛋白稳态的特定机制，在感知BAK1受损后启动强烈免疫以补偿受损的PTI。但是，BAK1/SERK4的缺失或受损如何被感知，以及该自身免疫途径如何被触发激活仍然未知。

基于拟南芥材料，研究人员利用病毒诱导基因沉默（virus-induced gene silencing）系统高通量筛选了一系列类受体激酶（RLK）的T-DNA插入突变体，

成功鉴定到名为BTL2（bak to life 2）的富亮氨酸受体激酶（leucine-rich repeat receptor kinase, LRR-RK）突变体，该突变体可以抑制由沉默BAK1/SERK4导致的细胞死亡，即抑制植物的自身免疫。而超表达*BTL2*可以诱导植物的自身免疫和细胞死亡表型，表明植物的自身免疫诱导依赖BTL2的激酶活性。经过进一步研究发现，BAK1直接与BTL2互作，通过磷酸化BTL2第676位点丝氨酸残基进而抑制BTL2的蛋白质活性，以维持植物正常生长。BTL2与已报道的钙离子通道蛋白CNGC20相互作用，并且介导CNGC20的N端调控区磷酸化。电生理学实验表明BTL2可直接激活CNGC20的钙离子通道活性。病原菌接种实验表明BTL2并不直接调控对多种病原菌的抗病性和植物的PTI/ETI免疫反应，但是BTL2与植物DAMP分子或免疫相关细胞因子PEP（plant endogenous peptide）的受体PEPR1/2和SCOOP的受体MIK2相互作用，在BAK1及其同源蛋白缺失状态下，导致多个植物DTI免疫途径的过度激活，进而通过EDS1-PAD4-ADR1信号模块诱导强烈的免疫反应导致细胞死亡，补偿受损的PTI免疫反应。该研究解决了长期未知的由BAK1/SERK4缺陷引起自身免疫的分子机制，阐明了植物DTI免疫途径对PTI免疫受损的新型保护机制，拓展了对植物多层次免疫反应相互关系的认知，为利用植物先天免疫提高植物抗病性提供了新的视角。

2023年6月，*Nature*杂志发表了武汉大学在植物抗虫机制研究方面取得的重要进展。该研究鉴定了首个被植物抗虫蛋白识别并激活抗性反应的昆虫效应子BISP（BPH14-interacting salivary protein），并揭示了抗虫水稻通过BISP-BPH14-OsNBR1三蛋白互作系统精细调控植物抗性-生长之间平衡的新机制。该研究从褐飞虱唾液中鉴定到一个新蛋白质——BISP，该蛋白质在褐飞虱唾液腺中高表达，并随褐飞虱取食水稻时分泌进入水稻细胞。在褐飞虱敏感水稻中，BISP靶向水稻细胞质激酶OsRLCK185，干扰其激酶活性，抑制水稻的基础防御反应，利于褐飞虱取食。而在携带抗性基因*Bph14*的抗褐飞虱水稻中，BPH14特异性结合并识别BISP，激发强烈的抗虫反应，使褐飞虱取食下降、生长受阻、死亡率上升，阻止了褐飞虱的侵害。在携带*Bph14*抗虫基因的水稻中过表达BISP，可持续激活BPH14介导的抗性反应，使得转基因水稻表现出更强的抗虫性，但同时植株的生长发育受到严重影响，产量下降。这说明抗性的持

续激活不利于植物生长发育，精细调控抗性水平才能维持植物生长和抗性的平衡。经过进一步研究发现，BPH14能促进BISP与选择性自噬受体OsNBR1互作，而OsNBR1通过ATG8结合介导BISP的自噬降解，将BISP蛋白量和植物抗性控制在一定的范围内。因此，*BPH14*介导的抗性作用在褐飞虱停止取食后，通过BPH14-BISP-NBR1三蛋白互作系统快速清除水稻细胞内的BISP，终止抗性反应，使细胞尽快恢复生长。这一新机制的发现为开发高产、抗虫水稻品种提供了重大理论和应用基础，也为其他粮食作物新型抗虫、抗病机制的研究提供了新思路。

2023年6月，华中农业大学在*Nature Plants*杂志上发表研究论文，揭示了一个可以同时调控水稻生长发育及产量的一因多效基因*NAL1*（narrow leaf 1）的作用机制。通过对水稻种质群体根系性状的全基因组关联分析（GWAS），该研究定位到*NAL1*基因，而该基因也能被穗粒数等产量性状所定位，为一因多效基因。经过对NAL1蛋白的晶体结构解析发现，该蛋白质以六聚体的形式存在，为两个三聚体上下两层叠加。结构比较表明，NAL1与DEG类丝氨酸蛋白酶的同源性最高。利用免疫共沉淀联合质谱技术，鉴定到与NAL1互作的TOPLESS家族转录共抑制子，并通过体内和体外的蛋白质互作实验确认了二者的互作。TOPLESS相关共抑制子（TOPLESS-related corepressor, TPR）OsTPR2是蛋白酶NAL1的底物之一，NAL1通过其C端的EAR模体招募结合OsTPR2，促进OsTPR2的降解。OsTPR2参与了水稻生长和发育的多个过程。*NAL1*和*OsTPR2*的双突变材料可部分回补*NAL1*敲除系在根、叶片和穗上的表型，说明*NAL1*的一因多效功能部分依赖于*OsTPR2*。ChIP-qPCR及RT-qPCR显示NAL1-OsTPR2模块调控生长素和独脚金内酯信号途径基因的表达。将*NAL1*的优异单倍型（$NAL1^{A}$）导入到南方主栽品种‘黄华占’中，发现该导入系相较于‘黄华占’亲本具有更大的根系、叶片、穗等表型，最终提高了水稻产量。

2023年7月，*Nature Plants*报道了中国农业大学在提高小麦光合效率和产量方面的重要研究成果。小麦灌浆期往往出现叶片早衰的现象，缩短了有效光合时间，不利于籽粒能量的积累和产量的提升。该研究从四倍体小麦的EMS突变体库中鉴定到一个功能性持绿（staygreen）的突变体*cake2*（CO_2 assimilation

rate and kernel enhanced 2)，该突变体在净光合速率、粒厚和粒重等方面具有优势。遗传分析表明，*cake2*的A基因组中天冬氨酸蛋白酶基因*APP1*（asppartic protease 1）编码区的一个提前终止的突变导致其编码蛋白缺失了一个重要酶活结构域。小麦1B基因组上的同源基因的突变体*app-B1*及*app-A1*和*app-B1*聚合的双突变体*app1*均与*cake2*类似，可以增加净光合速率、粒重、粒宽和粒厚。机制研究表明，APP1蛋白定位于叶绿体，该蛋白质可能与光系统Ⅱ的外周蛋白PsbO结合后降解PsbO。而PsbO可以保护光系统Ⅱ，*app1*突变体中PsbO的稳定性显著提高，从而增强其光合作用，增加粒长、粒宽和粒厚。分析小麦种质群体的重测序数据，将参考基因组（‘中国春’）的*APP-A1*基因（其编码蛋白的442位氨基酸残基为丝氨酸）命名为野生型（单倍型Ⅰ），442位氨基酸残基为甘氨酸的*APP-A1*为单倍型Ⅱ。田间试验显示，具有单倍型Ⅱ的品种相较于单倍型Ⅰ的品种，其粒重、粒长、粒宽和粒厚增加，产量具有优势。将不同单倍型的代表性品种‘扬麦5号’（单倍型Ⅰ）和‘郑麦9023’（单倍型Ⅱ）杂交，创制分离群体，其中携带单倍型Ⅱ的后代在光合效率、粒重和产量方面具有明显的优势，表明*APP1*单倍型Ⅱ可以被应用于高产优质小麦品种的培育中。

2023年7月，*Nature Genetics*杂志发表了华中农业大学在水稻产量研究上的重要进展。该研究挖掘到一个水稻增产的重要基因*GY3*，该基因可通过调控细胞分裂素的合成，显著增加水稻每穗粒数，增加产量7%～15%，为水稻高产育种提供了重要的基因资源。该研究利用籼稻品种‘特青’和粳稻品种‘02428’构建了遗传群体克隆产量基因*GY3*，且粳稻来源的*GY3*为优良等位基因，具增产效应。进而在粳稻的*GY3*启动子区域鉴定到一个反转座子插入，该反转座子的插入增强了*GY3*启动子区域的表观修饰，降低了*GY3*表达量，从而增加了每穗粒数和谷物产量。体内和体外实验证实了GY3参与细胞分裂素的“两步法”合成，敲除或者抑制*GY3*的表达，可提高体内活性细胞分裂素含量，从而增加水稻产量。通过对*GY3*启动子区域序列分析发现，大部分粳稻（98%）和少部分籼稻（21%）携带优良*GY3*等位基因，而当前推广的籼稻品种绝大多数不具有*GY3*增产等位基因，这也表明，*GY3*在籼稻育种中尚未被育种家利用。该团队将*GY3*优良等位基因导入93-11等4个籼稻恢复系后，发现改良的恢复系小区

产量提高了9.1%～16.3%。利用这些改良恢复系配制的杂交种，也比原始杂种小区产量提高了7.4%～15.4%。这些结果表明，*GY3*可作为籼稻高产育种的重要基因，有望推动籼稻品种产量的大幅度提升。

2023年8月，中国科学院植物研究所、中国科学院遗传与发育生物学研究所和中国农业科学院作物科学研究所合作在*Genome Biology*杂志上发表了对小麦穗部性状进行全面的遗传分析的结果。该研究利用来自世界范围内的306份小麦品种基因组重测序数据获得了约4000万个SNP，对27个穗部性状进行GWAS，在小麦基因组上鉴定到590个关联区段，且大部分关联区段为新发现区段。经过对关联区段内候选基因的鉴定发现，高密度SNP图谱可以鉴定到直接落在基因上或者距离候选基因很近的SNP，因此利用该图谱可以高效鉴定到穗部性状目标区段的候选基因。其中，*TaSPL17*是一个控制籽粒大小和数量的候选基因。该基因通过调控小穗和小花分生组织的发育来控制籽粒的大小和数量，进而提高单株籽粒产量。对*TaSPL17*的单倍型分析发现其具有明显的地理分布差异，其中Hap-A2主要在中国品种中，但是在中国的小麦育种过程中Hap-A2的单倍型占比呈下降趋势，该单倍型在现代小麦品种中利用率低，因此Hap-A2对小麦增产具有较大的潜力。利用小麦品种‘京双16’和‘百农64’构建重组自交系和近等基因系并导入*TaSPL17*优异位点，该优异位点能够增加小穗数、穗粒数和籽粒大小，从而提高产量。

2023年8月，中国农业科学院深圳农业基因组研究所联合英国塞恩斯伯里实验室和韩国浦项科技大学等多家单位在*Nature Genetics*杂志上发表了马铃薯抗晚疫病研究的重要进展。少花龙葵（*Solanum americanum*）是马铃薯的近源物种，在自然条件下具有对晚疫病的优良抗性。该研究利用4份对晚疫病抗性具有差异性的代表性少花龙葵种质，进行了全基因组从头组装和注释。在此基础上，对另外16份少花龙葵种质进行了抗病基因富集测序（SMRT RenSeq），并构建了少花龙葵的泛抗病基因组。进一步对52份少花龙葵种质进行重测序，并构建了少花龙葵种质与315个晚疫病效应子的ETI互作图谱，全面展示了病原菌与植物的免疫互作关系。结合抗病基因富集测序和全基因组关联分析等方法，研究人员克隆到3个效应子的免疫受体*Rpi-arm4*、*R02860*和*R04373*，以及

致病疫霉中对应的无毒蛋白。该研究不仅为马铃薯抗晚疫病品种的培育提供了有力支撑，也为其他作物抗病基因的克隆提供了重要参考依据。

2023年10月，*Molecular Plant*发表了华中农业大学在再生稻基础研究上的重要进展。该研究克隆了首个水稻再生力基因*RRA3*（rice ratooning ability 3），并揭示了其参与调控水稻再生力的分子机制。该研究通过GWAS鉴定到与再生力和再生季产量等多个再生性状相关的候选基因*RRA3*。盆栽和田间试验表明，相较于野生型对照，*RRA3*敲除材料显著提高了水稻的再生力和再生季产量，而对应的超表达材料的再生力和再生季产量则显著降低。经过进一步研究发现，*RRA3*编码一个具有细胞核、细胞质和内质网定位的核氧化还原蛋白。该基因在头季收割后3天的腋芽中大幅度上调表达。生化实验结果表明，RRA3可与水稻细胞分裂素受体组氨酸激酶OHK4、OHK5和OHK6互作，并通过还原OHK4分子间的二硫键来抑制其二聚体的形成。这种抑制作用最终导致细胞分裂素信号转导减弱和再生力降低。*RRA3*基因启动子区的自然变异导致其表达量产生差异，从而导致再生力的变异。将*RRA3*弱表达的优良单倍型Hap 1导入再生力弱的水稻品种‘桂朝2号’中，可使其再生力提高25.0%，再生季产量提高23.8%，表明RRA3优势单倍型在再生稻育种中具有重要的应用价值。该研究对于培养强再生力的再生稻具有重要意义。

2023年10月，华南农业大学联合中国农业科学院作物科学研究所在*Nature Plants*发表研究论文，揭示了ZmDBF2-ZmGLK36- ZmJMT/ZmLOX8分子模块调控玉米抗粗缩病的遗传基础，并为作物抗病改良提供了基因资源。玉米粗缩病是一种世界性的病毒病，我国的玉米粗缩病主要由水稻黑条矮缩病毒（rice black-streaked dwarf virus, RBSDV）引起，发病严重时会造成绝收。该研究完成了玉米抗病自交系齐319的高质量参考基因组组装和注释，构建了齐319和感病自交系掖478的重组自交系群体与染色体片段代换系群体，并利用这两个群体在玉米第2号染色体上鉴定到抗玉米粗缩病主效QTL——qMrdd2。精细定位结合接种RBSDV后转录组的变化，确定*ZmGLK36*为控制玉米对RBSDV抗性的候选基因。基于*ZmGLK36*的过表达和敲除植株的表型分析表明，该基因是控制玉米对RBSDV抗性的正调控因子。经过进一步的研究发现，*ZmGLK36*的5′

UTR中一小段26 bp的插入缺失（InDel）变异是其功能性位点，并据此将自交系群体中的*ZmGLK36*划分为两种单倍型：ZmGLK36Qi319（抗病自交系中缺失26 bp，Hap 1）和ZmGLK36Ye478（感病自交系中含有26 bp，Hap 2）。携带Hap 1的自交系中*ZmGLK36*可受RBSDV的诱导表达。经序列分析发现，该26 bp的InDel片段中存在AP2/EREBP家族转录抑制因子ZmDBF2的结合基序。遗传和生化实验证明，ZmDBF2可直接结合该26 bp InDel片段从而抑制*ZmGLK36*的转录表达。抗病自交系中该片段的缺失解除了ZmDBF2对*ZmGLK36*的转录抑制效应，使得*ZmGLK36*能够正常转录表达。经过深入研究发现，ZmGLK36可激活茉莉酸（JA）合成路径关键基因*ZmJMT*和*ZmLOX8*的表达，从而增强JA介导的防御反应，提高玉米对RBSDV的抗性。我国温带玉米种质中携带抗病单体型Hap 1的自交系比例不足5%，属于稀有等位变异。通过开发功能分子标记对10个温带玉米自交系及其杂交种进行抗性改良，田间人工接种鉴定试验表明*ZmGLK36* Hap 1可以显著提高玉米对RBSDV的抗性。此外，在小麦‘Fielder’和水稻‘淮稻5号’中过表达*ZmGLK36*也可以显著提高作物对RBSDV的抗性。因此，*ZmGLK36*在不同作物中均具有调控对RBSDV抗性的保守性功能。

2023年10月，*Molecular Plant*杂志发表了江苏里下河地区农业科学研究所联合中国农业科学院植物保护研究所在水稻抗稻瘟病基因的分子机制研究上的重要进展。该研究通过全基因组关联分析，在水稻第12号染色体上鉴定到一个具有CC-NBS-LRR结构域的抗稻瘟病基因*Pijx*。基因功能研究表明，*Pijx*具有全生育期广谱抗性。抗性分子机制解析表明，Pijx的LRR结构域与ATPβ合成酶亚基（ATPβ）存在互作，并促进ATPβ的泛素化降解。ATPβ降解激活了与其互作的呼吸爆发氧化酶OsRbohC的活性，诱导活性氧（ROS）爆发，进而使植株获得抗性。

（3）基因组设计育种

2023年5月，*Cell*杂志发表了中国农业科学院深圳农业基因组研究所的最新研究成果，该研究利用进化基因组学鉴定了马铃薯基因组的有害突变，并开发了新的基因组预测模型，从而可以指导杂交马铃薯育种，缩短育种周期。研

究人员收集了大量茄科物种资源，新组装了38份茄科基因组，再结合已发表的57份茄科作物、5份旋花科材料的基因组数据，获得了100份材料（92个物种）基因组的信息，完成了茄科基因组组装和组学进化分析。这100 份材料最长的进化时间为8000万年，累计进化时间为12亿年。物种在进化过程中，一些具有重要功能的位点不会改变，它们会在进化过程中保留在不同物种中，这一现象被称为进化约束（evolutionary constraint），而这些位点被称为进化保守位点。受进化约束的序列通常具有与植物健康相关的生物学功能，在这些位置发生的突变则可能损害植物的健康。利用茄科基因组的深度系统发育分析，鉴定进化约束位点的基因组进化速率（genomic evolutionary rate），为发现马铃薯和其他茄科作物的有害突变提供了一种方法。研究人员基于此开发出“进化透镜”来鉴定马铃薯进化约束（evolutionary constraint）及有害突变（deleterious mutation），进而绘制了首个马铃薯有害突变图谱。利用该图谱，研究人员提出了“反直觉”的自交系培育方法，即具有更多纯合有害突变的二倍体更适合作为自交系培育的起始材料，并开发了一个全基因组预测新模型。利用该模型，只需要苗期的DNA就可以预测马铃薯育种材料的产量、株高、薯块等性状，对马铃薯产量预测的精确度提高了25%，能更好地帮助育种家制定早期育种决策，加速马铃薯育种进程。

2023年2月，华中农业大学在*Molecular Plant*杂志上发表了利用籼粳杂种优势的基因组设计育种策略。亚洲栽培稻分为籼稻和粳稻两个亚种，亚种间的杂交后代表现出更强的杂种优势和更高的产量潜力。但是籼稻和粳稻亚种间存在合子后生殖隔离，导致亚种间的杂种结实率较低，极大地限制了亚种间杂种优势的利用。该研究基于两对籼粳杂交组合的遗传分析，鉴定到了控制杂种不育效应最大的4个位点S5、f5、pf12和Sc。随后，该研究通过图位克隆的方法克隆*pf12*位点并基于基因编辑创建了该位点的人工亲和系。进一步基于籼稻、粳稻和广亲和种质资源Dular两两杂交的F_2群体剖析了S5、f5、pf12和Sc位点自然变异的广亲和等位基因类型，并将不同组合的亲和模块组装到优良恢复系9311中。将获得的系列广亲和中间材料的测交表明，籼粳杂种的花粉育性随着组装的亲和模块的增加可提高至90%以上，表现出“剂量效应”。该研究让籼

粳杂交稻的基因组设计育种进入新纪元。

2023年9月，中国科学院分子植物科学卓越创新中心联合中国水稻研究所在*Nature Genetics*发表了对水稻杂种优势遗传基础解析的最新成果。该研究收集了2839份杂交水稻种质资源，从中挑选了18份代表性杂交稻材料用于构建包含上万份个体的F_2群体。基于这些材料的基因型和表型数据，该研究从时间维度上评价了过去半个世纪的杂交育种成就，鉴定改良育种的分子印迹，量化改良育种关键位点的显性度和表型贡献率，总结育种遗传规律，深入解析了亚种间杂种优势的遗传基础。基于上述超万份材料的基因型和表型数据，该研究还构建了基因组选择模型。该模型能够根据杂交组合的基因组遗传变异信息预测材料的田间表现，并联合7个重要农艺性状的预测结果开展多性状选择，从而实现育种潜力个体的高效筛选，帮助育种者制订杂交计划，缩短育种周期，节约人力和时间成本。此外，由于训练集包含了大量亚种间杂交稻来源的F_2个体，该模型能够有效处理亚种间杂交稻的基因型数据，从而适用于亚种间杂交组合选配，有望推动亚种间杂交稻育种的发展。该研究基于杂交育种的优良材料，提炼和归纳杂交水稻的理论基础，再利用理论反哺实践，为推动杂交水稻育种技术的革新提供了理论指导和宝贵的资源。

2023年10月，崖州湾国家实验室联合中国农业科学院深圳农业基因组研究所、中国水稻研究所和河南大学等单位在*Nucleic Acids Research*上发表了万份水稻变异图谱，是目前最大规模的水稻自然变异数据资源。该研究结合构建的水稻超级泛基因组对一个包含1万份以上样本的水稻群体进行了群体水平最大的自然变异分型，构建了水稻超大规模的群体基因组变异数据集，包含超过5400万个SNP、1100万个InDel和18万个PAV变异位点，其中约90%为稀有变异。基于高质量的自然变异数据集，将1万份水稻群体重新划分了亚群，纠正了部分水稻籼粳分类上的错误；利用万份水稻群体变异，广泛分析了重要功能基因在不同亚群中的群体频率和丰富的等位基因型，鉴定了其中的优异自然变异；这些结果进一步证实了其在水稻群体遗传分析和优异基因挖掘研究中的应用潜力。同时，建立了面向全球用户的在线数据库平台RSPVM（Rice Super-Population Variation Map；http://www.ricesuperpir.com/web/rspvm），提供GWAS

分析、单倍型整合分析、变异图谱分析和系统发育树分析等常用功能，为水稻群体遗传学和功能基因组学研究提供了新的遗传资源和有力工具。

（4）种质创新及重大品种创制

2023年，农业农村部首次批准基因编辑作物生产应用的安全证书。具体情况如下：山东舜丰生物科技有限公司研发的突变*gmfad2-1a*和*gmfad2-1b*基因品质性状改良大豆AE15-18-1生产应用的安全证书，该基因编辑大豆具有高油酸含量的特性；山东舜丰生物科技有限公司突变*GmELF3a*基因生理性状改良大豆25T93-1生产应用的安全证书，该基因编辑大豆的开花期延迟5天，成熟期延迟9天，有利于将优良的大豆品种向低纬度地区推广种植；苏州齐禾生科生物科技有限公司突变*GmFAD2-1A*和*GmFAD2-1B*基因品质性状改良大豆P16生产应用的安全证书，该基因编辑大豆具有高油酸含量的特性。

2023年，农业农村部批准的抗虫棉生产应用安全证书续申请303个；新申请转基因耐除草剂棉花1个，为新疆国欣种业有限公司和中国农业科学院生物技术研究所研发的转*gr79epsps*和*gat*基因耐除草剂棉花GGK2在黄河流域、西北内陆生产应用的安全证书。

2023年，农业农村部批准了转基因玉米生产应用安全证书13个。其中，抗虫耐除草剂玉米DBN9936和抗虫玉米瑞丰125为原证书到期后续发；抗虫耐除草剂玉米DBN3601T、Bt11×GA21和Bt11×MIR162×GA21，耐除草剂玉米nCX-1 和GA21为有效区域由部分适宜生态区扩展到全国。其余6个为新申请，具体情况如下：杭州瑞丰生物科技有限公司研发的聚合*cry1Ab*、*cry2Ab*、*CdP450*、*cp4epsps*基因抗虫耐除草剂玉米浙大瑞丰8×nCX-1在全国生产应用的安全证书，杭州瑞丰生物科技有限公司研发的聚合*cry1Ab/cry2Aj*、*g10evo-epsps*、*CdP450*、*cp4epsps*基因抗虫耐除草剂玉米瑞丰125×nCX-1在全国生产应用的安全证书，隆平生物技术（海南）有限公司研发的转*cry2Ab*、*cry1Fa*、*cry1Ab*和*epsps*基因抗虫耐除草剂玉米LP026-2在全国生产应用的安全证书，隆平生物技术（海南）有限公司研发的转*epsps*和*pat*基因耐除草剂玉米LW2-1在全国生产应用的安全证书，浙江新安化工集团股份有限公司研发的转*am79epsps*基因耐除草剂玉米

WYN17132在全国生产应用的安全证书，浙江新安化工集团股份有限公司研发的转*cry1Ab*和*am79epsps*基因抗虫耐除草剂玉米WYN041在全国生产应用的安全证书。

2023年，农业农村部批准了转基因大豆生产应用安全证书6个。其中，耐除草剂大豆DBN9004 和中黄6106、抗虫大豆CAL16 为有效区域由部分适宜生态区扩展到全国。其余3个为新申请，具体情况如下：北京大北农生物技术有限公司研发的转*mvip3Aa*和*pat*基因抗虫耐除草剂大豆DBN8002在全国生产应用的安全证书，浙江新安化工集团股份有限公司研发的转*cp4epsps*基因耐除草剂大豆WYN341GmC在全国生产应用的安全证书，浙江新安化工集团股份有限公司转*mam79epsps*基因耐除草剂大豆WYN029GmA在全国生产应用的安全证书。

2023年1月，*Molecular Plant*发表了中国水稻研究所在水稻无融合生殖研究领域的最新研究进展。该研究优化了杂交水稻无融合生殖体系，得到了结实率几乎不受影响的无融合生殖杂交水稻植株，实现了对无融合生殖技术体系结实率的大幅提升。该研究首先测试了水稻可诱导孤雌生殖基因*BBM1*的3个同源基因*BBM2*、*BBM3*和*BBM4*诱导孤雌生殖的潜力。利用拟南芥卵细胞特异性启动子*pDD45*分别驱动*BBM2*、*BBM3*和*BBM4*，获得这3个基因水稻卵细胞特异性表达植株EE-BBM2、EE-BBM3和EE-BBM4。借助分子标记技术和流式细胞术对BBM异位表达植株后代进行分析，发现仅*BBM4*卵细胞异位表达植株可以诱导孤雌生殖，单倍体诱导率为3.2%。随后，研究人员将*BBM4*基因与“有丝分裂替代减数分裂”（mitosis instead of meiosis, MiMe）联合，即在杂交水稻中卵细胞特异性表达*BBM4*同时敲除MiMe相关基因*REC8*、*PAIR1*和*OSD1*，进而获得可以发生无融合生殖的植株*Fix2*（fixation of hybrids 2）。*Fix2*不仅在营养生长阶段表现正常，而且结实率与正常杂交稻结实相近。通过细胞倍性检测，在其子代中获得了细胞倍性为二倍体且基因型与亲本保持一致的植株。这些克隆植株的表型也与野生型杂交稻高度相似，同时维持了80.9%～82.0%的高结实率。*Fix2*的后代中，大约1.7%是固定了亲本杂合性的二倍体（即克隆植株），其余植株均为四倍体。通过进一步组合构建高结实率、高克隆种子诱导率，有望在未来实现杂交水稻无融合生殖体系的实际应用。

2023年1月，四川农业大学在*Nature Plants*杂志上报道了一个自然等位基

因改良水稻对稻瘟病、稻曲病、纹枯病、白叶枯病等多种病害的抗性，同时不会影响水稻产量。该研究从水稻品种‘雅恢2115’中挖掘到一个编码蛋白酶体成熟因子的自然等位基因*UMP1R2115*。将*UMP1R2115*导入感病水稻品种中，不仅能提高水稻对稻瘟病、稻曲病、纹枯病、白叶枯病等多种病害的抗性，而且对水稻主要农艺性状和产量没有明显影响。该研究还进一步表明，在病原菌入侵时，UMP1R2115通过增加水稻26S蛋白酶体的生物合成与活性，促进过氧化物酶APX8和过氧化氢酶CatB的降解，提高侵染位点过氧化氢的积累，从而增强水稻对多种病原菌的抵御能力。‘雅恢2115’的*UMP1R2115*是一个稀有的天然等位基因，该等位基因的发现为培育抗多种病害的高产水稻品种提供了新的基因资源。

2023年5月，*Nature Communications*报道了中国农业大学鉴定的一个调控水稻产量的关键基因*COG1*（control of grain yield 1），该基因能协同提高水稻穗粒数和粒重，增加水稻产量。为了克服穗粒数和粒重之间的拮抗关系，研究人员以粳稻品种‘C418’与普通野生稻所构建鉴定的渗入系8IL73为研究材料，采用图位克隆的方法在水稻4号染色体的长臂末端鉴定到同时控制穗粒数和粒重的关键基因*COG1*，该基因编码转录因子OsMADS17。相对于普通野生稻，栽培稻的*OsMADS17*基因的5′ UTR缺失65 bp，使其mRNA的翻译效率降低，导致水稻穗粒数和粒重增加，产量提高。分子生物学实验证实OsMADS17直接正调控*OsAP2-39*基因的表达，而*OsMADS17*的表达又受到OsMADS1的直接正调控。这表明OsMADS1-OsMADS17-OsAP2-39途径参与了水稻产量相关性状的调控网络。利用RNA干扰技术在栽培稻中下调*OsMADS17*或*OsAP2-39*的表达水平，可同时增加穗粒数和粒重，并提高产量。该研究为解析水稻产量相关性状的分子基础提供了新的思路，为培育高产水稻新品种提供了新策略。

2023年4月，*Nature Communications*发表了英国利物浦大学和华中农业大学在植物光合作用改良上的最新研究成果。该研究首次将微生物来源的固碳核心元件——羧酶体移植到植物的叶绿体中，有望让植物细胞拥有更高效的光合作用和碳固定。该研究利用合成生物学和植物基因工程技术，将来源于那不勒斯卤硫杆菌（*Halothiobacillus neapolitanus*）的全套羧酶体组分导入烟草细胞的

叶绿体中，从而在植物体内构建了完整的羧酶体超分子复合物结构。通过对植物生长和功能的系统分析，证明转基因烟草植株产生的羧酶体能够替代植物自身的Rubisco酶，支持植物的光合作用和生长，并在1% CO_2的生长条件下实现完整的植物生长周期。

2023年5月，中国科学院遗传与发育生物学研究所和山东农业大学合作在*Nature Plants*杂志上报道了两个新鉴定的能提高小麦遗传转化效率的转录因子。研究人员以遗传转化效率高的小麦品种‘Fielder’为材料，在其愈伤诱导的0天、3天、6天、9天和12天取样进行RNA-seq、ATAC-seq（assay for transposase-accessible chromatin with high throughput sequencing）及CUT&Tag（cleavage under targets and tagmentation）建库测序。通过上述多组学联合分析的方式绘制了小麦再生过程的转录及染色质动态图谱。经聚类分析发现，小麦再生过程中存在着顺序的基因表达，且该顺序的基因表达与染色质可及性高度相关。基于此相关性，研究人员利用RNA-seq和ATAC-seq数据搭建了一个转录调控网络，从中鉴定到446个可能与小麦遗传转化效率的品种间差异有关的核心转录因子。通过与拟南芥再生过程的对比，发现小麦和拟南芥在愈伤组织中的早期激活转录因子家族类型存在差异，即小麦中最早被激活的转录因子家族为DOF和G2-like，而在拟南芥中则为NAC和LBD。在拟南芥中过表达早期激活的*NAC*和*LBD*家族基因能促进再生，因此该研究在小麦中测试了两个DOF家族的转录因子。结果显示，它们都能显著提高多个小麦品种的愈伤组织诱导率和遗传转化效率。该研究为提高小麦的转化效率提供了新的基因。

2. 动物分子设计与品种创制

在国家种业振兴行动战略的大力推动下，中国的分子设计与品种创制——动物育种领域迈入了一个创新的高峰期。2023年度，我们见证了一系列重大和重点项目的实施，这些项目不仅加速了动物生物育种技术的发展，也标志着我国在这一领域进入了一个崭新的发展阶段。

新一代生物育种技术，尤其是动物全基因组选择育种和基因编辑育种技术，已经对动物育种的技术路线、繁育形式和育种效率产生了革命性的影响。这些

技术的应用，使得育种过程更加高效、精准和安全，颠覆了传统育种模式。应用基因组选择育种技术，通过生物信息技术直接进行基因组选择，为目标性状的准确选育提供了可能，而动物基因编辑育种技术则通过精确修饰关键功能基因和调控序列，成功制备了一批生产性能和抗病力显著提高的育种新材料。

随着我国基因组育种技术在奶牛上的突破，以及家畜胚胎基因编辑育种进入世界前列，我国在动物育种领域的国际竞争力显著增强。然而，尽管在动物多基因聚合与基因编辑领域取得了突破性成果，我们仍迫切需要加强对动物重要经济性状形成机制的研究，以便为分子设计鉴定出更多的靶点，从而推动动物分子设计育种与品种创制进入大规模产业化应用阶段。

（1）动物重要性状基础研究

对畜禽重要性状的研究不仅推动了育种技术的进步，也为提高肉品和乳品的品质提供了科学依据。近年来，分子生物学技术的应用使得我们能够更精确地揭示遗传因素如何影响家畜的生产性能。在最近的研究中，对猪、牛、羊等动物的乳肉产量、品质、繁殖能力及健康状况等关键经济特性的分子调控机制进行了深入探讨。研究的核心内容包括运用全基因组关联分析（GWAS）、普通转录组测序技术（RNA-seq）、表观组测序技术和单细胞测序技术等，对基因的结构和功能进行详细的注释，同时也对基因和遗传变异如何影响表型特性及其变异的机制提供了详尽的解释，对环境-基因和表型之间互作关系的认识不断深入。这些研究的进展不仅丰富了我们对家畜遗传多样性的认识，也为畜牧业的可持续发展和食品安全提供了坚实的科学基础。

在家畜重要性状的研究中，生猪肉色是评估猪肉品质的关键感官指标，会直接影响肉品的市场货架期。中国农业科学院北京畜牧兽医研究所对荣昌猪、约荣猪、杜长大三元猪的肉色和肌红蛋白含量进行了研究。研究表明，肌红蛋白含量与肉色的色度指标密切相关。荣昌猪肉因红度值高、总肌红蛋白含量高及高铁肌红蛋白相对含量低，而呈现出更鲜红的肉色。这表明猪肉色的优劣与肌红蛋白含量及其氧化还原状态有着直接的联系。延边大学农学院研究了杂交黑猪*MASTR*和*H-FABP*基因的多态性与肉质性状的关联。通过提取背部最长肌

的基因组DNA，并运用PCR-RFLP技术分析*MASTR*和*H-FABP*基因的单核苷酸多态性（SNP位点）。研究人员对不同基因型进行了测序分析，他们还将这些基因型与肉质性状相关的指标进行了关联分析，包括滴水损失、失水率、肌内脂肪、熟肉率、肉色评分及大理石纹评分等。研究结果证实了*MASTR*和*H-FABP*基因的单核苷酸多态性与肉质性状存在一定的相关性，为优质黑猪的基因水平杂交育种提供了科学依据。青岛农业大学针对华西牛和雪龙黑牛背最长肌重量性状进行了全基因组关联分析，筛选出了相关的遗传标记和候选基因。这些研究成果为华西牛与雪龙黑牛背最长肌重量的选育提供了重要的遗传变异位点和候选基因，为育种工作提供了重要参考。宁夏农林科学院与西北农林科技大学合作，分析了西门塔尔牛和安格斯牛背最长肌的肉质特性及转录组测序表达谱。研究人员筛选出了与肌内脂肪沉积相关的基因，并发现安格斯牛的肌内脂肪沉积能力较强，肉品质较好。转录组测序揭示了3个与肉牛肌内脂肪沉积相关的候选基因，为肉牛肌内脂肪沉积调控机制的研究提供了新的线索。奶绵羊是奶产业中的特色产业，其奶营养丰富，总固形物含量在各种乳源中最高，因此受到消费者的青睐。然而，羊奶的产量尚未能满足市场需求。西北农林科技大学对奶绵羊催乳素受体基因与泌乳量的关系进行了研究，深入探讨了催乳素基因与泌乳量之间的关联。该研究不仅关注了*PRLR*基因对产奶量的影响，还考虑了乳脂和乳蛋白的含量，这对于提升家畜乳品质和营养价值具有重要的意义。

家禽养殖在中国具有重要的经济和社会价值，它不仅保障了蛋白质食品的供应，还支持了农业经济，提供了农村就业机会，并促进了乡村振兴。家禽产品，如鸡肉和鸡蛋，是中国人饮食中不可或缺的蛋白质来源。湖南农业大学运用GWAS方法，挖掘了影响肉鸡体重和肉品质性状的关键位点与功能基因。该研究筛选出*FSTL3*等9个基因作为肉鸡体重和肉质的关键候选基因，为快速型黄羽肉鸡的分子选育提供了重要的遗传变异位点和基础数据，加快了品种选育的进展。中国是鸭饲养的大国，饲养量约占世界总量的75%。地方鸭种资源丰富，但繁殖力较低。广东海洋大学研究了雷州黑鸭*EI24*基因的遗传多态性，分析了与产蛋性状相关的潜在遗传标记位点。研究表明，雷州黑鸭*EI24*基因内含

子5中的5个SNP位点与开产日龄显著相关，2个SNP位点与开产体质量极显著相关，表明*EI24*基因是雷州黑鸭开产日龄与开产体质量相关的重要分子遗传标记。

（2）动物种质资源保护和挖掘利用

动物种质资源是生物多样性的重要组成部分，对于生物科学研究和农业生产具有重要价值。中国作为生物多样性大国，拥有丰富的动物种质资源。近年来，中国政府高度重视种质资源的保护和利用，习近平总书记强调了种质资源的重要性，指出“一粒种子可以改变一个世界”，这同样适用于动物种质资源的保护。

中国在畜禽品种资源的保护方面取得了显著成就。自20世纪50年代以来，面对动物种质资源濒临灭绝的威胁，中国实施了一系列有效的保护措施。目前，已建立了一个全面的动物种质资源保护体系，包括国家级畜禽遗传资源基因库、国家家养动物种质资源库、国家级畜禽遗传资源保护区。这些措施确保了国家级和省级品种的保存，以及冷冻精液、胚胎、体细胞等遗传材料的有效管理。以云南省为例，新增了盐津乌骨鸡、无量山乌骨鸡和腾冲雪鸡3个省级保种场。云南省已建立了超过10个地方鸡原位保护区。云南农业大学提出了一系列针对地方鸡种质资源保护的建议，包括多形式的组织化保护、核心区原位保种、异位活体保种和建立冷冻基因库。在阿坝州，行政科研主体积极争取上级支持，加大财政投入，成立了三江牛遗传资源保护研究项目组。该项目组专注于种质特性、遗传机制、生产性能的研究，并开展专题培训，坚持种牛鉴定评价工作，建立了三江牛遗传资源档案。蒙古羊种质资源是内蒙古畜牧产业的基石，对维持当地生态平衡至关重要。因此，保护蒙古羊种质资源迫在眉睫。内蒙古农业大学成功构建了包括三类细胞系的蒙古羊种质资源细胞库，为保存和利用这一优质家畜遗传资源奠定了重要基础。

近期，通过挖掘丰富的地方品种资源，中国成功育成了新的蛋鸡配套系和黄羽肉鸡新品种，从而使蛋鸡产业不再依赖外国品种，并发展出了庞大的优质肉鸡产业。同时，利用鱼类遗传资源，中国培育出了抗疱疹病毒病的鲤鱼新

品系，有效减少了兽药的使用。扬州大学对娟姗牛的生产性能进行了国内外比较，分析了其种质特征，并针对高峰奶量和泌乳持续力进行了选种，这对提升娟姗牛的终身产奶量具有重要意义。藏鸡作为适应青藏高原极端环境的地方鸡种，受到了中国农业大学研究人员的关注。该校研究了藏鸡在低氧条件下的胚胎心脏和鸡胚绒毛尿囊膜（CAM）组织的基因表达，鉴定出一系列与心肺系统发育和血管生成相关的重要候选基因，为藏鸡资源的保护、创新利用及培育适应高原环境的优质鸡品种提供了科学基础。

（3）动物全基因组选择育种技术

全基因组选择育种是一种革命性的育种技术，它利用覆盖全基因组的高密度标记进行选择育种。这项技术可以通过早期选择来缩短世代间隔，提高育种值估计的准确性，加快遗传进展。全基因组选择育种尤其对低遗传力、难测定的复杂性状具有较好的预测效果，真正实现了基因组技术指导育种实践。

在选择育种方面：内蒙古农业大学的研究人员以乌珠穆沁羊为研究对象，挑选了100个与绵羊体型相关的SNP位点，并采集了252只乌珠穆沁羊的血液样本及不同时期的体重数据。随后，他们使用MassARRAY基因分型技术对这些绵羊在选定的SNP位点进行了基因分型，并将体重数据与基因分型结果进行了关联分析。研究结果表明，共有5个突变位点与乌珠穆沁羊不同时期的体重显著相关，这为乌珠穆沁羊的精准选育提供了有力的参考依据。繁殖性状对于绵羊来说是一项重要的经济性状。繁殖力的高低直接影响着养羊业的经济效益，与养羊业的规模化、产业化和可持续发展密切相关。在这方面，石河子大学成功地建立了绵羊多胎性状主效基因*FecB*、*FecGH*、*FecXG*和*FecXB*的高通量SNP分型方法。研究证明，多胎萨福克羊、中国美利奴羊、湖羊和小尾寒羊育种群中存在*FecB*基因突变，而不存在*FecXG*、*FecXB*和*FecGH*基因突变。这一高通量SNP分型方法具有准确性高、重复性好、检测灵敏性高、速度快等优点，可用于多胎绵羊群体的标记辅助选择育种，为绵羊产业的发展提供了有益的指导。

在芯片的研发与应用方面：浙江海洋大学针对三次选择后的凡纳滨对虾“高抗系”（GK）和“快大系”（KD）育种核心群体，基于液相芯片“黄海芯1

号”（55K SNP）的基因分型数据，首次分析了GK和KD选育群体的遗传结构和遗传多样性，调查了连续性纯合片段的基因组分布特征，并重点评估了两个群体的基因组近交水平，为准确地评估育种群体的近交水平和优化育种方案提供了重要参考依据。山西农业大学利用50K SNP芯片检测了45只欧拉藏羊（20只公羊、25只母羊）的SNP，并进行了血样DNA提取和检测、基因组DNA的SNA分型和数据质检、群体的PCA分析、近交系数分析、亲缘关系分析、遗传距离分析、家系构建分析，发现欧拉藏羊群体的遗传多样性较丰富，群体内近交程度较低，共有8个家系，其中有5个家系种公羊数量少。需要加强后代的选育和扩繁，防止血统流失，从而提高欧拉藏羊品种资源的有效利用。全基因组SNP育种芯片是实施奶牛基因组选择的必要工具，目前国内广泛使用的育种芯片依赖进口且遗传标记位点未涵盖我国奶牛群体特定遗传背景。中国农业大学自主研发了基于靶向捕获测序技术的奶牛85K液相芯片，包含84 560个SNP位点，设计该芯片时同时考虑了商业化芯片及我国奶牛群体重要性状功能基因信息。将85K基因型数据填充至3款商业化芯片密度水平并比较分析了填充准确性。研究表明，验证群体的85K芯片检出率为98.70%～99.17%，与商业化芯片的共有位点基因型一致性为98.46%～99.39%，填充位点基因型一致性为96.81%～99.14%、相关性R^2为99.65%～99.83%、剂量相关性DR^2为95.20%～98.19%，85K液相芯片与3款商业化芯片相互填充的一致性、相关性R^2、剂量相关性DR^2无显著差异，可以用于我国奶牛基因组选择参考群体扩大，以及青年公牛、核心群母牛及生产群母牛的基因组遗传评估。甘肃农业大学基于“中芯一号”50K SNP芯片数据分析了徽县青泥黑猪的遗传多样性及遗传结构，发现徽县青泥黑猪的遗传多样性高于八眉猪和合作猪，独立聚类，且与八眉猪、合作猪之间有明显的遗传分化，初步认为是甘肃地方新猪种，徽县青泥黑猪部分个体之间存在近交风险，需要加强保种，该研究为深入挖掘徽县青泥黑猪新遗传资源及合理保种利用提供了参考资料。

（4）动物基因修饰育种技术

转基因和基因编辑技术在中国畜牧业中的应用，正引领着行业的创新与发

展。这些技术不仅提高了畜产品的生产效率和质量，还增强了动物对疾病的抵抗力，从而减少了疾病的发生和传播。例如，基因编辑技术已被用于改良地方猪种，解决了生长缓慢和饲料转化率低的问题，同时保持了优良的肉质特性。此外，基因编辑的应用还包括无需手术的畜禽去势，这不仅提高了生产效率，还减少了动物的痛苦。随着中国政府对基因编辑育种技术的支持和监管政策的完善，这些技术在商业化道路上迎来了新的机遇，预示着中国在全球畜牧业科技舞台上的领导地位。这些进步不仅对中国畜牧业的可持续发展至关重要，也为全球食品安全和农业创新做出了贡献。总体而言，基因编辑和转基因技术为中国畜牧业带来了革命性的变革，展现出了巨大的发展潜力和广阔的前景。

在牛基因编辑育种领域：西北农林科技大学创制了基因编辑体细胞克隆抗病育种技术，创制了抗乳腺炎和抗结核病育种新材料。近期，通过分析转录组数据鉴定了一种潜在的母体调节因子 C-X-C 基序趋化因子配体 12，补充的 C-X-C 基序趋化因子配体 12 通过体外成熟过程中改善蛋白质合成及重组皮质颗粒和线粒体来促进卵母细胞的发育潜力，最终提高孤雌生殖、受精和克隆后的囊胚形成效率和细胞数量。这些发现进一步提高了体细胞克隆技术的成功率，降低了基因编辑体细胞克隆动物的制备成本。

在羊基因编辑育种领域：南京农业大学利用CRISPR-Cas9系统和先导编辑（prime editor，PE）对湖羊骨骼肌卫星细胞中肌肉生长抑制素*MSTN*基因的外显子进行敲除，比较两种技术敲除*MSTN*基因的效率，并验证将新型基因编辑工具PE用于湖羊骨骼肌卫星细胞上的可行性，成功构建并比较了针对*MSTN*基因敲除的CRISPR-Cas9和先导编辑两种基因编辑工具的质粒。尽管CRISPR-Cas9工具具有更高的打靶效率，但先导编辑却在实现精确编辑方面展现了其优势。这为未来利用先导编辑进行湖羊细胞的精确点编辑奠定了基础，同时强调了通过持续优化先导编辑技术以提高其编辑效率和精确度的重要性。新疆畜牧科学院分析了不同基因编辑类型对成纤维生长因子5（*FGF5*）基因编辑细毛羊羊毛性状的影响，*FGF5*-InDel和*FGF5*-HDR基因编辑显著提升了羊毛自然长度和伸直长度，可利用表型性状突出的后代组建核心编辑羊群体，促进*FGF5*基因编辑细毛羊选育扩繁。西北农林科技大学针对山羊体细胞核移植技术中遇到的早

期胚胎发育效率低下的难题，取得了突破性进展。他们通过分析体外受精的2细胞和8细胞胚胎及8细胞体细胞核移植胚胎的转录组数据，成功筛选并鉴定出12个差异表达的长链非编码RNA（lncRNA）。其中，lncRNA3720因在山羊早期胚胎发育中的关键作用而受到重点关注。研究团队进一步克隆了lncRNA3720的全长序列，并在山羊胎儿成纤维细胞中进行过表达实验。通过对GFF和胚胎的转录组数据进行分析，他们发现了与组蛋白变异相关的特定模式。文献检索和基因注释资料表明，这些组蛋白变异在胚胎发育的早期阶段可能扮演着至关重要的角色。因此，研究者选择了组蛋白变异作为lncRNA3720的潜在靶基因。最终，通过显微注射技术，研究者成功弥补了体细胞核移植（somatic cell nuclear transfer，SCNT）胚胎中lncRNA3720的低表达问题。这一干预显著提高了SCNT胚胎的发育速度和质量，为山羊基因编辑育种技术的发展带来了新的希望。这项研究不仅提升了体细胞核移植胚胎的发育效率，也为未来的基因编辑育种方法提供了重要的分子靶标。

在猪基因编辑育种领域：临床上血液制品短缺是一项世界难题，猪红细胞与人类红细胞有诸多相似之处，利用它有望解决这一难题，我国科学家使用基因编辑技术创造出人源化基因编辑猪，将人源化基因编辑猪的红细胞输注给恒河猴，在一定时间内能有效地纠正恒河猴休克症状，且未发现免疫排斥反应。随着基因编辑技术不断创新，基因编辑猪红细胞有望替代人红细胞治疗人类急性失血性休克。扬州大学利用CRISPR-Cas9技术构建Krüppel样因子4（*KLF4*）基因敲除的猪小肠上皮细胞，成功构建了*KLF4*基因敲除的IPEC-J2细胞系，可为深入探究*KLF4*基因在猪病原感染相关基因表达调控中的功能与作用机制，以及制备*KLF4*基因编辑猪提供材料。兰州兽医研究所基于CRISPR-Cas9基因编辑工具在猪肾细胞中敲除Tollip基因，成功构建了Tollip基因敲除细胞系，并通过RT-qPCR、蛋白质印迹和间接免疫荧光试验评估了Tollip基因敲除后对口蹄疫病毒（foot and mouth disease virus，FMDV）复制的影响。Tollip基因敲除细胞系的建立能为Tollip 调控 FMDV复制的研究奠定基础，也可进一步推论并扩展到对其他动物细胞中Tollip基因的敲除，构建具有提升FMDV抗原表达功能的基因敲除细胞系。猪繁殖与呼吸综合征病毒（porcine reproductive and

respiratory syndrome virus，PRRSV）是严重威胁全球生猪养殖业健康发展的一种烈性病毒，可导致母猪流产、死胎及仔猪的大量死亡。北京畜牧兽医研究所利用基因编辑技术对CD163蛋白第561位精氨酸进行了精准编辑，将其替换为丙氨酸并获得了CD163蛋白单个氨基酸位点突变的基因编辑猪，利用从该基因编辑猪中分离的肺泡巨噬细胞进行体外攻毒实验，发现该基因编辑的猪肺泡巨噬细胞（porcine alveolar macrophage，PAM）能显著抑制PRRSV的感染，这一研究首次实现了单个氨基酸的精准替换，是精准基因编辑育种走向应用的第一步。

本领域未来的动物育种将着重于利用精准的基因编辑技术来提高动物的适应性和生产效率，同时确保遗传多样性的保护和育种实践的可持续性。随着科技的进步，我们预期会看到更高效、更安全的育种方法，这些方法将在尊重动物福利和环境保护的同时，推动传统育种实践向现代化转型。

（二）农业生物制剂创制

1. 生物饲料及添加剂

生物饲料是指以饲料和饲料添加剂为对象，以基因工程、蛋白质工程、发酵工程等高新技术为手段，利用微生物发酵工程开发的新型饲料资源和饲料添加剂，主要包括饲料酶制剂、抗菌蛋白、微生物制剂等。采用生物饲料不仅可以有效节约粮食，缓解人畜之间的粮食竞争，还可以减少饲料开发成本。此外，生物饲料的应用可以显著降低畜禽排泄的氮和磷含量，从而减少养殖业对环境的污染。使用这类饲料还有助于减少抗生素等有害添加剂的使用，对生产高质量和安全的动物产品至关重要。目前，生物饲料市场每年的价值已达到30亿美元，并以每年20%的速度增长。在国内，已有超过1000家企业专注于生产如生物酶、益生素等饲料添加剂。

（1）饲用酶制剂

饲用酶制剂因无残留、无污染、无耐药性等优势而成为饲料添加剂领域备受瞩目的研究焦点，其不仅能降解饲料中的抗营养因子，补充动物内源消化酶的不足，从而提升饲料营养的消化和利用率，而且能调节动物肠道结构和功

能，促进畜禽肠道健康。目前，《饲料添加剂品种目录》中包含饲料用酶制剂14种，分别为α-淀粉酶、α-半乳糖苷酶、纤维素酶、β-葡聚糖酶、葡萄糖氧化酶、脂肪酶、麦芽糖酶、β-甘露聚糖酶、β-半乳糖苷酶、果胶酶、植酸酶、蛋白酶、角蛋白酶和木聚糖酶。由于微生物具有繁殖速度快、代谢效率高及产物产量大的特点，利用微生物发酵技术生产饲用酶，同时利用基因工程、代谢工程技术构建高效生物反应器技术平台，能大幅降低酶制剂的生产成本，显著缩短生产周期，为饲用酶的广泛应用和推广提供坚实的支撑。目前，芽孢杆菌、酿酒酵母、毕赤酵母和曲霉等表达体系都在饲用木聚糖酶、β-甘露聚糖酶、植酸酶等的异源表达和生产中得到应用。中国农业科学院北京畜牧兽医研究所通过分析动物疾病和应激增加肠道通透性的强关联关系，提出饲料酶能够通过透肠作用进入血液以维系和改善机体健康；进一步提出利用肠漏的分子机制改造饲料酶以增加透肠效率的技术手段，为开发新饲料酶应用于健康养殖提供了新的理论指导。此外，该研究所和东芬兰大学合作，发现锰过氧化物酶可普遍降解多种主要霉菌毒素，且通过构建靶向锰过氧化物酶和筛选反应增效剂实现了饲料中呕吐毒素的高效原位降解，降解率高达82%以上。该工作从崭新的视角揭示了饲用酶的使用新手段，还为探索其他毒素和抗营养因子的去除提供了新思路。中国农业科学院生物技术研究所基于毕赤酵母密码子偏好性和mRNA二级结构能量，对毕赤酵母重组表达盒中的α因子信号肽进行改造优化，从而提高了葡萄糖氧化酶在毕赤酵母中的表达量。华东理工大学采用饱和突变、高效信号肽筛选、拷贝数优化、囊泡运输改造等组合策略来提高葡萄糖氧化酶的活性、合成和分泌，最终使得葡萄糖氧化酶的分泌量提高了65.2倍。在5 L发酵罐中，未经任何工艺优化的传统补料分批发酵可获得高达7223.0 U/mL的胞外葡萄糖氧化酶活性，发酵上清液中几乎只有葡萄糖氧化酶，蛋白质浓度为30.7 g/L。

此外，蛋白质工程技术能提升饲用酶的催化性能，以满足饲料高温制粒要求，以及在动物正常体温下有高活性、抗蛋白酶、在强酸性的胃和中性的肠道中均维持高活性等养殖业特殊要求。华东理工大学利用epPCR技术来提高大肠杆菌植酸酶的热稳定性，从大约19 000个克隆中筛选到了5个热稳定性提高的突变体，其中突变体D7、E3和F8在比活性与催化效率方面也表现出显著的

提高。江南大学基于温度因子和吉布斯去折叠自由能变化对黑曲来源的β-甘露聚糖酶进行柔性改造，并结合多序列比对和一致性突变，获得了一个优良的突变体，该突变体在70℃条件下的热稳定性比野生型提高了70%，熔化温度（T_m）和半衰期（$t_{1/2}$）值分别提高了2℃和7.8倍。北京工商大学利用降低表面熵、分子内二硫键构建策略对枝链霉菌来源的木聚糖酶进行热稳定性改造。与野生型相比，高熵氨基酸替换突变体Q24A和K104A在65℃条件下保温30 min后的残余酶活从18.70 %提高到41.23 %以上，催化效率分别提高到129.99 mL/（s・mg）和92.26 mL/（s・mg）。在Val3和Thr30之间形成二硫键的突变酶，其$t_{1/2}$在60℃条件下提高了13.33倍，催化效率提高了1.80倍。

（2）氨基酸

氨基酸是组成蛋白质的基本单元，在动物饲料中添加适宜含量的氨基酸，不仅可以最大限度地满足动物的蛋白质需求，调控动物的生长和饲料转化率，而且大大降低了粗蛋白用量，提高了饲料利用率，节约了饲养成本。目前常用的饲用氨基酸主要是植物性饲料缺乏的必需氨基酸（如赖氨酸、甲硫氨酸、色氨酸、苏氨酸）和一些小品种氨基酸（如缬氨酸和精氨酸）。依靠以微生物为基础的生物炼制，能以可再生生物质资源为原料生产饲用氨基酸，具有成本低廉、产品纯度高、反应条件温和、环境污染小等优势。2023年，我国饲料氨基酸产量达495.2万吨，同比增长10.2%，呈现强劲增长态势。

近年来，随着合成生物学与系统代谢工程的发展，对微生物进行定向设计、改造与优化，能实现氨基酸的高产，有效助力碳中和。2023年，天津科技大学发表了开发高效产L-精氨酸和L-亮氨酸的大肠杆菌的研究成果。在大肠杆菌中系统地开展了多层次的理性代谢工程改造，包括L-精氨酸生物合成途径的重编程、TCA循环的微调和L-精氨酸输出系统的改造。随后，设计并应用了生物传感器辅助的高通量筛选平台，进一步挖掘L-精氨酸生产的潜力，挖掘有益的靶基因，获得的最佳工程菌株ARG28在5 L生物反应器中能生产132 g/L的L-精氨酸。基于解除L-亮氨酸生物合成途径关键酶的反馈效应增强L-亮氨酸合成途径，删除竞争途径，利用非氧化糖酵解途径和动态调节柠檬酸合成酶活性来富集丙酮酸和乙酰辅酶A，将天然的NADPH依赖型乙酰羟酸还原异构酶、支链氨

基酸转氨酶和谷氨酸脱氢酶替换为NADH依赖型等价物以提高氧化还原通量，最后通过精确过表达转运体增强L-亮氨酸的外排。在分批补料条件下，最终菌株LXH-21的L-亮氨酸产量为63.29 g/L。此外，中国科学院微生物研究所发表了构建高效产L-甲硫氨酸大肠杆菌的研究成果，该研究通过强化L-甲硫氨酸末端合成模块，将L-甲硫氨酸末端合成模块与中心碳代谢模块耦合，强化L-半胱氨酸合成模块，构建了高效利用葡萄糖生产L-甲硫氨酸的大肠杆菌，该菌株在摇瓶和5 L分批补料发酵罐中分别能生产3.84 g/L和21.28 g/L的L-甲硫氨酸。

（3）饲用抗菌肽

抗菌肽（antimicrobial peptide，AMP）是一类具有广泛抗菌活性的短肽，它们能够抵抗细菌、真菌、病毒和其他微生物。这些肽类通常由20～50个氨基酸组成，具有快速、高效的抗菌特性，并且因其多重作用机制而不易产生抗药性。AMP在自然界中广泛存在，是生物体天然免疫系统的重要组成部分。在饲料中，AMP被研究作为传统抗生素的潜在替代品，主要由于它们具有以下几个优点：①抗菌谱广泛，AMP能有效对抗多种病原体，包括一些抗传统抗生素的菌株；②低抗药性风险，由于AMP的作用机制多样，病原体很难同时对多种机制产生抗性；③调节肠道微生态，AMP能够促进有益菌群的生长，抑制有害菌的繁殖，从而维护动物肠道健康；④促进动物生长，AMP能够通过改善肠道健康和增强免疫力，间接促进动物的生长性能。

在实际应用中，AMP可以通过饲料添加到动物的日常饮食中，以提高动物的整体健康和生产效率。然而，它们的商业应用仍面临一些挑战，包括生产成本高、活性和稳定性可能受到饲料加工与消化过程影响的问题。为了改进AMP在饲料中的应用性质，研究者采用了多种策略，包括序列修饰以增加阳离子性氨基酸来提高抗菌活性，调整AMP的三维结构以优化与细菌细胞膜的相互作用。选择合适的微生物宿主进行高效表达和融合表达，可以提高AMP在生物体内的稳定性和活性。此外，通过工业化发酵控制优化生产条件以提高产量和降低成本。针对AMP的肠道稳定性进行改进，设计抗酸性和耐消化酶的AMP，如通过氨基酸替换或添加特定的化学修饰来减少AMP被肠道消化酶分解。同时，组合使用不同机制的AMP或将AMP与其他类型的抗微生物剂共用，可以

扩大抗菌谱并减少抗药性的发展，这些策略的有效实施不仅提升了AMP的应用效果，还有助于推动其在动物饲料添加剂领域的商业化进程。同时人工智能技术的兴起也为设计筛选新的抗菌肽提供了更高效的策略。浙江大学报道了一个机器学习策略，能在含有数千亿条序列的多肽虚拟库中识别挖掘有效的抗菌肽。中国海洋大学通过将深度学习（deep learning）和分子动力学模拟（molecular dynamics simulation）相结合，建立了高效生成AMP的方法，成功筛选出候选抗菌肽A-222，该抗菌肽对多种革兰氏阴性菌和革兰氏阳性菌均有较强的抗菌活性。

（4）饲用微生物制剂

饲用微生物制剂是对动物健康和性能有积极影响的活菌，因其具有提高机体免疫力、稳定肠道菌群平衡、提高饲料利用率、预防和治疗一些消化道疾病及减少有害气体排放、改善畜禽环境等功能而被国内外广泛使用。目前，我国《饲料添加剂品种目录》及其后续公告中已经陆续允许36种菌种作为饲料添加剂，包括酿酒酵母、枯草芽孢杆菌、地衣芽孢杆菌、丁酸梭菌、植物乳杆菌、双歧杆菌、布氏乳杆菌、粪肠球菌、凝结芽孢杆菌、屎肠球菌等。这些微生物类产品具有促进生长、增强免疫、改善品质、替代抗生素等作用，对我国饲料工业发展起着重要作用，有着十分广泛的应用前景和市场需求。其中，乳酸菌的应用多见于反刍动物饲料中，主要用于提高青贮饲料的发酵品质。经过较长时间的贮藏，乳酸菌的存在可调节饲料中微生物菌群结构，增加有益菌的含量，提高饲料适口性，促进动物采食，加快动物生长发育。芽孢杆菌属是动物胃肠道少有的好氧性菌群，该特性有利于消耗胃肠道内氧气，创造厌氧环境，促进厌氧微生物生长，使肠道菌群维持平衡。这类菌可以产生大量的淀粉酶、蛋白酶及纤维素酶等胞外酶，从而能够促进畜禽对饲料的消化吸收。酵母细胞富含蛋白质、核酸、维生素、多种活性酶，具有提高饲料营养价值、促进动物生长、增加动物免疫功能等益生作用，同时也可以改善畜产品的质量。

2. 生物农药

生物农药是相对化学合成农药来说的，一般是指利用或基于天然生物资源开发的对人、环境和生态等相对安全或友好的农药。根据活性成分来源，生物

农药可分为微生物源农药、生物化学农药和植物源农药。其中，微生物源农药的来源包括：细菌，如苏云金杆菌、甲基营养型芽孢杆菌、海洋芽孢杆菌、坚强芽孢杆菌、球形芽孢杆菌、枯草芽孢杆菌、蜡质芽孢杆菌、荧光假单胞杆菌、多粘类芽孢杆菌、侧孢短芽孢杆菌、短稳杆菌、地衣芽孢杆菌、解淀粉芽孢杆菌、沼泽红假单胞菌、嗜硫小红卵菌等；真菌，如金龟子绿僵菌、球孢白僵菌、哈茨木霉菌、木霉菌、淡紫拟青霉、厚孢轮枝菌、耳霉菌、盾壳霉、小盾壳霉等；卵菌，如寡雄腐霉菌；病毒，如蟑螂病毒、棉铃虫核型多角体病毒、茶尺蠖核型多角体病毒、甜菜夜蛾核型多角体病毒、苜蓿银纹夜蛾核型多角体病毒、斜纹夜蛾核型多角体病毒、甘蓝夜蛾核型多角体病毒、松毛虫质型多角体病毒、菜青虫颗粒体病毒、小菜蛾颗粒体病毒、黏虫颗粒体病毒、稻纵卷叶螟颗粒体病毒等；原生动物，如蝗虫微孢子虫等；基因修饰的微生物，如苏云金杆菌G033A。生物化学农药的来源包括：动物源化学信息物质，如二化螟性诱剂、斜纹夜蛾诱集性信息素、绿盲蝽性信息素、梨小性迷向素等；天然植物生长调节剂，如赤霉酸、吲哚乙酸、吲哚丁酸、烯腺嘌呤、羟烯腺嘌呤、苄氨基嘌呤、表芸苔素内酯、高芸苔素内酯、羟基芸苔素甾醇、三十烷醇、S-诱抗素、抗坏血酸、糠氨基嘌呤等；天然昆虫生长调节剂，如诱虫烯、S-烯虫酯等；天然植物诱抗剂，如超敏蛋白、极细链格孢激活蛋白、氨基寡糖素、香菇多糖、几丁聚糖、葡聚烯糖、低聚糖素、混合脂肪酸、β-羽扇豆球蛋白多肽、二氢卟吩铁及胆钙化醇等。植物源农药，如苦参碱、鱼藤酮、印楝素、藜芦碱、除虫菊素、烟碱、苦皮藤素、桉油精、八角茴香油、狼毒素、雷公藤甲素、莪术醇、蛇床子素、丁子香酚、大黄素甲醚、香芹酚、小檗碱、甾烯醇、茶皂素、螺威、大蒜素、d-柠檬烯、互生叶白千层提取物（萜烯醇）、异硫氰酸烯丙酯、银杏果提取物（十五烯苯酚酸、十三烷苯酚酸）、补骨脂种子提取物（苯丙烯菌酮）等。2022年2月16日，农业农村部会同国家发展改革委、科技部、工业和信息化部、生态环境部、市场监管总局、国家粮食和物资储备局、国家林草局联合印发了《“十四五”全国农药产业发展规划》，该规划明确优先发展生物农药产业。欧盟在计划到2030年将化学农药使用量减少一半的背景下，市场正逐步从化学农药过渡到生物农药。

（1）我国生物农药产业发展持续向好

在国家政策鼓励下，生物农药产品登记较快，生物农药的研发和生产能力持续提高，由于新化学农药登记门槛提高，许多企业转向研发登记资料要求相对宽容的生物农药。2023年，新生物农药占新农药品种数量的90%，且100%由国内企业自主或合作研发。截至2023年12月31日，在有效登记状态的生物农药有效成分有120个，产品有2000余个，占我国有效成分的20.6%，占产品的4.38%（其占比均不包括仅限出口的数量）。2015～2023年，生物农药有效成分和产品的年均复合增长率分别为7.07%和7.55%（图3-11，图3-12）。经分析发现，微生物源农药、植物源农药和生物化学农药三类的起步数据差距不大，

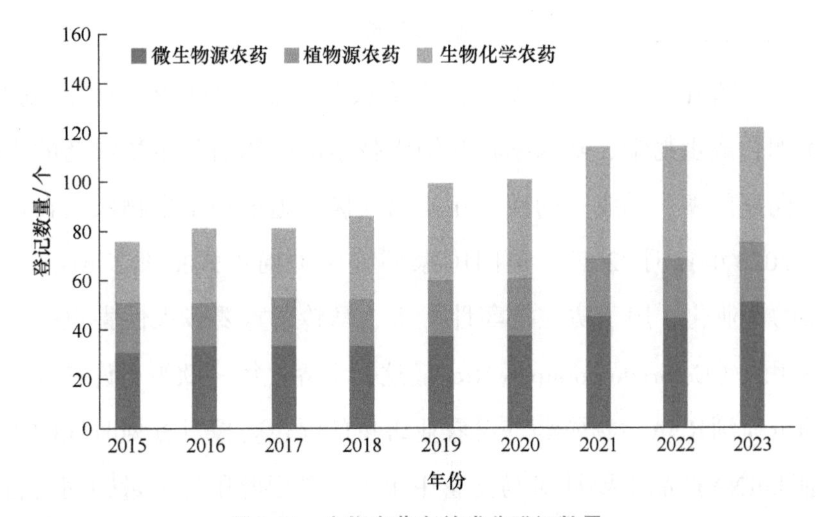

图3-11 生物农药有效成分登记数量

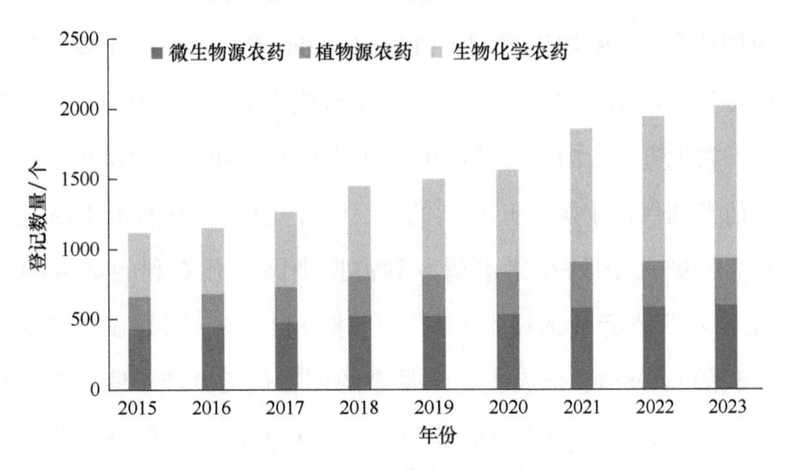

图3-12 生物农药产品登记数量

在有效成分中微生物源农药数量一直略微领先；生物化学农药虽起步晚，但发展较快，近几年它在产品中的数量速增到前列；植物源农药在有效成分和产品上都较少，在登记的要求上还需进一步探讨。

为促进生物农药的发展，建议进一步明确生物农药的定义，统一认识、厘清名单；随着物种分类技术的发展，生物分类学的进步，以及人们对物种鉴别和分类水平的不断提高，应适时进行修订和更新，如木霉菌、苏云金芽孢杆菌等；对一些存在多个组分的生物农药，如复硝酚钠、赤霉酸、芸苔素内酯等，建议进一步梳理和规范以便准确统计与分析；推进实施生物农药登记审批绿色通道。

（2）我国生物农药技术的创新能力不断提高

近年来，随着生物技术的发展，生物农药产业正经历着一场深刻的变革。现代技术如合成生物学、基因编辑和纳米技术的应用引领生物农药的生产从传统农业走向高效率、低成本的现代化道路，极大地增强了生物农药在市场上的竞争力。2023年12月22日，美国国家环境保护局正式批准了RNA生物农药Ledprona的商业化，用于防控抗药性严重、马铃薯重要毁灭性害虫——科罗拉多马铃薯甲虫（Colorado potato beetle）。这是世界上第一款被允许在农作物上商业使用的可喷洒RNA生物农药，对农业害虫的绿色防控具有划时代的里程碑意义。目前dsRNA产品主要针对马铃薯甲虫、玉米根叶甲等少量鞘翅目害虫，对鳞翅目和半翅目等大多数农业重大害虫的效果还有待提升。2024年3月，中国农药发展与应用协会和CIC灼识咨询（China Insights Consultancy）发布的《中国生物农药行业报告》显示，目前生物农药市场规模占11.3%。国内新型生物农药市场领域具有较大优势，中国公开的dsRNA生产技术专利约占全球的22.70%，国外机构在华申请专利仅占中国公开专利的17.10%；中国公开的dsRNA递送技术专利占全球的11.79%，国外在华申请专利占据中国公开专利的40.98%；中国公开的RNA生物农药靶标筛选技术专利占全球的11.4%，国外在华专利申请占据中国公开专利的14.98%。合成生物学带来的创新包括生产手段创新、应用场景创新、菌种改造，以及新型生物农药研发用生物酶法代替传统生物法，在合成

原药方面具有巨大优势。合成生物学为新型生物农药的研发提供了无限可能。通过基因编辑技术创造新的生物活性物质或者改良现有杀虫基因、隐形基因簇的表达能发现新的候选化合物，从而开发出更有效、更安全的生物农药。

（3）我国生物农药产业发展中的问题

在国家有利政策的推动下，我国生物农药产业得到了较好的发展。登记品种不断增多，企业的生产能力和水平不断增强，市场份额不断增大，但从产业规模、研发能力、隐性添加、以肥代药、产品合格率等方面还存在一些问题，仍然有较大的提升空间，主要表现在以下几个方面。

1）产业规模小。与化学农药产业规模相比，我国生物农药产业规模偏小，市场占有率还比较低。生物农药产品主要以天然植物生长调节剂、微生物源农药、植物源农药、生物化学农药等为主。

2）研发能力弱。从农药登记评审委员会评审的生物农药品种及其产品情况来看，我国自主研发的生物化学农药品种少，而植物源和微生物源农药的品种数量相对较多，但植物源和微生物源农药又存在速效性较差、质量难以控制等问题。市场上缺乏优秀生物农药品种及产品，我国生物农药的整体研发和创新能力还处于偏弱状态，与国际主要发达国家相比还有较大差距。

3）隐性添加化学农药问题突出。从市场抽检情况来看，部分生物农药制剂产品存在非法添加氯虫苯甲酰胺、虫螨腈、高效氯氰菊酯、毒死蜱、啶虫脒、仲丁威、百菌清、吡蚜酮、甲氨基阿维菌素、苯甲酸盐、戊唑醇、吡唑醚菌酯、唑虫酰胺、克百威、氟虫腈等化学农药的情况。生物农药添加隐性化学农药一直是生物农药市场监管的突出问题，也一直被列为生物农药市场抽检的重要内容。

4）以肥代药问题突出。我国农药和肥料都需要登记，且登记门槛有较大差距。个别企业将其产品以肥料获得登记，而在销售环节，宣传其肥料产品具有治病杀虫等农药功能，扰乱了肥料、农药市场秩序。这类问题以植物生长调节剂和微生物源农药的“以肥代药”问题最为突出。微生物源农药的登记要求和技术标准等显著高于微生物肥料，这就是部分不法企业“以肥代药”的主要原因所在。

5）制剂剂型单一。农药剂型有60多种。而生物农药剂型比较单一，特别是微生物源农药和植物源农药。在生物化学农药、微生物源农药和植物源农药3类主要生物农药中，生物化学农药的剂型较为丰富，有可溶液剂、乳油、粉剂、可湿性粉剂、可溶粉剂、悬浮剂、微乳剂、颗粒剂、水分散粒剂等；而微生物源农药剂型一般仅包括颗粒剂、可湿性粉剂、水分散片剂、悬浮剂和种子处理悬浮剂；相对而言，植物源农药的剂型更为单一，一般只有可溶液剂、微乳剂或乳油等。

6）产品合格率较低。近年来，农业农村部持续组织并开展对生物农药市场的专项抽查，生物农药质量合格率比较低，一般在50%左右。这与生物农药本身的特殊性密切相关。例如，一些稳定性较差的生物信息素类农药和微生物源农药不仅需要低温储存，质量保证期也比较短。在市场上流通的这类产品很容易分解或失活，致使检测不合格。

7）微生物源农药制剂效果不稳定。微生物源农药制剂让管理者和使用者误认为相同的一大类微生物农药功能相同，其实用不同菌株生产加工的制剂在有害生物防效上有很大差异，这就会导致市场恶性竞争，农业生产受损；甚至一些企业在取得农药登记证后，随意更换菌株，给微生物农药登记、管理和使用造成潜在的风险。

生物农药一直“叫好不叫座”，一是因其产品的特殊性，田间效果受环境条件的影响较大，不同企业的不同菌株对应的产品在田间的表现也存在较大差异；二是生物农药起效慢，不能满足农民对速效的要求，限制了其推广应用。下一步，生物农药还是要在技术创新上下功夫，不仅要做好新化合物的仿生合成、高效菌株的发现或基因修饰，还要在生产工艺、加工技术及产品剂型等方面加大研发力度和科技投入。

针对微生物肥料和微生物源农药界限不清的问题，有必要对接贯通微生物菌种用于肥料、农药的要求，同一菌株根据其功能在肥料、农药中择一登记，对新申请登记的产品统一菌种鉴定并录入数据库；加强对生物化学农药、微生物源农药、植物源农药的合成工艺或加工工艺、产品质量标准、质量保证期、冷热储稳定性、有效性影响因素等的技术鉴定，完善其安全合理使用技术规

程，加强微生物菌株遗传物质的定性鉴定和植物源农药有毒物质管理，逐步建立微生物源农药和植物源农药的负面清单；根据生物农药行业发展需求，组织科研单位和农药生产企业等做好相关技术标准的制定工作，逐步建立健全我国生物农药标准体系；生物农药应用成本高，受环境条件的影响大，在登记作物上可以重点考虑环境条件相对稳定的设施农业，或田间管理条件好、经济价值高的特色作物；加大植物生长调节剂、叶面肥、微生物源农药、植物源农药、微生物肥料的市场监督抽查力度，特别是对宣传农药功能的叶面肥、微生物肥料产品加大处罚力度；重点强化其质量保证期、不利于药效发挥的气候条件和其他影响因素及特殊的注意事项等；还要结合耕地保护与质量提升行动、化肥农药使用量零增长行动、东北黑土地保护试点等项目，采取各级政府购买服务等方式，继续支持包括生物农药的推广应用，减少化学农药用量，助力农业绿色发展和高质量发展。

3. 生物肥料

国家发展改革委印发的《“十四五”生物经济发展规划》提出在“十四五”时期，我国生物技术和生物产业加快发展，生物经济成为推动高质量发展的强劲动力。要求通过推动生物农业产业发展来提高农业生产效率，发展绿色农业。随着我国农业发展对“绿色化”需求的逐步提高，生物肥料产业发展也呈现快速增长的趋势。截至2024年4月底，我国已有13 664个产品取得农业农村部颁发的肥料登记证；目前仍在有效期内的登记证超过10 716个，其中复合微生物肥料登记产品为1744个，生物有机肥为3210个，其他的为微生物菌剂类产品。在菌剂类产品中，近年来新纳入登记的微生物浓缩制剂产品60个，土壤修复菌剂产品133个，有机物料腐熟剂产品331个。我国现有生物肥料生产企业4500多家，年产量超过3500万吨，年产值达400亿元以上，总体呈持续增长态势。

（1）固氮生物肥料主要菌种根瘤菌研究取得持续突破

氮素是植物生长所需的大量营养元素之一，也是作物产量的重要限制因素，固氮生物肥料研究主要集中在共生根瘤菌方面，我国在根瘤菌研究方面居于世

界前列。2023年，中国科学院分子植物科学卓越创新中心和南方科技大学合作在*Nature Plants*上发表文章，利用单核转录组技术，对苜蓿根部的基因表达谱进行了高分辨率的时空分析，揭示了苜蓿根部在共生菌感知和共生响应过程中的分子机制，包括共生信号在不同细胞类型和不同发育阶段的转录响应，以及共生过程诱导茎部产生的活性物质（可调节根瘤菌引发的大豆根瘤形成），为豆科作物品种-根瘤菌高效匹配及固氮组合的筛选和应用等提供了重要线索，有助于改良根瘤菌-豆科植物共生体系，提高豆科植物的固氮效率。广州大学通过基因编辑可精准调控根瘤数量，实现了碳氮平衡的高效固氮，从而在大田种植条件下大幅提高了大豆产量和蛋白质含量，提出了“优化结瘤固氮促进高产优质”的精准育种新思路，该成果在2024年发表于*Nature Plants*。2023年6月，中国科学院分子植物科学卓越创新中心在*Current Biology*发表综述，在分类层面，系统总结了根瘤共生、放线菌共生、蓝细菌共生的特性；在分子与发育层面，阐述了植物与不同共生微生物的信号交流及信号通路，共生的定殖和器官发生的分子机制，提出了由菌根共生到放线菌共生、豆科植物-根瘤菌共生的演化过程的见解，为作物的共生固氮改造提供了理论基础。

（2）菌根真菌生物肥料及其与菌丝际微生物协同解磷的机制得到系统阐述

中国农业大学基于“根际生命共同体”（rhizobiont）的学术思路，通过构建“植物-根系-根际-菌丝际-土体及其微生物”根际生命共同体理论体系，突破植物-微生物、微生物-微生物关键界面互作机制，阐明了根际生命共同体结构、功能及其在养分活化、吸收与利用中的作用机制，建立了共同体多界面互作增效的生物学调控新途径。菌丝际是根际生命共同体中的关键界面之一，是受菌根真菌菌丝分泌物影响的在物理、化学、生物学性质上不同于土体土的土壤微域，在养分活化吸收和温室气体减排方面具有重要作用。丛枝菌根真菌（AMF）可通过招募完全反硝化细菌假单胞菌来减少土壤N_2O排放，该AMF-菌丝际微生物互作促进完全反硝化过程的N_2O减排机制在2023年发表于*Microbiome*。此外，利用宏基因组测序解析了菌丝际微生物解磷功能特征，揭示了菌丝际生物互作活化土壤难溶性有机磷的过程及机制，研究表明AMF招募

了同时含多个*gcd*基因和*phoD*基因拷贝的物种，改变了土壤微生物组的磷转化功能，协同驱动了菌丝际土壤中难溶性植酸盐的活化，进而提高了菌根途径在植物磷营养中的贡献。该研究首次通过宏基因组揭示了菌丝际微生物组的磷循环功能特征，有助于加深对菌丝际微生物互作和有机磷活化机制的认识，研究结果在2023年发表于*New Phytologist*。此外，AMF在磷素捕获和招募具有有机磷矿化能力的微生物群落之间存在权衡机制，证明AMF相关细菌菌群的特征导致了生态位分化，该成果在2023年发表于*Science China-Life Sciences*。AMF为了成功定殖植物根系，可分泌溶菌素效应因子到宿主根细胞中，华中农业大学发现蒺藜苜蓿可以分泌相同类型的溶菌素胞外蛋白，以促进与AMF的共生，该研究成果在2023年发表于*PNAS*。中国科学院分子植物科学卓越创新中心于2023年在*Annual Review of Plant Biology*撰写综述，在生理生态层面系统总结了菌根共生在植物营养吸收、抵抗生物和非生物胁迫及生态系统碳循环中的具体作用，着重介绍了菌根际微生物组在植物和菌根真菌共生中的功能，提出了菌根共生研究领域亟待解决的科学问题和未来的研究方向。

（3）木霉和原生动物等赋予生物肥料新的功能

木霉属真菌具有促进植物生长、拮抗病原菌等益生功能，是生物肥料的优异生产菌种。2023年，南京农业大学在*Cell Reports*报道了从生物肥料生产中广泛应用的贵州木霉菌（*Trichoderma guizhouense*）NJAU4742中分离纯化的小分子化合物邻氨基苯甲酸（2-AA），2-AA能促进多种粮食和经济作物的根系发育，具有广谱性。分子调控机制研究揭示了2-AA一方面与植物生长素信号转导和运输网络互作，促进侧根的形成；另一方面，2-AA可以通过RBOHF介导的活性氧（ROS）爆发调节植物内皮层细胞壁重构，促进侧根萌发。该研究为利用菌种代谢物开发促根制剂、迭代升级生物肥料产品提供了科技支撑。同年，南京农业大学还在*New Phytologist*发表了利用木霉生物有机肥防控农作物土传枯萎病机制方面的最新研究成果，揭示了木霉通过激活有益真菌互作过程，以及土著益生真菌协同抑制病原真菌侵染作物根系，防控香蕉土传枯萎病发生的作用机制。为利用木霉靶向激活土壤抑病功能提供了理论借鉴。捕食性原生动物可

通过直接和间接作用减少病原菌数量，是开发新型生物肥料的重要候选目标。2023年，*Nature Communications*发表了南京农业大学的成果，研究人员发现根际捕食性原生生物与细菌的互作是施用生物有机肥降低番茄青枯病发生的重要驱动因素，捕食性原生动物通过直接降低病原菌数量和间接增加抑制病原菌的功能微生物来协同降低番茄青枯病的发病率。

（4）生物肥料菌种根际定殖和生态稳定性持续受到研究人员的关注

根际益生菌是生物肥料的主要菌种来源，高效的根际定殖是其发挥各种植物益生功能的前提。2023年，中国农业科学院农业资源与农业区划研究所和南京农业大学揭示了生物肥料菌种芽孢杆菌利用Ⅶ型分泌系统在菌-植接触早期通过从植物根细胞中暂时获取铁元素快速在根表定殖的策略，代表了一种全新的根际益生菌-植物之间的互作模式，成果发表在*Nature Microbiology*上。中国科学院南京土壤研究所构建了一个由从水稻根际分离的高度抗铝菌株组成的合成菌群，能够降低土壤中的铝毒性和减小磷缺乏对水稻生长的影响，为利用生物肥料实现土壤改良和提高作物抗逆性提供了新的思路和方法，文章在2023年发表于*Nature Food*。南京农业大学于2023年受邀在*FEMS Microbiology Reviews*上发表综述，介绍了作为生物肥料生产主力军，同样与植物紧密互作但不形成共生体系的根际益生菌与植物的互作过程和根际定殖机制，系统总结了植物益生菌的根系定殖机制并与植物土传病原菌和植物共生菌的根际过程进行比较，以期为提高根际益生菌定殖能力和以其为主的生物肥料应用效果稳定性提供理论指导。该文以植物益生菌的根际定殖过程为线索，从根际的趋化运动、根表黏附、根表生物膜形成和内生化这4个方面详细总结了其中涉及的细菌信号感知和微生物分子调控途径，并讨论了根系分泌物和植物免疫对根际定殖的影响及作用机制。2023年，中国科学技术大学和中国农业大学合作在*Nature Nanotechnology*撰写评论文章，基于纳米材料靶向递送机制、精密释放及对植物生长的调节作用等特点，提出了改善根瘤菌生物固氮的纳米策略。

（5）生物肥料产业化取得重要进展

中国农业科学院油料作物研究所研发的“ARC功能微生物菌剂诱导花生高

效结瘤固氮提质增产一体化技术”入选农业农村部农业重大引领性技术。该技术产品使花生平均增产19%以上，黄曲霉毒素降低80%以上，氮肥每亩减用3 kg以上，4年间在19个省147个县级花生主产区累计示范应用43 600亩，普遍实现了提质固氮增产。利用花生主要土传病害综合防控技术有效降低花生青枯病、果腐病和黄曲霉等土传病害的发生，2014年以来在全国累计示范推广3500多万亩，连续入选2022年度和2023年度农业农村部主推技术。

南京农业大学围绕国家农业绿色发展对生物肥料的重大需求，针对生物肥料产业优异生产菌种匮乏和选育技术落后、微生物肥料应用效果稳定性差和新型功能微生物肥料产品缺乏的主要瓶颈，系统阐明了肥效微生物的功能分子机制，为菌种选育技术创新和生物肥料创制提供了理论基础；创新了生物肥料菌种高通量精准选育技术，建立了生物肥料菌种资源库，为生物肥料新产品研发和企业生产提供菌种资源；开发了增效剂和合成菌群以提高生物肥料应用效果稳定性，创制了具有促根活根、盐碱地增产、土壤健康维护等系列新型功能的微生物肥料产品。研发的生物肥料新产品转化给了11家生物肥料企业生产。近两年转化企业生产生物肥料50万吨，转化企业及合作指导企业共研发新型生物肥料产品38个，在经济作物推广了3122万亩，减施化肥折纯16万吨，具有显著的经济效益和环境生态效益。该成果荣获2022—2023年度神农中华农业科技奖一等奖。

（三）农产品加工

1. 生物基材料

生物基材料是以谷物、豆科、秸秆等为代表的农产品加工副产物作为原料，通过生物、化学及物理等方法制备得到的一类新型材料，可以分为生物纤维、生物提取物和农产品废弃物等。生物基材料属于我国战略性新兴产业，被纳入《中国制造2025》新材料领域，近年来发展势头迅猛，关键技术不断突破，产品种类速增，产业经济性外延。

2023年5月，韩国浦项科技大学机械工程系Junsuk Rho课题组在*Nature*

*Food*杂志在线发表了以新型生物基材料食品防伪标签保障食品质量安全的研究成果。生物基材料羟丙基纤维素具有可形成结构色、环保无毒等优点，是制备可持续食品标签的最佳备选材料。研究人员通过混合二氧化钛纳米颗粒粉末、羟丙基纤维素粉末和去离子水制备得到了纳米油墨，并通过纳米压印光刻技术对其进行图案处理，得到了具有鲜艳结构色的食品标签。基于此项技术突破，研究人员开发出一种二维码食品标签，消费者仅需扫描二维码即可快速获取产品详细信息，且在多种光线条件下识别率均较为理想。该研究成果有助于解决由包装标签产生的废弃物引发环境污染的问题，为加强食品原产地溯源、提升农产品加工质量安全、提高消费者信任度和接受度提供了新思路。

2024年3月，东北林业大学生物质材料科学与技术教育部重点实验室陈志俊课题组在*Nature Communications*杂志在线发表文章报道了一种将具有磷光活性的生物质材料磺酸盐木质素与纤维素纳米晶共组装构建具有圆偏振发光和室温磷光的生物基薄膜。研究人员将微晶纤维素粉进行水解、离心、透析、超声等预处理后制得纤维素纳米晶悬浮液，并将不同体积的木质素磺酸盐溶液（6 mg/mL）分别加至纤维素纳米晶悬浮液（3%）中，经超声处理进一步制得均匀混悬液。混悬液置于塑料培养皿中并在30℃条件下干燥，制得了具有给定木质素磺酸盐含量的生物基薄膜。该薄膜具有易生物降解、化学稳定性高、防潮耐腐性强等优点。该项技术目前在信息存储、不对称催化及信息安全等领域具有广泛的应用前景，在以生物基材料为基础的手性器件、光学探测器和防伪设备开发创制领域潜力无穷。

2. 植物基人造肉

植物基人造肉，如植物牛排，通常以大豆蛋白、豌豆蛋白等植物优质蛋白为原料，在热剪切和压力等物理场作用下，借助挤压组织化技术使蛋白质发生改性、分子链取向、重新交联，使其具备动物肉制品的质地和口感。植物肉的蛋白质含量较高，脂肪含量相对较低，是饮食中优质蛋白质的良好来源，可以丰富人们的餐桌菜肴，为消费者提供更多的膳食选择方案。近年来，国内外对植物基肉制品的纤维结构形成机制、原料适用性及质地风味改善等进行了深入

研究，取得了一系列成果。

2023年5月，以色列理工学院生物技术与食品工程学院Marcelle Machluf课题组，在*Nature*子刊*Nature Communication*上报道了通过使用油凝胶基脂肪替代品构建可食用蛋白微载体来源的微组织，进而开发培养肉。该研究展示了一个由可食用蛋白微载体和基于油凝胶的脂肪替代品组成的培养肉平台，在此基础上牛间充质干细胞在可食用壳聚糖-胶原蛋白微载体上扩展扩增，经过优化产生细胞化微组织。该研究还开发了一种掺入植物蛋白的油凝胶系统作为脂肪替代品，其外观和质地可与牛肉脂肪相媲美。将细胞化微组织与开发的脂肪替代品相结合，成功培育了两种培养肉原型：分层培养肉和汉堡状培养肉。其中分层培养肉原型有利于增强刚度，汉堡状培养肉原型具有大理石花纹般的肉状外观和更柔软的质地。该技术有助于开发不同的培养肉产品并促进其商业化生产，为植物基人造肉产业化提供了可持续性推荐方案。

2024年3月，中国农业科学院农产品加工研究所王凤忠课题组在*Food Hydrocolloids*上发表了构建大豆分离蛋白双相凝胶（Bigel）油墨体系并应用于高精度3D打印食品的文章。该体系的构建与应用充分利用了大豆蛋白物化特性与3D打印技术造型定制化优势，可实现植物基人造肉的生产和个性化定制。该研究通过调节大豆分离蛋白比例，打造具有良好3D打印特性的油墨体系，实现了植物肉个性化生产与无模具制造；通过利用3D打印过程中的剪切作用塑造适宜产品的质构特性和水分分布，有效调控植物基仿生肉的纹理以增加适口性；通过改良油墨微观结构，进一步提高产品的稳定性，生产制得的植物肉可以根据个人健康状况、营养需求、饮食偏好和生活方式专属定制，从而为消费者提供更加个性化的精准营养饮食方案。

3. 微生物替代蛋白与人造肉

蛋白质是最重要的营养物质之一，摄入蛋白质的数量和质量会直接影响人类健康。然而，目前食品蛋白质主要通过种植、养殖等传统农业生产方式获取，人们对蛋白质的需求不断增加和传统生产方式效率低下之间的矛盾日益突出。树立大食物观，改变蛋白质的生产方式，发展生物科技、生物产业，向植

物、动物、微生物要热量、要蛋白质，是解决这一矛盾的重要途径。

微生物替代蛋白，即通过生物技术培育的微生物（如细菌、酵母、真菌等）所产生的蛋白质，其不仅来源丰富，而且生产过程相较于传统动植物来源蛋白更加环保、可持续。在微生物替代蛋白的生产过程中，温室气体排放和土地使用远少于传统畜牧业，有助于应对全球气候变化；微生物生长速度快、物质能量转化率高，能高效合成蛋白质，突破传统农业生产模式的蛋白质生产效率；另外，微生物能够有效利用非粮资源（如有机废弃物、一碳化合物等）合成蛋白质，大幅拓展蛋白质来源。微生物替代蛋白不仅是蛋白质生产方式的变革，还具有不含胆固醇、抗生素和生长激素等优势，对于确保食品安全和健康饮食具有重要意义。同时，微生物替代蛋白可以作为营养助剂灵活添加于各类食品中，为消费者提供了更多元化的选择。

我国是生物发酵大国，有良好的产业发展基础。微生物替代蛋白技术开发和产业化应用取得了显著进展，领域布局初步形成。中国科学院天津工业生物技术研究所李德茂、王钦宏团队等，针对威尼斯镰刀菌发酵合成替代蛋白开展研究，基于转录组和代谢组分析，阻断副产物途径、强化TCA循环，实现了菌丝体蛋白合成速率、碳源转化率和蛋白质含量的同步提升，在获得相同蛋白质产量的情况下，工程菌株发酵所需的葡萄糖消耗量减少61%，成果发表于*Journal of Agricultural and Food Chemistry*。江南大学未来食品科学中心陈坚院士团队通过启动子筛选改造、信号肽优选及阴离子抗氧化肽的融合，在毕赤酵母中高效重组表达牛源乳铁蛋白抑菌肽，同时在毕赤酵母中开发高效基因编辑系统，利用该工具通过加强磷脂生物合成来修饰内质网膜系统，经过系列优化后，使α-乳白蛋白在毕赤酵母中的产量提高到113.4 mg/L，上述两项成果分别发表于*Synthetic and Systems Biotechnology*和*ACS Synthetic Biology*杂志。在产业端，富祥药业和蓝佳生物在微生物替代蛋白领域布局较早，近年来发展迅速。2023年9月，富祥药业宣布设立控股子公司江西富祥科技生物有限公司，主打微生物蛋白产品，是国内极少数实现微生物蛋白千吨级产业化的企业，现已具备1200 t/年的生产能力。2023年12月，富祥生物宣布投资2.53亿元建设“年产20万吨微生物蛋白及其资源综合利用项目（一期）”，投产后可形成年

产2万吨微生物蛋白及5万吨氨基酸水溶肥的规模。蓝佳生物成立于2021年，以发酵真菌菌丝蛋白为主，经过技术不断迭代，实现了生物反应器的规模培养，相比于食用菌栽培方式，生产周期从3～6个月压缩为10天，效率提高近10倍。

“人造肉”是一种模仿真实肉类的食品，主要包括两种类型：植物蛋白肉和细胞培养肉。其中，植物蛋白肉主要以大豆、豌豆、小麦等作物中提取的植物蛋白为原料，采用类似肉类的食品加工技术制作而成。其中，大豆是目前人造肉最主要的原料。细胞培养肉是一种在实验室环境下利用动物干细胞培育出来的肉，其生产不需要饲养、繁殖或屠宰真实的动物，从而避免了传统肉类生产对环境和资源的巨大需求。人造肉可以根据消费者的需求进行定制，调整营养成分和口感，可以做到低脂肪、低胆固醇、高蛋白等，更加符合人们对健康饮食的追求。同时，细胞培养肉在严格控制的实验室环境中进行生产，因此与传统畜牧业相比，可以大幅降低活体动物之间疾病传播的风险。

南京周子未来食品科技有限公司携手南京农业大学科研团队，突破了无血清培养基、悬浮驯化、放大生产等方面的技术，获得了自主驯化的猪源种子细胞，其倍增时间缩短40%，细胞密度提高5倍，极大地降低了细胞培养成本。该团队于2023年实现了细胞培养猪脂肪500 L生物反应器的中试量产，最终收获了5 kg的细胞培养肉，基本打通了细胞培养肉产业化路径。江南大学未来食品科学中心的研究团队在细胞培养五花肉制备关键技术取得突破，开发了促进细胞增殖和分化的低成本培养基，提高了培养成熟肌纤维和脂肪细胞的含量，并优化了逐级扩大培养工艺和生物反应器控制参数，显著提升了培养肉的生产效率，并降低了成本。并且，其质构和营养品质更接近真实猪肉，这一技术创新显著提高了人造肉的品质和生产效率。

4. 发酵工程

发酵工程是指采用生物技术手段利用生物（主要是微生物）和活性酶的某些功能，为人类生产有用的生物产品，或直接利用微生物参与控制某些工业生产过程的一种技术。人们熟知的利用酵母发酵制造啤酒、果酒，利用乳酸菌发

酵制造奶酪、酸奶，利用真菌大规模生产青霉素等都是发酵工程的应用产物。随着科学技术的进步，发酵技术发展势头迅猛，并且已经进入能够人为控制和改造微生物并使其为人类生产产品的现代发酵工程阶段。现代发酵工程作为现代生物技术的一个重要组成部分，具有广阔的应用前景。

2023年12月，中国科学院深圳先进技术研究院合成生物学研究所于涛课题组与Jay D. Keasling课题组合作，在*Nature Catalysis*上发表了酵母代谢工程最新研究成果。研究人员以二氧化碳合成的低碳化合物C1～C3作为发酵原料，为微生物可持续生产食品及化学制品提供稳定能量源头。该研究利用合成生物学和代谢工程开发的酵母细胞平台，将低碳化合物如甲醇、乙醇、异丙醇等转化为糖及糖衍生物，包含葡萄糖、肌醇、氨基葡萄糖、蔗糖和淀粉。通过代谢重构和葡萄糖抑制调控，使葡萄糖和蔗糖的产量达到每升数十克。该研究有望进一步转化应用以二氧化碳衍生的低碳原料制备粮食化合物，为进一步丰富基于可再生能源驱动的农业发展路径提供新范式。

2024年1月，中国科学院天津工业生物技术研究所李德茂课题组在*Journal of Agricultural and Food Chemistry*上报道了生产菌丝体蛋白最新研究成果。科研人员聚焦威尼斯镰刀菌TB01在菌丝体蛋白发酵生产过程中副产物乙醇大量合成导致的碳源流失问题，结合转录组和代谢组分析方法，成功靶定了以阻断副产物乙醇合成和糖异生途径为主的丙酮酸代谢途径。通过重塑丙酮酸代谢途径，有效减少了菌丝蛋白发酵过程中碳代谢碳源流失，并进一步强化了三羧酸循环（TCA循环）。研究表明，发酵生产工艺经过系统优化后，在保持相同蛋白质产量的前提下，工程菌株发酵所需葡萄糖消耗量减少了约60%。该研究成果为威尼斯镰刀菌TB01菌丝体蛋白发酵生产提供了新的思路和方法，有望降低生产成本、提高生产效率，并推动菌丝体蛋白在食品、饲料等领域的广泛应用。

5. 新型甜味剂的生物合成

近年来，随着人们健康饮食意识的提高，对低糖、低卡路里食品的需求不断增加，新型甜味剂市场得到了快速发展。新型甜味剂主要包括人工合成甜味

剂、天然甜味剂及生物发酵甜味剂等几大类。其中，人工合成甜味剂如阿斯巴甜、三氯蔗糖等，具有甜度高、稳定性好等特点；天然甜味剂如甜菊糖、罗汉果苷等，是从植物中提取的，具有天然、健康等优势；生物发酵甜味剂则是通过微生物发酵工艺制备的，具有特殊的风味和口感。

在基础研究方面，新型甜味剂的研究取得了多项突破。通过细胞工厂创制技术，可以实现对甜味剂的高效合成和定制；利用代谢流动态调控技术则能够优化甜味剂的代谢途径，提高其产量和纯度；通过底盘细胞构建技术为甜味剂的合成提供了更加稳定和可靠的宿主细胞；相关酶技术的进步则进一步提高了甜味剂的合成效率和产物的质量。江南大学未来食品科学中心和生物工程学院陈坚院士团队刘龙教授课题组于2022年6月在*Nature Communications*发表了从头合成甜茶苷及莱鲍迪苷酵母底盘细胞的构建与优化的研究成果。该研究在酿酒酵母中重构甜茶苷代谢合成途径。首先，基于合成生物学中的代谢网络模块化方法将甜茶苷合成途径分为5个模块，包括萜类合成模块、P450s模块、甜茶苷合成模块、UDP-葡萄糖合成模块和甜茶苷转运模块。通过优化萜类合成模块，并引入P450s模块和甜茶苷合成模块，成功获得了甜茶苷产量为4.5 mg/L的生产底盘细胞。该研究通过系统代谢工程策略构建了一株高产甜茶苷和莱鲍迪苷的生产底盘细胞，所采用的研究策略对于其他天然产物合成底盘细胞的构建具有借鉴意义，为工业化大规模生产甜菊糖苷奠定了基础。该成果入选了《2023中国农业科学重大进展》。

甜菊糖苷是从甜叶菊中提取的一类天然甜味剂，根据其侧链上葡萄糖基位置和个数的不同，可分为甜茶苷、甜菊苷、莱鲍迪苷A、莱鲍迪苷B、莱鲍迪苷C等60余种类型。酶转化法合成甜菊糖苷是以甜叶菊叶来源的瑞鲍迪苷A为原料，通过蔗糖合成酶、β-1,3-糖基转移酶和β-1,2-糖基转移酶高效催化后，再经醇溶、过滤结晶、干燥制得。2024年3月13日，国家卫生健康委食品安全标准与监测评估司发布了“三新食品”的公告，弈柯莱生物自主研发的甜菊糖苷（酶转化法）成功通过审批。该成分可作为甜味剂被用于调制乳、风味发酵乳、冰淇淋、雪糕类、胶基糖果、饮料类食品中。国际食品法典委员会、美国食品药品监督管理局、欧盟委员会、澳大利亚和新西兰食品标准局等允许甜菊糖苷

（酶转化法）作为甜味剂用于多种食品类别中。

阿洛酮糖的甜度约为蔗糖的70%，但热量仅为蔗糖的10%左右，被视为理想的蔗糖替代物。在食品工业中，阿洛酮糖主要用于生酮食品、烘焙食品等中，作为甜味剂使用。由于阿洛酮糖的甜度高、热量低、口感好，而且不会对血糖产生明显影响，因此受到消费者的青睐。李子杰等于2023年在*Journal of the Science of Food and Agriculture*上发表研究成果，将酮3-差向异构酶（KEase），包括d-塔格糖3-差向酶（DTase）和d-阿洛糖3-差速酶（DAEase）用于d-阿洛酶的生产。对来自昆虫帽僧杆菌（*Caballeronia insecticola*）的一种假定木糖异构酶进行了表征和鉴定，发现它是一种新型DAEase，在45 min内从500 g/L的d-果糖中以30%的转化率和200 g/（L·h）的高生产率产生了150 g/L的d-阿洛酮糖。此外，DAEase被用于磷酸化-去磷酸化级联反应中，显著提高了d-阿洛酮糖的转化率。在优化条件下，当d-果糖浓度为50 mmol/L时，d-阿洛酮糖的转化率接近100%。

6. 食品风味智能分析

食品风味智能分析是基于机器学习（ML）的食品感官风味智能评价体系的重要组成单元，其主要应用监督学习算法结合现有风味分析方法对食品特征香气进行系统研究。采用现代风味分析方法与ML相结合，与人工检测分析相比更加省时、省力，品评结果更加客观，尤其在准确预测未知食品样品风味成分领域具有较大的应用潜力。

2023年6月，北京工商大学食品与健康学院李健课题组在*Trends in Food Science & Technology*杂志在线发表了有关机器学习的跨领域应用文章，首次提出食品风味分析4.0概念。研究人员重点关注了食品风味分析与监督学习算法相结合的最新进展，包括随机森林（RF）、支持向量机（SVM）、*k*-近邻（KNN）、神经网络（NN）、深度学习（DL）和混合算法。RF是一种集成学习算法，由大量决策树组成的树-预测器组合而成，可以与电子鼻技术相结合，代替人工感官评价，建立食物气味识别分类模型。SVM可以实现风味分析评价经验误差最小化、边缘面积最大化，在高维模式识别中具有独特优势。KNN是最简单的样本分类分析方法，食品风味分析分类过程中将集成不同尺度下搜索

最接近的k个数据样本，选择多数的优势项作为输出结果。反向传播神经网络（BPNN）是NN中最具代表性的神经网络算法，运行过程包括信息的正向传播和误差的反向传播，现有研究已经证实，BPNN建立的风味成分分类模型的准确率高达90%以上。DL是机器学习的重要组成部分，通过神经网络从大量数据中集中提取特征信号，以解决高度复杂的成分分类和回归任务。偏最小二乘法-人工神经网络（PLS-ANN）则解决了线性回归模型无法捕捉人类感知和食物特性之间的非线性关系难题，避免了PLS模型和ANN独立运作的缺点短板。该研究为机器学习在测定肉类、果蔬及加工和发酵食品中挥发性芳香族化合物的智能分析方面提供了理论方法指引。

2023年12月，美国康涅狄格大学营养科学系罗阳超教授课题组在*Trends in Food Science & Technology*杂志在线发表了机器学习检测与分析挥发性有机化合物机制的研究成果。计算硬件和ML算法的突破已将人工智能技术带入食品领域，并逐渐取代传统烦琐的食品挥发性有机化合物（VOC）气相色谱分析，如并行计算、计算机视觉和气味成像等；比色传感器阵列（CSA）和机器学习-电子鼻（ML-EN）等新技术也正在逐步代替传统的VOC检测分析。机器学习是食品智能风味分析新兴技术的基石，有助于对数据进行充分收集、处理和分析。对于VOC检测任务而言，提高仪器和气体传感器的选择性、灵敏度和稳定性具有重要意义。食品加工贮藏过程中风味变化微妙，食品风味检测数据中的大量关键信息和模式的处理若缺乏计算机和ML的支持，短时间内精确解析大批量数据源将面临巨大挑战。ML在严格的数学条件算法下有效促进了VOC的检测分析，克服了传感器交叉灵敏度低和预测分类精度差的明显短板。

7. 生物传感器

农产品加工质量安全风险评估主流危害因子检测技术多依赖于国家标准指定的高效液相色谱-质谱串联或气相色谱-质谱联用仪器设备和从业人员的经验积累，检测时间长、预处理步骤繁杂。基于生物传感器的检测技术凭借时延短、灵敏度强且样品无需复杂前处理等优势，被广泛应用于农产品加工多环节

细菌、真菌毒素、农兽药残留等现场快速检测中。目前生物传感器由生物敏感元件和信号转换器构成，前者通过特异分子识别引起靶向目标发生物理或化学变化，后者常基于光纤、压电晶体、半导体等器件将其转换为输出信号，二者共同完成风险因子的高效检测。

2023年1月，中国科学院化学研究所宋延林课题组在*Advanced Materials*杂志上发表研究文章。研究人员以聚苯乙烯微球悬浮液为墨水，在基材上印刷制备大面积一维纳米光子结构，并利用聚苯乙烯微球表面的羧基高效偶联抗体，特异性识别待检测样本中的致病菌。结果表明，将毛细力诱导的咖啡环效应引入食品微生物检测中，可以在基底上对目标病原体实现预富集，检测效率大幅提高。纳米光子结构除捕获待检细菌外，还具有较强的光场局域能力，可以显著增强细菌散射光信号，提高目标分子检测灵敏度，实现单细胞水平上对其物理特征如生理环境、生理活性、繁殖状态的可视化分析。此外，该研究实现了生物传感器对水、血清、尿液及蔬菜等样本中细菌情况的连续监测。以上研究推动了纳米光子结构印刷制备、性质调控、机制研究等方面的发展，其核心部件生物检测芯片制作简单、成本低，可以结合商业显微镜或常用电子通信设备直接获取检测结果，为超灵敏可视化检测生物标志物的挖掘提供了新路径，在医疗诊断、食品安全、环境监测等领域具有广泛的应用前景。

2023年5月，土耳其伊斯坦布尔科技大学机械工程系Emin Istif课题组在*Nature Food*杂志上发表研究文章，系统报道了一种通过实时检测腐败食品中挥发性生物胺，实现食品变质过程监控的无线传感器。研究人员以电容式传感材料为生物传感器芯片芯材，用一种易于合成且能够对生物胺产生高灵敏度响应的苯乙烯-马来酸酐聚合物材料将其充分包裹，构建了一款尺寸约为2 cm×2 cm且具有多层传感结构的微型芯片。该芯片可以检测高蛋白食品在腐败变质过程中产生的挥发性生物胺，并将检测数据实时无线传输至手机，并按需进行产品品质分析。经研究制备得到的无线传感器制备成本低、体积微型化，可将其进一步集成并应用于包装食品贮藏期内品质的监测和检测，以降低食品腐败变质导致消费者食源性疾病发生的概率。

四、生物安全技术现状

（一）病原微生物研究

1. 新冠病毒研究取得重大突破

2023年，我国继续开展新冠病毒病原结构和致病机制、免疫学、流行病学、病原检测、疫苗和药物研发等方面的研究，取得了重要的科技进展，为我国持续开展新冠防控和治疗奠定了坚实的基础。

在病原结构和致病机制方面，我国科学家持续开展复合体结构、病毒感染机制等相关研究，为病毒复制调控、共感染和发病机制提供了新的见解，有助于抗病毒药物的开发。2023年1月，中国科学院武汉病毒研究所等机构揭示了新冠病毒感染导致感染细胞的细胞质中形成病毒Z-RNA，从而激活ZBP1-RIPK3通路。4月，南京大学的研究人员利用冷冻电镜单颗粒技术解析了奥密克戎（Omicron）变异毒株BA.1亚系的刺突蛋白与一种兔源单克隆抗体1H1复合物的高分辨率结构；清华大学和浙江大学的研究人员解析了新冠病毒德尔塔（Delta）变异株的原位结构和膜融合特征；中国科学院生物化学与细胞生物学研究所揭示了新冠病毒蛋白质水解酶Nsp5切割宿主tRNA修饰酶TRMT1的分子机制。5月，暨南大学研究人员揭示了新冠病毒N蛋白通过调节细胞凋亡途径促进病毒复制的独特分子机制。6月，北京大学和中国医学科学院病原生物学研究所合作揭示了自新冠疫情暴发以来，新冠病毒基因组中密码子使用的规律及可能的作用机制。7月，中国医学科学院病原生物学研究所、香港大学等机构将SARS-CoV-2的SARS独特结构域确定为抗病毒靶标；中国科学院微生物研究所等机构发现了新冠病毒非结构蛋白6触发内质网应激诱导的自噬作用以逃避宿主天然免疫的新机制；中国医学科学院病原生物学研究所、中国科学院生物物理研究所等机构揭示了两种密切相关的SARS-CoV-2蝙蝠冠状病毒的S蛋白对宿主的易感性及其结构和免疫学特征，有助于更好地了解冠状病毒进入、选择性进化和免疫原性的分子基础。

在免疫学方面，2023年5月，中国医学科学院血液病医院等机构利用多组学血液图谱揭示了新冠奥密克戎毒株突破性感染者独特的免疫和血小板应答特征；中国医学科学院病原生物学研究所发现新冠灭活疫苗接种者的奥密克戎BA.1突破性感染诱导了对不同奥密克戎亚系的不同模式的抗体和T细胞反应。9月，武汉大学的研究人员发现从早期康复者体内分离的广泛中和抗体可保护小鼠免受SARS-CoV-2变体的侵袭。11月，北京大学的研究人员在*Nature*上发文，指出反复暴露于奥密克戎毒株会推翻原始株的免疫印记。12月，中国医学科学院病原生物学研究所调查COVID-19感染2 年后康复者从自然感染中获得的针对 SARS-CoV-2 的免疫记忆的持久性和交叉反应性，发现由初始病毒感染引发的记忆T细胞反应在2年后仍然具有高度交叉反应性；中国科学院生物物理研究所等机构揭示了RNA-RNA相互作用在新冠等RNA病毒的免疫发病机制中的关键作用。

在流行病学方面，我国研究人员开展新冠病毒传播、变异和长新冠等方面的研究，可提供对病毒未来轨迹的洞察，并有助于为疫情准备和应对计划提供信息。9月，复旦大学的研究人员评估值得关注的SARS-CoV-2变异体的潜伏期、序列间隔和产生时间的变化。10月，中国科学院微生物研究所对新冠病毒的变异株进行了血清分型。11月，中日友好医院、北京协和医院、武汉市金银潭医院等机构通过蛋白质组学确定了可能影响新冠长期后果的潜在生物标志物，从分子角度揭示了长新冠的潜在机制，并提出了生物标志物，以便进行更精确的干预，减轻长新冠的负担。

在病原检测方面，开发出多款快速便携的新冠病毒检测方法。2023年3月，上海交通大学、广州医科大学附属第一医院等机构开发了一种适用于新冠病毒的快速、超灵敏等温检测方法。4月，中国科学院武汉病毒研究所、上海交通大学等机构开发了iPad控制的高通量、便携式、多重的新冠病毒实时检测平台，在快速、准确和现场检测新冠方面具有巨大潜力。9月，南方科技大学开发了一种小巧、便携、全自动的设备，整合了从咽拭子到结果的整个工作流程，适用于新冠变异体的即时检测。

在疫苗研发方面，我国开发和紧急授权了多种类型的新冠疫苗，涵盖了多个变异株，同时开展疫苗接种评估，旨在为公众提供更加有效的保护。2023年

有多款重组蛋白疫苗、腺病毒载体疫苗、mRNA疫苗被纳入紧急使用。其中重组蛋白疫苗包括神州细胞工程有限公司研发的重组新冠病毒4价S三聚体蛋白疫苗（SCTV01E）、四川大学华西医院/威斯克生物研发的重组三价新冠病毒三聚体蛋白疫苗（Sf9细胞）（即威克欣®3价XBB疫苗）、丽珠医药集团股份有限公司研发生产的重组新型冠状病毒融合蛋白二价（原型株/Omicron XBB变异株）疫苗（CHO细胞）；腺病毒载体疫苗有康希诺研发的吸入用重组新冠病毒XBB.1.5变异株疫苗（5型腺病毒载体）；mRNA疫苗包括石药集团研发的新型冠状病毒mRNA疫苗（SYS6006），沃森生物与复旦大学、上海蓝鹊生物合作研发的针对新冠变异株奥密克戎XBB.1.5的单价mRNA疫苗RQ3033（商品名：沃蓝安安）等。我国还加快了新型疫苗的研发，如黏膜疫苗。5月，四川大学华西医院的研究人员制备了一种阳离子交联碳点的新型佐剂鼻内疫苗，可诱导对包含新冠奥密克戎变体的保护性免疫力；7月，厦门大学、汕头大学、香港大学等机构发现流感病毒载体鼻内新冠疫苗可抑制仓鼠的SARS-CoV-2炎症反应；12月，中国科学院过程工程研究所、军事科学院军事医学研究院等机构在*Nature*上发表论文，表示开发了一种可吸入的单剂量干粉气溶胶新冠疫苗，可诱导有效的全身和黏膜免疫反应。同时，我国科学家还开展了疫苗评估和接种方案等相关研究。6月，复旦大学等评估了新冠疫苗接种对包括BQ.1.1、CH.1.1和XBB.1.5在内的最新突变毒株的有效性；7月，中国科学院微生物研究所的研究人员发现接种SARS-CoV-2 RBD蛋白亚单位疫苗后，剂量间隔方案会影响抗体复合物的效力和广度；8月，中国科学院微生物研究所的研究人员在*Lancet*上发表论文，评估了疫苗接种者进行原型株疫苗加强、Delta-Omicron BA.1嵌合RBD二聚体疫苗加强和在2022年底BA.5.2/BF.7亚变种流行期发生突破性感染后的血清中和抗体水平；9月，中国科学院微生物研究所、南方科技大学、中国疾病预防控制中心等机构的研究人员发文，显示广谱保护性受体结合域异源三聚体疫苗可中和包括奥密克戎亚变体XBB、BQ.1.1、BF.7在内的新冠病毒；11月，复旦大学、中国科学院北京基因组研究所的研究人员对接种过COVID-19灭活疫苗（CoronaVac）的参与者、接种过神州细胞获批的四价蛋白疫苗（SCTV01E）的参与者或感染过 BA.5/BF.7/XBB 病毒的突破性感染者的血

清中和抗体水平进行了评估。

在药物研发方面，我国继续加强抗新冠病毒药物的研发，并且有两款抗新冠病毒药物附条件获批上市。2023年1月，抗新冠病毒药先诺欣®和民得维®（氢溴酸氘瑞米德韦片，VV116）通过国家药品监督管理局特别审批程序，附条件获批上市。5月，中国科学院上海药物研究所的研究人员发现了一类结构新颖、非拟肽非共价的小分子抗SARS-CoV-2候选化合物。10月，*Nature Communications* 在线发表了国内上市口服抗新冠病毒药物先诺欣®活性成分先诺特韦的发现过程及其临床前研究结果。11月，*The Lancet Infectious Diseases* 上发布了国产新冠口服药民得维®的一项Ⅲ期临床研究的完整数据。

2. 其他病原体研究取得重要进展

除新冠病毒以外，中国科学家还在中东呼吸综合征冠状病毒（MERS-CoV）、裂谷热病毒、轮状病毒、流感病毒、细菌、真菌等病原结构和致病机制、病原检测、疫苗研发、药物研发等方面取得了重要进展。

在病原结构和致病机制方面，解析了MERS-CoV、裂谷热病毒、细菌、真菌、乙肝病毒等病原微生物感染过程中的相关机制。2月，中国科学院武汉病毒研究所等机构的研究人员在*Cell*上发表论文，揭示了一种MERS-CoV样蝙蝠冠状病毒在穿山甲中流行，并利用人类二肽基肽酶4（DPP4）和宿主蛋白酶进入细胞，表明它可能会跳到人类身上并引发疾病。3月，中国科学院武汉病毒研究所的研究人员发现裂谷热病毒感染诱导了完整的自噬过程，为裂谷热病毒触发的自噬机制提供了新的见解；复旦大学的研究人员揭示了耳念珠菌超强定殖能力和环境生存能力的生物学基础，为耳念珠菌的医院内传播和复发性感染提供了新的解释。8月，中国科学院微生物研究所的研究人员揭示了土传致病真菌大丽轮枝菌（*Verticillium dahliae*）SUMO特异性蛋白酶影响VdEno蛋白定位，进而调控效应蛋白VdSCP8表达及病原菌生长，增强致病性的分子机制。10月，中国医学科学院病原生物学研究所、中国科学院物理研究所等机构的研究人员在*Nature*上发表论文，揭示了核酸触发的一种原核生物短Argonaute系统的NAD酶激活机制。11月，浙江大学、北京大学医学部的研究人员揭示了细菌ADP-核糖基转移酶（ART）

对泛素进行ADP-核糖基化修饰的分子机制。12月，武汉大学的研究人员发文揭示了核仁素与乙肝病毒共价闭合环状DNA微染色体结合并调控其转录的机制。

在病原检测方面，有两款戊型肝炎病毒检测试剂盒获批上市。2023年10月，由厦门大学国家传染病诊断试剂与疫苗工程技术研究中心（NIDVD）、中国食品药品检定研究院和万泰生物联合研制的两款戊型肝炎病毒抗原尿液检测试剂盒，包括胶体金法和荧光免疫层析法，获得国家药品监督管理局批准上市。

在疫苗研发方面，我国自主研发的带状疱疹减毒活疫苗、轮状病毒减毒活疫苗、13价肺炎球菌多糖结合疫苗等获批上市。2023年1月，长春百克生物科技股份有限公司研发的带状疱疹减毒活疫苗获批上市，这是首款获批的国产带状疱疹疫苗；4月，国药集团中国生物兰州生物制品研究所研发的口服三价重配轮状病毒减毒活疫苗（Vero细胞）获上市许可批准，成为国内首个获准上市的三价轮状病毒疫苗；10月，康泰生物公告称，其研发的13价肺炎球菌多糖结合疫苗获得印度尼西亚食品药品监督管理局签发的上市许可证。针对猴痘病毒、流感病毒、尼帕病毒等的疫苗研发也取得了显著进展。中国科学院微生物研究所的科研团队开发出含多个抗原的猴痘mRNA疫苗，同时优化了多抗原mRNA疫苗制备流程。2月，吉林大学的研究人员开发了一种基于诺如病毒突出区颗粒的自组装多表位纳米疫苗，可有效、持久地预防H3N2流感病毒；厦门大学的研究人员研制了全球首个具有皮肤与神经双减毒性能的新型水痘减毒活疫苗（v7D），并基于多种体内外模型系统验证了该疫苗的临床前安全性与有效性。7月，中国科学院武汉病毒研究所等机构的研究人员发文，表示开发了一种基于表位的鼻内多价纳米颗粒疫苗，可针对不同流感病毒提供广泛保护。9月，南方医科大学、暨南大学等机构的研究人员表示从猕猴体内分离出一株新型猴腺病毒，可开发用于人类基因治疗和作为疫苗载体。10月，中山大学、南方科技大学等的研究人员表示开发了一种纳米颗粒疫苗，可引发针对EB病毒的保护性中和抗体反应。11月，吉林大学、澳门大学等机构的研究人员发文，表示开发了一种多表位纳米疫苗，可提供针对流感病毒的持久交叉保护；中国科学院武汉病毒研究所、中国科学院上海免疫与感染研究所的研究人员发现黑猩猩腺病毒载体疫苗和DNA疫苗都能诱导针对尼帕病毒感染的长期免疫力，表

明这两种疫苗有希望成为尼帕病毒候选疫苗。同时，我国科学家还针对疫苗的免疫反应及中和活性开展评估。6月，中国科学院分子植物科学卓越创新中心、华东理工大学等机构的研究人员发文指出，针对猴痘包膜或成熟病毒表面抗原的多价mRNA疫苗显示出强大的免疫反应和中和活性；7月，厦门大学的研究人员发文，比较了国产HPV九价疫苗与进口HPV九价疫苗的免疫原性。

在药物研发方面，抗生素新药研发取得重要进展。2023年11月，上海盟科药业股份有限公司宣布其自主研发的抗生素新药MRX-5大洋洲Ⅰ期临床试验完成了首例受试者给药，这标志着MRX-5的开发正式进入了实质性阶段。MRX-5是一种新型苯并硼唑类抗生素，可用于治疗分枝杆菌属，特别是由非结核分枝杆菌引起的感染。

此外，科学家还积极探索具有潜在风险的致病微生物和宿主，以提前采取应对措施。2023年9月，中国医学科学院病原生物学研究所的研究人员发文，对中国南方代表性蝙蝠携带的冠状病毒进行全景分析，丰富了对蝙蝠冠状病毒的认识，为今后的研究提供了宝贵的资源；中国农业大学、中国科学院北京生命科学研究院和中国科学院微生物研究所等机构的研究人员在*Cell*上发表论文称，H3N8禽流感病毒人分离株可在雪貂间经空气传播，存在潜在的大流行风险，有必要开展协同研究，密切监测家禽和人类体内的此类病毒。10月，复旦大学、温州市疾病预防控制中心和武汉市疾病预防控制中心等机构的研究人员在*Cell*上发表论文称，利用宏转录组测序技术对来自中国4个栖息地的2443只野生蝙蝠、啮齿动物和鼩鼱的内脏器官与粪便样本进行测序，发现野生小型哺乳动物宿主的特征决定了病毒组的组成和病毒的传播。

（二）两用生物技术

1. 合成生物学研究取得重要进展

2023年，合成生物学在人造淀粉、蛋白质、启动子合成等方面取得重要进展。1月，中国科学院天津工业生物技术研究所、中国农业科学院生物技术研究所等机构的研究人员发文称，利用农业残留物生物合成人工淀粉和微生物

蛋白质，进一步降低了人造淀粉的生产成本；10月，清华大学的研究人员在*Nature Communications*上发文，提出了通过将专家知识与深度学习技术相结合高效地设计合成启动子的方法 DeepSEED；中国科学院生物物理研究所、中国科学院青岛生物能源与过程研究所等机构的研究人员在*Nature Communications*上发表论文，揭示了热纤梭菌σI因子进行启动子特异识别并调控纤维小体基因转录的分子机制，该发现可能为合成生物工程提供信息。此外，我国还加强了合成生物学等生物技术伦理方面的管理。10月，科技部等印发的《科技伦理审查办法（试行）》，明确规定了生物领域技术开发等科技活动的伦理审查工作，强调对人类生命健康、价值理念、生态环境等具有重大影响的新物种合成研究等需要开展伦理审查复核。

2. 新型基因编辑工具开发方面取得重要进展

2023年，科学家通过开展基因组编辑元件挖掘方法和技术体系创新，实现了对基因组的精准操纵，为作物改良和基因治疗提供了重要支撑。中国科学院遗传与发育生物学研究所与北京齐禾生科生物科技有限公司的研究人员合作在植物基因编辑技术、工具研发方面确定了多项重要进展。3月，该研究团队在*Nature Biotechnology*上发文，报告了一种高效、简便的方法，通过上游开放阅读框（uORF）工程将基因表达下调到可预测的理想水平，该方法为获得具有不同表达性状的基因组编辑植株提供了有效途径。4月，该研究团队在*Nature Biotechnology*上发文，利用PrimeRoot编辑器精确整合植物基因组中的大片段DNA序列，为基于基因堆叠的作物育种和植物合成生物学研究提供了有力的技术支撑。6月，该研究团队在*Cell*上发文，使用人工智能（AI）辅助的方法，通过结构预测和分类发现了具有独特功能的新型脱氨酶蛋白，大大扩展了碱基编辑器在医疗和农业中的应用。

此外，清华大学、中国科学院、华中农业大学、上海交通大学等研究机构也在基因编辑技术、工具开发与机制研究方面取得了重要进展。2023年1月，清华大学的研究人员发文称，从环境元基因组中发现了一种新的微型V型系统CRISPR-Casπ，拓展了人们对CRISPR效应器DNA靶向机制的认识，并为DNA

操作提供了一个高效而紧凑的平台。2月，复旦大学的研究人员发文称，开发了天然和工程化的Cas9核酸酶，能够在多个哺乳动物细胞中进行有效的基因组编辑，从而扩大了DNA靶向范围。5月，中国科学院动物研究所、深圳大学、广州医科大学第一附属医院等机构的研究人员发文，报道了一种新颖的基于CRISPR-Cas的RNA配体筛选系统CRISmers，可将RNA适配体筛选从溶液体系或者细胞表面搬到细胞内，从而提供了胞内天然生物环境下的RNA和蛋白质的折叠与相互作用，并避免了筛选过程中的环境波动影响。6月，上海科技大学、西湖大学等机构的研究人员发文，揭示了氧化硫酸杆菌微型Cas12f1核酸酶的分子结构与工程进化机制，该研究进一步加深了人们对微型CRISPR系统的理解，并扩大了用于治疗的微型CRISPR工具箱。11月，华中农业大学的研究人员在*Cell Discovery*上发表文章，表示开发出了全球首个来自古菌域的RNA引导的微型编程性核酸酶系统SisTnpB1，具有开发成自主知识产权基因编辑工具的巨大潜力。12月，上海交通大学的研究人员发文，揭示了DNA聚合酶在CRISPR-Cas9系统介导的精准可预测基因编辑中的关键作用。

3. 基因编辑在农业、医学等领域的应用范围进一步扩大

在农业领域，烟草和水稻精准基因编辑方面取得重要进展，首个CRISPR-Cas12b基因编辑工具在高等植物中的开发利用得到授权。6月，中国科学院微生物研究所的研究人员发文称，发现CRISPR-Cas9和农杆菌毒力蛋白通过同源定向修复协同提高了植物基因组精确编辑的效率，该基因编辑技术在烟草和水稻得到了有效验证。7月，华中农业大学的研究人员开发的一种热诱导的基因编辑系统CRISPR-Cas12b获得了国家知识产权局的专利授权，这是我国第一个CRISPR-Cas12b基因编辑工具在高等植物中开发利用的授权专利。

在医学领域，我国科学家构建了大动物基因编辑模型，并在基因编辑药物临床研发方面取得重要进展。2023年1月，中国科学院广州生物医药与健康研究院的研究人员发文称，构建了可通过小分子药物灵活调控基因剪刀蛋白Cas9表达的工具猪，利用该工具模型实现了成体大动物体内高效基因编辑，并首次构建了大动物原发性可转移的胰腺导管腺癌模型。此外，中国首个进入人体临

床试验的基于非病毒载体的体内基因编辑药物ART001注射液，其临床研究取得良好效果。“ART001注射液治疗转甲状腺素蛋白淀粉样变（ATTR）探索性临床研究”已经顺利完成了7例受试者给药治疗，所有患者均显示出良好的安全性，且最快在给药后2周即实现具有显著临床治疗意义的转甲状腺素（TTR）蛋白下降。

（三）生物安全实验室和装备

1. 生物安全实验室管理进一步强化

我国通过完善生物安全实验室审批程序、建筑规范，开展生物安全培训及相关技能大赛提升从业人员的生物安全能力，以加强实验室建设和运行管理。2023年1月，国家卫生健康委办公厅发布了《关于进一步做好新冠病毒实验室生物安全管理工作的通知》，规定要进一步做好新冠病毒实验室生物安全管理工作。8月，国家卫生健康委科技教育司发布了高致病性或疑似高致病性病原微生物实验活动审批和高致病性病原微生物运输审批行政许可事项实施规范及办事指南系列文件。10月，国家卫生健康委规划司发布了《生物安全实验室建筑技术规范（局部修订征求意见稿）》，向社会公开征求意见。此外，多省市开展了实验室生物安全相关培训及生物安全技能大赛等。10月，上海市公共卫生临床中心主办了“2023年动物模型与生物安全理论与技术研讨会暨国家继续教育培训班”；上海市卫生健康委员会主办了2023年第三届上海市病原微生物实验室生物安全技能大赛。11月，中国科学院武汉病毒研究所主办了“生物安全实验室管理与实验技术培训班”。

2. 生物安全实验室装备建设进一步推进

在生物安全实验室装备方面，数字化、智能化系统得到进一步开发和应用。2023年1月，相关部门采购网显示，数字人研发的BSL-3/4高等级生物安全实验室虚拟仿真训练系统，可实现替代或者熟悉操作流程，最大限度地减少危害性，并降低耗材成本。8月，中国中元国际工程公司的研究人员发表论文称，

开发了一种新型的高等级实验室智能化管理系统，可提升高等级生物安全实验室的动态安全、管理效率、智能决策的水平及减少运行能耗。

（四）外来入侵物种防控

1. 外来入侵物种普查进入收关阶段

2023年是我国于2021年开启的外来入侵物种普查的收官之年。根据农业农村部、自然资源部、生态环境部、海关总署、国家林草局2023年6月印发的《加强外来物种侵害防治2023年工作要点》，2023年的主要工作任务是全面完成农田、渔业水域、森林、草原、湿地、城市公园绿地、主要入境口岸等区域普查外业调查，并逐级汇总集成外来入侵物种普查信息，形成统一的外来入侵物种清单、数据库、标本库等普查成果；开展普查数据分析，研判外来入侵物种发生和扩散趋势，编制形成全国外来入侵物种状况及危害趋势报告。2023年，农业农村部指导全国31个省2766个涉农区县全部完成面上调查，依托3万个监测点完成了重大危害外来入侵物种系统调查。多个省市报告普查情况：重庆市历时三年共发现农业外来入侵物种200余种；合肥市共发现150余种农业外来入侵植物，30余种农业外来入侵病虫害；浙江省森林、草地、湿地生态系统外来入侵物种普查共发现外来入侵物种88种；重庆市森林、草原、湿地生态系统外来入侵物种普查共发现外来入侵物种91种，其中植物81种、昆虫5种、病原微生物2种、动物3种；昆明市森林、草原、湿地生态系统外来入侵物种普查发现外来入侵物种26种，其中水生植物5种、陆生植物17种、昆虫3种、软体动物1种。

2. 正式施行《重点管理外来入侵物种名录》

为加强外来入侵物种管理，2013年，农业部制定了《国家重点管理外来入侵物种名录（第一批）》，共计52种重点管理外来入侵物种被收录其中，包括21种植物、26种动物、5种微生物。生态环境部会同中国科学院，先后于2003年、2010年、2014年、2016年发布了4批外来入侵物种名单，包括71种外来入

侵物种。2022年12月，农业农村部、自然资源部、生态环境部、住房和城乡建设部、海关总署和国家林草局等六部门组织制定了《重点管理外来入侵物种名录》(以下简称《名录》)，并于2023年1月1日起开始施行。《名录》分为8个类群，包括33种植物、13种昆虫、4种植物病原微生物、1种植物病原线虫、2种软体动物、3种鱼类、1种两栖动物、2种爬行动物，涵盖草地贪夜蛾、鳄雀鳝、加拿大一枝黄花、红火蚁、福寿螺等共计59种重点管理外来入侵物种。农业农村部将会同海关、自然资源、林草等相关部门完成外来入侵物种普查收官。农业农村部已启动外来入侵物种普查数据汇交，开展重点物种风险研判。

3. 深入开展外来入侵物种防治研究

农业农村部、教育部、科技部、财政部、自然资源部、生态环境部、住房和城乡建设部、海关总署、中国科学院、国家林草局等10个部门组成的外来入侵物种防控部际协调机制办公室有关负责人称，对于外来入侵物种，需要采取源头预防、普查摸底、监测预警、精准治理、强化科技支撑的综合防控措施。2023年，我国持续从源头预防、监测预警、风险评估、入侵机制与治理修复等多方面开展研究与治理，以全面加强外来入侵物种管理。

在源头预防方面，海关部门实施外来入侵物种口岸防控攻坚行动，分析评估外来物种经入境货物、运输工具、寄递和旅客携带物等渠道传入风险；加大重点国家和地区进境运输工具及货物查验力度，深入实施"跨境电商寄递'异宠'综合治理"专项行动和"国门绿盾2023"行动，充分利用智能审图等技术手段，加强寄递和旅客携带物品等现场查验，严防"异宠"等外来物种入境。2023年，全国海关检出检疫性有害生物7.5万种次，从进境寄递和旅客携带物品中查获外来物种1186种、3123批次，其中"异宠"296种、4.4万只。

在监测预警方面，我国林业部门搭建了一个专门针对入侵物种的数据库监控系统，这也是我国首次启用数字化信息技术对入侵物种进行监测预警。2023年2月，上海海洋大学牵头承担的国家重点研发计划"外来水生生物对水域生态系统的影响及入侵风险评估和防控"项目启动，并签订协议构建交互式数据库与风险预警平台，启动采样计划。该项目将研发20种以上入侵水生生物的环

境DNA（eDNA）识别技术及检测试剂盒，建立便携式eDNA物种鉴定设备，构建10种入侵生物的基因组图谱，建立适生区风险评估和扩散模型，动态实时监测数据库。南通大学等通过草地农业系统理论阐释互花米草防治和麋鹿保护的系统耦合，寻求基于自然的解决方法，并探讨了利用无人机等技术搭建滨海滩涂湿地互花米草&麋鹿耦合系统的“空-天-地”一体化监测、分析和管理体系。石河子大学研究了eDNA技术结合物种分布模型方法进行外来两栖物种的早期监测。此外，目前大多数入侵物种数据集的规模有限，覆盖的物种范围狭窄，这限制了基于深度学习的入侵生物识别系统的发展。2023年9月，华为诺亚方舟实验室发布大规模入侵物种数据集Species196，收集了超过1.9万张由专家精确标注的图像（Species196-L），以及120万张未标注的入侵物种图像（Species196-U）。该数据集为基准测试现有模型和算法提供了4种实验设置，即监督学习、半监督学习、自监督预训练和多模态大模型的零样本推理能力。

在风险评估与适生区预测方面，中国科学院动物研究所等10余家单位通过对过去70年共计9700余次放生事件的梳理，量化了外来脊椎动物放生后在我国的建群适宜栖息地，并通过零模型随机检验方法分析了对繁殖体压力和建群适宜栖息地的空间叠加关系，发现我国中东部和南方地区为入侵热点。此外，通过实地调查证实动物放生能够提高外来物种的入侵风险。河北大学等使用生态位模型、反距离权重等方法建立了外来生物入侵风险的综合评估方法，并以苹果蠹蛾和番茄潜叶蛾为例计算其引入扩散风险和定殖可能性。内蒙古大学等利用MaxEnt模型与ArcGIS软件，分别在当前及2050年、2070年等3个不同时期的3种共享社会经济途径气候情景下，对内蒙古外来入侵植物潜在分布区进行了预测，研究显示危害区域为阴山以南、大兴安岭以东地区。然而，随着全球气温的升高，阴山以北、大兴安岭以西的高原面上外来入侵植物也逐渐增加。中山大学等也利用优化的MaxEnt模型预测了玫瑰蜗牛在我国的潜在分布区，结果显示当前玫瑰蜗牛潜在适生区分布在我国东南地区，集中于福建省和广东省及广西壮族自治区中部；将来逐步向北扩大至湖南省、江西省、安徽省中部、湖北省东部及浙江省的部分地区。山西农业大学等利用n维超体积生态位分析方法，量化了扶桑绵粉蚧在原产地和入侵地的超体积气候生态位，并通

过优化的MaxEnt模型预测扶桑绵粉蚧在我国当前和未来气候变化下的入侵风险。结果显示，扶桑绵粉蚧的核心适生区主要集中在秦岭淮河一线以南，中北部省份包含大面积的低适宜生境；21世纪末期，扶桑绵粉蚧适生区增加并不明显，未来气候变化对该物种分布的影响不大。辽宁大学利用Biomod2组合模型研究曼陀罗和黄花刺茄在当前与未来气候情景下的潜在适宜分布区。结果显示，在当前气候下，曼陀罗高适生区总体分布于辽宁省西北部、中部和南部部分区域；黄花刺茄高适生区总体分布于辽宁省西部和南部部分地区。对未来不同时期和不同气候变化情境的模拟预测结果显示，曼陀罗的总适生区面积均呈现增加趋势，中适生区和高适生区面积增加，低适生区面积减少，并且在未来入侵方向呈现向南偏移的趋势；黄花刺茄总适生区面积均呈现增加趋势，但是增加的适生区均为低适生区，高适生区和中适生区面积减少，并且在未来呈现向东、向南偏移的趋势。云南农业大学等利用自组织映射（self-organizing map，SOM）神经网络分析入侵昆虫的环境特征聚类，并运用R语言构建SOM预测模型，构建在线实时交互的shiny web应用程序，可实现入侵昆虫数据预处理、预测模型构建、空间和结果可视化分析及下载功能。

在入侵机制研究与治理修复方面，2023年，农业农村部聚焦福寿螺、豚草、紫茎泽兰等重大危害入侵物种，指导地方因地因时组织开展300余次灭除活动，发布了福寿螺、薇甘菊等重大危害物种防控技术指导意见，推动了“一种一策”精准治理。2023年2月，西南大学牵头承担的国家重点研发计划项目“重大/新发农林外来入侵物种种群暴发、维持与灾变机制”启动。该项目将解析橘小实蝇、美国白蛾、番茄潜叶蛾、长芒苋等外来入侵生物的表观调控、寄主识别与互作、群聚效应的机制，筛选阻断入侵种致害的分子靶标、发掘种群群聚干涉物质。2023年4月，中国农业科学院植物保护研究所牵头的国家重点研发计划项目“新发/重大外来入侵物种区域减灾联防联控技术研究”启动，该项目将构建集“实时监测、应急阻截/灭除、协同治理”于一体的入侵物种区域联防联控多维技术体系与模式，并在不同生态区域进行示范推广。华东师范大学研究了通过提高盐度或温度处理船舶压载沉积物中水生非本地物种休眠卵的方法。

（五）生物安全技术发展趋势

当前国际生物安全形势跌宕起伏，传统生物安全问题和新型生物安全风险交织，在这一背景下，生物安全技术的发展尤为重要。未来，以下几个关键领域预计将成为推动生物安全技术发展的主要动力：CRISPR-Cas9基因编辑技术、类器官技术、纳米生物传感器、人工智能和机器学习、人工智能的规范治理。

1. CRISPR-Cas9基因编辑技术

CRISPR-Cas9基因编辑技术是一种分子生物学技术，能够通过DNA剪接治疗多种疾病，在传染病领域也展现出治疗潜力。例如，CRISPR-Cas9基因编辑技术被用于靶向乙型肝炎病毒（HBV）基因组疗法，可进一步降低共价闭合环状DNA（cccDNA）水平等。然而该技术仍存在一些技术壁垒，如脱靶效应、递送系统效率、精准性、嵌合序列邻近基序（PAM序列）和编辑效率的限制等。未来的研究将集中于提高CRISPR-Cas9基因编辑技术的特异性和安全性，减少脱靶效应；开发新型碱基编辑工具；优化递送系统以实现更精准的靶向治疗，降低免疫原性；结合人工智能提高基因编辑的精确性和效率；加速基因编辑技术的临床转化等。

2. 类器官技术

类器官技术在疾病模型建立、药物筛选、个性化医疗和再生医学等领域具有很大潜力。例如，利用人源类器官研究SARS-CoV-2感染和致病机制。然而，该技术仍面临成熟度有限、标准化、可控性、高通量分析、规模化生产及伦理问题的挑战。未来，类器官技术的发展将聚焦于开发高通量筛选技术以快速鉴定新药和评估药物疗效；与器官芯片技术结合，在体外构建更接近生理特征的组织微环境；结合基因编辑技术，如CRISPR-Cas9，以更好地进行疾病建模；优化与免疫细胞共培养系统以重建体内微环境，模拟宿主-病原体相互作用；继续完善疾病模型，特别是针对新型和未知生物威胁因素；制定标准化指南和规范等。

3. 纳米生物传感器

纳米生物传感器可以实现快速、高灵敏度和特异性的病原体检测，具备多路复用能力、便携性和低成本的优势。例如，基于光学、电化学、电磁学的纳米生物传感器用于新型冠状病毒的超快速检测。然而，纳米生物传感器在技术成熟度、信号放大、多病原体同时检测、现场快速检测能力及安全性等方面仍面临技术挑战。未来纳米生物传感器将从以下几个方向加强人类生物安全能力：研发智能便携式纳米生物传感器，实现对低浓度下病原体的快速诊断；整合多路复用分析，允许单个样本中多种分析物的同时检测；增强信号放大和数据处理技术，提高传感器的灵敏度和分辨率；创新应用多种纳米材料，如碳纳米管和石墨烯，以提高传感器的灵敏度；发展能够进行实时监测新病原体的纳米生物传感器，提升早期检测和快速响应能力；推动传感器的商业化和规模化生产等。

4. 人工智能和机器学习

人工智能和机器学习可以用来获取知识、演绎推理和解决问题，特别是在生物安全领域。例如，人工智能用于抗感染药物发现和感染生物学及诊断；人工智能用于设计新的蛋白质、病毒载体和其他生物制剂等。机器学习是另一种用于微生物组分析、表型筛选和快速诊断开发的工具，可以分析核酸、蛋白质和其他变量，以确定宿主-病原体相互作用和免疫反应的各个方面。未来发展方向包括加强人工智能和机器学习用于传染病态势感知和疾病监测；加强人工智能应用于基因组学和药物开发方面；建立特定监管条件下的人工智能自动化实验室；自动化推动精准农业技术发展等。

5. 人工智能的规范治理

人工智能技术与合成生物学等生物技术的结合在人类健康、化工、农业等行业展现出巨大潜力，提高了研发效率并带来了显著的经济影响。然而，这也可能引发更多的生物安全风险问题。具体而言，人工智能辅助合成生物学技术

可能被用于设计有害生物制剂，人工智能促进药物开发的同时可能被用于制备生物武器；个人健康数据和基因数据存在泄露风险；现有监管框架难以跟上人工智能技术的快速发展等。未来还需要通过技术、法规、伦理和社会等多方面的努力来确保其安全使用。要聚焦于加强生物防御战略部署，建立和完善法律法规以应对潜在的生物武器风险；制定和实施人工智能技术相关的伦理细则，建立合成生物产品监管机制；加强跨学科研究，提高算法的透明度与可解释性，确保数据隐私与安全；加强评估所有人工智能模型的能力，以增强防控化学、生物、放射性和核威胁的能力；推动国际合作与治理；重视相关领域人才培养等。

第四章　生 物 产 业

一、生物医药

（一）医药制造业

1. 工业指标变化

2023年，规模以上医药工业增加值约为1.3万亿元，实现营业收入29 552.5亿元，利润为4127.2亿元。这3项指标的增速首次出现负增长，同比分别下降5.2%、4%和16.2%，并分别低于全国工业整体增速的9.8个百分点、5.1个百分点和13.9个百分点。从全年的走势看，各指标整体呈现“W”形，一季度下降，二季度降幅缩小，三季度再次下降，四季度略有回升。

从近5年的情况来看（图4-1），营业收入和利润分别在2022年和2021年达到最高，出现疫情等异常事件的年份，可导致某些经济指标的增长率出现异常波动。比较2023年和2019年的营业收入与利润增长情况，可以发现与2019年相比，2023年的营业收入增长了13%，利润增长了19.4%，4年间的年均复合增长率分别为3.1%和4.5%，基本处于合理水平。这一趋势也说明了经济指标出现负增长的原因主要是上年度疫情防控产品销售导致的统计基数较高。排除疫情导致经济指标出现波动这一因素，产品降价、医药出口放缓等非疫情相关的因素也将持续影响未来一段时间内行业的发展。整体来看，行业整体增速下滑，企业经营分化严重。尽管多数企业仍保持稳健经营，然而2023年上市公司

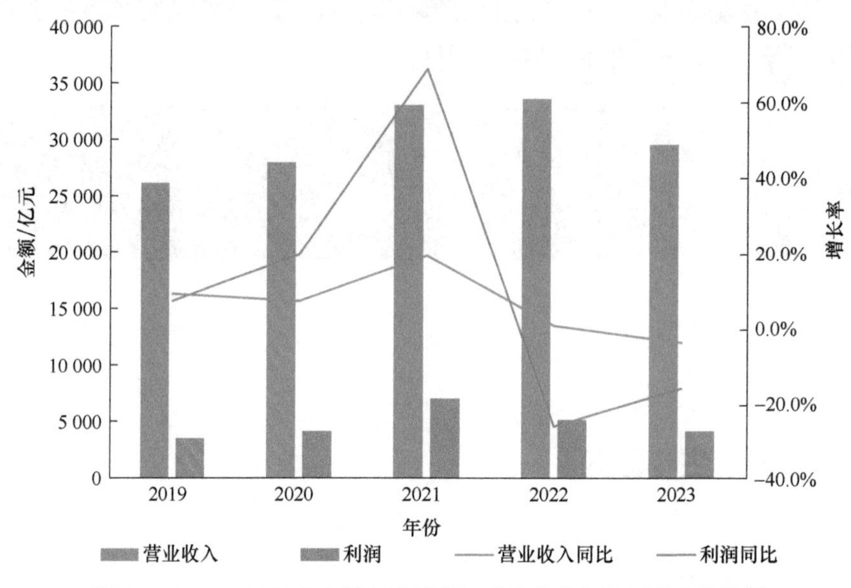

图 4-1　2019～2023 年规模以上医药工业营业收入和利润变化情况

（资料来源：《2019—2023年医药工业经济运行情况》）

三季报显示经营困难的企业正在增多。据统计，2023年近24.7%的规模以上企业亏损，同比增加14.%，亏损额同比增长15.6%。

具体到子行业，仅仅中药饮片、中成药行业的营业收入和利润保持正增长，其中中药饮片的走势最好，其营业收入和利润增速达到两位数。药用辅料及包装材料行业和制药专用设备行业的营业收入呈正增长，然而利润呈负增长。医疗仪器设备及器械、卫生材料及医药用品、生物制品、化学制药和化学原料药行业营业收入、利润均为负增长，其中卫生材料及医药用品、生物制品行业降幅最大（图4-2）。

2. 产业集群发展

生物医药产业呈现集群式发展的特点，美国、欧洲和东亚是全球生物医药产业高度发达的三大区域。其中美国在全球市场规模和技术创新上领跑全球，在波士顿和旧金山湾区聚集了顶尖医药企业，形成波士顿和旧金山湾区两大产业集群。在抗肿瘤、免疫类、抗感染类、疫苗、心血管、神经系统等药物领域，以及超声波设备、手术机器人、大型医疗设备等医疗器械的细分领域占据

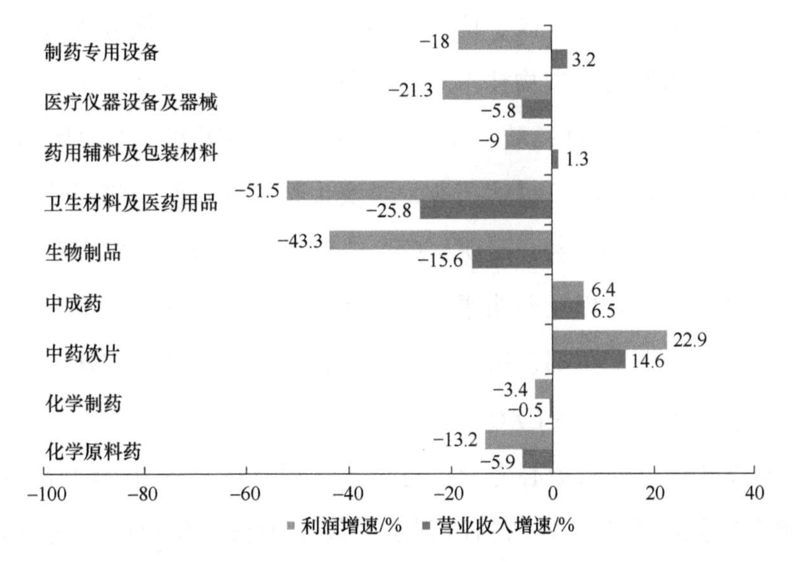

图 4-2 规模以上医药工业 2023 年子行业利润增速和营业收入增速情况

（资料来源：《2023年医药工业经济运行情况》）

优势地位，呈现全方位发展和创新的格局。

我国生物医药产业集群呈现从仿制追随到创新，医疗企业国产替代势头较好的局面。从优势领域来看，我国化学原料及制造、原料药、中药、医药中间体、医学影像、体外诊断、心血管器械等领域具有发展优势，双抗、ADC、基因与细胞治疗领域有望全球领先，在低价值医用耗材领域产能巨大，出口额较高。

从地理空间上看，我国已形成以长三角、环渤海、粤港澳大湾区等城市群为核心，特色产业园区零散分布为特征的产业格局。核心城市群依托其成熟的产业基础和发展要素，已经建立起了具有一定影响力的产业集群。在长三角地区多个城市共同发力，以上海和苏州为核心聚集区，南京、杭州、泰州、连云港、无锡、台州等特色集群多点分布，形成了在药物研制全领域和高精尖医疗耗材领域具有领先优势的发展模式。各城市之间形成了高效的协同合作，拥有相对丰富的创新资源，并吸引了众多高层次的科研人才，研发能力突出，势头强劲，并且具有较高水平的国际交流。代表性产业园区包括张江药谷、苏州生物医药产业园、苏州医疗器械科技产业园、南京生物医药谷、泰州中国医

药城、连云港经济技术开发区、杭州医药港。这些地区的优势领域涵盖生物创新药、原料药、仿制药、生物技术等药物研制全领域，以及微创、心血管、眼科、口腔等高值医用耗材领域。龙头企业包括恒瑞医药、上海医药、复兴医药、瀚森制药、信达生物、贝达药业、君实生物、和黄医药等制药企业，联影医疗、鱼跃医疗、迪安诊断、启明医疗、心脉医疗、微创医疗、东方生物、凯利泰等医疗器械企业，以及药明康德、皓元医药、美迪西、泰格医药、维亚生物、睿智化学、金斯瑞、都创医药、诺泰生物、药石科技、宝众宝达、亚太药业、九州药业、普洛药业等CXO企业。

环渤海以北京为创新中心力量，与天津、石家庄、济南、烟台等城市形成了创新能力较强的集群，其药物研制水平仅次于长三角地区。这一地区享有得天独厚的政策及审评审批优势，拥有丰富的科研资源和较强的基础研究能力。代表性产业园区包括大兴生物医药基地、中国北方医药城、石家庄高新技术产业开发区、济南高新区生命科学城。该地区的优势领域包括中成药、原料药、仿制药、新型疫苗、小分子创新药等药物研制全领域，以及体外诊断、低值医用耗材、数字化器械等。龙头企业涵盖了中国生物制药、百济神州、同仁堂、石药集团、以岭药业、齐鲁制药、天士力、神州细胞、荣昌生物等制药企业，九强生物、威高股份、新华医疗、九安医疗、乐普医疗、东软集团等医疗器械企业，以及康龙化成、凯莱英、迈拜瑞、昭衍新药、六合宁远、百诺医药等CXO［包括CRO、CDMO和合同定制生产机构（CMO）］企业。

粤港澳大湾区以广东深圳为核心，同时中山、珠海、东莞、佛山等城市加速布局发展。整体产业基础完备，生态链较完整，政策支持力度大，与港澳跨境资源对接利用，建立了国家干细胞资源库、散裂中子源、南方光源研究测试平台等资源网络。依托电子信息和装备制造等产业基础，该区医疗器械产值在全国名列前茅。典型产业园区包括广州国际生物岛、广州科学城、广州中新知识城、深证坪山生物医药创新产业园、珠海金湾生物医药产业园、中山国家健康基地。在双抗药物、细胞治疗等前沿研究领域取得领先进展。同时在化学仿制药和中药领域也有一定的实力；在医用诊查和监护、医用成像、康复器械，以及与电子信息和装备制造密切相关的医疗器械领域也处于领先地位。龙头企业包括东阳光、白云

山、丽珠集团、微芯生物、康方生物、信立泰、众生药业、香雪制药、百奥泰等制药企业，迈瑞医疗、万孚生物、达安基因、星普医科、理邦仪器、开立医疗、冠昊生物、乐心医疗、华大基因、菲鹏生物、先健科技等医疗仪器器械类企业，以及睿智医药、博济医药、莱佛士、星昊药业等CXO企业。

即使是非核心城市群，也凭借其当地发展基础和资源禀赋，逐渐形成了生物医药特色产业发展的区域。例如，长春在疫苗、基因治疗等重要领域有着显著的成就；武汉在重组蛋白药物、抗体药物、靶向化学药方面取得了突出进展；成都在中药、仿制药、生物技术、体外诊断等领域具备一定的竞争优势；昆明在民族药、天然药物、疫苗方面有着独特的发展特色；厦门则在疫苗、体外诊断等领域表现突出。

3. 产业政策变化

我国已成为全球第二大药品研发国，国内药企研发活力进一步增强，医药行业创新正实现由“新药”到“创新药”的飞跃，生命健康产业步入以创新引领产业发展的新阶段。从政策导向上看，产业政策进一步提升整体创新活力和质量水平。在药监制度方面，进一步提升监管现代化水平并与国际接轨。在集采方面，带量采购常态化推进，集采价格保持稳定，多措并举保障中选企业利益，确保药品正常供应。在药品审批方面，新规推出避免重复竞争，缩短药品上市时间，进一步推动企业源头创新的决心。在用药政策方面，多措并举，促进处方流转和扩大药品销售，促进临床合理用药，满足临床用药需求。在医疗巡视方面，强化公立医院党建和运行管理监督，不断加强医疗机构反腐，推动行业健康发展。在振兴本土医药产业方面，推动国产药品的加速落地，促进中医药产业发展。

1）在产业政策方面，2023年8月，国务院常务会议通过了《医疗装备产业高质量发展行动计划（2023—2025年）》和《医药工业高质量发展行动计划（2023—2025年）》，旨在为医药和医疗装备产业提供更加明确的发展方向和政策支持，以进一步提升产业的质量水平，促进技术创新和产业升级。此外，国务院部署推动新型工业化相关工作，要求提升产业链供应链韧性和安全水平、产业创新能力，促进数字技术与实体经济融合和工业绿色发展。随后，12月，

国家发展改革委发布了《产业结构调整指导目录（2024年本）》，其中在医药领域对鼓励发展的产品和技术进行了补充调整。这一举措有助于进一步激发医药产业的创新活力，推动医药行业朝着更加健康、可持续的方向发展。

2）在药监制度方面，2023年9月下旬，国家药品监督管理局成为药品检查合作计划（PIC/S）的正式申请者，未来国家药品监督管理局将进一步加强与PIC/S的沟通和合作，积极推进我国早日成为PIC/S正式成员，并以此为契机，持续完善我国药品检查制度和标准，不断健全药品检查质量管理体系，稳步推进检查员队伍建设，进一步促进医药行业生产和质量管理水平与国际接轨，提升我国药品监管现代化水平。

3）在药品集采方面，带量采购的常态化推动了公立医疗机构常用药品价格的下降，也让更多的患者受益于药价的降低。374个纳入国家集采的品种中，涉及了1135家企业的1645个产品，占据了公立医疗机构常用药品的30%。这一数字的增长进一步凸显了推动带量采购的积极性。同时，地方集采项目的增加进一步促进了品种的拓展，2023年新开展25个带量采购项目，覆盖范围也扩展到了中药、生物制品等领域，有效保障了医疗品种的多样性。药品和高值医用耗材集采的不断扩面也为医疗成本的控制提供了有效途径。第八批39种药品和第九批44个品种的平均价格降幅分别为56%和58%。此外，第四批国家组织的高值医用耗材集采也取得了显著成果，中选产品平均降价达到了70%左右，有效减轻了医疗机构和患者的负担。此外，年内启动了新一轮医保谈判和医保目录调整，通过谈判，121个药品被纳入医保目录，其中57个药品当年即获批当年即进入目录，超80%的新药在获批上市两年内能够纳入医保，截至2023年，医保目录药品数量已经突破3000种，其中国产药品超过430种。在续约规则上进一步优化，此外配套政策保障采购协议期满后平稳接续，“简易续约”缓解了医保目录中创新药持续降价的压力，本轮70%的品种实现了原价续约，使得集采价格能够保持稳定。此外，第九批中选产品执行期均到2027年12月31日，采购周期长达4年，为历次国采标期最长。并首次提出企业可组成联合体进行申报。省市级接续综合质量、产能、信用等多方面因素，坚持招采合一、量价挂钩，稳定当前价格，保障中选企业利益，确保药品正常供应。从前四批集采续约降幅

统计来看，半数品种基本维持国采价格，整体续约价格有小幅下降。

4）在审评审批方面，CDE先后发布了《药审中心加快创新药上市许可申请审评工作规范（试行）》《药品附条件批准上市申请审评审批工作程序（试行）（修订稿征求意见稿）》及多项技术指导原则，进一步优化审评流程并鼓励创新，引导企业减少同质化研发。其中规定某药品获附条件批准上市后，原则上不再同意其他同机制、同靶点、同适应证的同类药品开展相似的以附条件上市为目标的临床试验申请。附条件批准大大缩短了部分创新药审评时限和上市时间，新规后拿到附条件批准资格的药物先发优势明显，这将会进一步推动企业源头创新的决心，以走出重复竞争的怪圈。此外，国家药品监督管理局发布了《关于加强药品上市许可持有人委托生产监督管理工作的公告》，以加强对委托生产主体，特别是生物制品、中药注射剂、多组分生化药B证企业的质量监管。这将有助于规范药品生产过程，提高生产企业的管理水平和质量控制能力，进一步增强了医药品质监管的力度和效果，以保障患者用药安全。

5）在用药政策方面，国家卫生健康委等六部门联合制定了《第二批罕见病目录》和《第三批鼓励仿制药品目录》，推动鼓励仿制药品的研发和申报审评，以满足临床用药需求，维护罕见病患者的健康权益。此外，在优化药品管理方面，国家卫生健康委会同科技部、工业和信息化部与国家药监局制定了《第四批鼓励研发申报儿童药品清单》，覆盖神经系统用药、消化道和新陈代谢用药、抗肿瘤药及免疫调节剂等治疗领域。鼓励研发申报儿童药品，以满足儿童患者的特殊用药需求。为促进临床合理用药，国家卫生健康委发布了《第二批国家重点监控合理用药药品目录》，纳入了30个临床用量较大的品种。为推进职工医保门诊共济保障机制改革，国家医疗保障局发布了《关于进一步做好定点零售药店纳入门诊统筹管理的通知》，有助于促进医院处方流转和扩大零售药品销售。

6）在医疗反腐和医疗巡视上，2023年7月，国家卫生健康委等十部委联合印发了《关于开展全国医药领域腐败问题集中整治工作的指导意见》，开启了为期一年的全国医药领域腐败问题集中整治工作，聚焦医药领域生产、供应、销售、使用、报销等重点环节和“关键少数”，有助于净化行业环境和规范企业经营行为。2023年12月18日，国家卫生健康委、国家中医药管理局、国家

疾病预防控制局三部门联合颁布了《大型医院巡查工作方案（2023—2026年度）》，旨在加强对医疗机构的监管，提升医疗服务质量和行业规范化水平。该方案明确自2023年起至2026年10月底展开一轮全面的大型医院巡查，覆盖范围涵盖所有二级及以上的公立医院。巡查内容共分为15大类、69条具体要求，涵盖了医院管理的各个方面。前四轮巡查在强化公立医院党建工作、落实廉政主体责任等方面取得了显著成效，但随着医疗行业监管环境的变化，反腐败问题日益突出，成为当前医疗机构亟须解决的关键议题。第5轮巡查将着重关注医院的关键重点、专家管理、纪律与监督等方面的内容。具体来说，巡查将重点考察是否加强对"关键少数"人员和关键岗位的监督，以及医疗机构是否存在接受商业提成、参与欺诈骗保、实施过度诊疗、泄露患者隐私等违规行为的情况。这一系列举措旨在进一步规范医疗行业秩序，保障患者权益，确保医疗资源合理利用，促进医疗服务水平的持续提升。

7）在振兴本土医药产业方面，各地纷纷采取积极措施，以加速国产药品的落地，推动药品进院流程、健全"双通道"机制，加快创新药惠及患者的步伐。诸如北京的疾病诊断相关组（diagnosis related groups，DRG）除外支付、上海的多元支付机制、湖北的单独支付等，这些地方性医保支持政策的出台，有助于拓展创新药在临床应用中的范围。为助力中医药振兴发展，国家层面发布了《中医药振兴发展重大工程实施方案》，重点规划了中药质量提升及产业促进等关键工程，以加大对中医药发展的支持和促进力度。国家药品监督管理局也积极行动，制定了《关于进一步加强中药科学监管促进中药传承创新发展的若干措施》，旨在加强中药全产业链质量管理、建设有特色的中药科学监管体系。同时，《中药注册管理专门规定》的发布，进一步加强了对中药研制的指导，完善了中药注册管理体系，以促进中药新药的研制工作。

（二）药品流通行业

1. 国内流通

药品流通行业是国家医药卫生事业和健康产业的重要组成部分，是关系人民

健康和生命安全的重要行业。近年来，全国药品流通市场销售规模呈稳定上升之势。2018～2022年，全国七大类医药商品销售总额从20 016亿元增长到27 516亿元，仅2020年增速较低。2022年，全国七大类医药商品销售总额达27 516亿元，同比增长6.0%（图4-3）。其中，药品零售市场销售额为5990亿元，同比增长10.7%。药品批发市场销售额为21 526亿元，同比增长5.4%。

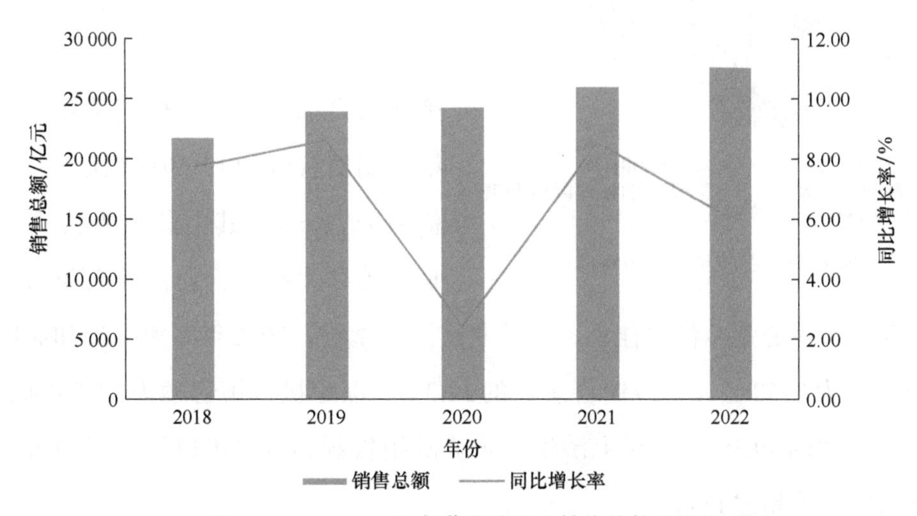

图 4-3　2018～2022 年药品流通业销售趋势及增速

（资料来源：商务部市场运行和消费促进司，《药品流通行业运行统计分析报告》）

药品流通行业产业链上游主要是药品及医疗器械的生产，主要包括西药类、中成药类、中药材类、医疗器材类、化学试剂类及玻璃仪器类等药品或医疗器械的生产。其中，西药类销售居主导地位，销售额占七大类医药商品销售总额的69%；中成药类居第二位，占比15%；第三位为医疗器材类，占9%；中药材类占比为2%；化学试剂类占比为1%；玻璃仪器类占比不足0.1%；其他类别占比为4%（图4-4）。

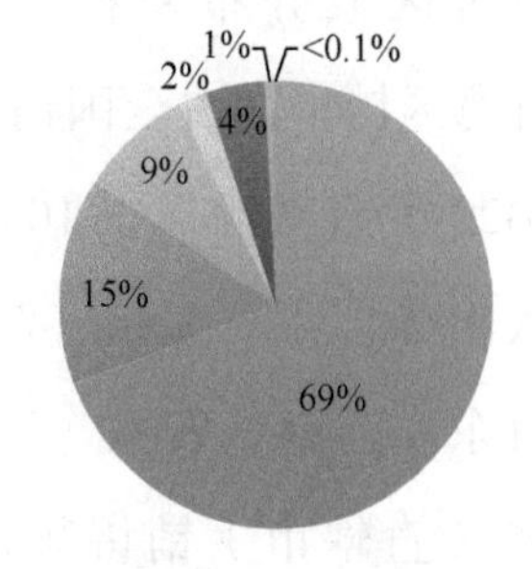

图 4-4　2022 年药品流通行业销售品类结构

药品流通行业产业链中下游主要是药品批发类企业、药品零售类企业（包含零售药店、医药电商等）、医疗机构

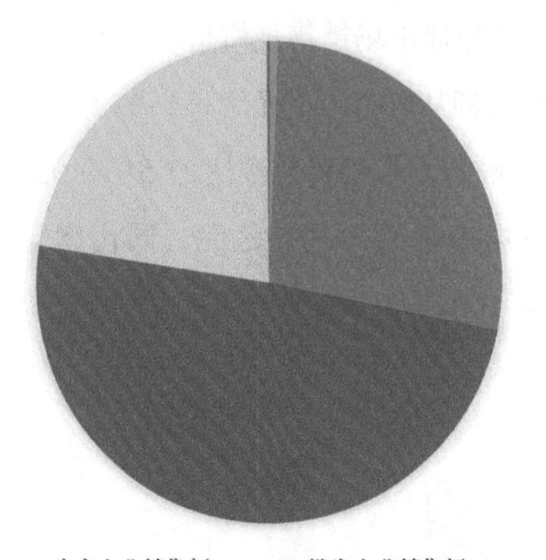

图 4-5　2022 年药品流通行业销售渠道占比

等。药品批发类重点企业主要有国药集团、上海医药、华润医药、重药控股、九州通医药、南京医药、广州医药及华东医药等。从销售渠道的角度（图4-5），2022年批发企业销售额为7616亿元，占2022年销售总额的27.6%。医疗机构和药品零售类企业直接面向终端病患或一般消费者，2022年终端销售额为19 691亿元，占销售总额的71.6%。其中药品零售重点企业主要有大参林、老百姓大药房、益丰大药房、一心堂、健之佳大药房及北京同仁堂等，2022年零售终端和居民零售销售额为6152亿元，占销售总额的22.3%。医疗机构销售额为13 539亿元，占销售总额的49.3%。而对上游生产企业的销售额和直接出口的销售额占销售总额的比例不超过1%。

从企业数量上来看，药品流通行业的企业数量近年来稳步增长。截至2022年底，全国共有"药品经营许可证"持证企业64.39万家。其中，批发企业1.39万家，较2017年增加近800家；零售连锁企业从5409家增加到6650家，下辖门店36万家；零售单体药店从22.45万家增加到26.33万家。

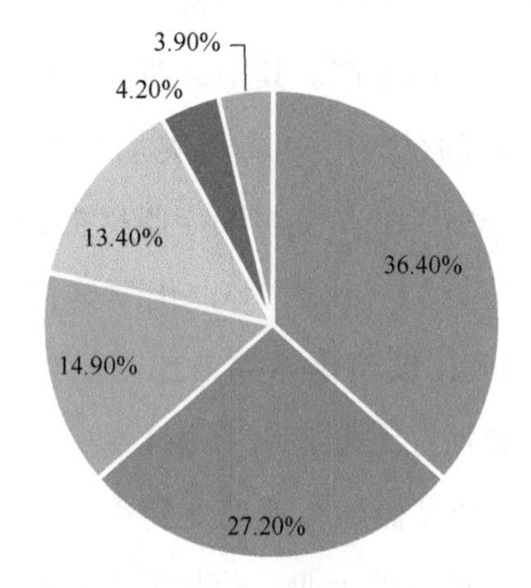

图 4-6　2022 年各区域销售额占比

从销售区域分布来看（图4-6），华东、中南地区销售额占全国销售额的一半以上。2022年销售额居前10位的省（直辖市）依次为广东、北京、江苏、上海、浙江、山东、河南、安徽、四川、湖北，前10位省（直辖市）销售额占全国销售总额的65.4%。

从发展趋势来看，药品批发企业城乡

供应网络持续完善，综合服务能力稳步增强，智慧医药供应链逐渐完善。数字技术在企业药品上市推广、仓储和运输管理、营销等方面持续发力。在药事服务能力方面，信息系统质量显著提升，推动组织药师培训、零售药店优化品类结构不断优化。院内物流管理精细化水平也不断提高，供应保障能力和药品流通效率持续提升。包括物联网、5G、大数据、云计算等先进医药物流信息化技术加速应用，持续提升订单智能管控体系、全流程自动化管理自动化水平，促进上下游医药企业信息互联互通，推动供应链协同能力不断健全发展。此外，零售企业不断加强医药电商业务，线上线下服务融合协动，服务内容和辐射半径显著扩大，资源整合、渠道优化和供需匹配能力不断增强，药品流通行业整体服务能力不断提升。

2. 产品进出口

（1）进出口总额

2023年，我国与全球医药产品的进出口贸易总额为1953.64亿美元，相较2022年同比下降了11.11%。其中，出口额为1020.55亿美元，同比下降了20.68%；而进口额为933.09亿美元，同比增长了2.4%。在具体品类方面，中药类的进出口总额为83.52亿美元，同比下降了1.96%。其中出口额为54.61亿美元，同比下降了3.32%；进口额为28.91亿美元，同比增长了0.7%。西药类的进出口总额为1038.83亿美元，同比下降了9.2%。其中出口额为510.70亿美元，同比下降了20.27%；进口额为528.13亿美元，同比增长了4.88%。医疗器械类的进出口总额为831.29亿美元，同比下降了14.18%。其中出口额为455.24亿美元，同比下降了22.8%；进口额为376.05亿美元，同比下降了0.77%（表4-1）[343]。

343 吴研．2023年医药出口下降趋缓［N］．医药经济报，2024-02-02.

表4-1 2023年我国医药产品进出口数据

品类	进出口		出口		进口	
	金额/亿美元	同比/%	金额/亿美元	同比/%	金额/亿美元	同比/%
合计	1953.64	−11.11	1020.55	−20.68	933.09	2.4
中药类	83.52	−1.96	54.61	−3.32	28.91	0.7
西药类	1038.83	−9.2	510.70	−20.27	528.13	4.88
医疗器械类	831.29	−14.18	455.24	−22.8	376.05	−0.77

资料来源：中国医药保健品进出口商会根据中国海关数据统计，下同

（2）重点产品进出口额

1）中药类。2023年，我国中药类产品的进出口情况（表4-2）显示，出口额为54.61亿美元，同比下降了3.32%，而进口额为28.91亿美元，同比增长了0.7%。在中药类产品的细分市场中，提取物的出口额为32.59亿美元，同比下降了6.54%，进口额为6.84亿美元，同比下降了12.54%；中成药的出口额为3.39亿美元，同比下降了10.24%，进口额为4.24亿美元，同比下降了0.94%；中药材及饮片的出口额为13.2亿美元，同比下降了5.85%，进口额为6.22亿美元，同比增长了2.24%；保健品的出口额为5.43亿美元，同比增长了42.17%，进口额为11.61亿美元，同比增长了10.33%。

表4-2 2023年我国中药类产品进出口情况

品类	出口		进口	
	出口额/亿美元	同比/%	进口额/亿美元	同比/%
中药类	54.61	−3.32	28.91	0.7
提取物	32.59	−6.54	6.84	−12.54
中成药	3.39	−10.24	4.24	−0.94
中药材及饮片	13.2	−5.85	6.22	2.24
保健品	5.43	42.17	11.61	10.33

2）西药类。2023年，我国西药类产品的进出口情况（表4-3）显示，出口额为510.70亿美元，同比下降了20.27%，而进口额为528.13亿美元，同比增长了4.88%。在西药类产品的细分市场中，西药原料的出口额为409.09亿美元，同比下降了20.66%，进口额为100.22亿美元，同比下降了1.5%；西成药的出

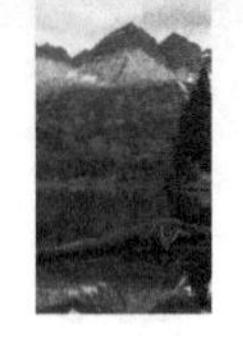

口额为63.13亿美元，同比下降了4.01%，进口额为245.45亿美元，同比增长了7.48%；生化药的出口额为38.48亿美元，同比下降了34.97%，进口额为182.46亿美元，同比增长了5.2%。

表4-3 2023年我国西药类产品进出口情况

品类	出口		进口	
	出口额/亿美元	同比/%	进口额/亿美元	同比/%
西药类	510.70	−20.27	528.13	4.88
西药原料	409.09	−20.66	100.22	−1.5
西成药	63.13	−4.01	245.45	7.48
生化药	38.48	−34.97	182.46	5.2

3）医疗器械类。2023年，我国医疗器械类产品的进出口情况（表4-4）显示，出口额为455.24亿美元，同比下降了22.8%，而进口额为376.05亿美元，同比下降了0.77%。在医疗器械类产品的细分市场中，医用敷料的出口额为40.02亿美元，同比下降了43.95%，进口额为5.57亿美元，同比下降了8.47%；一次性耗材的出口额为92.36亿美元，同比下降了4.03%，进口额为40.35亿美元，同比下降了10.09%；医院诊断与治疗设备的出口额为208.96亿美元，同比下降了31.25%，进口额为298.94亿美元，同比下降了0.09%；保健康复用品的出口额为94.36亿美元，同比下降了5.08%，进口额为16.89亿美元，同比增长了0.63%；口腔设备与材料的出口额为19.54亿美元，同比增长了4.67%，进口额为14.3亿美元，同比增长了18.92%。

表4-4 2023年我国医疗器械类产品进出口情况

品类	出口		进口	
	出口额/亿美元	同比/%	进口额/亿美元	同比/%
医疗器械类	455.24	−22.8	376.05	−0.77
医用敷料	40.02	−43.95	5.57	−8.47
一次性耗材	92.36	−4.03	40.35	−10.09
医院诊断与治疗设备	208.96	−31.25	298.94	−0.09
保健康复用品	94.36	−5.08	16.89	0.63
口腔设备与材料	19.54	4.67	14.3	18.92

（3）进口来源国和出口目的地

1）“一带一路”。2023年，我国在“一带一路”市场的医药保健品进出口总额为526.97亿美元，同比下降了10.98%。其中，出口额为381.61亿美元，同比下降了13.84%，而进口额为145.36亿美元，同比下降了2.49%。在具体品类方面，中药类的进出口总额为34.35亿美元，同比下降了1.78%。其中出口额为18.64亿美元，同比下降了2.21%；进口额为15.71亿美元，同比下降了1.28%。西药类的进出口总额为263.47亿美元，同比下降了12.76%。其中出口额为189.88亿美元，同比下降了17.19%；进口额为73.59亿美元，同比增长了1.23%。医疗器械类的进出口总额为229.15亿美元，同比下降了10.14%。其中出口额为173.09亿美元，同比下降了11.02%；进口额为56.06亿美元，同比下降了7.28%（表4-5）。

表4-5　2023年我国在“一带一路”市场医药保健品进出口情况

品类	进出口		出口		进口	
	金额/亿美元	同比/%	金额/亿美元	同比/%	金额/亿美元	同比/%
合计	526.97	−10.98	381.61	−13.84	145.36	−2.49
中药类	34.35	−1.78	18.64	−2.21	15.71	−1.28
西药类	263.47	−12.76	189.88	−17.19	73.59	1.23
医疗器械类	229.15	−10.14	173.09	−11.02	56.06	−7.28

2023年，我国医药产品对“一带一路”沿线国家前十大市场的出口情况（表4-6）显示，韩国以38.23亿美元的出口额位居榜首，但同比下降了16.27%，占比达到10.02%。俄罗斯和越南分别以31.91亿美元和23.33亿美元位列第二、三位，出口额分别同比减少2.89%和12.88%。意大利至土耳其的其余市场出口额介于14.07亿和21.24亿美元之间，整体呈现出不同程度的负增长，仅土耳其出口额与前年持平。这些国家合计占我国医药产品对“一带一路”区域出口的一半以上份额，显示出该区域市场的重要性和面临的挑战。

表4-6　2023年我国医药产品对“一带一路”沿线国家前十大市场出口情况

国家	出口额/亿美元	同比/%	占比/%
韩国	38.23	−16.27	10.02
俄罗斯	31.91	−2.89	8.36

续表

国家	出口额/亿美元	同比/%	占比/%
越南	23.33	−12.88	6.11
意大利	21.24	−21.38	5.57
泰国	20.01	−20.66	5.24
印度尼西亚	18.85	−18.15	4.94
新加坡	15.74	−13.52	4.12
马来西亚	15.17	−14.57	3.98
菲律宾	14.51	−13.51	3.80
土耳其	14.07	0.00	3.69

2）《区域全面经济伙伴关系协定》（RCEP）。2023年，我国在RCEP市场的医药保健品进出口总额为367.15亿美元，同比下降了16.86%。其中，出口额为232.62亿美元，同比下降了19.63%；而进口额为134.53亿美元，同比下降了11.57%。在具体品类方面，中药类的进出口总额为33.02亿美元，同比下降了0.93%。其中出口额为19.33亿美元，同比下降了3.08%，进口额为13.68亿美元，同比增长了2.27%。西药类的进出口总额为155.84亿美元，同比下降了14.82%。其中出口额为107.31亿美元，同比下降了14.73%；进口额为48.53亿美元，同比下降了15.01%。医疗器械类的进出口总额为178.29亿美元，同比下降了20.86%。其中出口额为105.98亿美元，同比下降了26.22%；进口额为72.32亿美元，同比下降了11.44%（表4-7）。

表4-7 2023年我国在RCEP市场医药保健品进出口情况统计

品类	进出口		出口		进口	
	金额/亿美元	同比/%	金额/亿美元	同比/%	金额/亿美元	同比/%
合计	367.15	−16.86	232.62	−19.63	134.53	−11.57
中药类	33.02	−0.93	19.33	−3.08	13.68	2.27
西药类	155.84	−14.82	107.31	−14.73	48.53	−15.01
医疗器械类	178.29	−20.86	105.98	−26.22	72.32	−11.44

2023年，我国医药产品对RCEP成员国的出口总额中，日本以57.45亿美元位居首位，占比24.70%，但同比下降了19.16%。韩国以38.23亿美元的出口额

紧随其后，占比16.43%，同比下降了16.27%。越南、澳大利亚、泰国、印度尼西亚、新加坡、马来西亚、菲律宾和缅甸分列第三位至第十位，出口额分别为23.33亿美元、21.26亿美元、20.01亿美元、18.85亿美元、15.74亿美元、15.17亿美元、14.51亿美元和3.18亿美元，同比变化分别为−12.88%、−36.06%、−20.66%、−18.15%、−13.52%、−14.57%、−13.51%和−16.51%，占比分别为10.03%、9.14%、8.60%、8.10%、6.77%、6.52%、6.24%和1.37%（表4-8）。

表4-8　2023年我国医药产品对RCEP成员国前十大市场出口情况

国家	出口额/亿美元	同比/%	占比/%
日本	57.45	−19.16	24.70
韩国	38.23	−16.27	16.43
越南	23.33	−12.88	10.03
澳大利亚	21.26	−36.06	9.14
泰国	20.01	−20.66	8.60
印度尼西亚	18.85	−18.15	8.10
新加坡	15.74	−13.52	6.77
马来西亚	15.17	−14.57	6.52
菲律宾	14.51	−13.51	6.24
缅甸	3.18	−16.51	1.37

3）欧盟。2023年，我国在欧盟市场的医药保健品进出口总额为663.2亿美元，同比下降了6.08%。其中，出口额为207.51亿美元，同比下降了28.06%；而进口额为455.69亿美元，同比增长了9.1%。在具体品类方面，中药类的进出口总额为9.5亿美元，同比下降了11.03%。其中出口额为6.31亿美元，同比下降了17.42%；进口额为3.19亿美元，同比增长了5.03%。西药类的进出口总额为443.29亿美元，同比下降了2.05%。其中出口额为120.82亿美元，同比下降了26.3%；进口额为322.47亿美元，同比增长了11.71%。医疗器械类的进出口总额为210.41亿美元，同比下降了13.36%。其中出口额为80.38亿美元，同比下降了31.23%；进口额为130.03亿美元，同比增长了3.22%（表4-9）。

表4-9 2023年我国在欧盟市场的医药保健品进出口情况

品类	进出口		出口		进口	
	金额/亿美元	同比/%	金额/亿美元	同比/%	金额/亿美元	同比/%
合计	663.2	−6.08	207.51	−28.06	455.69	9.1
中药类	9.5	−11.03	6.31	−17.42	3.19	5.03
西药类	443.29	−2.05	120.82	−26.3	322.47	11.71
医疗器械类	210.41	−13.36	80.38	−31.23	130.03	3.22

2023年，我国医药产品对欧盟的出口额整体呈现下降趋势。在前十大市场中（表4-10），德国以46.00亿美元的出口额位居首位，但同比2022年下降了40.86%，占总出口额的22.17%。荷兰和意大利分别以33.04亿美元和21.24亿美元位列第二和第三，但同比分别下降了18.40%和21.38%，分别占总出口额的15.92%和10.24%。法国、比利时、西班牙、波兰、爱尔兰、丹麦和奥地利的出口额也有所下降，分别占总出口额的9.65%、8.38%、7.96%、5.48%、4.22%、3.67%和1.86%。

表4-10 2023年我国医药产品对欧盟前十大市场的出口情况

国家	出口额/亿美元	同比/%	占比/%
德国	46.00	−40.86	22.17
荷兰	33.04	−18.40	15.92
意大利	21.24	−21.38	10.24
法国	20.03	−27.27	9.65
比利时	17.39	−41.87	8.38
西班牙	16.52	−22.09	7.96
波兰	11.38	−11.05	5.48
爱尔兰	8.76	−2.04	4.22
丹麦	7.62	−27.75	3.67
奥地利	3.86	−33.06	1.86

4）美国。2023年，我国在美国市场的医药保健品进出口总额为327.92亿美元，同比下降了12.3%。其中，出口额为170.61亿美元，同比下降了19.47%；而进口额为157.31亿美元，同比下降了2.91%。在具体品类方面，中药类的进出口总额为8.57亿美元，同比下降了15.4%。其中出口额为6.56亿美元，同比

下降了22.48%；进口额为2.01亿美元，同比增长了20.56%。西药类的进出口总额为119.53亿美元，同比下降了13.28%。其中出口额为56.46亿美元，同比下降了19.71%；进口额为63.07亿美元，同比下降了6.58%。医疗器械类的进出口总额为199.82亿美元，同比下降了11.56%。其中出口额为107.59亿美元，同比下降了19.16%；进口额为92.23亿美元，同比下降了0.66%（表4-11）。

表4-11　2023年我国在美国市场的医药保健品进出口情况

品类	进出口		出口		进口	
	金额/亿美元	同比/%	金额/亿美元	同比/%	金额/亿美元	同比/%
合计	327.92	−12.3	170.61	−19.47	157.31	−2.91
中药类	8.57	−15.4	6.56	−22.48	2.01	20.56
西药类	119.53	−13.28	56.46	−19.71	63.07	−6.58
医疗器械类	199.82	−11.56	107.59	−19.16	92.23	−0.66

5）东盟。2023年，我国在东盟市场的医药保健品进出口总额为161.36亿美元，同比下降了17.91%。其中出口额为113.08亿美元，同比下降了15.79%；而进口额为48.28亿美元，同比下降了22.47%。在具体品类方面，中药类的进出口总额为20.23亿美元，同比下降了3.95%。其中出口额为8.94亿美元，同比下降了10.86%；进口额为11.29亿美元，同比增长了2.33%。西药类的进出口总额为67.06亿美元，同比下降了19.6%。其中出口额为52.55亿美元，同比下降了13.68%；进口额为14.51亿美元，同比下降了35.61%。医疗器械类的进出口总额为74.07亿美元，同比下降了19.56%。其中出口额为51.59亿美元，同比下降了18.61%；进口额为22.48亿美元，同比下降了21.68%（表4-12）。

表4-12　2023年我国在东盟市场的医药保健品进出口情况

品类	进出口		出口		进口	
	金额/亿美元	同比/%	金额/亿美元	同比/%	金额/亿美元	同比/%
合计	161.36	−17.91	113.08	−15.79	48.28	−22.47
中药类	20.23	−3.95	8.94	−10.86	11.29	2.33
西药类	67.06	−19.6	52.55	−13.68	14.51	−35.61
医疗器械类	74.07	−19.56	51.59	−18.61	22.48	−21.68

2023年，我国医药产品对东盟市场的出口总额为113.08亿美元，同比下降了15.79%。在前十大出口市场中（表4-13），越南以23.33亿美元的出口额位居首位，但同比减少了12.88%，占总出口额的20.63%。泰国以20.01亿美元的出口额位列第二，同比减少了20.66%，占比为17.70%。印度尼西亚、新加坡、马来西亚、菲律宾、缅甸、柬埔寨、老挝和文莱依次位列第三至第十，出口额分别为18.85亿美元、15.74亿美元、15.17亿美元、14.51亿美元、3.18亿美元、1.77亿美元、0.40亿美元和0.12亿美元，占比分别为16.67%、13.92%、13.42%、12.83%、2.81%、1.57%、0.35%和0.11%。除老挝同比增长了6.94%以外，印度尼西亚、新加坡、马来西亚、菲律宾、缅甸、柬埔寨和文莱分别下降了18.15%、13.52%、14.57%、13.51%、16.51%、13.29%和61.13%。

表4-13　2023年我国医药产品对东盟前十大市场出口情况

国家	出口额/亿美元	同比/%	占比/%
越南	23.33	−12.88	20.63
泰国	20.01	−20.66	17.70
印度尼西亚	18.85	−18.15	16.67
新加坡	15.74	−13.52	13.92
马来西亚	15.17	−14.57	13.42
菲律宾	14.51	−13.51	12.83
缅甸	3.18	−16.51	2.81
柬埔寨	1.77	−13.29	1.57
老挝	0.40	6.94	0.35
文莱	0.12	−61.13	0.11

资料来源：海关数据

（三）医药服务业

1. 合同研发外包

（1）CRO市场总体概况

近年来，全球及中国CRO市场规模逐渐增长（图4-7）。在全球临床合同研发外包服务（CRO）市场，头部企业占据了很高的市场份额，集中度较高。主要

头部企业包括美国IQVIA、爱尔兰ICON、美国PPD（Thermo Fisher子公司）、美国LabCorp、美国Syneos Health等，根据2022年年报和市场数据，这5家公司的全球市场份额合计约为65.4%，在北美市场，这5家公司的合计市场份额约为73.3%，头部企业通过多年积累的经验和资源，保持了市场的主导地位，能够有效应对新药研发的高风险和高成本。海外临床CRO市场发展较早，始于20世纪90年代初，市场已经历过多次整合。在监管方面，以美国FDA为主导的药监体系为行业标杆，新药研发监管要求比较严格。由于海外新药研发风险大、周期长、成本高，因此临床CRO企业通过完善的标准操作规程（standard operating procedure，SOP）体系、丰富的项目经验，以及兼具效率和成本优势，为药企最大程度赋能。

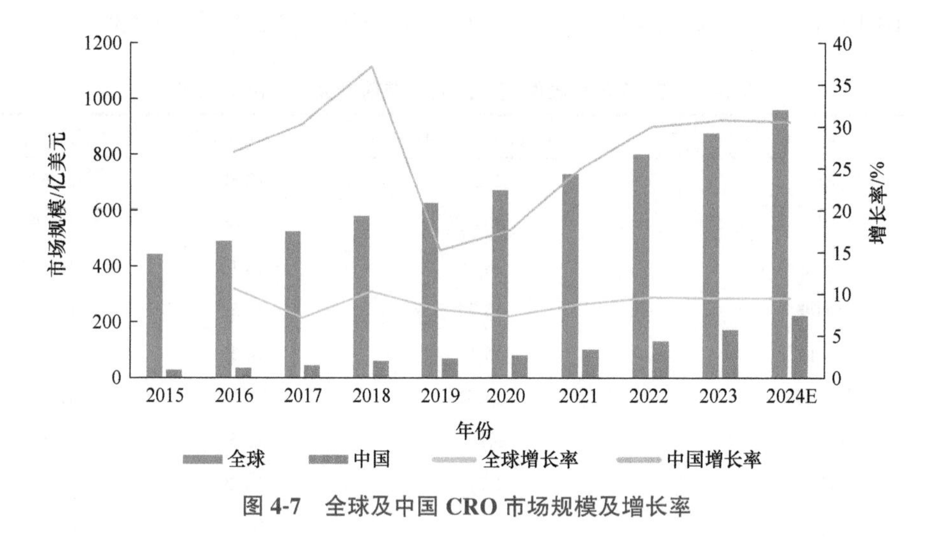

图4-7 全球及中国CRO市场规模及增长率

（资料来源：Frost&Sullivan，东吴证券研究所）

对比来看，国内临床CRO市场出现于21世纪初，发展时间较短，同时药物审评审批政策改革自2015年开始以来仍处于政策上不断优化的阶段，集中度仍待提高。根据泰格医药2022年年报，泰格医药在国内市场的占比为13.6%（按照中国人类遗传资源管理办公室备案项目口径），位居第一。其他较大规模的企业如诺思格、康德弘翼、康龙临床、昆翎医药等在国内市场的占比约为12%。随着国内药监政策体系的完善，以及药监机构对新药数据质量要求的提升，国内临床CRO市场集中度将显著提升。国内临床CRO企业有望通过提升自身的研发能力和服务质量，逐步占据更多市场份额。

（2）中美两国CRO发展各具特点和优势

CRO在全球范围内都有重要的影响力，其中中美两国在这一领域的发展各有特点和优势。在市场规模和发展速度方面，美国是全球最大的CRO市场，拥有丰富的医疗资源和先进的技术。并且美国的CRO行业起步较早，市场相对成熟，拥有大量的经验和技术积累。此外，美国的法规和伦理审查体系完善，临床试验标准高。中国的CRO市场正在快速增长，成为全球CRO行业的重要新兴市场。对比而言，我国政府对生物医药产业的大力支持，推动了CRO行业的发展，随着国内制药企业的快速发展和国际化需求的增加，CRO行业有巨大的市场潜力。

在成本和效率方面，临床试验和研发成本较高，包括人力成本、实验设施费用等。由于技术和管理水平高，临床试验的质量和效率也较高。而我国借助相对较低的劳动力成本和运营费用，成为吸引国际制药公司外包临床试验的热门地点。随着基础设施的改善和专业人才的增加，中国CRO的效率和服务质量不断提升。

在法规环境方面，美国FDA有严格的法规和审查程序，对药物研发和临床试验的各个环节进行严格监管，法规体系完善，确保了临床试验的高标准和可靠性。而我国国家药品监督管理局（NMPA）近年来加快了改革步伐，逐步与国际标准接轨。尽管我国的法规体系在不断完善，但与美国相比，仍存在一些差距和改进空间。

在技术和创新方面，美国拥有先进的技术和强大的研发能力，CRO公司在数据管理、统计分析和新药开发等方面具备领先优势，创新药物和生物技术的研发能力强，吸引了大量的全球投资。而我国科研水平不断提升，CRO公司在数据管理、临床试验设计和执行等方面取得了显著进展。越来越多的中国CRO公司开始采用先进的技术手段，如人工智能和大数据分析，提升了创新能力。

在合作与全球化方面，美国CRO公司在全球范围内有广泛的合作网络，能够为国际制药公司提供全面的服务，具有丰富的国际项目管理经验。而我国越来越多的本土CRO公司开始拓展国际市场，与欧美等地的制药企业建立合作关系。随着全球化进程加快，国内企业逐渐积累了国际项目经验。

总体而言，美国CRO公司在技术、经验和市场成熟度上具有明显优势，而中国CRO公司则在成本、市场潜力和发展速度方面表现突出。两国的CRO公司各具特色，并在全球生物医药研发中扮演着重要角色。

（3）AI科技促进CRO创新转型

近年来，国内CRO行业呈现出与AI科技公司频繁合作的趋势，以应对日益激烈的市场竞争并提升创新能力。CRO公司如维亚生物、成都先导、合全药业、皓元医药、美迪西、泓博医药和泰格医药等，与AI科技公司合作的领域涵盖了从靶点研究到临床试验的各个阶段（表4-14）。这些合作不仅反映了CRO巨头对AI技术在药物研发过程中降本增效作用的认可，同时也为科技公司提供了技术验证和价值转化的机会。在降低成本方面，AI技术可以通过优化实验设计、加速数据分析和预测潜在药物的效果，显著降低研发成本。在提高效率方面，AI技术能够处理和分析大量的生物医学数据，从而加快药物研发的进程。例如，通过机器学习算法，可以更快速地识别和验证药物靶点，筛选化合物并优化临床试验设计。在增强竞争力方面，面对CRO市场激烈的竞争，AI技术能够快速响应客户需求和提供高效解决方案，这是取得竞争优势的关键，其应用可以帮助CRO公司更灵活地应对市场变化和客户需求，从而保持领先地位。在技术验证与创新方面，AI科技公司与CRO的合作不仅是技术验证的良机，也是将技术转化为商业价值的途径，通过与CRO公司合作，AI公司可以不断优化其算法和模型，提高其在药物研发中的应用效果。总体来说，CRO公司与AI科技公司的合作，不仅推动了药物研发效率的提升和成本的降低，也为双方创造了新的商业机会。在未来，随着AI技术的进一步发展和应用，这种合作模式有望在更广泛的领域内取得更加显著的成果。

表4-14　重点CRO公司与AI科技公司的合作

公司	合作方	内容
维亚生物	阿尔脉生物	为客户提供以AI为基础的新一代DNA编码化合物库筛选技术平台，用以筛选肿瘤、中枢神经、自身免疫等疾病领域的一系列特定靶点的先导化合物
	Schrödinger	基于维亚生物晶体结构解析、表达方面的优势，结合Schrödinger在识别药物靶点及计算化学领域的丰富经验，共同研究过去未被攻克的靶点结构
	百图生科（百度旗下）	基于百图生科的AI+生物计算引擎，与维亚生物基于结构的综合性新药发现平台技术互补，推进生物创新药研发设计
	智峪生科	基于维亚生物的临床前新药开发能力，结合智峪生科基于AI的蛋白质结构计算、分子筛选设计及分子动力学模拟和自由能微扰，探索创新药物开发新途径

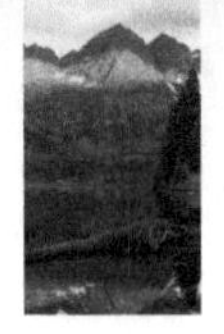

续表

公司	合作方	内容
成都先导	Oncodesign	成都先导将应用其强大的DNA编码库（DNA-encoded library，DEL）技术平台及其大量结构新颖、具有多样性和类药性的小分子化合物DEL，Oncodesign将通过其DRIVE-for small molecules平台进行创新过程
	Cambridge Molecular	在成都先导世界领先的DEL技术平台上，引入Cambridge Molecular为DEL高度优化的深度机器学习系统DeepDELve 2
	标智未来	在自动化高通量合成技术的开发与应用、项目的承接与交付、新型化合物库的设计与建设等方面开展深度合作
合全药业	英矽智能	合作开发ISM001-055（全球首个由AI发现的具有全新靶点和全新分子结构的候选药物，处在临床Ⅰ期阶段），2022年在此基础上，进一步拓展双方合作的深度和宽度
皓元医药	德睿智药	结合化药研发技术及人工智能搭建一站式化合物合成路线预测和推荐平台，希望借助化学合成大数据与人工智能算法以提高化合物合成的效率、经济性和准确性
	英矽智能	双方就创新药小分子化合物定制服务业务、全职当量（full-time equivalent，FTE）业务、化学成分、生产与控制（chemistry manufacturing & control，CMC）业务、CDMO业务、合成样品库业务等开展深度合作
美迪西	德睿智药	德睿智药特有Molecule Dance与Molecule Pro人工智能药物研发平台。双方基于在药物研发和人工智能的资源与优势，为肿瘤领域first-in-class药物的研发提供更为精准、经济和高效的服务
	苏州朗睿	朗睿将依托KINET人工智能新药研发平台，提供AI技术的新药研发服务，助力快速产生安全、有效的FIC（first-in-class）/BIC（best in class）临床候选化合物
	英飞智药	基于美迪西一站式生物医药临床前研发服务平台，结合英飞智药的PharmaMind和TopTargets平台，为新药研发的关键环节降本增效
泓博医药	阿里云、深势科技	深势科技Hermite平台加阿里云高性能计算集群，提升泓博医药的分子模拟效率，降低合成成本，减少定制合成的等待时间，管线推进到临床前候选化合物的时间缩短了一半
泰格医药	华为云	华为云将发挥在AI、大数据、高性能算力等方面的技术优势和生态能力，依托多年数字化转型实践经验，推动泰格医药在数据治理、本地业务上云、真实世界研究等项目上的创新

资料来源：各公司公众号及太平洋研究院

2. 合同生产外包

（1）CMO服务推动药品商业化进程

合同定制生产机构（CMO）服务凭借其高效率、低成本和低风险的优势，已经成为药物从实验室走向商业化的重要推动力。在资金、技术、客户、质量管理等方面的高壁垒阻碍了潜在竞争者进入市场，行业内的优质CMO企业具备较强的

议价能力，在提供定制化服务方面，通过提供个性化的生产解决方案来提高客户满意度和忠诚度。在提升技术水平方面，不断进行技术创新和工艺优化，提高生产效率和产品质量。在优化供应链管理方面，通过建立高效的供应链管理体系，降低生产成本，提高响应速度。并通过并购和战略合作，扩大市场份额和业务范围。

随着竞争加剧和市场需求多样化，CMO行业的发展逐渐向上游CRO领域延伸。例如，扩展至药物研发和临床试验阶段，以提供一站式服务，以及整合CRO和CMO服务，以提升整体服务能力和客户黏性等。此外，CMO行业向高技术附加的CDMO领域优化。例如，结合研发和生产优势，提供从药物研发、工艺开发到商业化生产的全流程服务。另外，开发高技术含量的药物生产工艺，如生物制药、基因治疗药物等，提高技术壁垒和竞争优势，不断提升自身竞争力和市场地位。

（2）生物药物CMO驱动CMO行业发展

随着医药市场的扩展、药物结构的复杂化及专利悬崖的影响，全球CMO行业正快速发展。特别是孤儿药物（如针对罕见病的药物）的蓬勃兴起，进一步推动了CMO市场的增长。

生物药物，如单克隆抗体、重组蛋白、疫苗和细胞治疗产品等，近年来取得了显著的增长。这些复杂的药物类型对制造工艺和质量控制有更高的要求，推动了制药公司寻求专业的CMO合作伙伴来满足生产需求。生物药物通常面临研发成本和复杂性的增加，如其生产需要高水平的专业技术和先进的生产设备，导致中小型企业缺乏足够的资源和技术来进行大规模生产，进而依赖CMO来提供从研发到商业化生产的一站式服务。由于医药研发难度加大，研发成本迅速增加，制药企业更倾向于高效率、专业化的外包服务。在生物药物激烈市场竞争环境下，专业化的CMO公司在生物药物的制造生产方面具有独特的优势，其拥有先进的生产设施和专业的技术团队，能够提供高质量的生产服务，确保药品的安全性和有效性。与CMO合作可以加快生产进程，缩短上市时间，帮助制药公司尽快将产品推向市场，进而取得竞争优势。

（3）中美CMO产业各具特点

中美两国的CMO产业在发展历程、市场规模、技术水平和竞争优势等方面

存在一些显著的差异和特点。美国的CMO产业起步较早，市场已经非常成熟和规范，在生物技术和制药工艺方面处于全球领先地位，拥有众多领先的CMO企业，如Lonza、Catalent、Thermo Fisher等，这些企业在全球范围内具有领先地位和广泛的客户基础。这些企业在技术创新和新药开发方面持续投入，保持竞争优势。在法规方面，美国食品药品监督管理局（FDA）的严格监管同时也确保了高标准的质量控制和生产工艺。

我国的CMO市场规模正在迅速扩大，预计将继续保持高增长率。由于国内制药企业对CMO服务的需求增加，特别是在仿制药和生物药物领域，我国CMO在满足本土化需求方面具有重要的作用，能够快速响应国内市场需求，提供灵活的生产解决方案。代表性企业如药明康德、九洲药业、凯莱英等，这些企业在国内外市场上都具有一定的影响力。并且越来越多的中国CMO企业通过并购和合作等方式拓展国际市场。此外，我国的CMO企业近年来在技术水平上有了显著提升，但整体上与美国还有一定的差距。我国CMO企业不断加大在研发和先进生产技术上的投入，以提升竞争力。

（四）创新产品

1. 药品

（1）批准上市情况

从药品上市情况来看，2023年全年共上市2179个药品，同比增长49%，其增长主要来源于国产药品批准数量的增加：2023年，国产药品上市1348个，进口831个，而2022年国产药品上市659个，进口药品804个。从批准上市的药品类型来看主要分为三大类，分别是化学药1798件、中药317件和生物制品92件。

值得关注的是2023年全年批准上市1类创新药40款品种（其中4款创新药上市许可持有人为外资企业），包括5款中药、16款生物制品和19款化学药，相比2022年，创新药批准上市数量几乎翻倍。从加速方式来看（图4-8），22.50%通

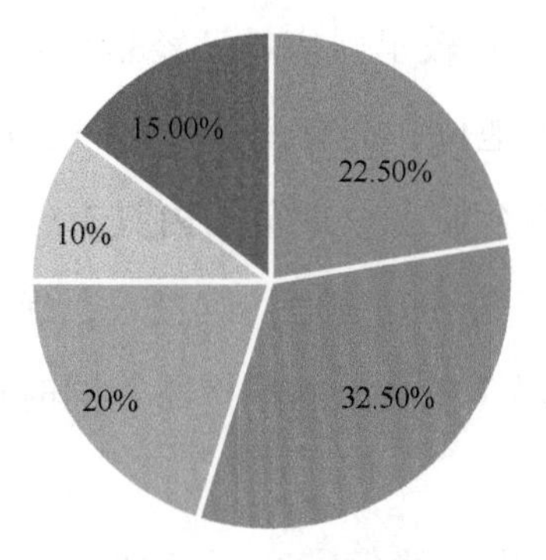

图 4-8　2023 年上市 1 类创新药的加速方式分类

（资料来源：国家药品监督管理局药品审评中心，《2023年度药品审评报告》）

过优先审评审批程序批准上市，32.50%为附条件批准上市，20%在临床研究阶段纳入了突破性治疗药物程序，10%通过特别审批程序批准上市。从适应证来看，抗肿瘤仍然是最为集中的领域，40款1类创新药品中，共有15款产品的适应证聚集于抗肿瘤领域，包括用于转移性非小细胞肺癌成人患者的一线治疗药物，以及用于治疗复发或难治性淋巴瘤、宫颈癌、多发性骨髓瘤等恶性肿瘤的新药。CAR-T细胞治疗产品全年共批准3款，其中1款为增加新适应证。罕见病用药全年批准上市45个品种，其中1个为附条件批准上市，33.3%通过优先审评审批程序加快上市进程。在儿童用药方面，全年共批准92个品种，包含72个上市许可申请，其中28%通过优先审评审批程序加快上市进程，另批准20个品种扩展儿童适应证。

2023年美国全年上市2145款药品，中美在上市数量上基本持平，美国批准上市的药品类型主要分为两类，分别是化学药和生物制品，2023年分别上市2070件和64件。相比而言，我国有较高比例的中药上市，化学药上市数量不及美国，然而生物制品上市数量超过美国。值得关注的是，2023年FDA共批准了69款新药，数量创5年新高。FDA旗下的药物评估和研究中心（CDER）批准了55款创新药，其中17款为生物制品，9款获得孤儿药指定；38款新分子实体，20款获得优先审评，16款获得孤儿药指定。生物制品评估和研究中心（CBER）批准了13款生物制品（不含血液制品和筛选试剂），分别为5款疫苗、5款基因治疗产品（其中包含全球首个获批的CRISPR基因编辑疗法Casgevy）、2款细胞治疗产品，以及首款口服粪便微生物群产品Vowst。相比而言，我国1类创新药全年一共批准40个品种，数量不及美国，并且创新机制疗法的数量也不及美国，仍有较大的提升空间。

从整体创新程度看，化学药的创新程度不及生物制品。2023年我国化学

仿制药上市共829件，占全部化学药的58%；化学药改良型新药共上市146件，占全部化学药的10%；化学药新药共上市466件，占全部化学药的32%。2023年生物制品仿制药类似药上市27件，占全部生物制品的29%；生物制品改良型新药上市5件，占全部生物制品的5%；生物制品新药上市61件，占全部生物制品的66%。另有645件上市药品分类暂时不明（图4-9）。

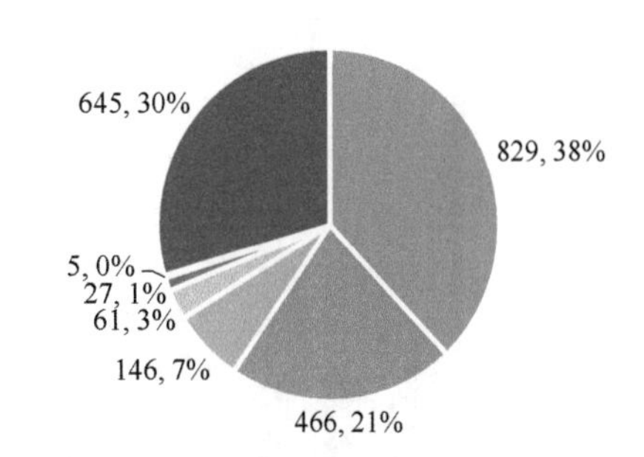

图 4-9 2023 年上市药品按创新类别分类

（资料来源：丁香园Insight，国家药品监督管理局药品审评中心）

从治疗领域来看，我国获批上市的药品数量从大到小依次为抗感染药物、心血管系统药物、暂未确定治疗领域药物、神经系统药物、内分泌系统和代谢系统药物等。对比而言，美国在神经系统药物、精神障碍疾病药物、内分泌系统和代谢系统药物、抗肿瘤药物、泌尿系统药物等领域具有明显的优势（图4-10）。

（2）临床试验情况

2023年全年，CDE临床试验批件共4227件。其中化学药品临床试验数量为3223件，生物制品临床试验批件为931件，中药或天然药物批件为73件。从申办者总部所在地来看，位于我国的为3869件，占92%；位于海外的为409件，占10%。

与美国对比，根据Clinical Trials数据，2023年美国临床试验数量为9374件，约为我国的2倍。从具体临床分期情况来看（图4-11），去除临床分期未知的数据，我国在Ⅰ期临床试验的数量与美国差距不大，然而在临床Ⅱ期和Ⅳ期的差距明显，说明我国药品开发的成功率较美国有明显的差异，仍有很大的提升空间。

从临床试验的试验类型来看（图4-12），大部分临床试验为生物等效性试验和生物利用度试验，占比48%；安全性和有效性试验其次，占比36%；药代动力学和药效动力学试验约占10%；其他试验占比6%。

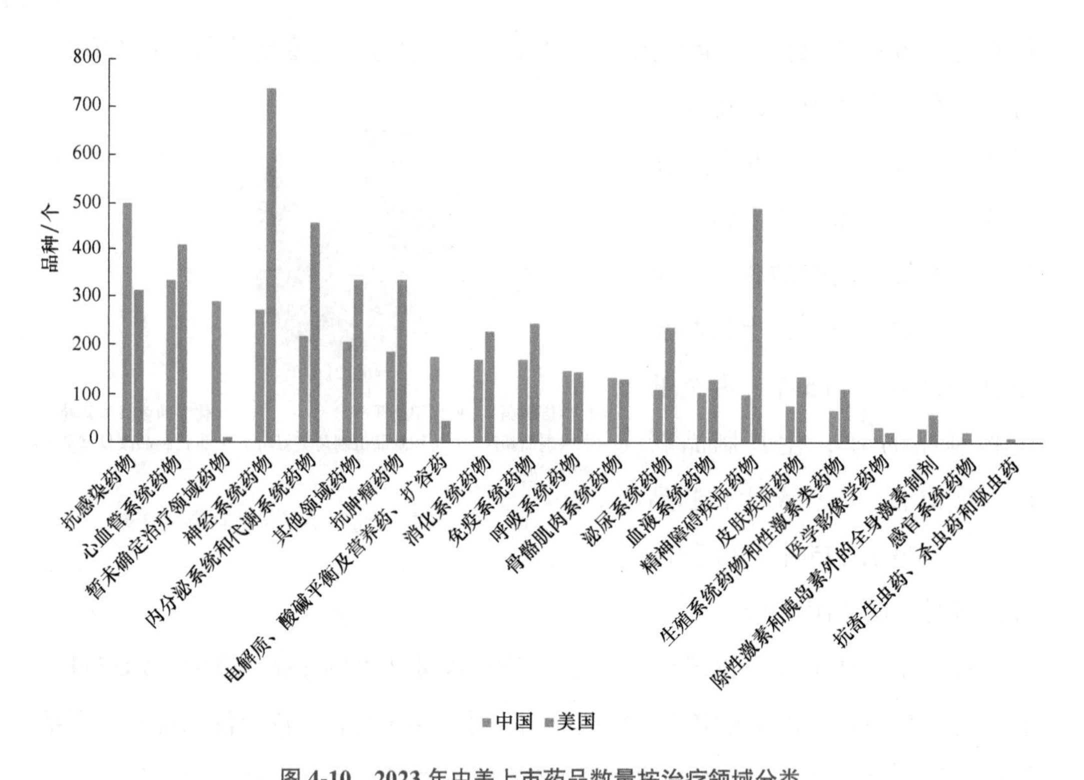

图 4-10 2023 年中美上市药品数量按治疗领域分类

（资料来源：丁香园 Insight）

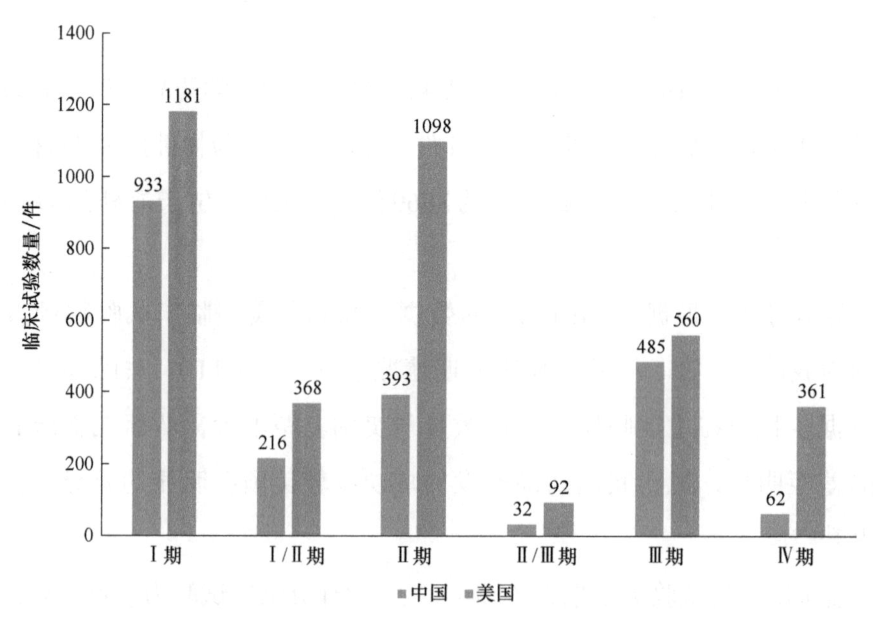

图 4-11 2023 年中美不同临床阶段的临床试验数量对比

（资料来源：丁香园 Insight 和 Clinical Trials）

2. 医疗器械

（1）注册审批总体情况

2023年全年，我国上市医疗器械共29 606件（包含国家药品监督管理局和各省份药品监督管理局批准上市数量），其中15 246件产品为首次注册，占51.5%，14 360件为延续注册，占48.5%。首次注册医疗器械产品相比2022年增长12.5%，近3年来呈稳步增长的趋势（图4-13）。

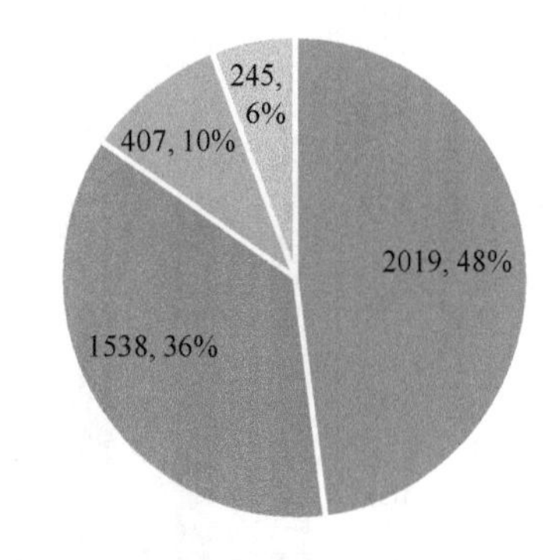

图 4-12　2023 年 CDE 临床试验批件的试验类型

（资料来源：丁香园 Insight）

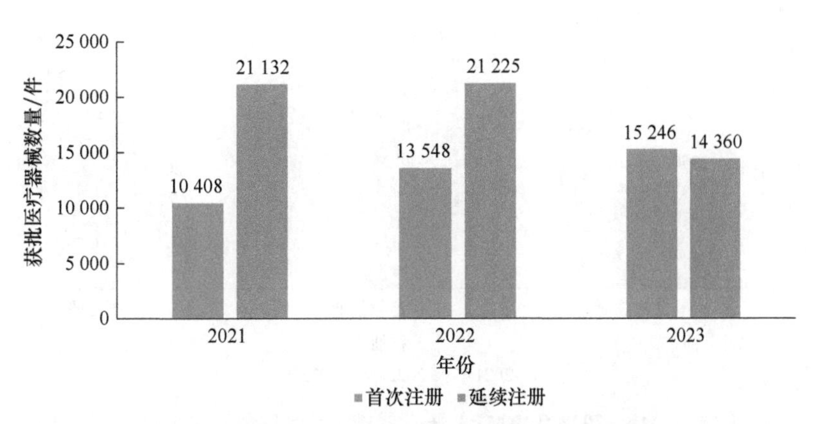

图 4-13　2021～2023 年全国获批医疗器械数量

（资料来源：药智网）

从批准地区来看，排名前十的依次为江苏省、广东省、河南省、山东省、浙江省、湖南省、重庆市、北京市、天津市和上海市（图4-14）。

2023年，NMPA依职责受理医疗器械首次注册、延续注册和变更注册申请共计13 260项，与2022年相比增加25.4%，增长率显著提高。按注册形式区分，首次注册申请3559项，占全部医疗器械注册申请的27%；延续注册申请4676项，占全部医疗器械注册申请的35%；变更注册申请5025项，占全部医疗器械注册申请的38%（图4-15）。

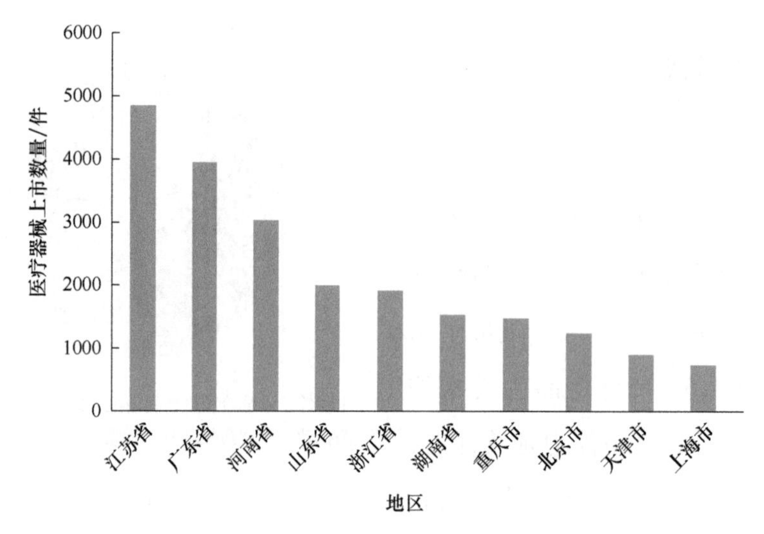

图 4-14　2023 年全国医疗器械上市数量前十的地区

（资料来源：药智网）

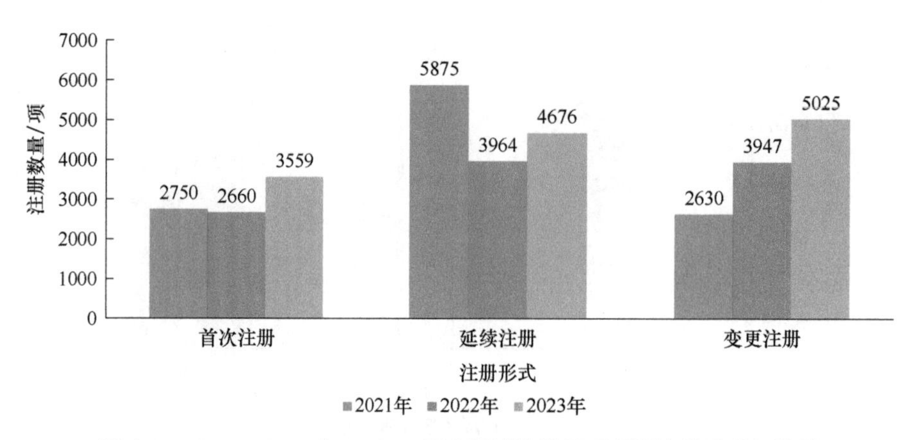

图 4-15　2021～2023 年 NMPA 医疗器械注册受理项目注册形式与数量

（资料来源：NMPA，2021～2023年度医疗器械注册工作报告）

2023年，NMPA共批准医疗器械首次注册、延续注册和变更注册12 213项，与2022年相比注册批准总数量增长2.3%，增长率有所放缓。其中，首次注册2728项，与2022年相比增加9.1%；延续注册4788项，与2022年相比减少8.2%，连续两年减少；变更注册4697项，与2022年相比增加11.2%（图4-16）。2023年，企业自行撤回首次注册申请、自行注销注册证书287项。

（2）境内第三类医疗器械注册情况

2013年，NMPA境内第三类医疗器械注册共6151项，包含4667项医疗器械

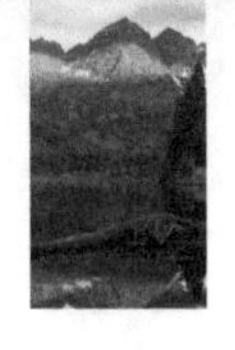

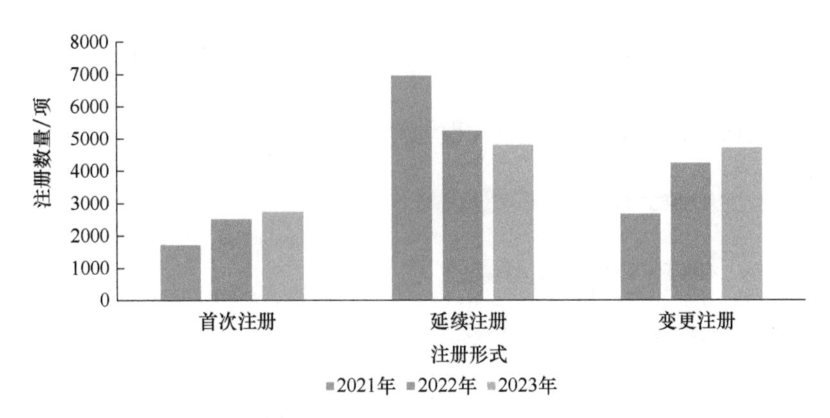

图 4-16 2021～2023 年 NMPA 批准医疗器械注册形式与数量

（资料来源：NMPA，2021～2023年度医疗器械注册工作报告）

和1484项体外诊断试剂。从注册形式看，首次注册2079项，占全部境内第三类医疗器械注册数量的33.8%；延续注册1897项，占全部境内第三类医疗器械注册数量的30.8%；许可事项变更注册2175项，占全部境内第三类医疗器械注册数量的35.4%（图4-17）。

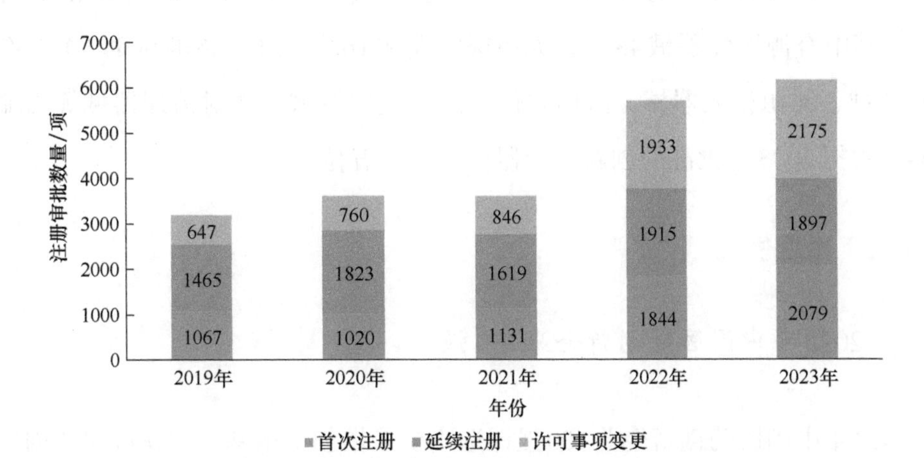

图 4-17 2019～2023 年 NMPA 第三类医疗器械注册审批数量与注册形式

（资料来源：NMPA，2019～2023年度医疗器械注册工作报告）

2023年全年，第三类医疗器械首次上市产品中，排名前5的为无源植入器械，神经和心血管手术器械，注输、护理和防护器械，有源手术器械，医用成像器械（图4-18）。这5类产品数量占比超过67%。

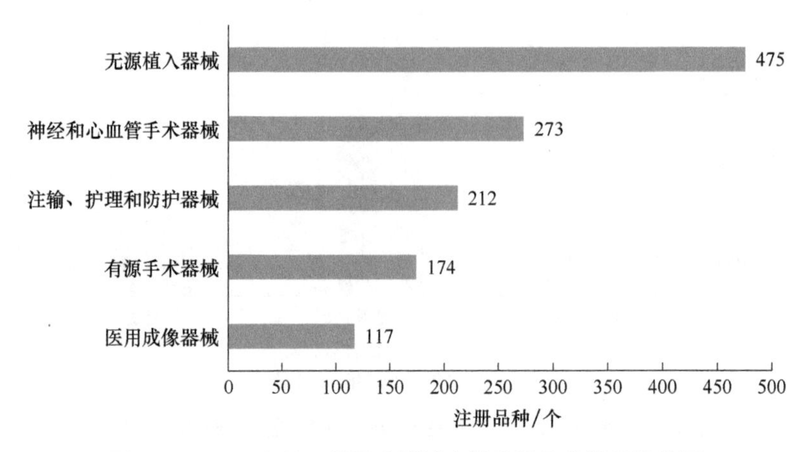

图 4-18　2023 年第三类医疗器械产品注册品种数量排位图

（资料来源：NMPA，《2023 年度医疗器械注册工作报告》）

（3）创新优先审批医疗器械

2023年，NMPA共收到创新医疗器械特别审批申请466项，比2022年增加35.9%，其中69项获准进入创新医疗器械特别审查程序。

2023年，NMPA共批准61个创新医疗器械产品上市，相比2022年增加11%。其中有源医疗器械43个，无源医疗器械16个，体外诊断试剂2个。有源手术器械、无源植入器械、医用软件、医用成像器械、放射治疗器械等高端医疗器械占据2023年批准的创新医疗器械数量前五位。

（五）企业发展

1. 2023年中国医药创新企业100强

2023年中国医药创新企业100强评选主要依据创新根基、创新过程和创新成果3个维度，使用了授权专利数量、专利施引总量、临床试验数量和创新药获批与上市的数量4个指标，对企业在医药领域的技术创新能力、研发实力及产品推出和市场表现等方面的情况进行综合排名（表4-15）。排名前25名的企业包括恒瑞医药、百济神州、石药集团、中国生物制药、信达生物、翰森制药、荣昌生物、复宏汉霖、齐鲁制药、康方生物、和黄医药、天坛生物、上海医药、泽璟制药、贝达药业、冉鼎医药、科伦药业、先声药业、复星医药、人福医药、东阳光

药、天士力、四环医药、鲁南制药、亚盛医药。这些企业在整体创新能力上处于第一梯队。总体来看，排名前十的公司表现相对稳定，其中恒瑞医药仍然排在首位，而其他公司如百济神州、石药集团、翰森制药、荣昌生物、齐鲁制药等在排名上都有一定幅度的上升。而信达生物则保持了原来的位置。

表4-15 2023年中国医药创新企业100强

序号	企业名称	等级
1	恒瑞医药、百济神州、石药集团、中国生物制药、信达生物、翰森制药、荣昌生物、复宏汉霖、齐鲁制药、康方生物、和黄医药、天坛生物、上海医药、泽璟制药、贝达药业、再鼎医药、科伦药业、先声药业、复星医药、人福医药、东阳光药、天士力、四环医药、鲁南制药、亚盛医药	第一梯队
2	君实生物、百利天恒、诺诚健华、微芯生物、信立泰、康宁杰瑞、长春高新、华昊中天、绿叶制药、智飞生物、华东医药、科兴生物、科济药业、乐普生物、白云山、万泰生物、乐普医疗、众生药业、海正药业、华海药业、海思科、丽珠集团、扬子江药业、哈药集团、多禧生物	第二梯队
3	雅科生物、精准生物、白奥泰、斯单赛、寒傲生物、德琪医药、艾力斯、康诺亚、奔达制药、迈威生物、基石药业、艾美疫苗、思路迪、神州细胞、优卡迪、亨利医药、天境生物、首药控股、青峰医药、百奥赛图、康缘药业、圣和药业、合美药业、强新科技、泽生科技	第三梯队
4	滨会生物、加科思、百暨基因、三生国健、传奇生物、天广实、奥赛康、迪哲医药、普罗吉生物、亿腾医药、艾博生物、同联集团、沃森生物、康希诺、特宝生物、益方生物、璎黎药业、康弘药业、细胞治疗集团、塔吉瑞生物、罗欣药业、浙江医药、济民可信、亚虹医药、康辰药业	第四梯队

资料来源：中商情报网、E药经理人

2. 2023年中国医药工业竞争力百强榜

2023年中国医药工业竞争力百强榜是综合考量了企业的综合竞争力，通过多维度的指标和科学量化评价产生的榜单（表4-16）。这些指标包括了2023中国医药工业综合竞争力指数、行业监管数据库、中康科技行业数据库及调研结果等，反映了中国医药工业竞争格局中的主要参与者。这些企业在产品研发、市场开拓、产业布局等方面具有较强的综合实力和竞争力。这也为行业的未来发展提供了重要的参考依据和指导。排名前十的企业包括恒瑞医药、阿斯利康、中国生物、石药集团、扬子江、百济神州、中国医药集团、复星医药、齐鲁制药和上海罗氏制药。这些企业在医药工业总收入中占据了重要的份额，其中Top10企业的医药工业总收入约占百强医药工业总收入的1/4。

表4-16 2023年中国医药工业竞争力百强榜

序号	公司名称	序号	公司名称
1	江苏恒瑞医药股份有限公司	35	信达生物制药（苏州）有限公司
2	阿斯利康制药有限公司	36	新和成控股集团有限公司
3	中国生物制药有限公司	37	云南沃森生物技术股份有限公司
4	石药控股集团有限公司	38	默沙东（中国）投资有限公司
5	扬子江药业集团有限公司	39	康哲药业控股有限公司
6	百济神州（北京）生物科技有限公司	40	三生制药集团
7	中国医药集团有限公司	41	中国北京同仁堂（集团）有限责任公司
8	上海复星医药（集团）股份有限公司	42	健康元药业集团股份有限公司
9	齐鲁制药集团有限公司	43	丽珠医药集团股份有限公司
10	上海罗氏制药有限公司	44	赫力品
11	拜耳医药保健有限公司	45	联邦制药国际控股有限公司
12	赛诺菲（中国）投资有限公司	46	先声药业集团有限公司
13	广州医药集团有限公司	47	上海君实生物医药科技股份有限公司
14	上海医药集团股份有限公司	48	江西济民可信集团有限公司
15	重庆智飞生物制品股份有限公司	49	传奇生物技术公司
16	辉瑞中国	50	华兰生物工程股份有限公司
17	北京万泰生物药业股份有限公司	51	深圳康泰生物制品股份有限公司
18	北京诺华制药有限公司	52	浙江华海药业股份有限公司
19	漳州片仔癀药业股份有限公司	53	济川药业集团有限公司
20	诺和诺德（中国）制药有限公司	54	华润双鹤药业股份有限公司
21	长春高新技术产业（集团）股份有限公司	55	浙江海正药业股份有限公司
22	江苏豪森药业集团有限公司	56	浙江康恩贝制药股份有限公司
23	四川科伦药业股份有限公司	57	上海莱士血液制品股份有限公司
24	云南白药集团股份有限公司	58	勃林格殷格翰（中国）投资有限公司
25	华润三九医药股份有限公司	59	默克雪兰诺有限公司
26	石家庄以岭药业股份有限公司	60	北京费森尤斯卡比医药有限公司
27	晖致医药有限公司	61	天士力医药集团股份有限公司
28	人福医药集团股份公司	62	北京天坛生物制品股份有限公司
29	鲁南制药集团股份有限公司	63	普洛药业股份有限公司
30	山东步长制药股份有限公司	64	中山康方生物医药有限公司
31	科兴控股生物技术有限公司	65	再鼎医药（上海）有限公司
32	强生（中国）投资有限公司	66	绿叶制药集团有限公司
33	华东医药股份有限公司	67	深圳信立泰药业股份有限公司
34	中国远大集团有限责任公司	68	山东泰邦生物制品有限公司

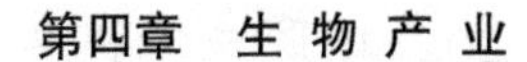

续表

序号	公司名称	序号	公司名称
69	欧加隆（上海）医药科技有限公司	85	江苏恩华药业股份有限公司
70	和记黄埔医药（香港）投资有限公司	86	百特（中国）投资有限公司
71	华北制药集团有限责任公司	87	海思科医药集团股份有限公司
72	葵花药业集团股份有限公司	88	北京神州细胞生物技术集团股份公司
73	南京健友生化制药股份有限公司	89	深圳市海普瑞药业集团股份有限公司
74	安斯泰来制药（中国）有限公司	90	天津武田药品有限公司
75	石家庄四药有限公司	91	中国同辐股份有限公司
76	天津市医药集团有限公司	92	成都倍特药业股份有限公司
77	宜昌东阳光长江药业股份有限公司	93	艾美疫苗股份有限公司
78	甘李药业股份有限公司	94	成都康弘药业集团股份有限公司
79	江苏康缘药业股份有限公司	95	通化东宝药业股份有限公司
80	康希诺生物股份公司	96	亿帆医药股份有限公司
81	东阿阿胶股份有限公司	97	礼来苏州制药有限公司
82	贝达药业股份有限公司	98	新华医药集团
83	天津红日药业股份有限公司	99	昆药集团股份有限公司
84	江中药业股份有限公司	100	卫材（中国）药业有限公司

资料来源：健康界

3. 2023年全球医药企业50强

2023年全球制药企业50强榜单主要以各家药企的2022财年处方药销售收入为依据进行排名。全球制药50强企业的来源国家是美国17家，日本6家，德国5家，中国4家，法国3家，爱尔兰3家，瑞士2家，英国2家，丹麦1家，澳大利亚1家，以色列1家，加拿大1家，比利时1家，印度1家，西班牙1家和意大利1家（表4-17）。前十名包括辉瑞、艾伯维、强生、诺华、默沙东、罗氏、百时美施贵宝、阿斯利康、赛诺菲和葛兰素史克。这些企业是全球制药领域的重要参与者，其产品和品牌在国际市场上具有显著的影响力。

值得一提的是，今年的榜单中有4家中国药企，分别是中国生物制药、上海医药、江苏恒瑞和石药集团，往年中国企业进入全球制药企业50强情况为2019年（首次）2家，2020年5家，2021年5家，2022年4家。2023年上榜数与2022年一致，其上榜显示出中国药企在全球制药市场中逐渐崭露头角和不断

增强的竞争力，为中国医药产业全球化进程中注入了新的动力与信心。

表4-17　2023年全球医药企业50强

序号	药企名称	公司总部所在地	2022年销售额
1	辉瑞（Pfizer）	美国	913.03亿美元
2	艾伯维（Abbvie）	美国	561.79亿美元
3	强生（Johnson&Johnson）	美国	501.79亿美元
4	诺华（Novartis）	瑞士	500.79亿美元
5	默沙东（Merck,默克）	美国	496.27亿美元
6	罗氏（Roche）	瑞士	479.09亿美元
7	百时美施贵宝（BMS）	美国	454.17亿美元
8	阿斯利康（AstraZeneca）	英国	429.98亿美元
9	赛诺菲（Sanofi）	法国	403.53亿美元
10	葛兰素史克（GSK）	英国	382.54亿美元
⋮			
39	中国生物制药	中国	44.63亿美元
⋮			
41	上海医药	中国	40.43亿美元
⋮			
43	江苏恒瑞	中国	40.10亿美元
⋮			
48	石药集团	中国	33.34亿美元
⋮			

资料来源：健康界、*PharmExec*杂志

4. 2023年全球医疗器械企业100强

2023年全球医疗器械企业100强榜单排名依据是这些公司在2022财年的营收情况。上榜企业包括美国45家，日本13家，美国8家，德国7家，瑞士5家，英国3家，丹麦3家，中国2家，日本2家，丹麦2家，比利时2家，爱尔兰2家，荷兰1家，瑞典1家，意大利1家，瑞典1家，澳大利亚1家和新西兰1家。本次入选100强的所有医疗企业营收达到4532亿美元，排名前10的医疗器械企业的营收达到了2038亿美元，占总营收的近一半（表4-18）。

这次榜单中有两家中国企业进入了全球医疗器械100强榜单，分别是迈瑞医疗和微创医疗。迈瑞医疗上升了五位至第27名，其营收为45.13亿美元，而微创医疗则继续位列第77名，其营收为8.401亿美元。这是中国企业第二次在

该榜单中出现，标志着国产医疗器械正式进入全球医疗器械企业百强的行列。国产医疗器械行业在国际市场上的竞争力和影响力不断增强，我国医疗器械企业在产品创新、质量管理和市场拓展等方面取得了显著进展。随着国产医疗器械行业的不断发展和壮大，中国企业有望进一步在全球医疗器械市场中发挥更大的作用，并逐步跻身全球医疗器械行业的顶级巨头之列。

表4-18 2023年全球医疗器械企业100强

排名	公司名称	总部所在地	2022财年营收	雇员数
1	美敦力（Medtronic）	爱尔兰（运营总部美国）	312.27亿美元	95 000
2	强生（Johnson & Johnson，医疗技术业务）	美国	274.00亿美元	
3	西门子医疗（Siemens Healthineers）	德国	228亿美元	69 500
4	麦朗（Medline Industries）	美国	212亿美元	35 000
5	飞利浦（Royal Philips）	荷兰	187.18亿美元	77 233
6	史赛克（Stryker）	美国	184.49亿美元	51 000
7	GE医疗（GE HealthCare）	美国	183.41亿美元	50 000
8	嘉德诺（Cardinal Health，医疗业务）	美国	158.87亿美元	
9	百特（Baxter）	美国	151.13亿美元	60 000
10	雅培（Abbott，医疗设备业务）	美国	146.87亿美元	
⋮				
27	迈瑞医疗（Mindray）	中国	45.13亿美元	16 099
⋮				
77	微创医疗（MicroPort）	中国	8.401亿美元	9 435
⋮				

资料来源：新浪财经，Medical Design & Outsourcing

二、生物农业

农业是我国国民经济中的基础性产业，据统计，2023年我国农业及相关产业增加值为18.4万亿元，占国内生产总值（GDP）的16.05%。生物技术极大地提高了农业育种效率、种质资源保护和利用水平，传统育种逐渐被生物技术育种取代，生物育种技术通过改善农作物产量、品质与抗逆等性状，在保障粮食、饲料等重要农产品供给上扮演了重要角色。

生物农业是指将生物技术广泛应用于农业领域，并生产新型作物品种和生物制品。根据生物技术所应用的不同领域，我国生物农业可划分为生物育种、生物肥料、生物农药、生物饲料等领域。生物农业虽没有生物能源和生物医药等领域发展迅速，但在美国、欧盟的生物经济中已占据重要地位，美国农业系统每年生产超10亿吨的生物质，欧盟注重与包括《共同农业政策》在内的其他政策联动，推动生物经济在农业农村地区的发展。我国生物农业的发展仍处于起步阶段，接下来需要顺应我国从“解决温饱”到“营养多元”的需求转换新趋势，满足人民群众对食品消费更高层次的新期待。

（一）生物育种

1. 种子市场是全球生物育种市场增长主要动力之一

自21世纪起，全球生物育种市场因种子行业迅速发展而持续扩大，2022年市场规模达660亿美元，2023年底增至720亿美元左右。该市场高度集中，美国与中国主导全球分布，美国约占35%的市场份额，中国约占23%的市场份额；其余国家占比相对较小（图4-19）。在企业格局上，约10家大规模企业的平均销售收入超5亿美元，总份额超过50%，占据主导；二线企业约40家，收入为1亿～5亿美元；第三梯队企业数量虽多，但大部分年收入不足1亿美元，呈现明显的龙头驱动市场特征。

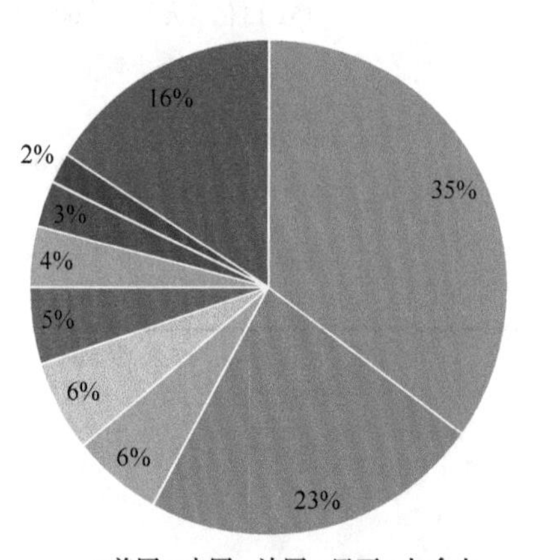

图4-19　2023年全球种子市场份额分布

（资料来源：网络公开）

在生物育种产业化趋势下，2023年大北农（002385.SZ）、隆平高科（000998.SZ）、登海种业（002041.SZ）、丰乐种业（000713.SZ）等企业不断推进生物育种深度布局，并有多个转基因品种通过审定，同时多家企业获批玉米、大豆转基因种子生产经营许可证。相关种企也成绩斐然，2023年农业农村部审定通过了37个转基因玉米品种和14个转基因大

豆品种，并有26家企业首次获转基因玉米、大豆种子生产经营许可证，涉及隆平高科、大北农、登海种业、丰乐种业和中国种子集团有限公司等企业。

生物育种产业化是农业现代化的重要内容，也是实现农业可持续发展的重要途径。我国政府已经把生物育种产业化提上议程，并出台了一系列政策措施，生物育种产业化的发展前景广阔，这也必将推动生物育种行业高精尖设备的投入，为仪器市场带来新的发展。

2. 我国在生物育种领域取得重大突破

生物育种是利用遗传学、细胞生物学等方法培育生物新品种，是一种人工改良物种性状，获得目标新品种的生物技术。生物育种是我国生物农业的主要领域，其中杂交育种和转基因育种都获得了较快发展。在杂交育种方面，我国的杂交水稻育种技术已经达到世界领先水平，我国杂交水稻单产远高于南亚主要稻米生产和出口国水平，为国内粮食产量的连年增长奠定了基础。我国是全球第六大转基因作物种植国，国内种植的转基因作物主要是棉花和番木瓜，目前国内的转基因棉花种植已经达到棉花播种总面积的96%，转基因技术的应用使得我国棉花种植的单产大幅提高，同时抗病虫害的能力大大增强。在转基因技术研发领域，我国已经开展了棉花、小麦、玉米、大豆等作物的转基因育种研发工作，并取得了一系列研究成果，做好了充足的技术储备，超级稻、转基因抗虫棉等生物育种技术已经达到世界先进水平，我国已成为少数能独立完成大作物测序工作的国家之一。

在动物育种方面，我国取得了一系列重大成就。首先，我国成功诞生了全球首例转基因鱼，这标志着在动物遗传改良领域的新突破。其次，在家畜育种方面，我们进行了大量的分子标记验证工作，为优良特性的遗传改良提供了重要的技术支持。特别是，以转基因奶牛为代表的全基因组选择技术取得了显著进展，为培育更高产、更健康的畜禽品种奠定了坚实的基础。此外，我国也取得了其他重要动物育种成果。例如，中国对虾黄海一号、中国美利奴羊、中国荷斯坦牛等一系列优良品种相继问世，这些成就在畜牧业的发展中起到了重要作用，不仅提升了养殖业的经济效益，也为动物资源的保护和利用做出了积极贡献。

预计2026年全球生物育种市场规模达578亿美元，2023—2026E年CAGR为2.2%；2026年中国生物育种市场规模将达893亿元，2023—2026E年CAGR为10.6%（图4-20）。

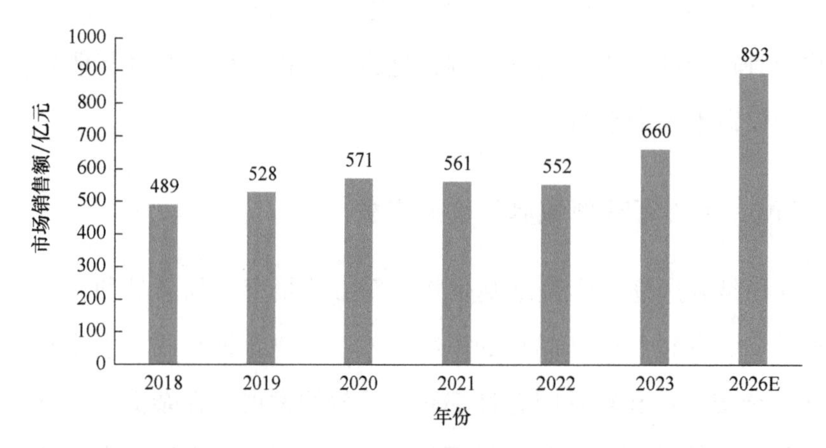

图4-20　2018～2026年中国生物育种市场销售额及增长

（资料来源：灼识咨询；注：假设2026年美元兑人民币汇率为1∶7）

（二）生物肥料

1. 我国生物肥料产业持续发展

生物肥料又称为微生物肥料，是指通过微生物生命活动使农作物获得特定肥料效应的肥料制品。与常规化肥相比，生物肥料通常不直接为作物提供营养元素，而是通过增进土壤肥力，改良土壤结构，促进营养元素吸收，减轻病原微生物的致病作用等机制间接发挥作用。

生物肥料能提高土壤肥力，促进作物的生长，改善农产品的品质，兼具经济效益和环境效益。近几年，在政策等多重利好下，我国生物肥料产业持续快速稳定发展。数据显示（图4-21），我国生物肥料行业市场规模由2019年的816.9亿元增至2023年的1195.5亿元，年均复合增长率为10.0%。中商产业研究院预测，2024年我国生物肥料行业市场规模可达1357.6亿元。

作为世界上较早开发利用生物肥料的国家之一，经过多年的发展，我国生

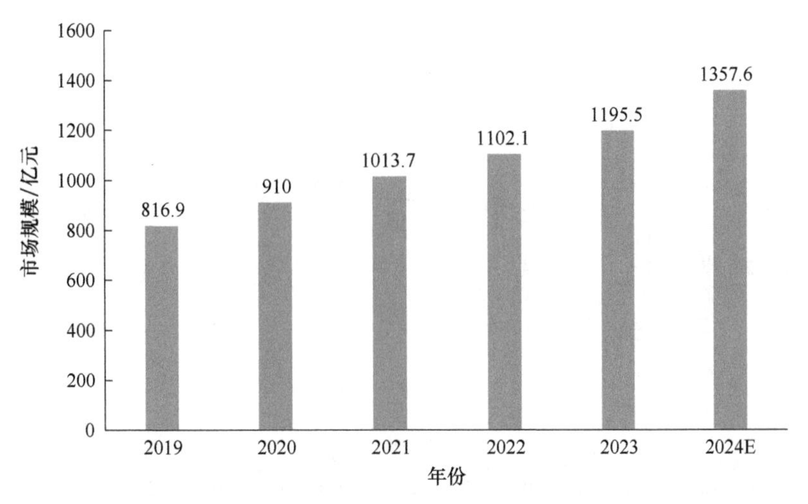

图 4-21 2019～2024 年中国生物肥料市场规模统计预测

（资料来源：中商产业研究院）

物肥料产业已形成较大规模，开发出根瘤菌及解磷、溶磷、解钾、促生磷细菌等一批生物肥料产品。例如，我国率先研制了高效固氮耐氮工程菌，并实现了产业化；通过微生物功能基因组研发，建立了世界上覆盖率最高的植物病原细菌突变体库。生物肥料的研发应用，为国家化肥减量增效提供了重要途径。生物肥料则是通过运用微生物、动植物体对物质原料展开加工制作，利用微生物和植物根系的共生关系，提供养分供应并改良土壤。根据农业农村部统计数据，我国生物肥料产品累计登记数量从2007年的149个增长至2021年的9414个，生物肥料年度新增登记数量从2007年的40个增长至2023年的1360个。

2014～2023年，国内生物肥料市场增长172.24亿元，年均复合增长率达5.18%。除因新冠疫情影响行业发展，2019～2021年增速放缓外，其余年份均能保持超过7%的市场增速。根据数据模型推测，到2027年，国内生物肥料的市场份额将达到617.96亿元（图4-22）。

2. 高效菌种资源挖掘工作有待进一步推进

核心菌种资源的规模化挖掘和评价是生物肥料生产的关键步骤，这一过程涉及从土壤或其他生物资源中分离出有益微生物，对其功能、生态学特性及其对植物健康的影响进行鉴定和评估。随着相关研究的不断深入，我国已经发现

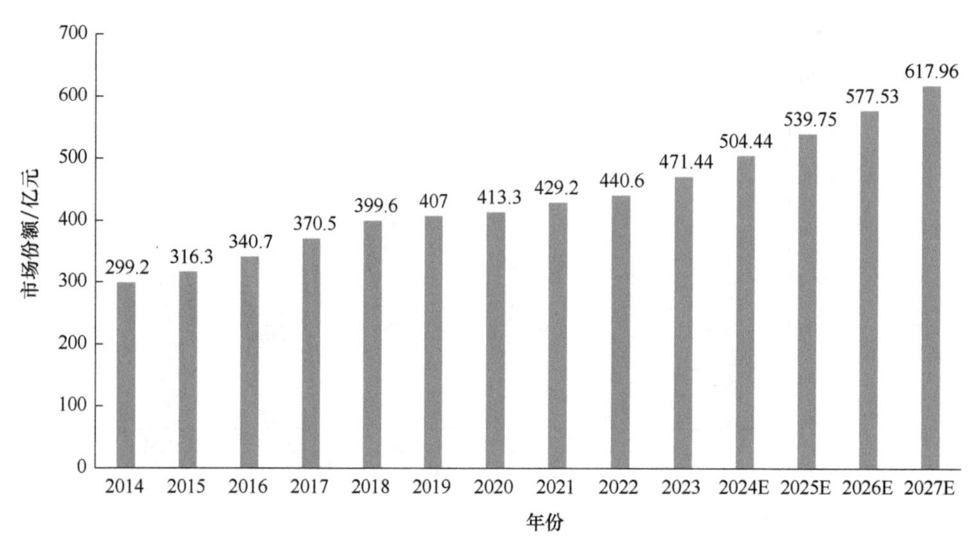

图 4-22　中国农业生物肥料市场预测份额

（资料来源：公开网站）

的菌种资源不断增加，生物肥料的种类也在不断扩展。截至目前，我国农业农村部登记的生物肥料产品涵盖了硅酸盐菌剂、有机物料腐熟剂、溶磷菌剂、菌根菌剂、土壤修复菌剂、光合菌剂、微生物菌剂、固氮菌剂和根瘤菌剂9种。农业农村部统计数据显示，我国生物肥料产品的登记数量从2007年的149个增长至2022年的逾9990个，相关产品的有效菌种由单一型向复合多效型过渡。此外，我国生物肥料的年产量已达到3000万吨，年总产值约400亿元。生物肥料的应用已遍布我国各省份，其中以华中地区应用最为广泛，其次是华北、西北地区，东北和华南地区应用较少。生物肥料已经被应用到30多种主要农作物的生产环节中，累计应用面积超过3300万公顷，其中禾谷类农作物应用量最大，其次是纤维类和油料类。

尽管我国已发现的微生物菌种数量不断增加，但高效菌种资源仍然相对匮乏，迫切需要加强菌种资源的挖掘工作。目前对菌种资源的系统研究还较少，尽管菌种数量增加，但质量参差不齐，尤其是缺乏具有特定功能的高效菌种资源，如高效溶解土壤中难溶磷、提高磷肥利用效率的溶磷菌，高效固氮且耐氮胁迫的联合固氮菌，高效活化土壤中难溶钾、提高钾肥利用效率的解钾菌等。

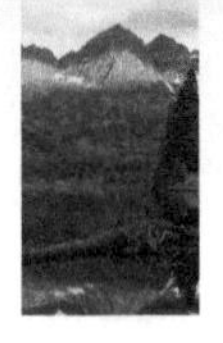

（三）生物农药

1. 生物农药市场呈现出快速增长态势

生物农药是指利用生物活体或其代谢产物针对农业有害生物进行杀灭或抑制的制剂。生物农药具有安全环保、针对性强、研发投入较少、不易产生耐药性等优点。我国生物农药产品的生产已经形成了一定规模，已有生物农药研究机构30多家，生产企业260余家，登记的生物农药产品4300多个，主要有Bt杀虫剂、农用抗生素、植物源农药及其他病毒、真菌类的农药。其中，年产值超过亿元的品种已经有4个，分别为井冈霉素、赤霉素、阿维菌素和Bt杀虫剂。我国是畜禽养殖和饲料生产大国，2021年饲料产量达2.93亿吨。开发新型、健康生态饲料一直是畜牧业可持续发展的重点，也是学术界的研究热点。近年来，以基因工程、发酵工程和酶工程为代表的现代生物技术在饲料开发领域得到了广泛应用。生物饲料不仅具有绿色、安全的特点，还具有更高的营养价值，有利于经济高效、高回报的养殖，具有广阔的发展前景。此外，生物饲料在解决食品安全、饲料资源短缺及环境污染等问题上也将发挥重要作用。微生物制剂、酶制剂、饲用氨基酸、发酵类生物饲料等在促进营养吸收转化、提高饲料使用率和适口性、代替部分抗生素的功能、拓宽蛋白质饲料来源等方面得到了学界、业界和养殖户的普遍认可。

在生物农药领域，我国近年来也获得较快发展。2014年，我国生物农药制剂年产量约13万吨，年产值约30亿元，产值约占整个农药行业的9%，生物农药防治面积占农作物防治面积的7%，虽然不及发达国家20%的占比，但在我国农作物种植面积广阔、国家推动农药零增长计划等背景下，生物农药具有较好的发展前景。

当前我国生物农药（含农用抗生素）市场规模占总农药市场规模已超10%，未来5年，中国生物农药将仍以约15%的速度快速增长，而最终生物农药市场规模占比或将发展到30%～50%。2023年市场规模达到人民币178.1亿元，预计到2027年将增长至330.9亿元，年均复合增长率将达到16.8%，中国生物农药

市场呈现出快速增长的态势（图4-23）。

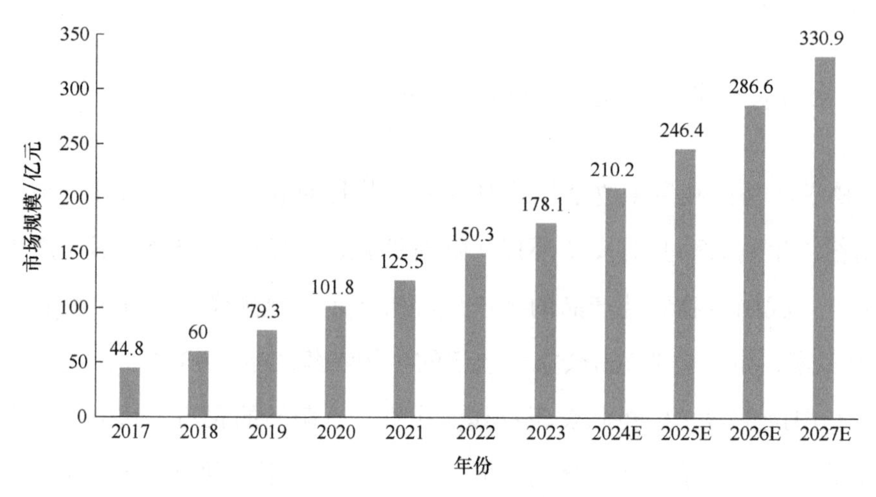

图 4-23　2017～2027 年中国生物农药市场规模及预测

2. 生物农药有待发展，以期超过化学农药

植物可通过不同代谢方式合成大量化学结构多样且具有独特机制的次生代谢活性物质。将这些物质直接应用或以其为先导化合物进行修饰制成的植物源农药，可以进行杀虫、杀菌或除草。与传统化学农药相比，植物源农药是新型、高效、无残留、无公害的“绿色农药”。其特点包括：有效成分为天然物质，施用后较易分解，对环境的影响小；主要成分多元化，不易产生抗药性；对有益生物安全；可以大量种植，开发成本较低。目前已发现超过40万种植物的次生代谢物，其中木脂素类、生物碱、黄酮和萜烯类等次生代谢产物具有植物源农药的生理活性。我国目前登记的植物源农药涉及的有效成分共有24种，登记总数达到227种，包括苦参碱、藜芦碱、除虫菊素、苦皮藤素、印楝素、鱼藤酮、蛇床子素、丁香酚、香芹酚和儿茶素等。其中，苦参碱登记产品数量最多，达到115个（可作为杀虫剂和杀菌剂），其次是印楝素（27个）、鱼藤酮（23个）和蛇床子素（17个，可作为杀虫剂和杀菌剂）。植物源农药活性成分的提取和利用是一项综合性工作，涉及植物学、化学、生物学和农业科学等多个领域。通过有效提取和利用植物资源中的活性成分，可以发展更加环保和可持续的农业防治方法，减少对化学农药的依赖，从而促进农业生产的可持续发展。

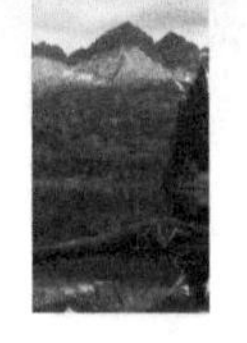

从表4-19的数据可以看到，2023年，规模以上企业（年产值2000万元以上）的生物农药与化学农药的市场占比约为14.3%。我国主要的农药市场仍然是化学农药市场，但生物农药的利润增长率有超过化学农药的趋势。

表4-19 2018～2023年我国生物农药及化学农药行业规模以上企业（年产值2000万元以上）生产情况

年份	生物农药			化学农药			权重
	企业数/家	营业收入/亿元	销售利润率/%	企业数/家	营业收入/亿元	销售利润率/%	（营业收入比值）/%
2018	130	284.34	8.79	713	2724.07	7.38	10.5
2019	137	318.93	8.08	692	2788.29	7.17	11.4
2020	142	372.11	8.38	680	2936.56	7.31	12.7
2021	144	331.44	7.84	676	2748.70	8.50	12.1
2022	136	216.27	7.27	635	2107.45	10.03	10.3
2023	133	256.80	10.51	586	1790.90	9.14	14.3

资料来源：网络公开

我国一些明星生物农药如Bt杀虫剂年产值约3.5亿元，年出口额1.5亿元左右，阿维菌素年产值15亿元，年出口额约7亿元，两者的年产值及推广应用范围可与化学农药媲美，甚至远销国外。木霉菌等真菌生物农药发酵产抗逆性孢子工艺取得突破，被广泛应用于防治蔬菜根腐病、灰霉病等土传病害。棉铃虫核型多角体病毒和黏虫颗粒体病毒等10多种昆虫病毒制剂获得登记。害虫天敌的生产与利用技术达国际领先水平。例如，赤眼蜂的年繁蜂量在100亿头左右，应用面积在2000万亩以上，是全球应用面积最大的国家。植物源农药快速发展，至今登记在册的植物源农药有效成分约30个，其中苦参碱、印楝素、鱼藤酮、芸苔素内酯和除虫菊素等植物源生物农药在我国农业生产中已得到了广泛应用。

（四）生物饲料

1. 中国饲料产值及产量先降后增

2018年，面对中美贸易摩擦和非洲猪瘟疫情等，全行业积极应对，保持了平稳发展态势。2019年，受生猪产能下滑和国际贸易形势变化等影响，全国工业饲料产值有所下降。2020年，生猪生产持续恢复、家禽存栏高位、牛羊产品

产销两旺等，拉动饲料产量实现了较快增长。2021年，生猪生产加快恢复，水产和反刍动物养殖持续发展，带动了饲料工业产量较快增加。2022年，全国工业饲料产值、产量双增长，产品结构调整加快，规模企业经营形势总体平稳，饲料行业创新发展步伐加快。2023年，全国饲料工业实现产值、产量双增长，行业创新发展步伐加快，饲用豆粕减量替代取得新成效（图4-24）。

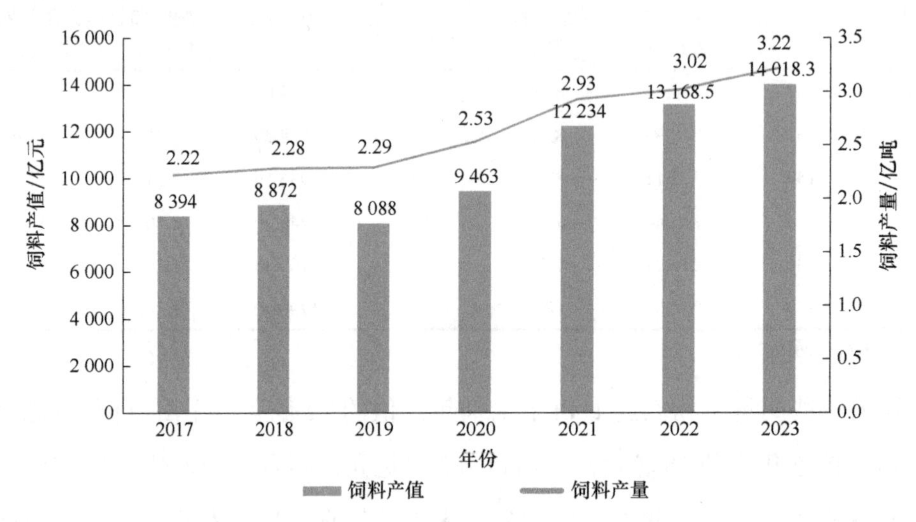

图4-24 2017～2023年中国饲料产值及产量情况

（资料来源：网络公开）

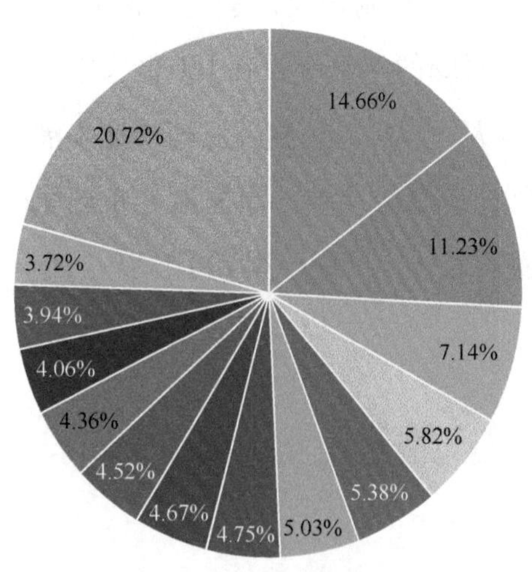

图4-25 2023年饲料产量分区域占比

（资料来源：网络公开）

我国饲料生产主要集中在东部地区，以华东、华中、华南地区为主，其中山东和广东是我国饲料生产大省。2023年，我国饲料产量超千万吨省份共计13个，分别为山东、广东、广西、辽宁、河南、江苏、四川、湖北、河北、湖南、安徽、福建和江西（图4-25）。山东产量达4716.3万吨，比上年增长5.2%；广东产量为3610.7万吨，比上年增长3.2%。山东、广东两省饲料产品总产值继续保持在千亿元以上，分别为1812亿元和1603亿元。

2. 生物发酵饲料产业快速发展

生物饲料是利用新一代生物工程技术及发酵工艺制成的饲料添加剂或新型功能性饲料原料。我国拥有生物饲料生产企业1000多家，年总产值近500亿元，并在以年均20%的速度递增。如今已拥有北京大北农集团、浙江新昌制药、长春大成实业集团等一批国际化的氨基酸、维生素生产企业。生产的产品主要包括氨基酸、维生素、饲用酶制剂、发酵饲料等，其中植酸酶、木聚糖酶等产品质量处于国际领先水平。生物饲料和添加剂的应用，大幅提高了饲料的利用率。在动物营养方面，利用农业生物技术开发动物激素、氨基酸、酶等饲料产品，不仅能够提高饲料的产量，增强牲畜对营养物质的吸收，而且能够降低饲料的生产成本，提高饲料的利用率。例如，利用生物技术制作甜味剂、酶制剂、益生素制剂、新型饲料蛋白质等新型饲料，这些新型饲料不仅能够促进禽畜的健康生长，提高禽畜的产品质量，为人类提供更加健康的食物，而且能够进一步促进畜牧业稳定、快速、健康发展。

我国生物饲料研究主要在发酵饲料领域布局，我国非常规饲料资源丰富，种类多，全国有各类杂粕、糟渣资源1.7亿吨，除棉粕、菜粕和花生粕等资源，其他糟渣类和鲜基物料的饲用开发利用率低，有巨大的开发空间。预计2025年，我国生物饲料总量将达到饲料总量的40%。生物发酵原料的价值已为行业广泛接受。目前，已有部分大型农牧饲料和养殖企业销售与使用自产发酵饲料。经统计，新希望六和是我国饲料企业销售量榜首，达1500万吨，而其他开发商的饲料市场销售量较为平均（图4-26）；全国饲料生产企业均已规划了自产发酵饲料项目。通过对28家大型农牧企业的饲料和养殖情况进行调查发现，雏鹰农牧、大北农、大成、广西扬翔、海大、华英、禾丰、金新农、牧原、罗牛山等企业都在生产或使用发酵饲料，辐射饲料销量近1亿吨。国外的生物饲料主要是发酵原料类，如美国达农威公司和法国乐斯福集团的酵母饲料。

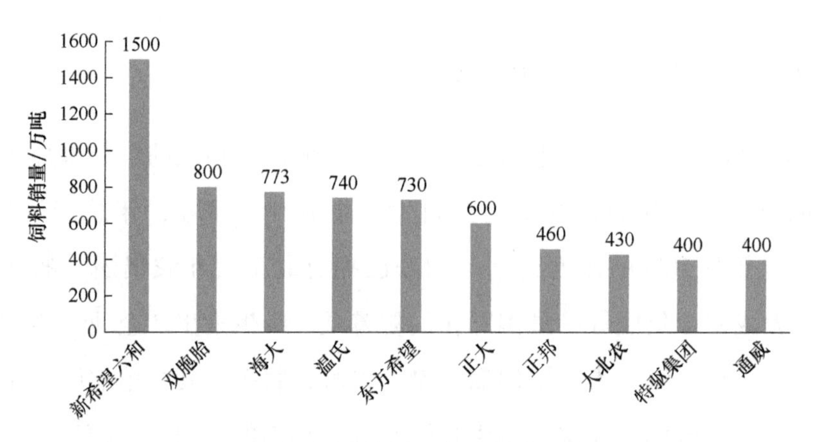

图 4-26　我国饲料企业销售量情况排行

三、生物制造

生物制造以其对“第四次工业革命”的引领潜力，已成为生物经济的核心发展领域。它不仅是催生新质生产力的关键动力，更在医药、食品、农业、环保等多元产业中展现出广泛的应用前景。全球范围内，生物制造的产值预估接近30万亿美元，成为国际上激烈竞争的焦点。尽管目前在我国工业增加值中，生物制造仅占2.4%的比例，但其增长势头强劲，潜力巨大。展望未来，我们应凭借现有的坚实基础，综合施策，全面激发其潜能，致力于将生物制造打造为我国新的经济增长亮点。

（一）生物基化学品

在全球碳减排的浪潮中，多项政策和法规正推动各行业加快脱碳进程，实现从化石经济向生物经济的转型。借助先进的系统代谢工程技术，微生物高效地将生物质碳源转化为所需化学品。生物技术的蓬勃发展使得生物基化学品以卓越的成本和性能优势逐渐主导市场。IMARC Group预测，至2028年，全球生物基平台化学品市场规模有望达到267亿美元。世界经济合作与发展组织也展望，到2030年，生物制造将占据化学品和工业产品市场的35%份额，在生物经济中的贡献率更将超越生物农业和生物医药。

1. 生物基1,3-丙二醇

1,3-丙二醇（1,3-PDO）作为一种关键的C_3平台化合物，其应用范畴极其广泛。在化工、材料、食品等行业占据重要地位，同时也在医药、汽车、化妆品和军工等领域展现出显著用途和巨大潜力。其中，最大宗的应用在于与对苯二甲酸缩聚生成对苯二甲酸丙二醇酯（PTT），这种新型聚酯纤维因抗皱、抗污染、易成型及常温下易染色的卓越性能而备受产业界瞩目和青睐。为应对化学合成带来的环境污染和高成本问题，美国杜邦公司转向研究微生物发酵生产1,3-PDO的技术路线。21世纪初期，杜邦利用工程菌将玉米葡萄糖转化为1,3-PDO，此后以多项专利技术垄断了基于葡萄糖的生物基1,3-PDO生产技术。随着杜邦生物发酵法1,3-PDO的大规模产业化，生物法凭借反应条件温和、操作简便、副产物少、选择性好、能耗低、设备投资少、环境友好等，成为1,3-PDO生产的主流工艺。经过多年努力，我国生物基1,3-PDO生产也步入产业化阶段。清华大学刘德华教授专注于从矿物炼制向生物炼制的转型研究。其团队用研发的第一代生物法炼制1,3-PDO技术与江苏盛虹集团合作，推动建成了2万吨级的1,3-PDO生产设施及5万吨级的PTT生产线，打破了杜邦公司在该领域的垄断地位。该团队还利用第二代技术与广东清大智兴生物技术有限公司合作，实现了年产1.5万吨1,3-PDO的生产。然而，这两代技术均依赖于生物柴油的副产物甘油作为原料，相较于杜邦公司使用的葡萄糖原料，在成本上并不具备明显优势。该团队利用第三代技术与广东清大智兴生物科技有限公司和山西清大长兴生物科技有限公司共同合作，运用糖法生产可实现年产2万吨1,3-PDO的产能。截至目前，生物基1,3-丙二醇行业的参与者仍然相对有限，技术、投产率等仍处于前期探索和研究阶段。全球范围内，该领域的主要厂商包括华峰集团（DuPont）、广东清大智兴生物技术有限公司、张家港美景荣化学工业有限公司及江苏盛虹集团（苏州苏震生物工程有限公司）等。

2023年全球生物基1,3-丙二醇市场规模大约为6.2499亿美元，预计2029年将达到23.2537亿美元，2023～2029年的年均复合增长率（CAGR）为24.48%（图4-27）。目前美国是全球最大的生物基1,3-丙二醇生产地区，占有

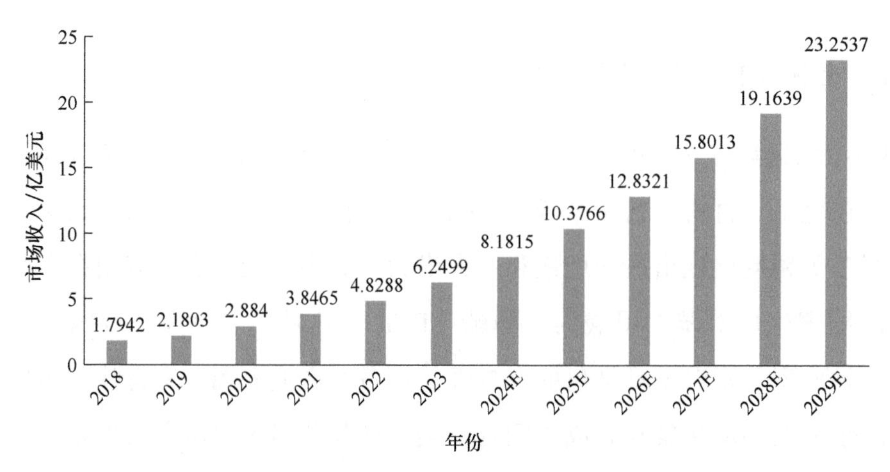

图 4-27　2018～2029 年全球生物基 1,3- 丙二醇市场收入及增长率

（资料来源：共研产业咨询）

大约63%的市场份额，其次是中国。近年来，中国企业在1,3-丙二醇的规模化生产上取得了显著进展。2023年，安徽华恒生物科技股份有限公司年产5万吨生物基1,3-丙二醇和5万吨生物基丁二酸项目已全面建成并实现了连续量产。在“双碳”政策的推动下，该公司以玉米淀粉等可再生资源为原料，通过先进的菌种构建、菌株培养与发酵工艺、提纯工艺，生产出纯度与稳定性均为行业顶尖的生物基1,3-丙二醇和丁二酸。与此同时，清大智兴、中马投控及广弘资产在广西钦州正筹备一个年产2万吨的生物法1,3-丙二醇项目，计划于2024年初启动，预计建设周期为18个月。该项目将采用清华大学刘德华教授团队的“甘油＋糖多原料PDO发酵技术”，旨在推动1,3-丙二醇的产业化，解决高档纤维原料的供应问题，并促进钦州港片区绿色化工产业的集聚发展。

2. 生物基1,4-丁二醇

生物基1,4-丁二醇（1,4-BDO）是一种重要的原料，其应用领域广泛，涵盖了氨纶生产、可降解塑料制造、聚氨酯合成、鞋材制备及新能源电池研发等多个领域。近年来，随着国内下游行业的蓬勃发展，国内外市场对于生物基1,4-BDO的需求呈现出迅猛增长的趋势。在碳中和、碳达峰的战略指引下，生物基材料产业的崛起是大势所趋。生物基1,4-BDO相较于传统的石油基产品，凭借其绿色环保、原料可再生及节能减排的显著优势，成为满足碳减排要求的理想选择。

生物基1,4-BDO的生产工艺包括一步法和两步法。一步法（直接发酵法）是一种高效的生产工艺，它将糖类物质与水、无机盐和特定微生物混合，通过微生物的发酵过程直接将糖类转化为1,4-BDO。这一技术主要由Genomatica公司掌握，他们通过在大肠杆菌群中引入特定的编码DNA，赋予其4-羟基丁酰辅酶A（4-HBCoA）或腐胺途径酶的功能，以满足1,4-BDO生物合成的代谢设计。此外，Genomatica公司还创新地发明了一种代谢途径，用于增强甲醇还原当量，从而显著提高1,4-BDO的产率。目前，一步法的主要原料包括小麦秸秆和玉米秸秆。两步法则是一种不同的生产工艺，它首先利用微生物发酵将葡萄糖转化为丁二酸，随后利用这一生物基丁二酸来生产1,4-BDO。这种两步法生产工艺由中国科学院研发，为1,4-BDO的生产提供了另一种有效的途径（表4-20）。

表4-20 部分生物基1,4-BDO生产商（已有产能/拟建）

企业	产能	技术路径	备注
巴斯夫	3万吨/年	Genomatica公司技术	自用，用于生产生物基聚对苯二甲酸-己二酸丁二醇酯（PBAT），品牌名为ecoflex®
Novamont	3万吨/年	Genomatica公司技术	自用，用于生产生物基PBAT，品牌名为Origo-Bi®
Qore®	6.5万吨/年	Genomatica公司技术	美国Cargill与德国Helm合资，于2024年中期开始运营
元利化学	1.5万吨/年	中国科学院技术	已投产，为两步法生产工艺，生物基丁二酸从山东兰典生物科技股份有限公司采购
山东兰典生物科技股份有限公司	2万吨/年	中国科学院技术	拟建，为两步法生产工艺，使用自产的生物基丁二酸
辽宁金发生物材料有限公司	1万吨/年	—	预计2024年下半年投产

从生产端来看，欧洲和中国是两大核心生产地区。随着Qore®的产能投入市场，全球生物基1,4-BDO领域或将迎来迅猛的增长势头。预计至2029年，该市场规模将显著扩大至4.9亿美元，并在未来几年内保持22.0%的年均复合增长率（CAGR）。在国内，生物基1,4-BDO的潜力正吸引越来越多的企业参与，元利化学、浙江博聚新材料有限公司和辽宁金发生物材料有限公司等已纷纷布局这一市场。然而，行业发展仍面临一些挑战。首先，国内可降解塑料市场尚未成熟，石油基塑料凭借其价格和渠道优势，仍在市场中占据绝对主导地位。其次，虽然国内生物基1,4-BDO的生产规模在迅速扩大，但在核心技术方面，我

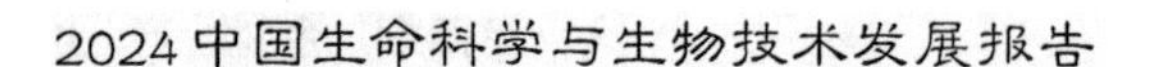

们与国外企业相比仍存在一定的差距。面对这些挑战，行业内的企业需要持续创新和突破，不断提升自身的技术实力和市场竞争力，以期在竞争激烈的市场中脱颖而出，引领行业向前发展。

3. 生物基丁二酸

丁二酸（或琥珀酸）是一种关键的C_4平台化合物，被美国能源部在2004年列为12种重要的生物炼制产品之一。在医药领域，丁二酸是生产琥乙红霉素的重要原料。在农业领域，丁二酸用于制造植物生长调节剂、杀菌剂等，对农作物的生长和防护起到关键作用。在食品领域，丁二酸常被用作调味剂和风味改良剂，为食品增添独特的风味和口感。作为化工中间体，丁二酸可以用作原料生产丁二酸酐、丁二酰亚胺及其衍生物，以及1,4-BDO等产物。此外，丁二酸还可以作为单体合成可降解塑料，如PBS（聚丁二酸丁二醇酯）和PHS（聚丁二酸己二醇酯）。

丁二酸主要有电解、顺酐加氢和生物发酵3种工艺。电解法是最传统的工业化丁二酸制备工艺，以马来酸或顺酐为原料，以硫酸的水溶液为溶剂，通过电解还原得到丁二酸。顺酐加氢法是一种化学工艺，包括从焦化苯氧化得到顺酐，再加氢转化为丁二酸酐，最后水解生成丁二酸。生物发酵法是利用微生物菌种以农作物玉米、糖蜜或是直接以糖为原料合成丁二酸，目前产能主要集中在欧洲和美国。在海外市场中，规模化生产生物基丁二酸的企业主要有美国BioAmber公司、德国Succinity GmbH公司、荷兰Reverdia公司和帝斯曼公司等。国内以电解法和顺酐加氢法为主，生物基丁二酸生产与布局企业主要有中国石化扬子石油化工有限公司、山东兰典生物科技股份有限公司、态创生物科技（广州）有限公司、安徽华恒生物科技股份有限公司等企业。其中，山东兰典生物科技股份有限公司致力于以可再生生物质淀粉糖资源为基石，以二氧化碳为碳源，通过生物发酵技术生产丁二酸。2023年，赤峰华恒合成生物科技有限公司年产5万吨生物基丁二酸项目顺利建设。山东大学祁庆生团队利用耐酸酵母成功构建出丁二酸高效生产菌株，在50 L反应器中62 h产酸111.9 g/L，底物转化率达0.79 g/g，刷新低pH生物合成纪录。这是首次在好氧酵母中创建功能性还原三羧酸循环（TCA循环）途径，为丁二酸工业化生产奠定了坚实的基础。该研究汇聚了山东大学等多所大

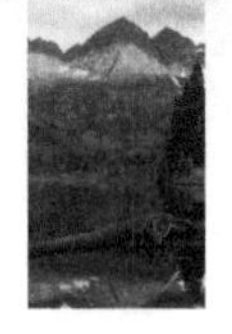

学的科研力量，充分展现了跨学科、跨国界的科研合作优势，同时得到了山东大学生命环境研究平台及苏州苏震生物工程有限公司的大力支持。

全球丁二酸需求预计将从2022年的7万吨增长至2032年的13.5万吨，年均复合增长率（CAGR）为6.8%。同时，其市场规模在2021年超过2.23亿美元，预计2030年将达5.12亿美元，CAGR高达9.7%。在中国，2021年丁二酸消费量达3.1万吨，其中71%用于生产可降解塑料PBS（聚丁二酸丁二醇酯）。随着“限塑令”和“碳中和”政策的推动，预计到2025年，中国丁二酸消费量将超过20万吨，PBS占比超过90%。全球减碳趋势为生物基材料，特别是生物基丁二酸（成本已低于8500元/吨），创造了巨大的潜在需求空间。

（二）生物基材料

生物基材料（bio-based material）是指利用可再生的生物质为原料（包括谷物、豆科、秸秆、动物皮毛等），通过生物、化学、物理等手段制造的一类材料或其单体，如生物塑料、生物质高分子、功能糖产品、木基功能材料、生物基合成纤维等。这些材料进一步包括生物基聚合物、塑料、化学纤维、橡胶、涂料、助剂、复合材料，以及由这些生物基材料制成的各类制品（表4-21）。

表4-21 生物基材料分类

类别	细分领域	
（一）按是否可降解		
可降解生物基塑料	聚乳酸（PLA）、聚羟基脂肪酸酯（PHA）、二氧化碳共聚物、聚乙烯醇（PVA）、生物基聚氨酯（Bio-PUR）等	
不可降解生物基塑料	生物基聚乙烯（Bio-PE）、生物基聚酰胺（Bio-PA）、生物基聚对苯二甲酸乙二醇酯（Bio-PET）等	
（二）按是否为聚合物		
生物基聚合物（生物基塑料）	聚乳酸（PLA）、聚羟基脂肪酸酯（PHA）、聚己内酯（PCL）、聚乙醇酸（PGA）、聚丁二酸丁二酯（PBS）、聚乙烯醇（PVA）、生物基聚酰胺（Bio-PA）、生物基聚乙烯（Bio-PE）、生物基聚丙烯（Bio-PP）、生物基聚氨酯（Bio-PUR）、生物基聚呋喃二甲酯（PEF）等	
生物基非聚合物	生物基橡胶	生物基植物橡胶、生物基合成橡胶等
	生物基化学纤维	天然动植物纤维、生物基可再生纤维、生物基合成纤维、海洋生物基纤维等
	生物基复合材料	淀粉基塑料材料及制品、木塑材料或塑木材料、竹塑材料等

续表

类别		细分领域
生物基非聚合物	生物基涂料	生物基改性沥青卷材、生物基高分子防水卷材、生物基防水涂料等
	生物基材料助剂	生物基阻燃剂、生物基表面活性剂、生物基润滑剂、生物基增塑剂、生物基胶黏剂、生物基清洁剂、生物基其他助剂等
	其他生物基制品	功能糖产品、化妆品、护肤品、生物柴油等
（三）按是否为天然来源		
天然生物基材料	植物来源淀粉、纤维素、半纤维素和木质素及其衍生物	
	动物来源明胶、甲壳素、脱乙酰化甲壳素、壳聚糖及其衍生物	
生物基合成材料	生物降解生物基合成材料	聚乳酸（PLA）、聚羟基脂肪酸酯（PHA）、生物基聚氨酯（Bio-PUR）等
	非生物降解生物基合成材料	生物基聚乙烯（Bio-PE）、生物基聚酰胺（Bio-PA）等

资料来源：合成生物学态势

生物基材料根据原材料和利用方式的区别，可以划分为三个代际技术迭代：第一代开发技术以粮食作物、糖类为原料，是当前阶段主要的生物质开发手段。工业上广泛应用的发酵原料是淀粉，淀粉主要存在于谷物籽粒和植物根茎中，基于粮食原料的生物基开发可能造成“与粮争地”。第二代开发技术以非粮生物质为原料，主要包括木薯等淀粉类经济作物、木质纤维素（农作物秸秆、林业废弃物、薪炭林、木本油料林、灌木林）、有机生活垃圾、畜禽粪污、生活污水污泥等。中国年产农业废弃物9.6亿吨、林业废弃物3.5亿吨。第三代开发技术以生物细胞工厂利用大气中的二氧化碳来进行生物生产，其发展落后于现有生物制造技术路线，对生物固碳过程中涉及的各个步骤需要进行深入理解和优化，当前仍处于早期阶段，距离大规模产业应用尚有距离。

产业链完整覆盖了从上游生物质原料，到中游的生物基中间体及材料产品制造，再到下游终端应用的整个过程。上游原料包括粮食作物（谷类、薯类、豆类）和非粮生物质（秸秆、林业废弃物），经加工形成植物油、木质素、纤维素等多样化原料。中游通过生物合成、加工、炼制技术，将原料转化为生物基单体和平台化合物，进一步加工成生物基塑料、化学纤维、橡胶、涂料等高端产品。下游则是这些生物基材料在包装、消费品、纺织品、时装、家居和工

业等领域的广泛应用。

1. 政策引导非粮原料创新，力促绿色可持续发展

生物基材料是我国战略性新兴产业，被纳入《中国制造2025》新材料领域。从发展重点来看，虽然我国生物基材料产业发展迅速，构建了较为完整的产业技术体系，但目前生物基材料主要还是基于粮食原料，如稻谷、小麦、玉米等。由于我国人均耕地、粮食保有量与部分资源丰富国家相比差异很大，即便我国粮食连年丰收、供应充裕、市场稳定，若是基于粮食原料发展生物基材料，仍然存在难以为继的风险。因此，我国选择将传统意义上“非粮生物质”作为发展生物基材料的原料，如以大宗农作物秸秆及剩余物等非粮生物质为原料来生产，意在提前防范“与民争粮”“与畜争饲”等矛盾。对此，2023年1月，工业和信息化部等六部门联合发布了《加快非粮生物基材料创新发展三年行动方案》，其中提出发展目标：到2025年，非粮生物基材料产业基本形成自主创新能力强、产品体系不断丰富、绿色循环低碳的创新发展生态，非粮生物质原料利用和应用技术基本成熟，部分非粮生物基产品竞争力与化石基产品相当，高质量、可持续的供给和消费体系初步建立。2023年8月，工业和信息化部、国家发展改革委、财政部、生态环境部、商务部、应急管理部、供销合作总社等七部门发布了《石化化工行业稳增长工作方案》，提出支持开展非粮生物质生产生物基材料等产业化示范。国家标准化管理委员会于2024年1月和3月先后下达了《绿色产品评价　生物基材料及制品》（计划号：20232091-T-469）、《生物基材料与制品　生物基含量及溯源标识要求》（计划号：20240428-T-469）两个国家标准制定计划，两个标准制定工作的开展将极大地引领和推动生物基材料创新发展。

2. 产业规模不断扩大，市场发展进入快车道

生物基材料作为绿色、环保、资源节约的新兴产业，其市场份额预计在未来5～10年内将大幅增长至20%以上，年产量将超过8000万吨。全球生物塑料及聚合物市场规模预计2025年将达到279亿美元，年均复合增长率高达21.7%。在我国，生物基材料市场规模自2014年的96.86亿元增长至2022年的231.2亿元，

其间增长量达134.34亿元，增速呈现波动上升态势，由8.57%提升至16.15%（图4-28）。展望未来，随着经济形势的稳中向好及下游应用领域的不断拓展，预计2024年全国生物基材料市场规模将达到310亿元。目前，我国生物基材料产业规模不断扩大，年产量占全球产量的1/5，且产品种类日益丰富。在功能菌株、蛋白质元件等关键技术方面，我国已取得显著突破，生物基材料正逐步从科研开发走向全面产业化规模应用，被广泛应用于塑料制品、纺织纤维、医药器械、涂料、农业物资、表面活性剂等领域。

图4-28 2014～2022年中国生物基材料市场规模

近年来，随着国家政策的持续扶持，我国生物基材料行业迎来了企业数量的显著增长。在激烈的市场竞争中，生物基材料行业已经实现了高度的市场化，多个细分领域的领军企业逐渐显现（表4-22）。我国的生物基材料企业不仅在国内市场占据主导地位，还积极拓展海外市场，以稳固其国际地位。经过多年的市场竞争，行业主流产品已经形成了多个知名品牌和领军企业，为生物基材料行业的持续繁荣奠定了坚实的基础（表4-23）。

表4-22 国内从事生物基材料生产相关的企业（部分）（排名不分先后）

海正生材	凯赛生物	华恒生物	中粮科技
光华伟业	汉丰新材料	华丽生物	联泓新科
卓越新能	河北华丹	嘉澳环保	赞宇科技
丰原集团	永乐生物	态创生物	梅花生物

续表

深圳易生	金禾实业	安琪酵母	上海同杰良
江苏九鼎	浙江友诚	国韵生物	同邦新材料
鸿达生物	东部湾生物	金发科技	金丹科技
河南龙都天仁	北京微构工场	宁波天安生物	蓝晶微生物
深圳意可曼	麦得发生物	安顺科技	拓普生物
协和环保	恒鑫环保	锦禾高新科技	上九生物
华发生态	天冠集团	允友成生物	华芝路生物
九江科院	星湖科技	晨光生物	圣泉集团
浙江旭日	同化新材料	恒天宝丽丝	龙骏天纯
元利科技	南京化纤	里奥纤维	中纺绿纤

资料来源：SynBio新材料

表4-23 从事生物基材料或生物基材料单体生产的上市企业名单（部分）（排名不分先后）

名称	介绍
浙江海正生物材料股份有限公司	专注于聚乳酸（PLA）的研发、生产及销售，产品在熔融温度、分子量分布等性能指标方面已达到国际先进水平，具备较强的国际竞争力。所生产的纯聚乳酸被广泛应用于食品接触级的包装及餐具、吸管、膜袋类包装品、纤维、织物、3D打印材料等下游产品和应用领域
安徽华恒生物科技股份有限公司	以合成生物技术为核心，主要从事氨基酸及其衍生物产品研发、生产、销售，已经成为全球领先的通过生物制造方式规模化生产小品种氨基酸产品的企业之一，丙氨酸系列产品生产规模位居国际前列
上海凯赛生物技术股份有限公司	主要聚焦聚酰胺产业链，产品包括生物基聚酰胺及可用于生物基聚酰胺生产的原料，包括DC12（月桂二酸）、DC13（巴西酸）等生物法长链二元酸系列产品和生物基戊二胺，已成为全球领先的利用生物制造规模化生产新型材料的企业之一
中粮生物科技股份有限公司	国内唯一集食品原料及配料、生物能源、生物材料等为一体的玉米深加工综合性上市公司，燃料乙醇、果糖等产品持续保持行业领先地位。其中，生物可降解材料业务的主要产品为聚乳酸、聚羟基脂肪酸酯、可降解包装物等
龙岩卓越新能源股份有限公司	专注于以废弃油脂资源生产生物柴油及生物基材料等方面的技术研究和开发，拥有独立的研发机构和技术团队，是具有产品技术自主研发及产业化应用能力的国家级高新技术企业。主要产品有生物柴油、生物酯增塑剂、工业甘油、环保型醇酸树脂
浙江嘉澳环保科技股份有限公司	国内环保型植物油脂基增塑剂较具影响力、品种最齐全的环保增塑剂生产企业，是国家火炬计划重点高新技术企业。主营产品分为环保增塑剂、环保稳定剂、生物质能源三大类
赞宇科技集团股份有限公司	专业从事表面活性剂、油脂化学品研发制造和洗护用品OEM/ODM（原始设备制造或贴牌生产/原始设计制造或设计代工）业务的高新技术企业，现已成为国内研究和生产表面活性剂、油脂化学品的龙头企业之一
安琪酵母股份有限公司	主要从事酵母、酵母衍生物及相关生物制品的开发、生产和经营，依托酵母技术与产品优势，建立了上下游密切关联的产业链，打造了以酵母为核心的多个业务领域

续表

名称	介绍
梅花生物科技集团股份有限公司	一家主营氨基酸产品的全链条合成生物学公司，核心能力覆盖从菌种设计、构建、发酵、分离提取到形成产品的各个环节。生产的产品包括动物营养氨基酸类产品、食品味觉性状优化产品、人类医用氨基酸类产品及其他产品等
安徽金禾实业股份有限公司	专业从事化工、生物及新材料业务的国家高新技术企业，是甜味剂安赛蜜、三氯蔗糖和香料麦芽酚的主要生产商，开发了一系列具有国际领先水平的核心技术，三氯蔗糖、安赛蜜及甲、乙基麦芽酚单位产能生产成本和生产收率均处于行业领先水平
金发科技股份有限公司	全球化工新材料行业产品种类最为齐全的企业之一，同时是全球规模最大、产品种类最为齐全的改性塑料生产企业。主营业务为化工新材料的研发、生产和销售，主要产品包括改性塑料、环保高性能再生塑料、完全生物降解塑料、特种工程塑料、碳纤维及复合材料、轻烃及氢能源、苯乙烯类树脂和医疗健康高分子材料产品等八大类
河南金丹乳酸科技股份有限公司	国内少数能够生产高光学纯度 L-丙交酯的企业之一，实现了“两步法”生产聚乳酸关键原材料丙交酯的工业化生产。近些年通过积极向乳酸产业上下游延伸，探索出一种自上游玉米种植、蒸汽供应到乳酸生产，再至下游丙交酯、聚乳酸生产的全产业链、循环经济发展模式
广东肇庆星湖生物科技股份有限公司	利用不同的生物发酵技术和化学合成技术，从事食品添加剂、饲料添加剂和医药中间体及原料药的研发、生产和销售的企业。主产品的生产规模、市场占有率均居国内前列
晨光生物科技集团股份有限公司	从事的业务属于天然植物提取物细分领域，主要系列产品有天然色素、香辛料提取物和精油、营养及药用提取物、天然甜味剂、保健食品、油脂和蛋白质等。目前晨光生物已位居全球植物提取行业第一梯队，逐渐追赶或超越Frutarom（以色列）、Kalsec（美国）、Synthite（印度）、Lycored（以色列）等国外植物提取龙头企业
济南圣泉集团股份有限公司	以合成树脂及复合材料、生物质化工材料及新能源相关产品的研发、生产、销售为主营业务的高新技术企业，其中酚醛树脂、呋喃树脂产销量规模位居国内第一、世界前列
南京化纤股份有限公司	新工集团新材料业务板块核心企业，主要从事的业务有纤维素纤维原料及纤维制造、生物基材料制造、高性能纤维及复合材料制造、合成材料制造等。聚焦新材料产业布局，实现莱赛尔纤维、聚对苯二甲酸乙二醇酯（PET）发泡材料为主业的“2+X”发展模式

资料来源：SynBio新材料

3. 未来探索新路径，环保可持续，应用多元化

（1）开发生物基材料新路径

非粮生物质作为重要的原料之一，其在纺织、化妆品、制药和化学品等领域的应用潜力巨大。可以通过挖掘适用于生物技术制造的新材料，开发出具有新功能和性能的生物基材料。

（2）开发非粮生物质向蛋白质、淀粉转化的酶法新路径

非粮生物质制备微生物蛋白质方面，经过生物安全菌种发酵，生产食品或饲料级别的微生物蛋白质，为人类和动物供给蛋白质营养。开发新技术如酶法纤维素向淀粉转化，酶催化将糖苷键定向重排使纤维素转化为淀粉，该淀粉可被用于高端工业制造。

（3）环保与可持续性

生物基材料凭借其环保和可持续性优势，正逐渐成为全球关注的焦点。随着环保意识的提升，生物基材料的需求将持续增长。因此，未来研究将聚焦于提高材料的环保性能和可持续性，通过优化生产工艺、提升原材料利用率及降低能耗来实现。

（4）功能与性能提升

尽管生物基材料在性能上与传统材料存在一定差距，但未来研究将致力于弥补这一差距。通过提高材料的强度、耐久性、耐热性和耐腐蚀性，以及开发具有特定功能（如抗菌、防霉、自修复）的生物基材料，以满足不同领域的需求。

（5）多元化应用

生物基材料的应用前景广泛，涵盖包装、纺织、建筑、医疗、汽车等多个领域。随着研究的深入，生物基材料将在更多领域得到应用，并开发出适应不同领域需求的材料。此外，生物技术的不断发展也将推动生物基材料在生物医药、组织工程等领域的应用。

（6）产业链整合

生物基材料的产业链涉及多个环节，包括原材料、生产工艺、加工和销售。未来，将加强产业链的整合，形成完整的产业链体系，以降低生产成本、提高生产效率，并推动生物基材料产业的规模化发展。

（7）IT+BT［生物技术（biotechnology）］在工业领域带来的范式变革

数据驱动的生物制造新范式正在生物医药领域展现出强大的推动力。未来，这一范式将在非粮生物质开发的工业领域得到广泛应用，包括菌种的基因组尺

度代谢网络模型、高品质数据和新型数据的挖掘与分析算法等。这些技术的应用将显著促进改造靶点预测和指导代谢工程改造等领域的发展。

生物基产业在全球范围内得到了广泛的重视和支持，成为推动绿色低碳循环经济的重要力量。展望未来，随着技术的不断创新和政策的持续推动，生物基产业有望在全球经济中发挥更加重要的作用。

（三）生物质能

生物质能是太阳能以化学能形式贮存在生物质中的能量形式，具体包括秸秆、农林废弃物、生活垃圾、畜禽粪污等种类，其主要利用方式是收集后进行发电，在2006年出台的《中华人民共和国可再生能源法》中，生物质能与风电、光伏一起被划为可再生能源，行业多年的发展有效解决了农田秸秆燃烧、城市生活垃圾处理等问题。2023年底，国家发展和改革委员会发布了《产业结构调整指导目录（2024年本）》，明确了多个领域鼓励发展的生物质能源产业技术。这些技术涵盖了农林牧渔业和林果业中的生物质能源项目，如国家储备林、特色经济林的建设，以及木本粮油基地和生物质能源林的培育。同时，政策也强调了对可再生资源的综合利用，特别是农作物秸秆的多元化利用及农村可再生资源的综合开发，还关注到了农村废弃物的资源化治理。

生物质能发电产业链涵盖上游的原料及设备供应、中游的发电方式及下游的用电渠道。上游主要包括生物质原料（如秸秆）和相关的发电设备，其中焚烧炉是垃圾焚烧处理系统的核心。秸秆作为一种清洁可再生的优质能源，具有巨大的开发利用潜力，其发电方式主要包括秸秆气化发电和秸秆燃烧发电。中商产业研究院发布的《2024—2030年中国秸秆综合利用行业市场发展现状及潜力分析研究报告》显示，2022年我国可收集的秸秆资源量约为7.37亿吨，同比增长0.41%，并预计在2024年将达到7.42亿吨。与此同时，随着中国经济和城镇化的快速发展，生活垃圾产生量也持续增长。该报告指出，尽管2022年中国生活垃圾清运量略有下降，但2023年已回升至约24 777万吨，并预计将持续增长至2024年的24 984万吨。在生物质能发电领域，我国近年来取得了显著进展。据报告，截至2022年底，我国生物质发电量已达1824亿千瓦时，同比增

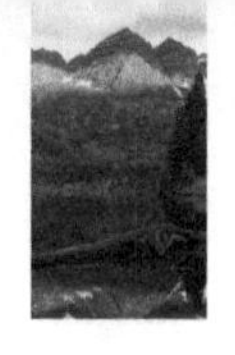

长11%，占全部发电量的2.1%。到2023年，这一数字已增长至约2087亿千瓦时，并有望在2024年达到2332亿千瓦时。从发电结构来看，我国生物质发电主要包括垃圾焚烧发电、农林生物质发电和沼气发电。其中，垃圾焚烧发电在总生物质发电量中占据主导地位，占比达到57.7%；农林生物质发电紧随其后，占比为39.3%；沼气发电的占比最小，仅为3.0%。从企业布局来看（表4-24），垃圾焚烧发电是生物质能发电企业主要布局的领域，其次是农林生物质发电。

表4-24　生物质能发电重点企业布局情况

企业名称	重点布局业务	渠道布局情况
伟明环保	垃圾焚烧发电	以浙江省内为主
瀚蓝环境	垃圾焚烧发电	以广东省内为主
联美控股	农林废弃物发电	生物质能发电项目主要位于江苏
江苏新能	农林废弃物发电	以江苏省内为主
长青集团	生活垃圾发电、农林生物质发电	垃圾发电：广东；秸秆发电：华中、华东、东北
宁波能源	农作物秸秆发电等	以浙江省内为主
物产环能	垃圾焚烧发电、农林生物质发电	以华东、华北为主
光大环境	垃圾焚烧发电	贵州、海南、浙江等
上海环境	垃圾焚烧发电	以上海为主
兴蓉环境	垃圾焚烧发电	以西南地区为主
圣元环保	垃圾焚烧发电	福建、山东、甘肃、江苏等
富春环保	垃圾焚烧发电	主要在国内
韶能股份	农林剩余废弃物及其他木质废弃物发电	主要在广东省内
中国天楹	垃圾焚烧发电	主要在国内

资料来源：中商产业研究院

当前，生物质能的利用主要集中在发电领域，其能源利用效率不高且高度依赖补贴。随着原料如秸秆的收购成本上升，现有的生物质发电商业模式已难以适应新时代的发展需求。此外，生物质能领域的企业普遍规模较小，盈利能力较弱，导致技术更新缓慢。然而，生物质能作为一种绿色、零碳的能源，其能源化和资源化利用是最佳途径。未来，生物质能的利用将更趋多元化，从低附加值向高附加值转变。这包括从现有的生物质发电、热点联产和清洁供热逐步向生物天然气、生物柴油等高端领域拓展，甚至可能涉足航空、航海领域，发展生物航煤、生物甲醇和纤维素乙醇等液体燃料。为了充分发挥生物质能的

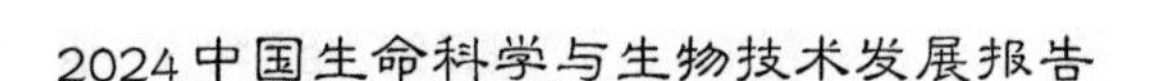

潜力，要打破现有政策壁垒，放宽生物质能项目的地域限制，不止局限于化工园区发展。通过设立试点示范项目，逐步健全生物质能产业体系，完善相关标准和规范。从这一趋势来看，非电利用领域将成为生物质能发展的重要方向，而生物质能产业的商业模式也将发生转变，转向以“生态价值＋售能”为核心的新型盈利模式。

四、产业前瞻

（一）RNA疗法

1. RNA疗法的市场规模

RNA疗法是指使用基于RNA的分子来治疗或预防疾病。1978年，Zamecnik和Stephenson首次描述了使用合成寡核苷酸通过RNA的Watson-Crick杂交来改变蛋白质表达。经多年发展，尽管克服裸RNA的不稳定性和阻碍RNA进入细胞的生物屏障尚有挑战，但RNA药物的许多优点，包括针对广泛的遗传分子的潜力、快速高效的生产、长效性、对罕见疾病的有效性及可以降低遗传毒性的风险，使RNA疗法技术的开发成为一项值得的投资。

RNA是一种具有多功能的生物大分子，可以广义地被定义为编码RNA和非编码RNA（ncRNA）。ncRNA有多种类型，包括tRNA、lncRNA、miRNA、小干扰RNA（siRNA）、saRNA、circRNA和外泌体RNA等多种类型。不同RNA类型在医学上的应用不尽相同。mRNA可以作为疗法、诊断生物标志物或治疗靶标。细胞中mRNA可以翻译产生治疗性蛋白质来替代有缺陷或缺失的蛋白质。mRNA也可作为反义寡核苷酸（ASO）、siRNA、miRNA、适配体和抑制性tRNA的治疗靶点。

根据Markets and Markets的研报，全球RNA治疗药物市场的收入规模在2023年达到137.0亿美元，预计到2028年有望达到180.0亿美元，2023～2028

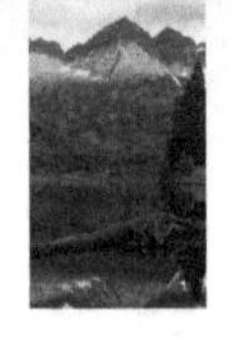

年的年均复合增长率为5.6%（图4-29）。这一市场的增长主要是由市场参与者和RNA技术制造商之间的伙伴关系与合作数量增加、RNA治疗方式的扩大及COVID-19加强疫苗的紧急使用授权与批准数量增加等因素推动的。另外，RNA治疗产品的停产/召回预计将阻碍市场增长。基于RNA适配体的产品开发的更高水平进展有望为市场参与者提供有利可图的机会。相反，与RNA治疗药物制造相关的挑战预计将在一定程度上影响市场增长。

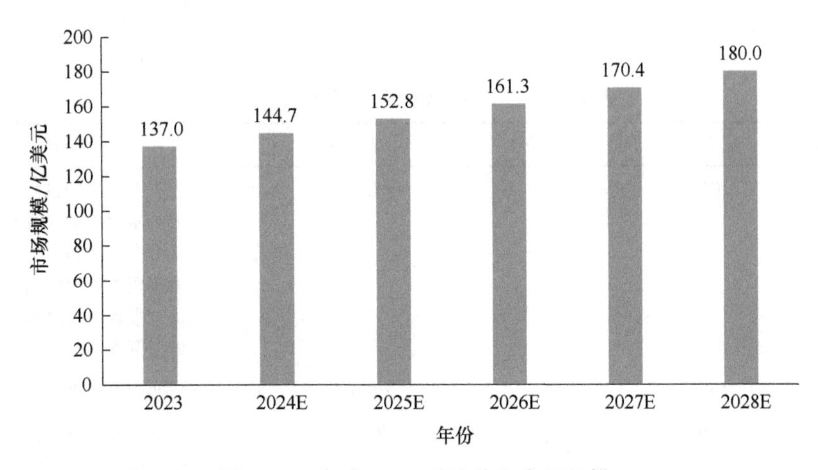

图4-29　全球RNA疗法收入市场规模

2. 国内的RNA疗法资本关注度逐渐提升

RNA疗法具有几方面的重要优势，包括对靶标具有高度特异性，通过替换RNA的序列可以进行模块化的开发，在药代动力学和药效学方面的可预测性，以及相对安全（它们中的大多数不会改变基因组）。然而，该疗法也存在一些挑战：尽管RNA治疗药物设计可以使用“即插即用”的模块化设计概念，但它们仍然需要通过测试来确定其疗效和安全性；由于RNA很容易降解，因此如何实现细胞递送面对重大挑战。

RNA技术为开发罕见或难治疾病的新药提供了一种创新方法。目前，多款在研RNA疗法处于不同的临床前和临床期开发阶段，治疗包括癌症、肝肾疾病、心脏病、代谢性疾病、血液疾病、呼吸系统疾病和自身免疫病等在内的多种疾病。与其他生物分子相比，RNA分子是不稳定的。外源RNA分子被引入人体后，细胞中的蛋白质表达水平有限，往往会引发体内的免疫反应。这些问题可以通过

对RNA分子进行各种优化（包括化学修饰等）来缓解。化学修饰可以保护治疗性RNA免受核酸外切酶、核酸内切酶和细胞环境的影响，并增强药物活性。骨架的选择决定了ASO是阻断翻译、转录或剪接等细胞过程，还是靶向RNA进行核酸酶消化。对siRNA中核糖的修饰可以通过降低siRNA的热稳定性来减轻脱靶效应，从而增强与靶标的特异性结合。1-甲基假尿嘧啶核苷可提高治疗性mRNA的稳定性和翻译。近年随着技术的不断演进，以RNA疗法为主要业务的企业融资市场逐步活跃，国内资本市场关注度较高，近年的融资事件见表4-25。

表4-25　近年RNA疗法公司的融资事件

公司	成立时间	融资轮次	融资额度	投资方
艾博生物	2019年	B轮	6亿元	人保资本、国投创业、云峰基金、济峰资本、弘晖资本、高镇创投、泰福资本、聚明创投、岚湖投资、春风创投、博远资本
斯微生物	2016年	A+融资	3000万元	君实生物、嘉兴领峰
丽凡达生物	2019年	股权融资	未披露	横琴金投、康橙投资、丽珠医药、天优投资
美诺恒康	2013年	未知	未披露	清大明韵
蓝鹊生物	2019年	股权融资	未披露	中寰资本、胜辉景晨投资
厚存纳米	2018年	股权融资	未披露	国华三星
深信生物	2019年	天使轮	未披露	中科创星、动平衡资本、润亭资本、前海母基金、智飞生物
瑞吉生物	2019年	股权融资	未披露	红杉资本中国

3. RNA递送系统是产业化研究热点方向

亲水性和带负电荷的RNA治疗药物不能穿过细胞膜，因此它们需要递送载体和（或）化学修饰才能到达其靶标。虽然免疫原性和核酸酶等生物障碍通常可以通过对RNA进行化学修饰来解决，但将RNA包裹到纳米载体中既可以保护RNA，也可以将其递送到细胞中。具有生物降解性、生物相容性、低毒性的纳米材料也可以作为RNA载体。其中包括脂质、壳聚糖、环糊精、聚乙烯亚胺（PEI）、聚乳酸-乙醇酸、树状大分子、磁性纳米颗粒、碳纳米管、金纳米颗

粒、二氧化硅纳米颗粒等。

脂质纳米颗粒是当前应用最广泛的非病毒递送系统之一，用于核酸药物和疫苗的输送。其优势包括易于生产、可生物降解、能够保护包埋的核酸免受核酸酶降解和肾清除、促进细胞摄取和内体逃逸等。近期，脂质纳米颗粒作为mRNA新冠疫苗的重要组成部分备受全球瞩目，在有效保护和转运mRNA进入细胞中发挥着关键作用。

另一种重要的核酸递送载体是聚合物，其在核酸递送领域扮演着次要但关键的角色。阳离子聚合物能够与阴离子核酸形成稳定的复合物，提供了一种通用、可扩展且易于调整的平台，用于高效的核酸递送，同时将免疫应答和细胞毒性降至最低。线性阳离子聚合物是研究较为广泛的载体之一。此外，多肽由于其结构和功能的多样性及生物相容性，也被广泛应用于核酸递送领域。多肽可以用于靶向细胞，为精准治疗提供了有力的支持。

（二）生物 3D 打印

1. 生物3D打印的市场规模

生物3D打印技术是在计算机辅助下，利用 3D 打印机将细胞和由各类生物材料组成的“生物墨水”按特定空间排列组合，构建与目标组织或器官生物结构相似替代物的一种增材制造技术。该技术使得细胞与生物材料在空间内实现精确分布，再现目标组织或器官中复杂的三维结构与微环境，实现对目标组织或器官的高度复制。因此，生物3D打印技术在组织与器官构建中具有很大的应用潜力，是最有希望实现在体外制造人体器官的技术之一。根据构建功能性组织结构的工作原理不同，有着多种生物打印技术，如挤压式生物打印（extrusion bioprinting，EB）、光固化生物打印（stereo lithography bioprinting，SLB）、喷墨生物打印（inkjet bioprinting，IJB）、激光辅助生物打印（laser-assisted bioprinting，LAB）等。这些生物打印技术工艺各有优劣，可以单独或组合使用，以实现所需结构的制造。

全球生物3D打印市场规模在2019年为5.8613亿美元，到2025年将增长到

19.4994亿美元，年均复合增长率达到22.18%。中国生物3D打印行业市场规模在2017年只有98亿元，到了2022年达到了265.01亿元，增加了167.01亿元（图4-30）。生物3D打印作为3D打印领域的一个分支，其市场规模和增长率也会随着整个行业的发展而增长。但是，由于生物3D打印技术仍处于早期阶段，其市场规模相对较小，增长率也相对较高。随着技术的不断进步和应用场景的不断拓展，生物3D打印行业的市场规模和增长率有望进一步提升。

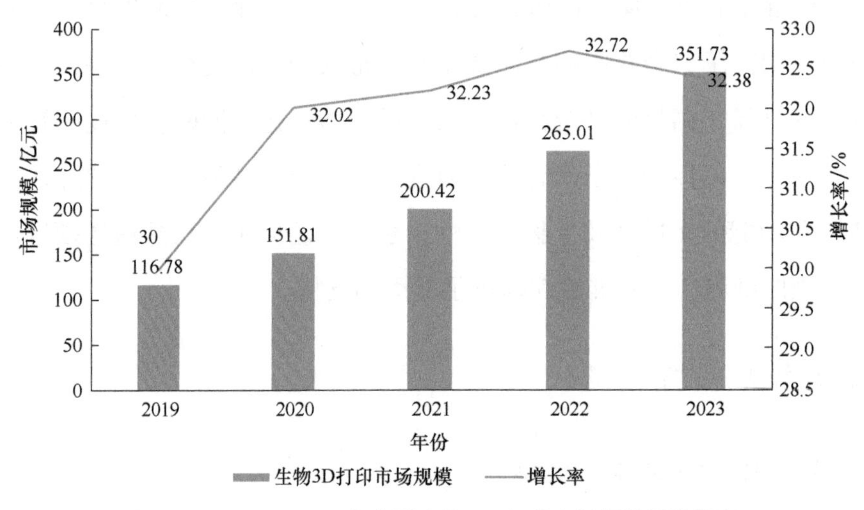

图4-30　2019～2023年中国生物3D打印市场规模及增长率

（资料来源：智研瞻产业研究院）

2. 生物3D打印技术行业经营情况

生物3D打印主要包括细胞打印、组织工程支架和植入物打印及主流的生物3D打印技术。其中，细胞打印技术是将细胞层层打印在特殊的热敏材料上，通过准确定位，形成需要的结构，主要用作医学实验的研究工具、用于构建和修复组织器官及作为药物研发领域的药物筛选模型。组织工程支架和植入物打印利用计算机断层扫描、生物材料三维打印成型等技术获取人体器官模型，并经过3D技术处理，包括建立3D模型、有限源分析等步骤，然后针对不同材料和部位进行建模。主流的生物3D打印技术主要包括挤压式生物打印、有限元生物打印、喷墨生物打印、激光辅助生物打印和微型阀生物打印等五大类。

生物3D打印技术仍然处于发展的初级阶段，有着广阔的进步空间。组织和

器官的复杂性给精确的生物打印带来了巨大的挑战。为了解决这一问题，未来的发展重点将是实现多尺寸、多材料和多细胞的生物打印。与天然组织和器官相比，目前生物打印技术的主要缺点之一是精度较低。另一个常见的缺点是在打印大尺寸、复杂结构，特别是涉及多材料交替打印时速度较慢。此外，作为生物3D打印的关键应用之一，体外组织模型不仅需要在尺寸上实现标准化，还需要在生物相容性和力学性能上达到标准化水平，这进一步提高了对生物打印技术均匀性和再现性的要求。相较于其他打印方法，光固化生物3D打印技术在这些方面具有明显的优势。

在全球市场，生物3D打印行业的头部企业包括美国的Stratasys、3D Systems，德国的EOS，以色列的Objet Geometries等。这些企业在生物3D打印技术、设备和材料等方面拥有较强的研发实力和市场竞争力。

在中国市场，生物3D打印行业的核心厂商包括Organovo、Cellink、Aspect Biosystem、Cyfuse Biomedical和TeVido Biodevices等。其中，Organovo是全球生物3D打印领域的领先企业之一，其产品在医疗、制药和生物制造等领域有广泛的应用。

3. 生物3D打印产业存在的问题及前景

技术限制是一个重要的问题，目前的生物3D打印技术还无法实现大规模生产，且打印速度慢、精度低。其次，生物3D打印的材料选择有限，目前可用的生物材料种类较少，且大多数材料的性能无法满足实际应用需求。此外，生物3D打印的安全性和伦理问题也不容忽视，如在打印过程中可能出现的感染风险，以及使用3D打印技术制造人体器官引发的伦理争议等。

随着科技的不断进步，生物3D打印技术将逐渐成熟并被广泛应用于医疗、农业、环保等领域。在医疗领域，生物3D打印技术可以用于制造定制化的人体器官和组织，为患者提供更好的治疗方案；在农业领域，生物3D打印技术可以用于生产高效、环保的农作物种子和生物制剂；在环保领域，生物3D打印技术可以用于制造高效的废水处理设备和空气过滤系统等。此外，生物3D打印技术还可以用于制造高性能的复合材料、仿生机器人等高科技产品。综上所述，生物3D打印技术具有巨大的应用潜力和市场前景。

第五章　投　融　资

一、全球投融资发展态势

（一）全球医疗健康产业吸金能力进一步萎缩

2023年全球医疗健康产业投融资3076起，累计投融资574亿美元，相比于2022年的3057起投融资事件、729亿美元投融资金额，2023年的投融资事件数量稍有增加，但投融资金额则有所下降。整体来看，2021年以3591起投融资事件、1270亿美元掀起近10年的投融资热潮，2021年后全球健康产业吸金能力则进一步萎缩，走入阶段性下行的第三年（图5-1）。

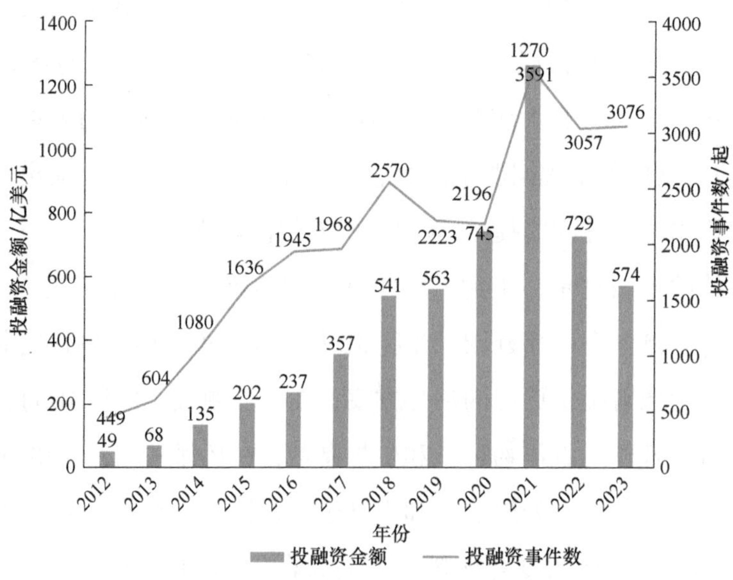

图5-1　全球2012～2023年医疗健康产业投融资变化趋势

（资料来源：动脉网，《2024年全球医疗健康产业资本报告》）

2023年，单笔投融资超过1亿美元的项目达136起，约占2023年投融资事件数的4.4%，同比减少了0.9%。从历年交易数量的变化趋势来看，单笔投融资超过1亿美元的项目也是2021年最多，为360件，这与年度总投融资事件数的变化趋势一致。从投融资交易占比来看，单笔投融资超过1亿美元的项目占比连续下降，相比2021年和2022年，占比分别减少5.6%和1.0%（图5-2）。

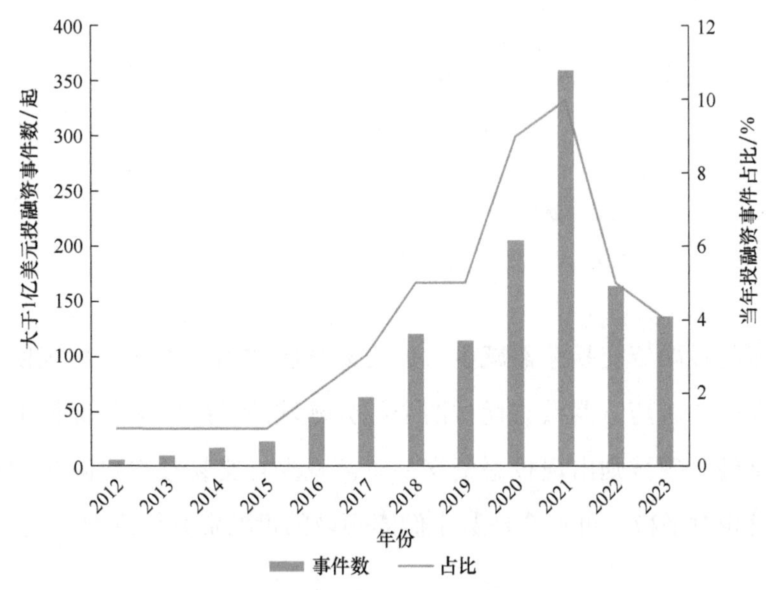

图5-2　全球2012～2023年医疗健康产业投融资大于1亿美元事件数

（资料来源：动脉网，《2024年全球医疗健康产业资本报告》）

（二）超过85%的投融资交易在A轮项目以上

从具体领域来看，生物医药类项目的交易规模最大、活跃度最高，2023年生物医药领域的投融资总数为1178起，其中千万美元级项目的投融资数量最多，为474起，占比超过40%，过亿美元级项目的投融资数量为76起，占比为6.45%；器械与耗材类项目投融资规模排名第二，其中百万美元级项目的投融资数量最多，为357起，占比37.58%，过亿美元级项目的投融资数量为16起，占比仅为1.68%。数字健康、医疗服务和医药商业分别排名第三、第四和第五，投融资事件数量分别为716起、188起和44起（图5-3）。

对比2022年和2023年细分领域的投融资情况，生物医药、器械与耗材两

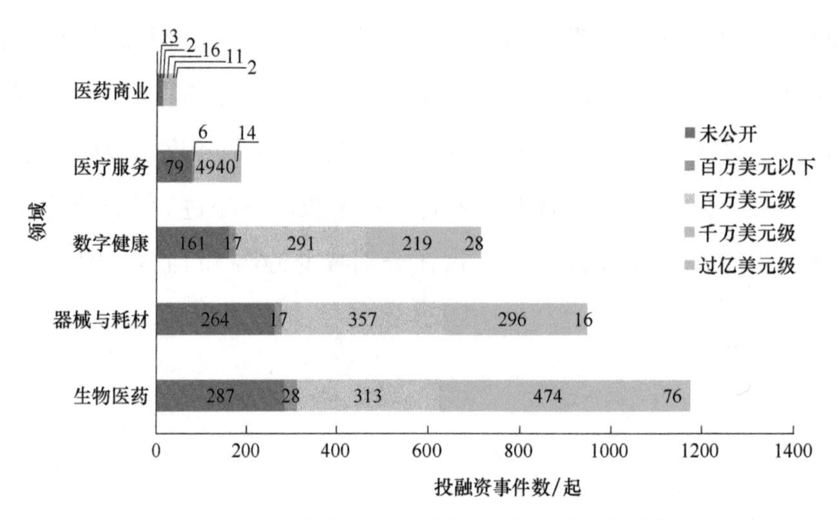

图 5-3 2023 年全球医疗健康领域投融资金额分布

（资料来源：动脉网,《2024年全球医疗健康产业资本报告》）

个细分领域的投融资交易总额减少，但交易频次增加，平均交易规模进一步缩小，可见在生物医药、器械与耗材两个细分领域的投融资交易保持了投小的风格。而数字健康领域则出现投融资交易总额减少且交易频次也减少的情况，平均交易规模相对平稳，可见全球数字健康领域的投融资开始降温（图5-4）。

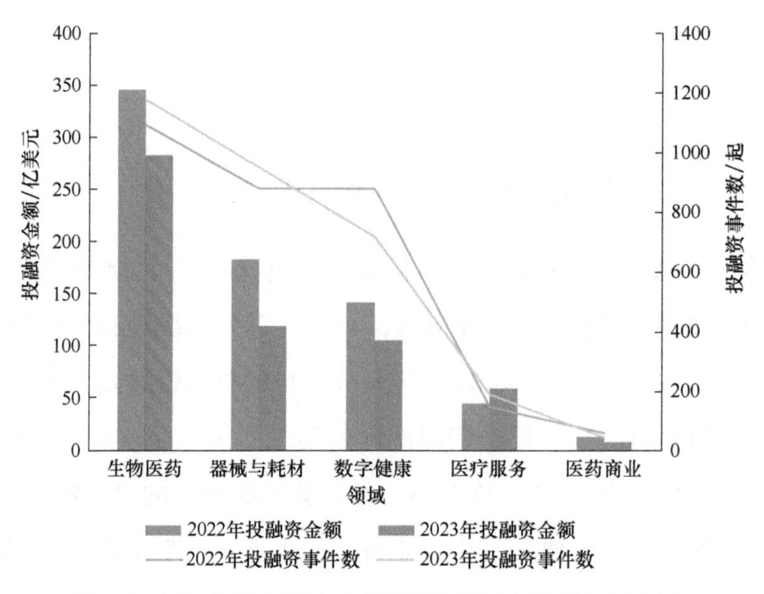

图 5-4 2022 年和 2023 年全球医疗健康五大领域投融资对比

（资料来源：动脉网,《2024年全球医疗健康产业资本报告》；公开统计）

从交易轮次来看，除了未公开轮次的事件，种子轮和天使轮共有431起交易事件，占总交易轮次的14.01%，可见全球医疗健康产业投融资交易主要集中在A轮项目以上。具体领域来看，生物医药、器械与耗材领域分别有369起、310起A轮交易事件，占比分别为31.32%、32.63%，交易占比最多（表5-1）。

表5-1 全球医疗健康产业投融资轮次分布

领域	种子轮/天使轮	A轮	B轮	C轮	D轮及以上	其他	未公开
生物医药	137	369	182	72	29	196	193
器械与耗材	110	310	148	61	43	131	147
数字健康	160	169	64	34	20	73	196
医疗服务	17	34	6	5	6	49	71
医药商业	7	7	4	2	0	9	15

资料来源：动脉网，公开统计

（三）Smile Doctors获年度最多投融资额

2023年全球医疗健康产业投融资Top10项目中，总部位于美国得克萨斯州的牙齿矫正服务商Smile Doctors，主要从事牙齿咨询、诊疗及矫正等业务，并提供牙套、牙齿矫正器等产品，致力于为患者提供相关的牙齿矫正解决方案，以5.5亿美元的单轮投融资总额成为2023年全球投融资金额最多的医疗健康项目。

从2023年全球医疗健康产业投融资Top10项目的所在领域来看，医疗服务领域投融资事件最多，而仅有2家生物医药领域的企业投融资项目进入全球投融资Top10榜单，分别是美国马萨诸塞州剑桥的ElevateBio公司和美国得克萨斯州的Caris Life Sciences公司。ElevateBio公司重点关注免疫疗法、再生医学和基因疗法，该公司打造了一个完全整合的业务模式，旨在为细胞和基因治疗产品开发公司提供资金、研发基地，以及药物开发和商业化知识，2023年获4.01亿美元的市场投融资；Caris Life Sciences公司提供基于分子、组织的分析和测试的精准医学服务，2023年获4亿美元的市场投融资（表5-2）。

表5-2 2023年全球医疗健康市场投融资Top10

序号	企业	金额/亿美元	时间	主营业务
1	Smile Doctors	5.5	2023年7月19日	牙科服务
2	Sono Bello	5.46	2023年2月14日	医疗健康服务

续表

序号	企业	金额/亿美元	时间	主营业务
3	Auna	5.05	2023年3月29日	医疗健康服务
4	Stanford Health Care Tri-Vally	5	2023年8月31日	医疗健康服务
5	Ardent Health Services	5	2023年5月2日	社区医保服务
6	PharmEasy	4.2	2023年11月1日	线上药物快递服务平台
7	ElevateBio	4.01	2023年5月24日	细胞和基因治疗产品开发
8	Caris Life Sciences	4	2023年1月19日	精准医学服务
9	Prospect Medical Holdings	3.75	2023年5月26日	医疗保健管理服务
10	Monogram Health	3.75	2023年1月9日	远程肾护理服务

资料来源：IT桔子数据库，公开统计

（四）各股市IPO上市进程进一步放缓

2023年，在A股、美股及港股迎来首次公开发行（initial public offering，IPO）的上市企业共175家，与2022年基本持平，其中87家企业来自美国，占比近一半，中国企业53家，排名第二。从2023年全球医疗健康产业投融资细分领域Top5来看，生物药领域有63家企业上市，数量最多；其次是化学药领域，有23家企业上市（图5-5）。

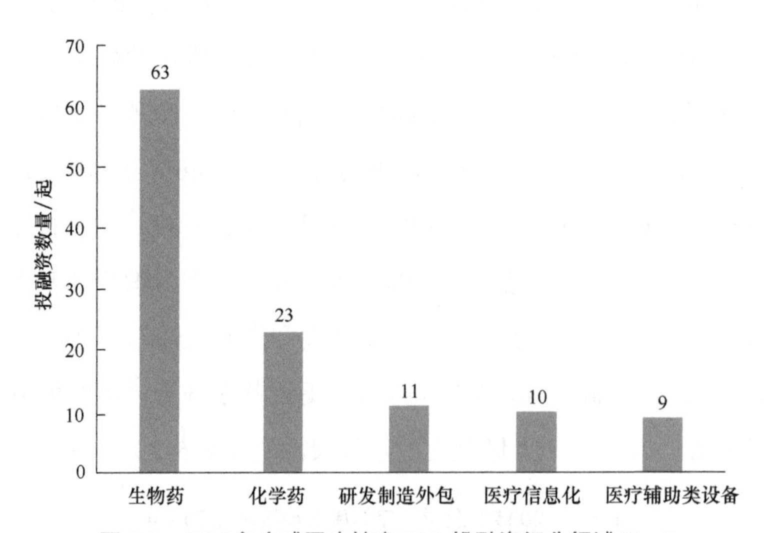

图5-5　2023年全球医疗健康IPO投融资细分领域Top5

（资料来源：Wind数据库，公开统计）

从2023年全球医疗健康产业IPO企业排名来看（表5-3），2023年度最大IPO来自强生旗下子公司Kenvue，Kenvue是强生旗下消费者健康业务公司，来源于强生集团的一次分拆。其自2021年底就开始从强生剥离，业务涵盖自我护理、皮肤健康和美容3个领域，旗下涵盖数十个家喻户晓的强生品牌，包括邦迪、露得清、李施德林及强生婴儿爽身粉等。2023年5月4日，Kenvue在纽约证券交易所挂牌上市。Kenvue的发行价为22美元/股，开盘价为25.53美元/股，开盘后股价持续上涨，报收26.9美元/股，涨幅达22.27%，市值超502亿美元。

2023年全球医疗健康产业IPO排名第二的是瑞士仿制药和生物类似药巨头Sandoz，2023年10月4日，Sandoz以103亿瑞士法郎（约合112亿美元）的估值在瑞士证券交易所上市，并被纳入六大市场指数，拥有投资级信用评级。

在2023年全球医疗健康产业IPO企业中，有4家中国企业，分别是智翔金泰、药明合联、宏源药业和敷尔佳，均为生物医药相关的企业。

表5-3 2023年全球医疗健康IPO企业Top10

序号	企业	金额/亿美元	时间	主营业务
1	Kenvue	38	2023年5月4日	医疗消费领域产品开发
2	Sandoz	29	2023年10月4日	仿制药
3	ACELYRIN	5.4	2023年5月5日	免疫治疗
4	智翔金泰	4.6	2023年6月20日	单抗药物开发
5	药明合联	4.45	2023年11月17日	药品研发和制造服务
6	Apogee Therapeutics	3.45	2023年7月4日	自免领域长效迭代药物
7	宏源药业	3.07	2023年3月20日	医药开发生产
8	敷尔佳	2.9	2023年8月1日	皮肤护理产品开发生产
9	RayzeBio	2.9	2023年9月15日	靶向药开发
10	Cargo Therapeutics	2.81	2023年11月10日	细胞治疗

资料来源：Wind数据库，公开统计

（五）启明创投是2023年最活跃的投资机构

2023年，全球医疗健康最为活跃的投资机构是启明创投，在各大风投机构中排名第一，全年累计投资27次，融资轮次主要是早期项目。礼来亚洲基金和君联资本各出手20次和19次，分列第二、三位（表5-4）。值得注意的是，不

同于以往头部机构扎堆布局头部项目，2023年，头部机构在项目选择上更为独立。

对比往年，2023年头部机构的投资次数大幅减少，即使排名第一的启明创投投资数量，其27次投资在2021年也仅排名第十位。

表5-4 2023年全球医疗健康投资机构Top10

排名	投资方	投资次数	偏好轮次
1	启明创投	27	A轮、B轮
2	礼来亚洲基金	20	A轮、B轮
3	君联资本	19	C轮、Pre-A轮
4	红杉资本	17	A轮、Pre-A轮
5	中信证券	17	定向增发
6	毅达资本	16	B轮、A轮
7	同创伟业	15	A轮、A+轮
8	元生创投	15	A轮、A+轮
9	中金资本	15	B轮、B+轮
10	深创投	14	A轮、A+轮

资料来源：公开统计

（六）中国首次超越美国成为投融资活跃度最高的地区

2023年，全球医疗健康投融资事件发生最多的5个国家分别是中国、美国、英国、瑞士和法国，中国以1300起投融资事件领跑全球，投融资事件数量首次超越美国。但从投融资金额来说，美国以349.33亿美元投融资金额成为全球获最多投融资金额的地区，中国则紧随其后，投融资金额为109.62亿美元，中美两国囊括所有国家投融资金额和投融资事件的近80%。投融资事件数量排名第三、第四和第五的地区分别是英国、瑞士和法国（图5-6）。

在投融资领域方面，美国、英国、法国三个国家的投融资热点主要是数字健康和生物医药领域，而我国和瑞士则侧重于生物医药和器械与耗材领域，生物医药是各国均关注的投融资热点。

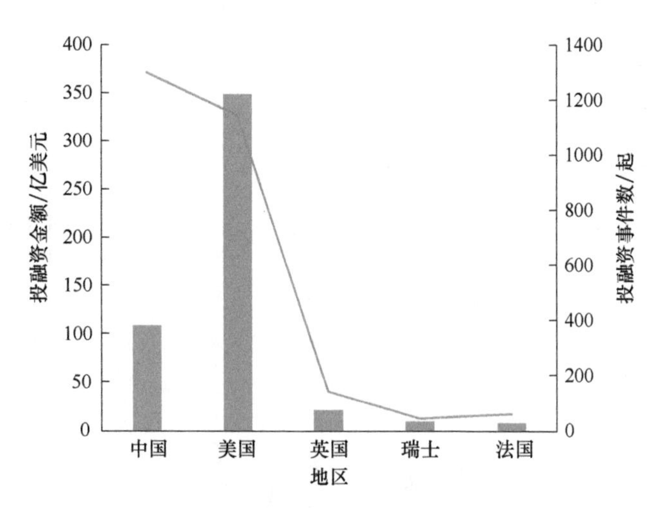

图 5-6 2023 年全球投融资规模排名前五的地区

（资料来源：动脉网，《2024年全球医疗健康产业资本报告》）

二、中国投融资发展态势

（一）国内投融资市场的寒冬仍在持续

在国内，2023年共完成1300起医疗健康产业市场投融资，累计109亿美元的中、早期资金流入医疗健康的创新探索领域。从历年投资情况来看，2023年的投融资市场交易规模回到了2017～2018年的水平（图5-7）。

与全球情况类似，国内近年医疗健康行业投融资交易的高点出现在 2021年。2021年出现了华润医药50亿元人民币收购博雅生物、海吉亚医疗超17亿元人民币收购苏州永鼎医院、迈瑞医疗5.3亿欧元收购海肽生物等标志性案例。2022年，因受疫情反复、经济承压、国际环境复杂等多重因素影响，当年投融资交易的数量和金额均出现了一定程度的回落。而随着 2022 年底疫情政策放开，2023年的经济复苏并未达到市场预期。具体行业方面，医保监管深化、医疗反腐持续推进等合规化举措使得医疗健康行业发展暂时性承压。此外，疫情过后，体外诊断、疫苗等细分行业也面临着产能出清的压力，均是影响2023年投融资规模的因素。

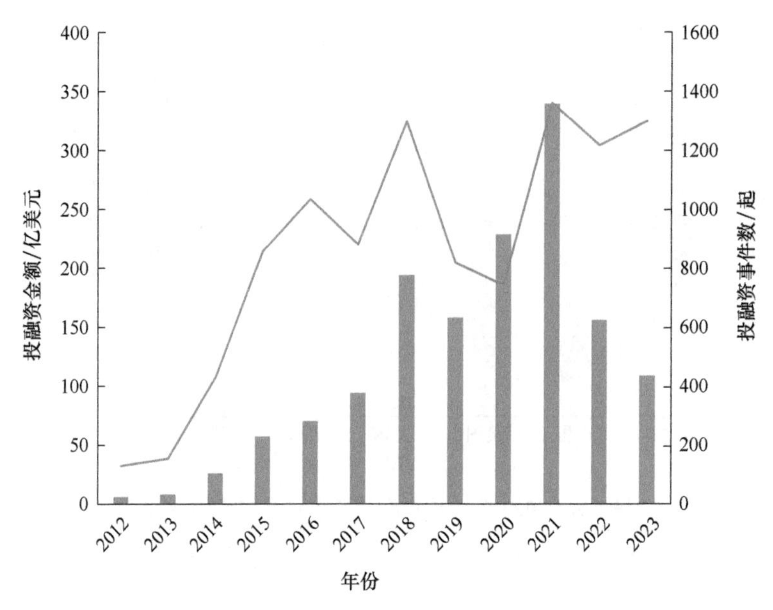

图 5-7　中国 2012～2023 年医疗健康产业投融资变化趋势

（资料来源：动脉网，《2024年全球医疗健康产业资本报告》）

（二）海森生物获国内年度最多投融资金额

2023年，海森生物获国内年度最多投融资金额。海森生物是一家创新型生物医药企业，由康桥资本、合肥产投集团与合肥市肥东县政府共同投资组建，2023年4月20日，亚洲专注于医疗健康行业的私募股权基金——康桥资本和海森生物联合宣布海森生物完成了3.2亿美元的投融资，该轮投融资由康桥资本和阿布扎比主权财富基金穆巴达拉投资公司共同领投，其他机构投资者跟投，募集资金将用于未来的收购和创新产品管线的业务发展。

药明合联于2023年11月7日获得约3.0亿美元的投融资，成为年度投融资金额第二大的企业。药明合联分拆自药明生物，是一家专注于全球生物偶联药物CDMO的企业，2023年11月7日，药明合联宣布于11月7日起至11月10日招股，11月17日在香港证券交易所挂牌上市，摩根士丹利、高盛、摩根大通联席保荐。

除了海森生物和药明合联，生工生物于2023年4月18日宣布正式引进2.8亿美元首轮战略投融资，成为2023年备受关注的投融资项目之一。生工生物是一家中外合资高新技术企业，隶属于集团公司BBI Life Sciences，是中国生命科学

科研产品及技术服务行业中具有全面覆盖的知名供应商，且为全球大型的DNA合成定制产品生产商之一，致力于提供生命科学产品与技术服务，他们提供DNA合成、DNA测序、实验室耗材、小型仪器、生化试剂、分子生物学试剂盒、基因合成、多肽合成、抗体制备、蛋白质组学产品、蛋白质表达及纯化、SNP分型、菌种鉴定等产品和服务。本轮投融资由德福资本、CPE源峰、景林投资、华盖资本管理的首都大健康基金、国开科创和华胜资本共同完成（表5-5）。

表5-5 2023年中国医疗健康市场投融资Top10

序号	企业	金额/亿美元	时间	主营业务
1	海森生物	3.2	2023年4月20日	创新型生物医药服务
2	药明合联	3.0	2023年11月7日	生物偶联药物医药外包服务
3	生工生物	2.8	2023年4月18日	DNA合成定制产品生产
4	金斯瑞蓬勃生物	2.2	2023年1月18日	生物医药合同研发、生产
5	先通医药	1.5	2023年7月3日	放射性药物研发、生产
6	百明信康	1.5	2023年6月29日	免疫治疗创新药物研发
7	礼邦医药	1.4	2023年4月12日	肾及慢性疾病治疗产品
8	拓烯科技	1.4	2023年7月21日	聚合物新材料研发、生产
9	鞍石生物	1.4	2023年12月28日	抗肿瘤创新药物研发
10	康龙生物	1.3	2023年3月30日	医药外包服务

资料来源：Wind数据库，公开统计

（三）智翔金泰是年度IPO募资最多的企业

从国内医疗健康IPO排名前十的事件来看，生物医药创新企业仍然是IPO的主力军，排名前十的企业包括生物医药类企业7家，医疗器械类企业2家，医疗服务类企业1家。其中，来自重庆的智翔金泰在2023年 6月上市，成为年度IPO募资最多的企业（表5-6）。

智翔金泰成立于2015年10月20日，主要聚焦于肿瘤、自身免疫病和传染病三大治疗领域，从事单克隆抗体药物开发和生产。本次IPO发行新股9168万股，发行股份占本次发行后公司股份总数的比例为25%，主要用于抗体产业化基地一期项目改扩建、抗体产业化基地二期项目建设、抗体药物研发及补充流动资金。智翔金泰本次IPO发行后总股本3.67亿股，发行后总市值138.9亿元。

表5-6　2023年中国医疗健康IPO企业Top10

序号	企业	金额/亿美元	时间	主营业务
1	智翔金泰	4.6	2023年6月20日	单抗药物开发
2	药明合联	4.45	2023年11月17日	药品研发和制造服务
3	宏源药业	3.07	2023年3月20日	医药开发生产
4	敷尔佳	2.9	2023年8月1日	皮肤护理产品开发、生产
5	昊帆生物	2.31	2023年7月12日	药品原料
6	安思杰	2.31	2023年5月19日	内镜微创诊疗
7	西山科技	2.28	2023年6月6日	数字化微创科手术设备及耗材开发
8	科伦博泰	1.61	2023年7月11日	创新药
9	金凯生命科技	1.55	2023年8月3日	药品研发和制造服务
10	三博脑科	1.48	2023年5月5日	医疗服务

资料来源：根据公开数据统计

（四）深圳证券交易所是国内上市首选的资本市场

从国内医疗健康企业IPO登陆地来看，深圳证券交易所成为2023年医疗健康企业IPO首选的资本市场，26家企业在深圳证券交易所上市，占比达到将近一半。其次是香港证券交易所，有14家企业在香港证券交易所上市（图5-8）。

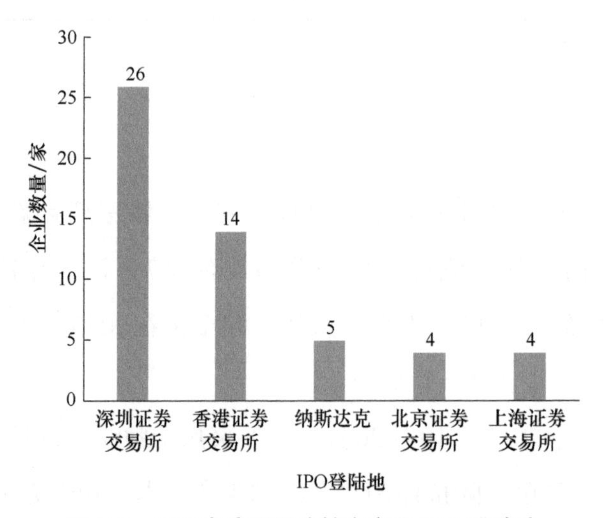

图5-8　2023年中国医疗健康产业IPO登陆地

（资料来源：Wind数据库）

4家企业通过上海证券交易所科创板上市，IPO投融资金额合计约80.83亿元，相比于2022年23家企业投融资合计466.15亿元，2023年科创板上市企

业数量和投融资金额均出现明显下降（表5-7）。从平均单次IPO投融资来看，2023年平均单次IPO投融资金额约为20.21亿元，对比2022年的20.27亿元差距不大，表明在科创板成功IPO的企业投融资能力保持在相对稳定的水平。

表5-7 2023年科创板IPO的企业信息

序号	名称	代码	IPO金额	上市时间
1	智翔金泰	688443.SH	4.6亿美元	2023年6月20日
2	安杰思	688581.SH	18.2亿元	2023年5月19日
3	西山科技	688576.SH	2.28亿美元	2023年6月6日
4	百利天恒	688506.SH	9.9亿元	2023年1月6日

资料来源：Wind数据库

（五）江苏是国内最热门的投资区域

2023年，国内医疗健康投融资事件发生最多的5个地区分别是江苏、广东、上海、北京和浙江，这5个地区累计产生1034起投融资事件，全国近8成投融资事件发生在这5个地区。

江苏是国内最热门的医疗投资区域，共完成256起投融资，累计投融资金额18.43亿美元。广东次之，共221起投融资，涉及总金额15.66亿美元，位列第三的是上海，共完成207起投融资，总金额26.52亿美元。整体来看，江苏投融资最为活跃，但上海的投融资金额最多（图5-9）。

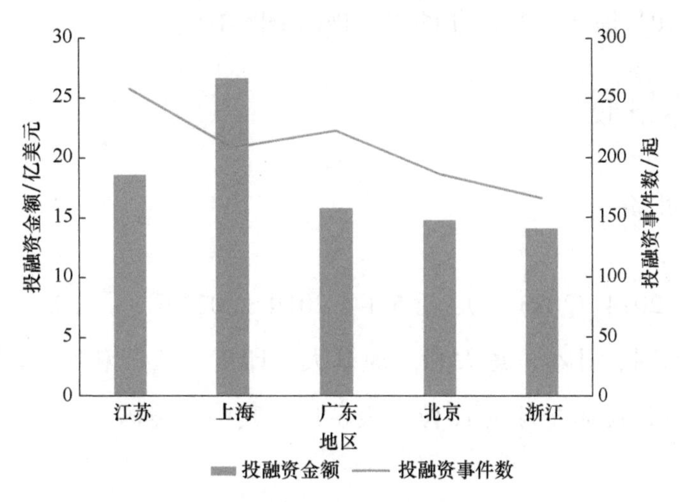

图5-9 2023年中国投融资规模排名前五的地区

（资料来源：动脉网，《2024年全球医疗健康产业资本报告》）

第六章 文献专利

一、论文情况

（一）年度趋势

2014～2023年，全球和中国生命科学论文数量均呈现显著增长的态势。2023年，全球共发表生命科学论文942 989篇，相比2022年减少了8.80%，较新冠疫情前的2019年发文量略有增长，10年的年均复合增长率达到3.00%[344]。

中国生命科学论文数量在2014～2023年的增速高于全球增速。2023年中国发表论文222 964篇，比2022年减少了6.87%，10年的年均复合增长率达到11.38%，显著高于国际水平。同时，中国生命科学论文数量占全球的比例也从2014年的11.70%提高到2023年的23.64%（图6-1）。

（二）国际比较

1. 国家排名

近10年（2014～2023年）、近5年（2019～2023年）及2023年，美国、中国、英国、德国、日本、意大利、加拿大、印度、法国和澳大利亚发表的生命科学论文数量位居全球前10位（表6-1）。其中，美国始终以显著优势位居

344 数据源为ISI（Institute for Scientific Information）科学引文数据库扩展版（ISI Science Citation Expanded）。

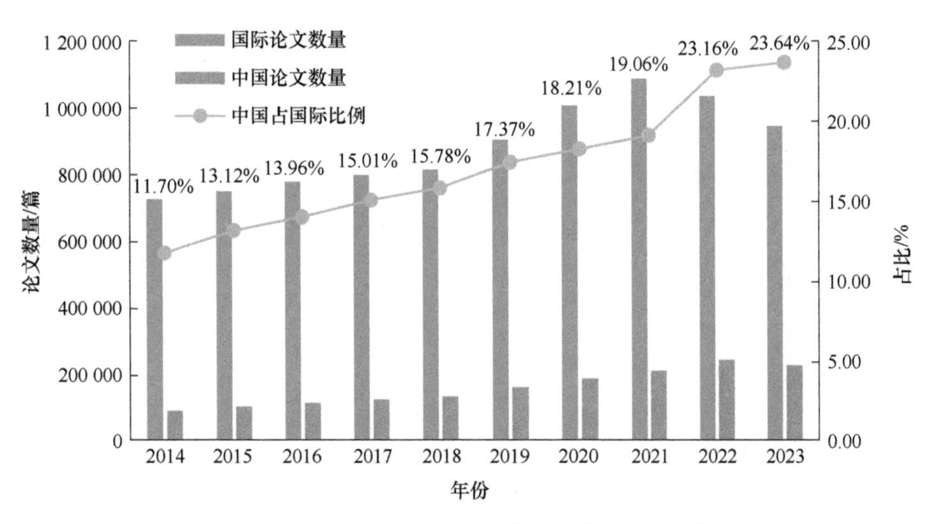

图 6-1　2014～2023 年国际及中国生命科学论文数量

全球首位，中国一直保持在全球第二位，且与美国的差距缩小（图6-2）。中国在2014～2023年10年间共发表生命科学论文1 547 417篇，其中2019～2023年和2023年分别发表1 009 046篇和222 964篇，占10年总论文量的65.21%和14.41%，表明近年来我国生命科学研究发展明显加速。

表 6-1　2014～2023 年、2019～2023 年及 2023 年生命科学论文数量前 10 位国家

排名	2014～2023年		2019～2023年		2023年	
	国家	论文数量/篇	国家	论文数量/篇	国家	论文数量/篇
1	美国	2 488 781	美国	1 323 351	美国	234 526
2	中国	1 547 417	中国	1 009 046	中国	222 964
3	英国	675 216	英国	367 974	英国	64 115
4	德国	596 489	德国	321 118	德国	57 110
5	日本	481 056	日本	262 725	印度	48 777
6	意大利	448 321	意大利	257 823	意大利	48 296
7	加拿大	402 345	印度	236 735	日本	46 991
8	印度	397 913	加拿大	219 691	加拿大	39 212
9	法国	372 974	澳大利亚	198 039	法国	34 792
10	澳大利亚	359 350	法国	197 933	澳大利亚	34 384

2. 国家论文增速

2023年生命科学论文数量前10位国家中，我国2014～2023年的年均复合

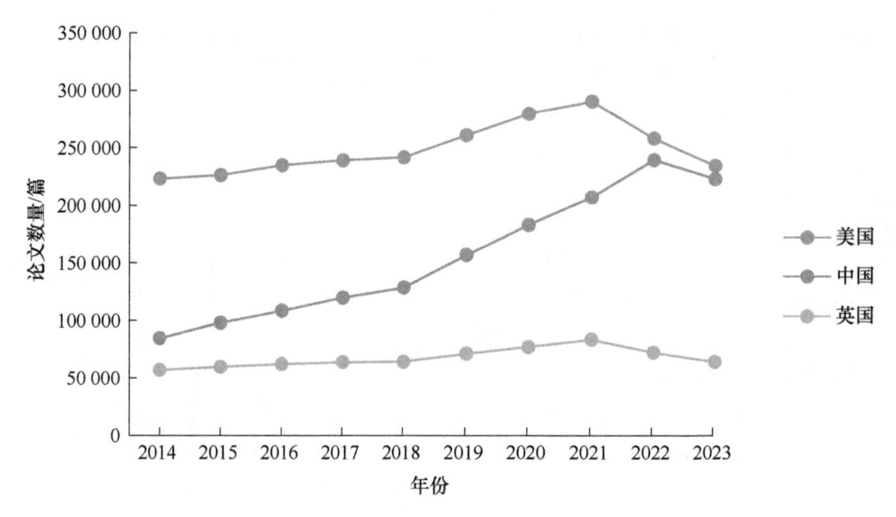

图 6-2　2014～2023 年生命科学论文数量前 3 位国家发文量趋势

增长率[345]以显著优势位居第一，达到11.38%，印度（5.68%）、意大利（3.36%）的年均复合增长率分别位居第二、三位，其他国家的年均复合增长率大多处于0.5%～2.0%。我国2019～2023年的年均复合增长率为9.23%，也显著高于其他国家，显示出我国生命科学领域在近年来保持了较快的发展速度（图6-3）。

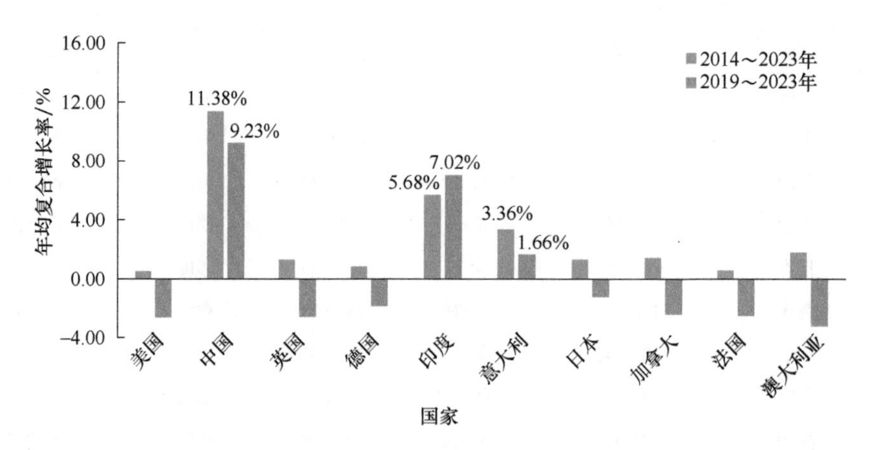

图 6-3　2023 年论文数量前 10 位国家在 2014～2023 年及 2019～2023 年的论文增速

345 n年的年均复合增长率＝［$(C_n/C_1)^{1/(n-1)}-1$］×100%，其中，C_n是第n年的论文数量，C_1是第1年的论文数量。

3. 论文引用

对生命科学论文数量前10位国家的论文引用率[346]进行排名，可以看到，2014～2023年澳大利亚的论文引用率达到90.12%，位居首位，2019～2023年意大利的论文引用率达到84.71%，位居首位。我国在2014～2023年及2019～2023年的论文引用率分别居第九、八位，两个时间段的论文引用率分别为85.57%和79.77%（表6-2）。

表6-2 2014～2023年及2019～2023年生命科学论文数量前10位国家的论文引用率

排名	2014～2023年		2019～2023年	
	国家	论文引用率/%	国家	论文引用率/%
1	澳大利亚	90.12	意大利	84.71
2	加拿大	89.88	澳大利亚	84.11
3	意大利	89.73	英国	83.92
4	英国	89.58	加拿大	83.69
5	法国	88.61	法国	82.87
6	美国	88.56	德国	82.69
7	德国	88.32	美国	81.86
8	日本	85.96	中国	79.77
9	中国	85.57	日本	77.46
10	印度	75.22	印度	68.10

（三）学科布局

利用Incites数据库对2014～2023年生物与生物化学、临床医学、环境与生态学、免疫学、微生物学、分子生物学与遗传学、神经科学与行为学、药理与毒理学、植物与动物学9个学科领域中论文数量排名前10位的国家进行了分析，比较了论文数量、篇均被引频次和论文引用率3个指标，以了解各学科领域内各国的表现。

分析显示，从论文数量（表6-3）来看，美国和中国领先：在环境与生态学除外的8个学科领域中，美国的论文数量均显著高于其他国家，在环境与生

346 论文引用率＝被引论文数量/论文总量×100%。

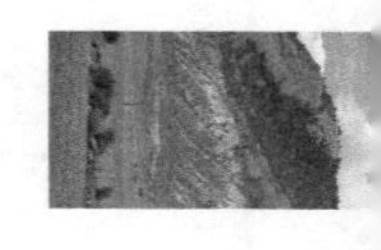

表 6-3　2014～2023 年 9 个学科领域排名前 10 位国家的论文数量

生物与生物化学		临床医学		环境与生态学		免疫学		微生物学		分子生物学与遗传学		神经科学与行为学		药理与毒理学		植物与动物学	
国家	论文数量/篇	国家	论文数量/篇	国家	论文数量/篇	国家	论文数量/篇	国家	论文数量/篇	国家	论文数量/篇	国家	论文数量/篇	国家	论文数量/篇	国家	论文数量/篇
美国	300 734	美国	2 000 533	中国	239 317	美国	158 804	美国	73 523	美国	215 909	美国	332 030	美国	151 169	美国	234 616
中国	209 667	中国	672 839	美国	184 639	中国	60 585	中国	55 483	中国	162 583	中国	92 677	中国	146 580	中国	160 376
德国	74 886	英国	528 534	英国	62 010	英国	47 206	德国	20 855	英国	53 727	英国	77 885	英国	44 912	巴西	69 456
英国	70 140	德国	381 154	德国	51 516	德国	32 634	英国	20 836	德国	50 416	德国	77 704	德国	35 189	英国	62 915
日本	56 934	意大利	331 425	澳大利亚	48 686	法国	26 374	法国	16 542	日本	33 676	加拿大	57 383	印度	34 633	德国	57 232
印度	50 895	日本	327 304	加拿大	45 617	意大利	22 995	巴西	13 326	法国	31 027	意大利	56 742	日本	34 475	澳大利亚	45 898
意大利	43 321	加拿大	279 618	西班牙	45 388	西班牙	20 282	日本	12 903	加拿大	28 354	日本	42 988	意大利	33 849	加拿大	45 531
加拿大	41 667	澳大利亚	254 504	印度	38 788	澳大利亚	18 753	印度	11 605	意大利	27 071	法国	40 762	法国	27 762	日本	42 677
法国	41 142	法国	240 846	意大利	37 163	日本	18 439	西班牙	10 818	澳大利亚	20 964	澳大利亚	37 373	西班牙	22 686	西班牙	41 751
韩国	34 094	西班牙	216 640	法国	35 330	加拿大	18 378	意大利	10 777	西班牙	20 417	西班牙	33 292	韩国	21 472	法国	38 822

态学领域中论文数量居第二位，中国在环境与生态学领域中的论文数量位居首位，其他8个学科领域的论文数量均居第二位。然而，在论文影响力方面，澳大利亚、英国和德国位居前列：澳大利亚在环境与生态学、免疫学、分子生物学与遗传学、神经科学与行为学、植物与动物学5个领域的论文引用率和篇均被引频次均位列前两位，中国在生物与生物化学、临床医学、免疫学、分子生物学与遗传学、神经科学与行为学5个领域的论文引用率位居首位，英国在环境与生态学、微生物学、神经科学与行为学、分子生物学与遗传学、药理与毒理学、生物与生物化学6个领域的篇均被引频次均位列前两位，德国在生物与生物化学、免疫学、环境与生态学、微生物学、分子生物学与遗传学、植物与动物学6个领域的篇均被引频次均位列前三位。而美国和中国的篇均被引频次和论文引用率各有优势，美国各领域的篇均被引频次优于中国，而论文引用率则低于中国：美国在微生物学领域的论文引用率位居第二位，在药理与毒理学、环境与生态学、免疫学3个领域的论文引用率位居第七或八位，其余5个领域的论文引用率位居末位，而在微生物学、药理与毒理学、分子生物学与遗传学3个领域的篇均被引频次位居第二至四位，其余6个领域的篇均被引频次位居第五至八位；中国在生物与生物化学、临床医学、免疫学、分子生物学与遗传学、神经科学与行为学5个领域的论文引用率位居首位，在药理与毒理学、植物与动物学两个领域位居第四位，在环境与生态学、微生物学领域位居末位，而9个领域的篇均被引频次均位居第七至十位（图6-4）。

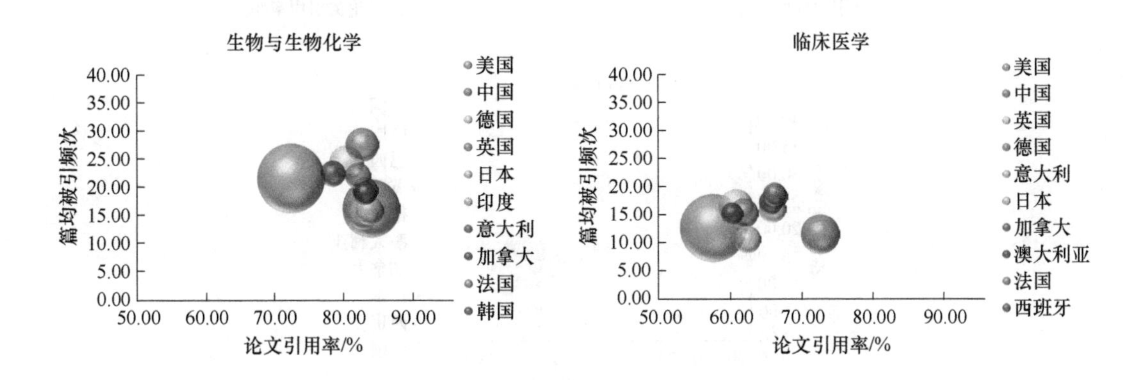

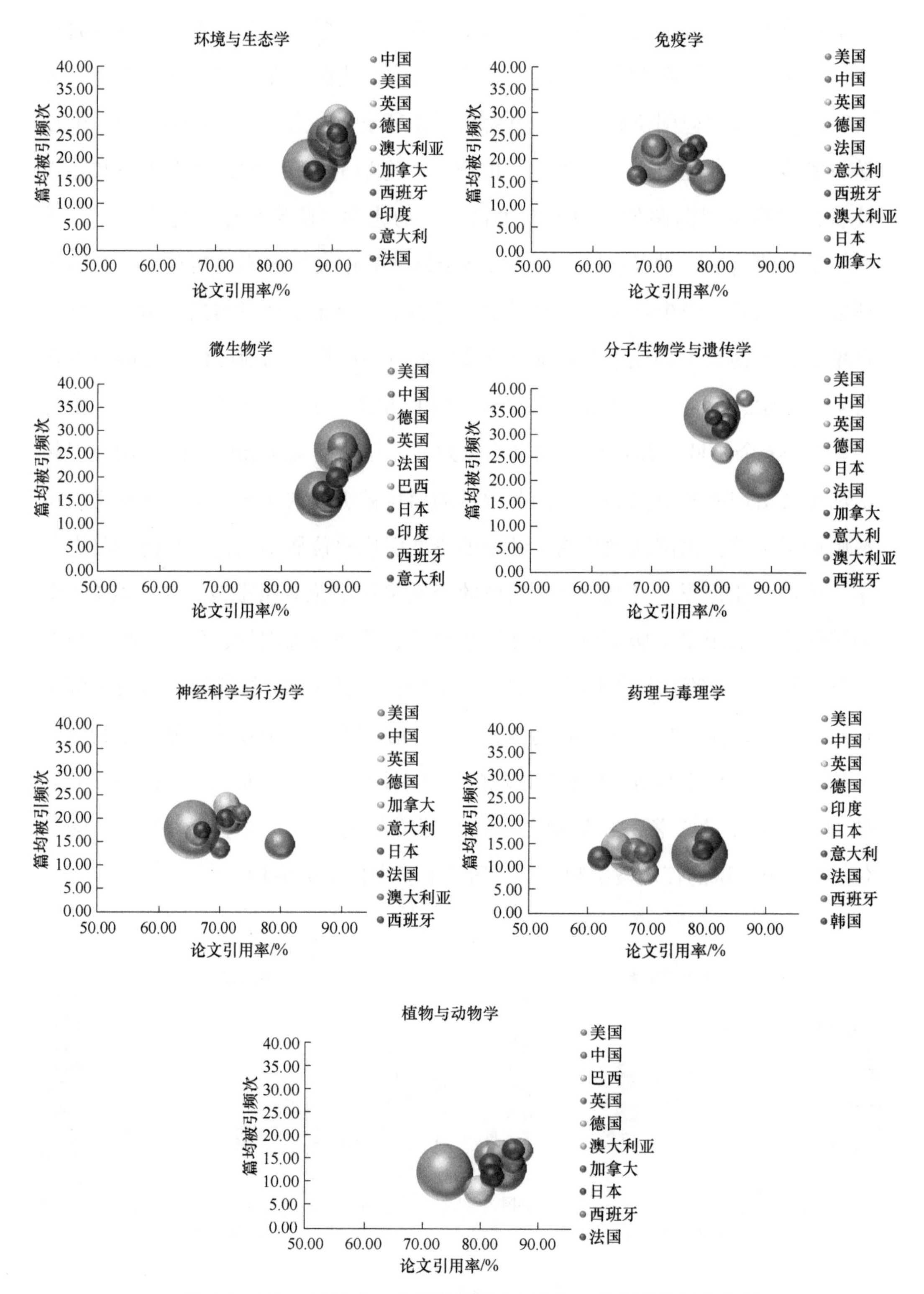

图 6-4　2014～2023 年 9 个学科领域论文量前 10 位国家的综合表现

（四）机构分析

1. 机构排名

2023年，全球发表生命科学论文数量排名前10位的机构中，有4个中国机构、2个美国机构、2个法国机构。2014～2023年、2019～2023年及2023年的国际机构排名中，美国哈佛大学的论文数量均以显著的优势位居首位（表6-4）。中国机构全球排名在近10年来显著提升，2023年，中国科学院、上海交通大学、浙江大学、中国医学科学院/北京协和医学院4个中国机构进入全球论文数量前10位，分别从2014年的第4、39、76和134位跃升至2023年的第2、7、8和10位（图6-5）。

表6-4　2014～2023年、2019～2023年及2023年国际生命科学论文数量前10位机构

排名	2014～2023年		2019～2023年		2023年	
	国际机构	论文数量/篇	国际机构	论文数量/篇	国际机构	论文数量/篇
1	美国哈佛大学	206 192	美国哈佛大学	113 597	美国哈佛大学	20 636
2	法国国家科学研究中心	124 042	中国科学院	75 135	中国科学院	15 531
3	中国科学院	122 918	法国国家健康与医学研究院	66 475	法国国家健康与医学研究院	11 722
4	法国国家健康与医学研究院	122 854	法国国家科学研究中心	66 396	法国国家科学研究中心	11 589
5	加拿大多伦多大学	98 618	加拿大多伦多大学	54 783	加拿大多伦多大学	9 749
6	美国约翰斯·霍普金斯大学	88 032	美国约翰斯·霍普金斯大学	48 087	美国约翰斯·霍普金斯大学	8 741
7	英国伦敦大学学院	81 203	英国伦敦大学学院	45 231	中国上海交通大学	8 664
8	美国国立卫生研究院	79 910	中国上海交通大学	42 148	中国浙江大学	8 323
9	法国巴黎西岱大学	77 689	美国宾夕法尼亚大学	42 010	英国伦敦大学学院	8 034
10	美国宾夕法尼亚大学	73 762	法国巴黎西岱大学	41 862	中国医学科学院/北京协和医学院	7 897

在中国机构排名中，除中国科学院、上海交通大学、浙江大学、中国医学科学院/北京协和医学院4个机构外，复旦大学、中山大学、首都医科大学、四川大学、北京大学和南京医科大学发表的论文也较多，其论文数量在

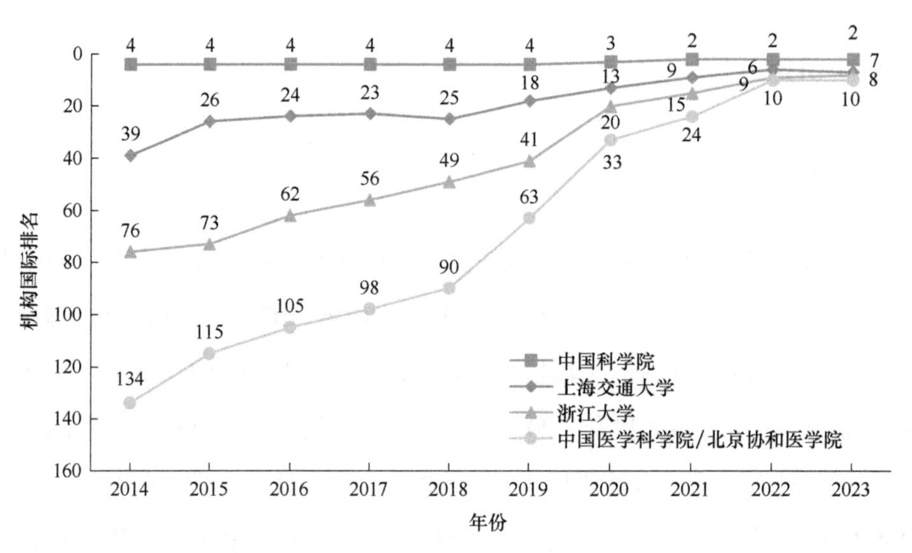

图 6-5　2023 年全球生命科学论文数量前 10 位的中国机构在 2014～2023 年的国际排名

2014～2023年始终位居前列（表6-5）。

表 6-5　2014～2023年、2019～2023年及2023年中国生命科学论文数量前10位机构

排名	2014～2023年		2019～2023年		2023年	
	中国机构	论文数量/篇	中国机构	论文数量/篇	中国机构	论文数量/篇
1	中国科学院	122 918	中国科学院	75 135	中国科学院	15 531
2	上海交通大学	67 357	上海交通大学	42 148	上海交通大学	8 664
3	浙江大学	56 737	浙江大学	37 901	浙江大学	8 323
4	复旦大学	55 364	复旦大学	35 346	中国医学科学院/北京协和医学院	7 897
5	中山大学	54 282	中山大学	35 270	复旦大学	7 450
6	中国医学科学院/北京协和医学院	49 448	中国医学科学院/北京协和医学院	34 922	中山大学	7 254
7	北京大学	49 292	首都医科大学	31 991	首都医科大学	7 077
8	首都医科大学	47 112	北京大学	31 195	四川大学	6 719
9	四川大学	44 233	四川大学	29 658	北京大学	6 546
10	南京医科大学	38 806	南京医科大学	25 661	南京医科大学	5 519

2. 机构论文增速

从2023年国际生命科学论文数量位居前10位机构的论文增速来看，中国机构的增长速度均较快，其中中国医学科学院/北京协和医学院是增长速度

最快的机构，2014～2023年及2019～2023年论文的年均复合增长率分别达到14.38%和14.19%（图6-6）。

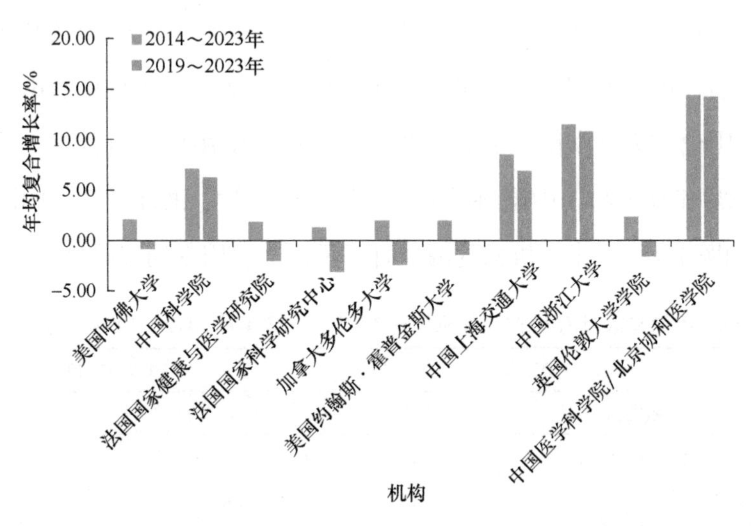

图6-6　2023年论文数量前10位国际机构在2014～2023年及2019～2023年的论文年均复合增长率

我国2023年论文数量前10位的机构中，中国医学科学院/北京协和医学院也是2014～2023年及2019～2023年增长速度最快的机构，2014～2023年增长速度次之的是首都医科大学（年均复合增长率为13.78%）和四川大学（12.45%），而2019～2023年增长速度次之的是四川大学（11.66%）和首都医科大学（10.72%）（图6-7）。

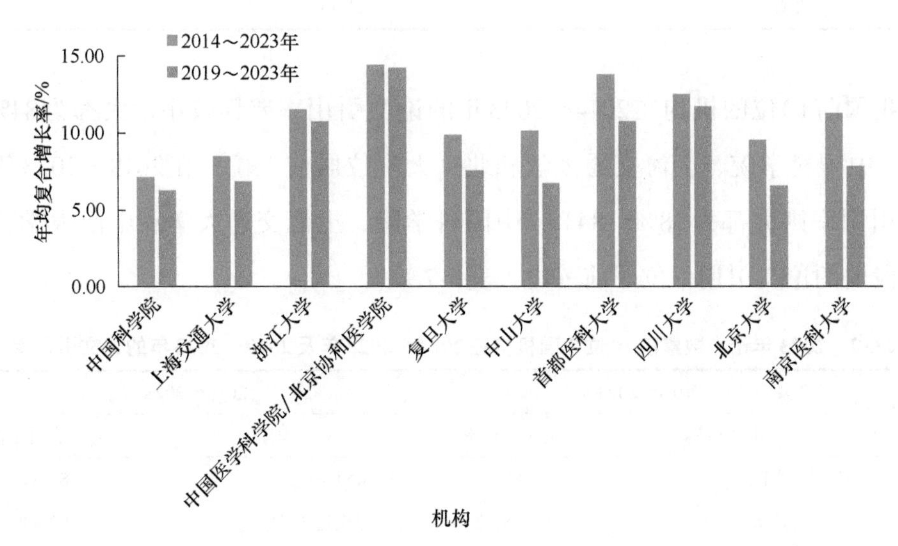

图6-7　2023年论文数量前10位中国机构在2014～2023年及2019～2023年的论文年均复合增长率

3. 机构论文引用

对2023年论文数量前10位国际机构在2014～2023年及2019～2023年的论文引用率进行排名，可以看到法国国家科学研究中心在2014～2023年的论文引用率位居首位，英国伦敦大学学院在2019～2023年的论文引用率位居首位，论文引用率分别为91.28%和86.13%。中国科学院、上海交通大学、浙江大学、中国医学科学院/北京协和医学院4个中国机构的两个时间段论文引用率均位居后四位（表6-6）。

表6-6　2023年论文数量前10位国际机构在2014～2023年及2019～2023年的论文引用率

排名	2014～2023年		2019～2023年	
	国际机构	论文引用率/%	国际机构	论文引用率/%
1	法国国家科学研究中心	91.28	英国伦敦大学学院	86.13
2	美国哈佛大学	91.18	美国哈佛大学	85.96
3	英国伦敦大学学院	91.10	法国国家科学研究中心	85.49
4	美国约翰斯·霍普金斯大学	90.76	美国约翰斯·霍普金斯大学	85.16
5	法国国家健康与医学研究院	90.66	法国国家健康与医学研究院	85.13
6	加拿大多伦多大学	90.53	加拿大多伦多大学	84.80
7	中国科学院	89.39	中国科学院	83.99
8	中国上海交通大学	88.32	中国上海交通大学	82.84
9	中国浙江大学	87.07	中国浙江大学	82.07
10	中国医学科学院/北京协和医学院	85.53	中国医学科学院/北京协和医学院	80.31

我国前10位的机构在2014～2023年的论文引用率差异较小，大都为84%～90%，中国科学院、上海交通大学和北京大学位居前三位；在2019～2023年的论文引用率则大都为78%～84%，中国科学院、上海交通大学和中山大学在该时间段内的论文引用率位居前三位（表6-7）。

表6-7　2023年论文数量前10位中国机构在2014～2023年及2019～2023年的论文引用率

排名	2014～2023年		2019～2023年	
	中国机构	论文引用率/%	中国机构	论文引用率/%
1	中国科学院	89.39	中国科学院	83.99
2	上海交通大学	88.32	上海交通大学	82.84
3	北京大学	88.16	中山大学	82.58

续表

排名	2014～2023年		2019～2023年	
	中国机构	论文引用率/%	中国机构	论文引用率/%
4	中山大学	87.94	北京大学	82.39
5	复旦大学	87.59	浙江大学	82.07
6	浙江大学	87.07	复旦大学	81.98
7	南京医科大学	86.14	南京医科大学	80.55
8	四川大学	85.73	中国医学科学院/北京协和医学院	80.31
9	中国医学科学院/北京协和医学院	85.53	四川大学	80.28
10	首都医科大学	84.15	首都医科大学	78.08

二、专利情况

（一）年度趋势[347]

2023年，全球生命科学和生物技术领域专利申请数量与授权数量分别为159 631件和79 496件，申请数量比上年度增加了6.72%，授权数量比上年度增加了5.80%。2023年，中国专利申请数量和授权数量分别为62 857件和32 859件，申请数量比上年度增长30.59%，授权数量比上年度增长11.39%，占全球数量比值分别为39.38%和41.33%。2014年以来，我国专利申请数量和授权数量整体呈上升趋势，授权数量自2019年之后开始显著增长（图6-8）。

在《专利合作条约》（PCT）专利申请方面，自2014年以来，中国申请数量持续增长，2016～2023年迅速攀升，2019～2021年增速略微减慢。2023年中国PCT专利申请数量达到3435件，较2021年增长了23.56%（图6-9）。

从我国专利申请/授权数量全球占比情况的年度趋势（图6-10，图6-11）可

347 专利数据以壹专利数据库中收录的发明专利（以下简称“专利”）为数据源，以世界经济合作组织（OECD）定义生物技术所属的国际专利分类号（international patent classification，IPC）为检索依据，基本专利年（Innography数据库首次收录专利的公开年）为年度划分依据，检索日期：2024年5月24日（由于专利申请审批周期及专利数据库录入迟滞等原因，2022～2023年数据可能尚未完全收录或数据变更，仅供参考）。

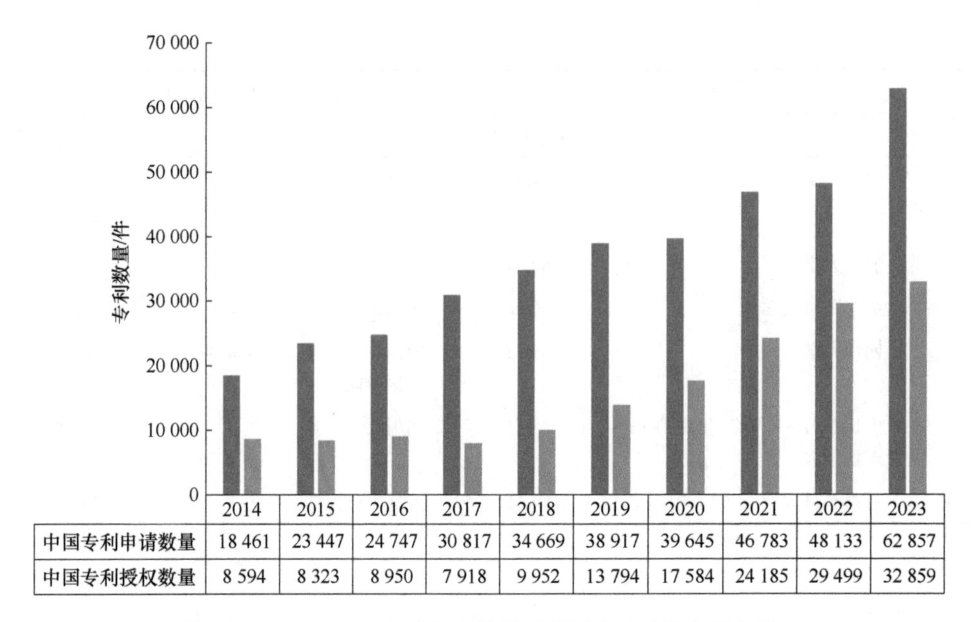

	2014	2015	2016	2017	2018	2019	2020	2021	2022	2023
中国专利申请数量	18 461	23 447	24 747	30 817	34 669	38 917	39 645	46 783	48 133	62 857
中国专利授权数量	8 594	8 323	8 950	7 918	9 952	13 794	17 584	24 185	29 499	32 859

图 6-8　2014～2023 年中国生物技术领域专利申请与授权情况

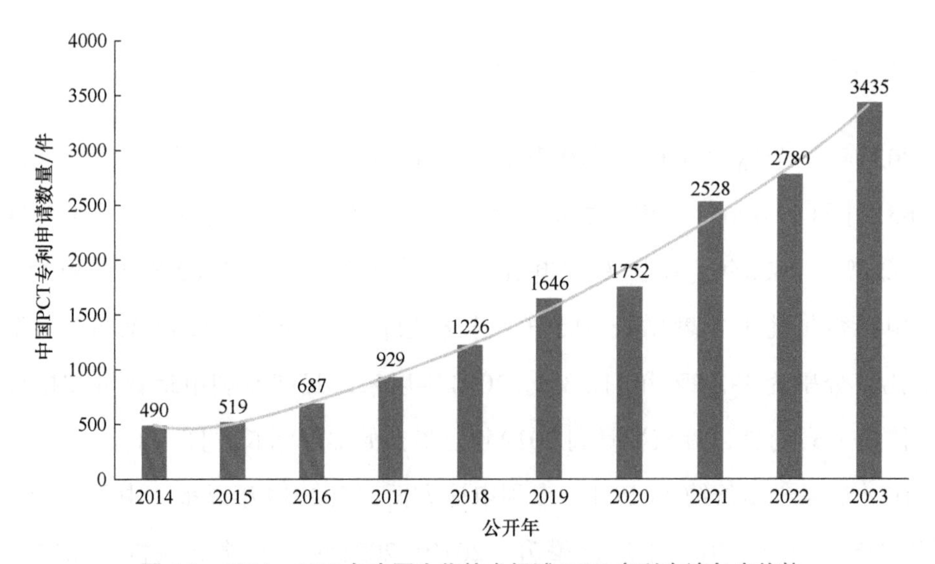

图 6-9　2014～2023 年中国生物技术领域 PCT 专利申请年度趋势

以看出，我国在生物技术领域对全球的贡献和影响越来越大。我国的专利申请/授权数量全球占比分别从2014年的20.71%和18.88%增长至2023年的39.38%和41.33%。其中，专利申请全球占比整体上稳步增长；专利授权全球占比2014～2017年呈现轻微浮动的平稳状态，2017～2023年迅速增长。

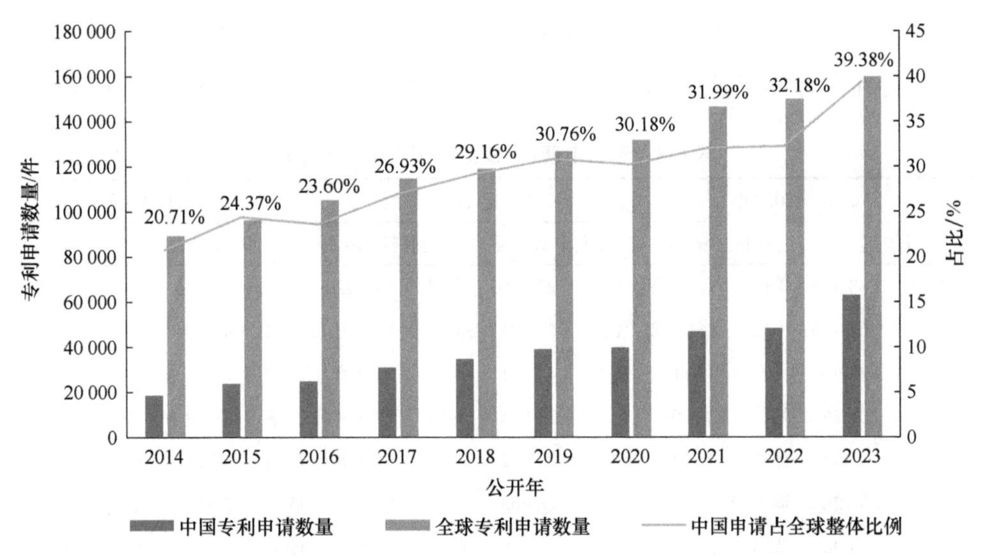

图 6-10 2014～2023 年中国生物技术领域专利申请数量全球占比情况

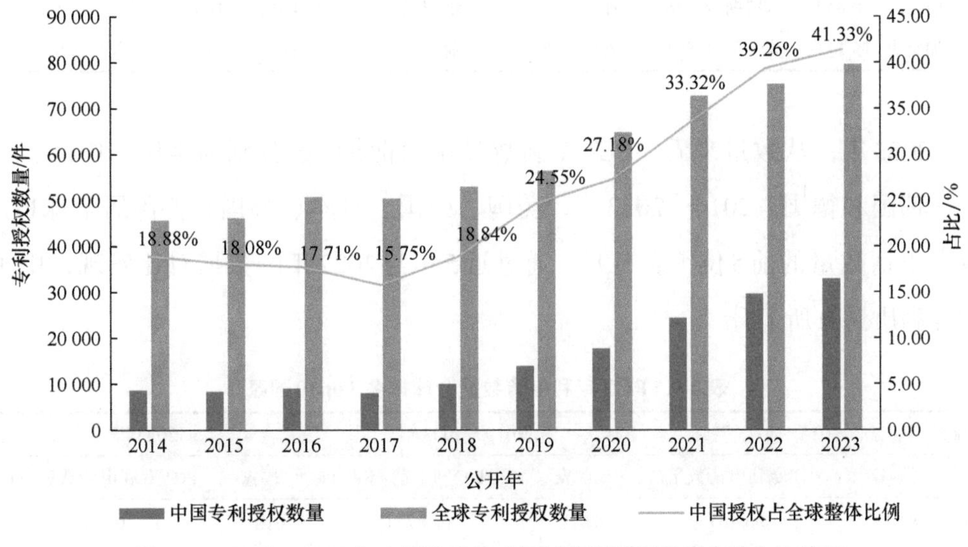

图 6-11 2014～2023 年中国生物技术领域专利授权数量全球占比情况

（二）国际比较

2023年，全球生物技术专利申请数量居前5位的国家分别是中国、美国、韩国、日本和德国；而专利授权数量居前5位的国家为中国、美国、日本、韩国和德国。2014～2023年国家专利申请/授权数量居前5位的国家均为美国、中国、日本、韩国和德国，2019～2023年专利申请/授权数量居前5位的国家均为

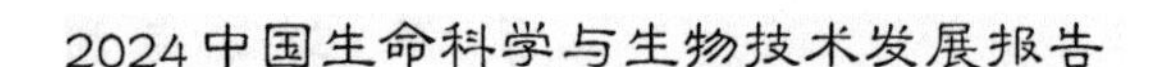

中国、美国、日本、韩国和德国（表6-8）。2014年以来，我国专利申请与授权数量维持在全球第二位，2021年开始我国专利申请与授权数量跃居第一位。

表6-8　专利申请/授权数量国家排名Top10　　（单位：件）

排名	2014～2023年				2019～2023年				2023年			
	专利申请情况		专利授权情况		专利申请情况		专利授权情况		专利申请情况		专利授权情况	
1	美国	388 456	美国	172 766	中国	236 303	中国	117 920	中国	62 845	中国	32 858
2	中国	368 445	中国	161 658	美国	221 017	美国	94 030	美国	45 994	美国	19 068
3	日本	83 193	日本	45 315	日本	43 551	日本	22 290	韩国	8 590	日本	4 600
4	韩国	60 026	韩国	22 608	韩国	35 875	韩国	12 569	日本	7 709	韩国	2 928
5	德国	45 452	德国	21 939	德国	24 182	德国	11 418	德国	4 724	德国	2 254
6	瑞士	35 128	瑞士	16 406	英国	18 463	瑞士	9 036	英国	3 876	瑞士	1 769
7	英国	31 690	法国	14 790	瑞士	17 925	英国	7 487	瑞士	3 413	英国	1 555
8	法国	30 136	英国	12 912	法国	14 743	法国	7 184	法国	2 801	法国	1 251
9	荷兰	16 854	俄罗斯	8 938	荷兰	8 313	俄罗斯	4 732	印度	1 783	俄罗斯	1 159
10	加拿大	15 271	荷兰	8 851	加拿大	8 054	荷兰	4 687	荷兰	1 582	荷兰	877

2023年，从数量来看，PCT专利数量排名前5位的分别为美国、中国、日本、韩国和德国。2014～2023年，美国、中国、日本、韩国和德国居全球PCT专利申请数量的前5位（表6-9）。通过近5年与2022年的数据对比发现，中国的专利质量有所上升。

表6-9　PCT专利申请数量全球排名Top10国家

排名	2014～2023年		2019～2023年		2023年	
	国家	PCT专利申请数量/件	国家	PCT专利申请数量/件	国家	PCT专利申请数量/件
1	美国	53 437	美国	30 771	美国	6 718
2	中国	15 992	中国	12 141	中国	3 435
3	日本	14 137	日本	7 693	日本	1 534
4	韩国	8 626	韩国	5 588	韩国	1 294
5	德国	5 884	德国	3 062	德国	617
6	法国	4 763	英国	2 641	英国	528
7	英国	4 675	法国	2 335	法国	459
8	瑞士	3 680	瑞士	1 991	瑞士	403
9	加拿大	2 381	加拿大	1 286	荷兰	258
10	荷兰	2 330	荷兰	1 220	加拿大	243

（三）专利布局

2023年，全球生物技术申请专利IPC分类号主要集中在C12N15（突变或遗传工程；遗传工程涉及的DNA或RNA，载体）和C12Q01（包含酶或微生物的测定或检验方法），这是生物技术领域中的两个核心技术（图6-12A）。此外，C07K16（免疫球蛋白，如单克隆或多克隆抗体）和C07K14（具有多于20个氨基酸的肽；促胃液素；生长激素释放抑制因子；促黑激素；其衍生物）也是全球生物技术专利申请的一个重要领域，均为具有高附加值的医药产品。从我国专利申请IPC分布情况（图6-12B）来看，前两个IPC类别与国际一致，为C12Q01和C12N15。但另一个主要的IPC布局与国际有所差异，为C12N01（微生物本身，如原生动物；及其组合物）（表6-10）。

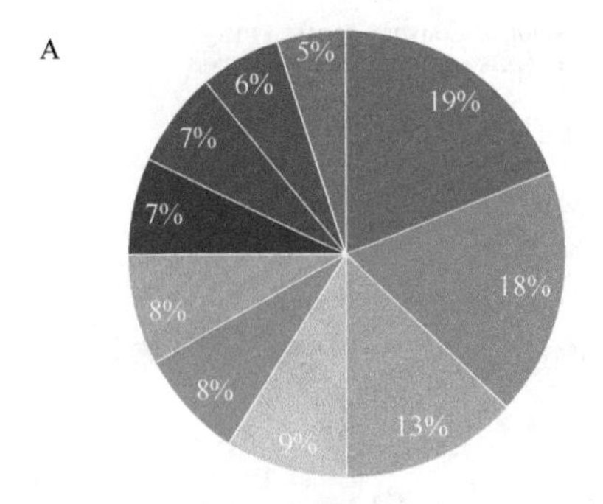

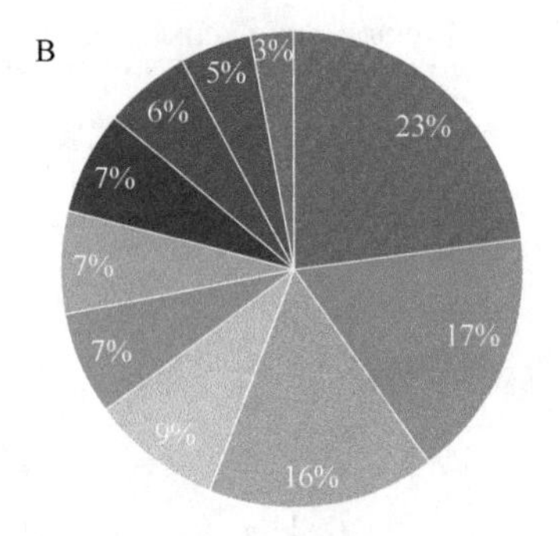

图6-12　2023年全球（A）与我国（B）生物技术专利申请布局情况

对近10年（2014～2023年）的专利IPC分类号进行统计分析，我国在包含酶或微生物的测定或检验方法（C12Q01）领域分类下的专利申请数量最多。排名前5位中其他的IPC分类号分别是C12N15、C12N01、C12M01和C12N05。专利申请和授权数量前5位的国家，即美国、中国、日本、韩国和德国，其排名前10位的IPC分类号大体相同，顺序与占比有所差异，说明各国在生物技术领域的专利布局上主体结构类似，而又各有侧重（图6-13）。

通过近10年数据（图6-13）与近5年数据（图6-14）的对比发现，除了C07K14和C07K16两个较为主流的布局方向，我国增加了对G01N33（利用

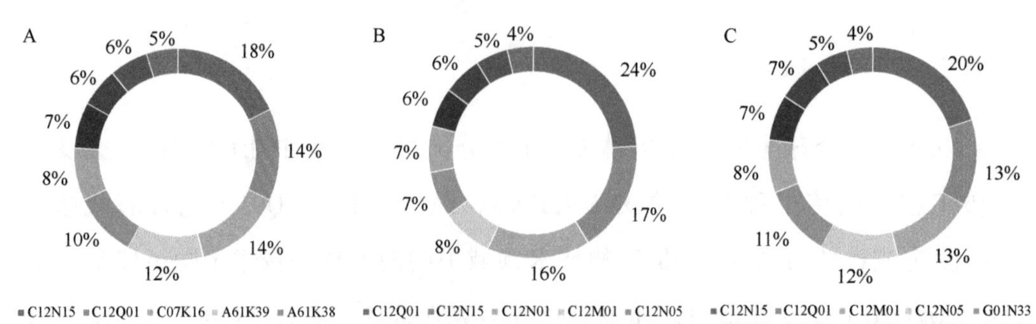

图 6-13　2014～2023 年我国专利申请技术布局情况及与其他国家的比较

A. 美国；B. 中国；C. 日本；D. 韩国；E. 德国

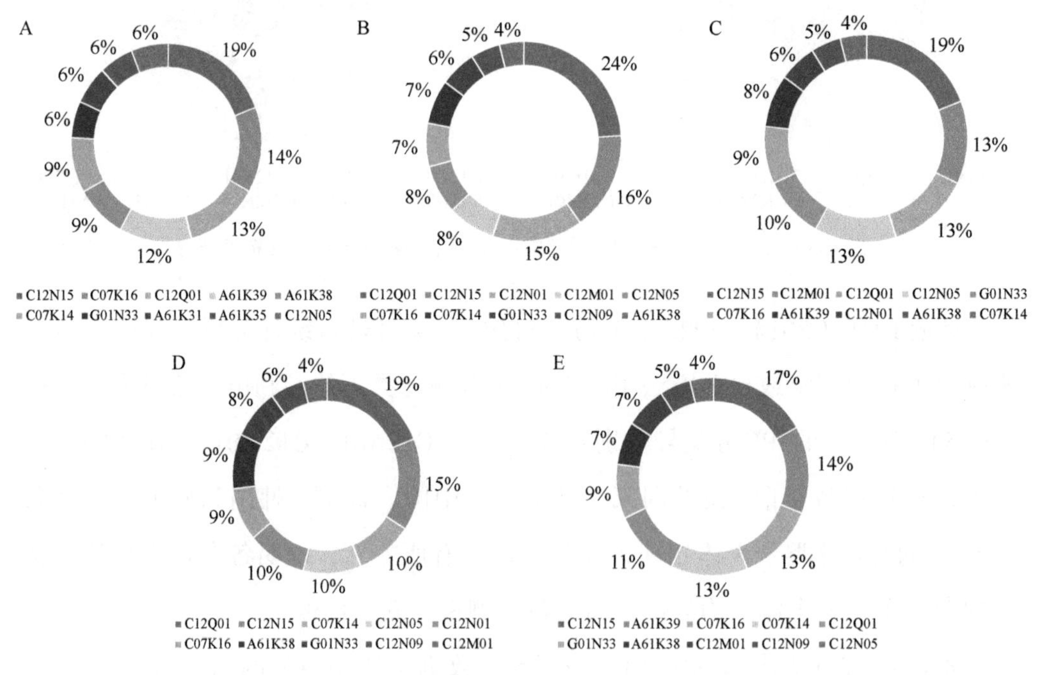

图 6-14　2019～2023 年我国专利申请技术布局情况及与其他国家的比较

A. 美国；B. 中国；C. 日本；D. 韩国；E. 德国

不包括在G01N 1/00～G01N 31/00组中的特殊方法来研究或分析材料）领域的专利申请有所提升；日本对G01N33的申请也有所提升，此外还加强了对A61K39（含有抗原或抗体的医药配制品）的布局；韩国主要增加了对C07K14和C07K16领域的专利申请。

表6-10 上文出现的IPC分类号及其对应含义

IPC分类号	含义
A01H04	通过组织培养技术的植物再生
A61K31	含有机有效成分的医药配制品
A61K35	含有未定成分的物质或其反应产物的药物制剂
A61K38	含肽的医药配制品
A61K39	含有抗原或抗体的医药配制品
C07K14	具有多于20个氨基酸的肽；促胃液素；生长激素释放抑制因子；促黑激素；其衍生物
C07K16	免疫球蛋白，如单克隆或多克隆抗体
C12M01	酶学或微生物学装置
C12N01	微生物本身，如原生动物；及其组合物
C12N05	未分化的人类、动物或植物细胞，如细胞系；组织；它们的培养或维持；其培养基
C12N09	酶，如连接酶
C12N15	突变或遗传工程；遗传工程涉及的DNA或RNA，载体
C12Q01	包含酶或微生物的测定或检验方法
G01N33	利用不包括在G01N 1/00～G01N 31/00组中的特殊方法来研究或分析材料

（四）竞争格局

1. 中国专利布局情况

由我国生物技术专利申请/获授权的国家/地区/组织分布情况（表6-11）发现，我国申请及获授权的专利主要集中在中国大陆/内地。此外，我国同时向世界知识产权组织（WIPO）、美国、日本、欧洲专利局和韩国等地区提交了生物技术专利申请，但整体获得境外国家/组织/地区授权的专利数量非常少，说明我国还需要进一步加强专利国际化申请和授权的布局。

表6-11　2014～2023年中国生物技术专利申请/获授权的国家/地区/组织分布情况

排名	专利申请情况		专利获授权情况	
	国家/地区/组织	中国申请数量/件	国家/地区/组织	中国获授权数量/件
1	中国大陆/内地	328 204	中国大陆/内地	148 944
2	世界知识产权组织	15 992	美国	3 357
3	美国	7 012	中国香港	2 354
4	日本	3 971	日本	1 953
5	欧洲专利局	3 962	澳大利亚	1 435
6	韩国	1 721	欧洲专利局	1 124
7	澳大利亚	1 651	加拿大	373
8	加拿大	1 614	中国台湾	334
9	中国台湾	1 131	俄罗斯	308
10	巴西	738	卢森堡	300

2. 在华专利竞争格局

从近10年我国受理/授权的生物技术所属国家/地区/组织分布情况（表6-12）可以看出，我国生物技术专利的受理对象仍以本国申请为主，美国、日本、瑞士、韩国和德国等国家紧随其后；而我国生物技术专利的授权对象集中于国内，美国、日本、韩国与瑞士分别位列第二至五位，说明上述国家对我国市场十分重视，因此在我国开展专利技术布局。

表6-12　2014～2023年中国生物技术专利受理/授权的国家/地区/组织分布情况

排名	中国受理情况		中国授权情况	
	国家	中国受理数量/件	国家	中国授权数量/件
1	中国	328 165	中国	148 944
2	美国	24 900	美国	8 743
3	日本	6 673	日本	3 389
4	瑞士	3 542	韩国	1 674
5	韩国	3 444	瑞士	1 621
6	德国	3 338	德国	1 379
7	英国	2 407	法国	990
8	法国	2 067	英国	895
9	丹麦	1 500	荷兰	753
10	荷兰	1 488	丹麦	709

三、知识产权案例分析

（一）类器官相关专利分析

类器官是一类以干细胞衍生类器官、器官芯片及这些产品的组合等为代表的仿生组织器官的统称，是当今生命科学领域研究的前沿方向之一。

荷兰科学家Hans Clevers教授是类器官研究领域国际公认的先驱和鼻祖，早在2009年，Hans Clevers发现Lgr5蛋白是肠道干细胞的标志物，并成功建立了首个肠道干细胞体外3D类器官培养体系，开创了类器官作为疾病模型的研究时代。目前，研究人员已建立了包括肝、肾、大脑、胰腺、肺在内的各种类器官，用于疾病机制研究和临床前药物开发。2013年，类器官被*Science*评为年度十大科学技术。2018年初，类器官被*Nature Methods*评为生命科学领域的年度技术（Method of the Year 2017）。2022年8月，美国食品药品监督管理局（FDA）批准了全球首个完全基于"类器官芯片"研究获得临床前数据的新药（NCT04658472）进入临床试验。同年12月，FDA现代化法案2.0版取消了在药物开发过程中强制性的动物实验，推进包括器官芯片在内的多样化临床前测试模型，引起了类器官行业的大量关注和热烈讨论。类器官在组织结构、细胞类型和功能等方面与来源组织高度一致，为器官发生和疾病发展研究、药物发现和筛选，以及个性化用药指导等提供了理想模型，形成了与现有动物模型和2D细胞培养模型的互补。与此同时，类器官也为组织再生与器官修复等提供了重要材料，有望解决器官移植中的供体短缺、免疫排斥等难题，体现出巨大的应用潜力与商业价值。

专利分析是研究新兴技术现状和未来趋势的重要方法。本书的知识产权案例部分将从全球视角剖析类器官技术的专利年度申请趋势、地域分布、申请人情况、研究热点及重点企业的布局情况，希望能够为类器官领域相关高校院所与企业的研发和专利布局提供数据参考与决策支撑。

1. 类器官技术发展潜力巨大

虽然类器官技术在2009年才迎来突破性进展，但在21世纪初，已经可以查到与类器官相关的专利申请。近年来，干细胞技术的不断成熟、医工结合的不断深入、动物替代性模型需求的激增极大地推动了类器官技术的创新和发展。从专利申请来看，近10年来，全球类器官领域专利申请数量快速增长，在2020年达到巅峰，专利申请数量为1287件，2021年略有回落，总体维持在1000件左右。相比之下，中国在类器官领域的专利申请数量增长迅速，且保持持续的增长势头，数量上从2014年的17件增长到2022年的543件，在全球的占比从2014年的10.7%增长到2022年的45.7%（图6-15），可见类器官已成为全球与我国发展的热点领域。（由于专利申请到专利公开的18个月及专利数据录入的延迟，2023年的数据参考意义不大。）

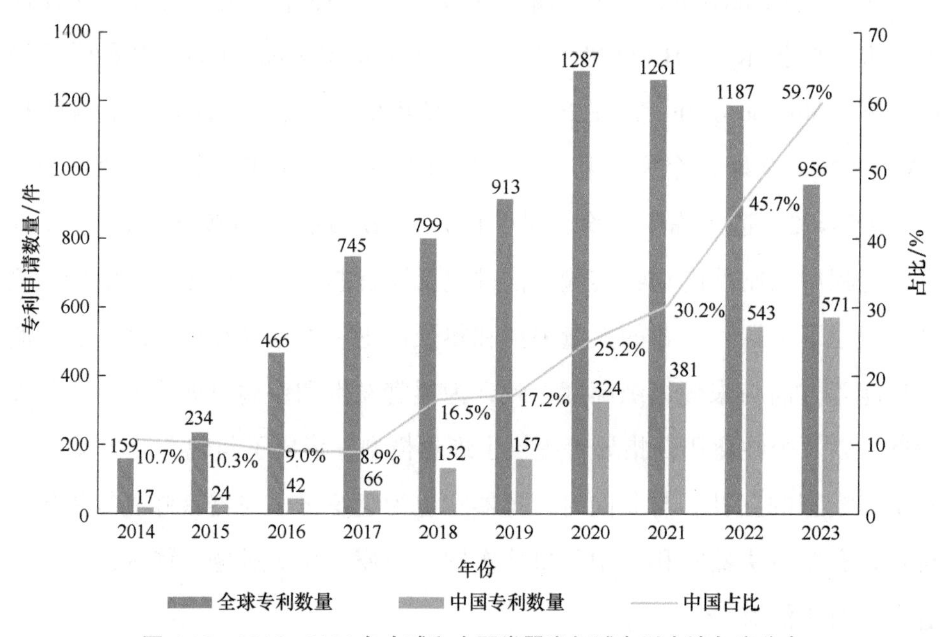

图6-15　2014～2023年全球和中国类器官领域专利申请年度分布

（资料来源：incoPat专利数据库）

2. 中国和美国是类器官领域专利最主要的布局国家

对2014～2023年近10年的专利申请国家/地区/组织进行分析，专利的申

请数量与国家/地区/组织类器官领域的投入程度、研发水平及市场潜力紧密相关，中国、美国是类器官技术相关专利最主要的布局国家，在类器官技术领域分别公开专利申请2257件和1375件，分别占全球该领域专利申请总量的28.2%和17.2%。除了这两个国家，欧洲、韩国、日本、澳大利亚、加拿大、英国也是类器官技术相关专利重要的布局国家（地区）（表6-13）。

表6-13　2014～2023年全球Top10类器官领域专利申请国家/地区/组织分布

排名	申请国家/地区/组织	专利数量/件	占比/%
1	中国	2257	28.2
2	美国	1375	17.2
3	世界知识产权组织	1132	14.1
4	欧洲专利局	767	9.6
5	韩国	586	7.3
6	日本	529	6.6
7	澳大利亚	266	3.3
8	加拿大	247	3.1
9	英国	234	2.9
10	印度	91	1.1

资料来源：incoPat专利数据库

专利优先权国家/组织一般为该领域的技术来源国家（组织），对2014～2023年近10年的专利优先权国家/组织进行分析，美国以2879件专利在类器官相关专利的申请中仍具备绝对优势，全球超过1/3的专利来源于美国的专利申请人，可见美国在该领域研发创新中的绝对领先地位。美国企业或机构在本国申请专利的同时，又通过PCT申请等国际专利申请途径在全球主要国家/组织进行了广泛布局，对其创新成果进行了有效的保护。我国在类器官技术专利优先权国家/组织中排在第六位，申请专利数量为164件，占全球类器官技术领域专利申请数量的2.0%，作为技术来源国申请的专利数量与美国相比仍有较大差距（表6-14）。

表6-14　2014～2023年全球Top10类器官领域专利优先权国家/组织分布

排名	优先权国家/组织	专利数量/件	占比/%
1	美国	2879	36.0
2	韩国	521	6.5
3	欧洲专利局	445	5.6
4	日本	429	5.4
5	英国	306	3.8
6	中国	164	2.0
7	荷兰	137	1.7
8	世界知识产权局	60	0.7
9	澳大利亚	57	0.7
10	新加坡	54	0.7

资料来源：incoPat专利数据库

3. 高校院所领跑全球类器官专利申请

对2014～2023年全球类器官技术专利申请人分布情况进行统计（表6-15），可以看到全球类器官领域的专利申请仍以高校与科研院所为主，前10位专利申请人中有7位申请人来自高校院所，3位申请人来自企业。可见，虽然类器官是一项前沿技术，但产业化应用已在其中占据重要的位置。从专利申请人的排名来看，专利申请量排名前五位的机构或企业分别为Emulate公司（656件）、荷兰皇家艺术和科学院（215件）、辛辛那提儿童医院医疗中心（194件）、哈佛大学（166件）和创芯国际生物科技（广州）有限公司（114件）。从前10位申请人所属的国家来看，前10位专利申请人主要来自美国和荷兰两个国家，这也与美国和荷兰在类器官领域技术创新与产品研发的先发优势相吻合。在高校与研究机构中，排名第一位的是荷兰皇家艺术和科学院（Koninklijke Nederlandse Akademie van Wetenschappen，KNAW），荷兰皇家艺术和科学院是荷兰的国家科学院，在欧洲具有极大的影响力，"类器官之父"Hans Clevers担任该机构的主席，奠定了该机构在全球类器官领域的领导地位。在企业中，Emulate公司是类器官技术的领军企业。2010年，哈佛大学Wyss生物创新工程研究所所长（Wyss Institute for Biologically Inspired Engineering）Donald E. Ingber开发了世

界上第一个器官芯片，该研究成果发表于*Science*杂志。随后，Donald E. Ingber作为学术创始人成立了Emulate公司，将该技术进行商业化推广。自成立以来，Emulate公司一直引领行业发展，持续推进器官芯片技术的产业化进程，美国FDA、强生等医药巨头均已与该公司在类器官领域展开合作。

表6-15 2014～2023年全球Top10类器官技术专利申请人情况

排名	机构名称	所属国家	专利数量/件	全球占比/%
1	Emulate公司	美国	656	8.2
2	荷兰皇家艺术和科学院（KNAW）	荷兰	215	2.7
3	辛辛那提儿童医院医疗中心	美国	194	2.4
4	哈佛大学	美国	166	2.1
5	创芯国际生物科技（广州）有限公司	中国	114	1.4
6	Mimetas公司	荷兰	114	1.4
7	西达赛奈医学中心	美国	98	1.2
8	加利福尼亚大学	美国	86	1.1
9	延世大学	韩国	73	0.9
10	麻省理工学院	美国	70	0.9

资料来源：incoPat专利数据库

4. 企业在我国类器官技术创新中占有重要位置

根据2014～2023年我国Top10类器官技术专利申请人情况（表6-16），企业在类器官技术的专利申请中表现突出，前10位专利申请人中有6位申请人来自企业，4位申请人来自高校与研究机构。其中创芯国际生物科技（广州）有限公司在类器官技术领域表现尤为突出，专利申请量与其他机构相比优势明显。创芯国际生物科技（广州）有限公司成立于2018年，总部位于中国广州，是一家以类器官技术为核心的创新型生物科技企业，该公司被认定为广东省类器官工程技术研究中心，下设中欧类器官研究院、GMP生产中心、创芯医学检验所等分支机构。目前，该公司已搭建类器官领域全生命周期技术平台，包括Accuroid类器官建模系统、AI类器官影像质控系统、自动化高通量药敏平台、类器官大数据库、类器官临床检测平台和类器官新药研发平台。

表6-16　2014～2023年我国Top10类器官技术专利申请人情况

排名	机构名称	专利数量/件	中国占比/%
1	创芯国际生物科技（广州）有限公司	111	4.9
2	中国科学院大连化学物理研究所	36	1.6
3	四川大学华西医院	36	1.6
4	杭州艾名医学科技有限公司	34	1.5
5	北京大橡科技有限公司	33	1.5
6	浙江大学	32	1.4
7	广州精科生物技术有限公司	28	1.2
8	北京科途医学科技有限公司	26	1.2
9	成都诺医德医学检验实验室有限公司	24	1.1
10	清华大学	22	1.0

资料来源：incoPat专利数据库

5. 广东领跑我国类器官技术专利申请

类器官已成为我国“十四五”生物医药科技发展的重点领域，也是各省份布局的新“蓝海”。对2014～2023年我国类器官技术的专利申请地区进行分析，广东省、北京市、上海市、江苏省在该领域具有较大优势，分别申请专利381件、294件、260件和238件，占我国基因治疗技术专利申请总数的16.9%、13.0%、11.5%与10.5%（表6-17）。排名第一的广东省高度重视类器官领域的研究，我国专利申请量排名第一的企业创芯国际生物科技（广州）有限公司就位于广东省，并依托该企业，建立了全国首个类器官领域工程技术研究中心，并将类器官技术列入省级重点领域研发计划。此外，中山大学、南方医科大学等高校院所及广州精科生物技术有限公司等企业也在该领域积极布局，取得了多项成果。

表6-17　2014～2023年类器官专利申请地区分布

排名	申请人所在地区	专利数量/件	占比/%
1	广东	381	16.9
2	北京	294	13.0
3	上海	260	11.5
4	江苏	238	10.5

续表

排名	申请人所在地区	专利数量/件	占比/%
5	浙江	155	6.9
6	四川	114	5.1
7	山东	74	3.3
8	辽宁	60	2.7
9	湖北	57	2.5
10	天津	56	2.5

资料来源：incoPat专利数据库

（二）类器官重点机构与企业专利布局情况

1. 荷兰皇家艺术和科学院

荷兰皇家艺术和科学院（Koninklijke Nederlandse Akademie van Wetenschappen，KNAW）是全球拥有类器官领域专利数量最多的研发机构。“类器官之父”Hans Clevers担任该机构的主席，也是该机构类器官领域专利最主要的发明人之一。2013年，Hans Clevers参与创办了类器官技术企业Hubrecht Organoid Technology（HUB），是全球类器官最早的研发中心，主要采用成体干细胞开发疾病和健康的类器官。目前，HUB已经开发了一系列标准化的类器官疾病类型，并构建了患者来源的类器官活体库。Hubrecht Organoid Technology所有专利均是与荷兰皇家艺术和科学院共同申请的。

截至2024年4月，荷兰皇家艺术和科学院在类器官领域共申请专利370件，扩展同族合并后共得到27个专利族，相关专利主要涉及培养基、干细胞扩增、分化技术等类器官构建技术及相关类器官的用途，如CN102439135B涉及培养上皮干细胞的方法以及包含所述干细胞的类器官的培养基；WO2019122388A1涉及类器官和免疫细胞的共培养物，以及使用这些共培养物来筛选潜在药物的方法；EP3564361A1涉及获得肝类器官的方法及其在肝病药物筛选、毒性测定或再生医学中的用途（表6-18）。

表6-18 荷兰皇家艺术和科学院代表性专利举例

公开/公告号	申请日	专利名称	专利技术内容
CN102439135B	2010-02-03	用于上皮干细胞和包含所述干细胞的类器官的培养基	培养上皮干细胞的方法及培养基，该培养基含有骨形态发生蛋白（BMP）抑制剂、无翅型小鼠乳腺肿瘤病毒整合位点（Wnt）激动剂和促有丝分裂生长因子
US20150011420A1	2012-12-19	在原代肠道培养模型中快速定量测定CFTR功能	基于类器官筛选治疗由囊性纤维化跨膜转导调节因子（CFTR）蛋白突变引发的功能性失调的潜在药物的方法
WO2019122388A1	2018-12-21	免疫细胞类器官共培养物	类器官和免疫细胞的共培养物，以及使用这些共培养物来筛选潜在药物的方法
WO2017149025A1	2017-03-01	改进的分化方法	祖细胞（如哺乳动物上皮干细胞）的分化方法，用于所述方法的分化培养基，可通过所述方法获得类器官的用途
EP3564361A1	2011-07-29	肝器官样物质，其用途和获得它们的培养方法	获得肝类器官、再生肝或用于获得表达Lgr5细胞的方法，以及其在肝病药物筛选、毒性测定或再生医学中的用途
WO2023121449A1	2020-07-08	中枢神经系统类器官	一种中枢神经系统类器官，包含胎儿中枢神经系统细胞，可用于进行药物发现、疾病建模、中枢神经系统发育的建模等

资料来源：incoPat专利数据库

2. Emulate公司

Emulate公司位于美国波士顿，诞生于哈佛大学Wyss生物创新工程研究所，是全球著名的类器官芯片及配套设备研发公司，也是全球拥有类器官领域专利数量最多的企业。其开发的“人体仿真系统”（human emulation system），被誉为颠覆药物研发流程的“尖刀技术”。目前Emulate公司开发了包括大脑芯片、结肠芯片、十二指肠芯片、肾芯片、肝芯片等在内的多类器官芯片，并与全球制药巨头、政府机构合作，推动器官芯片在药物研发中的应用。例如，2015年，强生购买了Emulate公司的血栓芯片，检测其已上市或在研药物的凝血性能；2018年，阿斯利康与Emulate公司达成协议，将类器官芯片技术结合到阿斯利康的创新药物和早期开发（IMED）实验室，阿斯利康也是首家将类器官芯片技术整合进内部实验室的医药巨头；2020年，Emulate公司与FDA合作，利用其肺模型芯片评价新冠感染过程中的自体免疫效应和新冠疫苗的安全性。

截至2024年4月，Emulate公司在类器官领域共申请专利652件，扩展同族合

并后共得到71个专利族，相关专利主要涉及用于器官芯片的微流控设备或系统。例如，WO2017070224A1涉及一种微流控血脑屏障模型；WO2017096282A1涉及可模拟肝组织功能的装置和方法；WO2017136462A2涉及将诱导多能干细胞分化成胃肠类细胞，并将细胞接种到器官芯片微流控装置上的方法及相关微流控装置；WO2018102201A1涉及用于对炎性组织建模的流体装置（表6-19）。

表6-19 Emulate公司代表性专利布局举例

公开/公告号	申请日	专利名称	专利技术内容
EP3341465B1	2016-08-26	灌注歧管组件	一种微流控装置与灌注歧管组件流体连通的培养模块，所述培养模块允许对微流控装置进行灌注，如器官芯片的微流控装置
WO2017070224A1	2016-10-19	微流控血脑屏障模型	一种培养脑微血管内皮细胞的方法，包括含有膜的流体装置和接种细胞，该方法能够在不添加外源因子的情况下保证细胞的分化和成熟
WO2017096282A1	2016-12-02	可模拟肝组织功能的装置和方法	一种模拟人类肝组织功能的设备，在流动条件下培养所述接种的细胞，使得所述细胞保持存活至少28天
WO2017136462A2	2017-02-01	用于微流控装置中肠细胞生长的系统和方法	将诱导多能干细胞分化成胃肠类细胞，并将细胞接种到器官芯片微流控装置上的方法及相关微流控装置。一种生产具有组织结构的肠细胞群的方法，该方法包括将人肠类器官（HIO）分解成单细胞；以及将单细胞添加到装置中
WO2017173066A1	2017-03-30	用于抑制癌症侵袭和转移的装置、系统和方法	一种微流控平台或者“芯片”用于测试与研究癌症的侵袭和转移，该器官芯片可模拟肿瘤侵袭，所述肿瘤细胞与至少一种类型的免疫细胞接触
WO2018102201A1	2017-11-21	包含固有层衍生细胞的体外上皮模型	用于对炎性组织建模的流体装置，包括与半透膜接触的流体通道、实质细胞和基质细胞。所述实质细胞选自肺上皮细胞、皮肤上皮细胞和泌尿生殖道上皮细胞

资料来源：incoPat专利数据库

3. 美国哈佛大学

美国哈佛大学（Harvard University）建于1636年，坐落于美国马萨诸塞州波士顿都市区剑桥市，是一所享誉世界的私立研究型大学，是著名的常春藤盟校成员。哈佛大学在全球类器官研究领域处于领先地位，2010年，哈佛大学Wyss生物创新工程研究所Donald E. Ingber院士开发了世界上第一个成功的器官

芯片，相关研究成果发表于*Science*杂志。随后，Donald E. Ingber院士作为学术创始人成立Emulate公司，将该技术进行商业化推广。此外，哈佛大学还在大脑皮层类器官、卵巢类器官等领域取得了一系列成果，是全球类器官最具代表性的研究机构。

截至2024年4月，美国哈佛大学在类器官领域共申请专利205件，扩展同族合并后共得到30个专利族，相关专利主要涉及细胞培养等类器官的构建技术，以及可用于构建类器官或器官芯片的微流控设备或系统等。细胞培养等类器官构建技术方面，如CN103502426A涉及一种能够支持肠菌群的共培养的肠道类器官构建方法，CN107427537A涉及能够产生血管化功能性人体组织的方法，WO2022010901A2涉及通过正交分化和生物印迹制备重编程类器官的方法。构建类器官或器官芯片的微流控设备或系统方面，如WO2018157073A1涉及器官芯片微系统中一体式多电极阵列和跨内皮电阻，US10086372B2涉及基于膜的流体流动控制装置，US9725687B2涉及集成人体器官芯片微生理系统（表6-20）。

表6-20　美国哈佛大学代表性专利布局举例

公开/公告号	申请日	专利名称	专利技术内容
CN103502426A	2012-02-28	细胞培养系统	用于在体外对肠细胞、组织和（或）类器官进行培养和（或）维持的系统和方法，能够模仿或重现天然肠上皮结构和行为，并能够支持肠菌群的共培养
CN107427537A	2016-03-03	产生功能性人体组织的方法	产生各种血管化3D组织如3D血管化胚状体和类器官的方法，将胚状体或类器官包埋在包含第一血管网络和第二血管网络的组织构建体中，每个血管网络包含一个或多个相互连接的血管
WO2018157073A1	2018-02-26	器官芯片微系统中一体式多电极阵列和跨内皮电阻	一种用于监测生物功能、细胞功能和电活动的器官芯片。芯片上的器官装置包括装置主体和微流体芯片，所述微流体芯片具有顶部微通道和底部微通道及位于顶部微通道和底部微通道之间的膜层，顶部微通道拥有多个跨内皮电阻，能够直接监测膜上的细胞功能和电活动
CN110997024A	2018-06-08	增强肾类器官发育的方法及其使用方法	用于产生血管化肾组织类器官的方法，将类器官暴露于流体灌注，并通过施加流体剪切应力以推动类器官的血管化和肾小球及管状的成熟，从而制备血管化的肾组织构建体或类器官

续表

公开/公告号	申请日	专利名称	专利技术内容
WO2022010901A2	2021-07-06	重编程类器官及通过正交分化和生物印迹制备类器官的方法	产生重编程细胞类器官和（或）3D器官特异性组织的方法，包括在细胞培养基中培养至少一种遗传工程化的诱导型干细胞群体
US10086372B2	2013-12-10	基于膜的流体流动控制装置	用于将流体从一个地方传送到另一个地方和（或）流体流动控制装置。所述微流控装置是包括具有细胞膜的片上器官微流控装置
US9725687B2	2012-12-10	集成人体器官芯片微生理系统	集成的类器官微生理系统，包括基础基底，该基础基底包括用于至少一个器官芯片或适于器官芯片的一个端口的保持器和微流体连接件，以及具有与至少一个器官芯片或相应端口连接的入口和出口的至少一个流体回路

资料来源：incoPat专利数据库

4. 辛辛那提儿童医院医疗中心

辛辛那提儿童医院医疗中心（Cincinnati Children's Hospital Medical Center）始建于1883年，位于美国俄亥俄州辛辛那提市，是全美历史最悠久、声名最卓著的儿科医院之一。在《美国新闻与世界报道》（*U. S News & World Report*）发布的2023年“美国最佳儿童医院”（U. S. News Best Children's Hospitals）榜单中，该院的新生儿科、儿童肿瘤科和儿童内分泌科均排名全美第一。辛辛那提儿童医院医疗中心成立了干细胞和类器官医学中心（The Center for Stem Cell and Organoid Medicine，CuSTOM），推动干细胞类器官技术从实验室向临床应用转化。该中心是一个高度协作的多学科卓越中心，集科学家、临床医生、遗传学家、外科医生、生物工程师和企业家于一体，该中心也是全球儿科机构中设立的第一个专注于推进类器官技术并将其转化为临床实践的专用机构。

截至2024年4月，辛辛那提儿童医院医疗中心在类器官领域共申请专利179件，扩展同族合并后共得到34个专利族，相关专利主要涉及干细胞分化技术等类器官的构建技术。例如，WO2023102133A1涉及从多能细胞制备内脏中胚层细胞及其亚型的方法；CN106661548A涉及定向分化前体细胞转化为胃组织的方法和系统；US11584916B2涉及由多能干细胞制备人小肠类器官的方法；US20230235316A1涉及一种包含胰岛素抗性基因的肝类器官（表6-21）。

表6-21　辛辛那提儿童医院医疗中心代表性专利布局举例

公开/公告号	申请日	专利名称	专利技术内容
WO2024063999A1	2023-09-13	具有免疫细胞的类器官组合物	采用免疫细胞类器官开发肠道类器官，以及用活化的免疫细胞制备免疫细胞类器官的方法
WO2023102133A1	2022-12-01	制备不同中胚层细胞类型的改进方法	从多能细胞制备内脏中胚层细胞及其亚型的方法，采用该方法可增强体外培养和体内移植中类器官的存活力，促进其生长和成熟
CN106661548A	2015-05-27	定向分化前体细胞转化为胃组织的方法和系统	诱导胃细胞和（或）胃组织形成的方法，以胃类器官的形式呈现。可以通过激活和（或）抑制前体细胞内的一种或多种信号转导途径来进行胃细胞和（或）组织的形成
US11584916B2	2015-10-16	由多能干细胞制备人小肠类器官的方法	利用人肠类器官（HIO）制备血管化中空状器官的方法。HIO可以从人胚胎干细胞（ESC）和（或）诱导多能干细胞（iPSC）得到，使得HIO形成成熟肠组织
US20190298775A1	2017-11-03	肝类器官组合物及其制备和使用方法	诱导前体细胞如iPSC形成肝类器官的方法，该类器官可用于药物筛选，评估严重不良事件，如肝衰竭和（或）药物诱导的肝损伤，以及和（或）药物毒性，也可用于治疗患有肝损伤的个体
US11767515B2	2017-12-05	结肠类器官及其制备和使用方法	通过调节信号转导途径将前体细胞体外分化为定型内胚层的方法，所述定型内胚层可进一步分化为人结肠类器官（HCO），可用于评估结肠炎、结肠癌等药物的功效和（或）毒性
US20230235316A1	2021-06-22	胰岛素抵抗模型	包含胰岛素抗性基因的肝类器官，用于研究与胰岛素功能障碍相关的疾病或病症，或进行相关药物的筛选

资料来源：incoPat专利数据库

5. Mimetas公司

Mimetas公司是欧洲最具代表性的器官芯片研发制造商之一，于2013年成立于荷兰，致力于利用器官芯片改变药物发现和开发方式。该公司已与罗氏、默克等多个全球医药巨头合作，在器官芯片销售数量方面处于行业领先地位。Mimetas公司的总部设在荷兰乌赫斯特海斯特（Oegstgeest），承担大部分生物模型和硬件的开发工作，生产基地位于荷兰恩斯赫德（Enschede），用于生产OrganoPlate®等产品。

截至2024年4月，Mimetas公司在类器官领域共申请专利114件，扩展同族

合并后共得到20个专利族，申请专利总数在全球类器官企业中排在第二位，相关专利主要涉及用于器官芯片的微流控设备或系统及类器官的应用方法。例如，NL2026038B1涉及一种微流体细胞培养装置，以及使用该设备创建流体-流体界面和开展药物筛选的方法；NL2016965B1涉及一种细胞培养装置，以及使细胞聚集体转变为血管类器官的方法；CN108027366B涉及用于测量化合物对上皮细胞屏障功能调节作用的微流控设备及方法；NL2022085B1涉及用于评估细胞内或由细胞诱导的机械应变的设备（表6-22）。

表6-22 Mimetas公司代表性专利布局举例

公开/公告号	申请日	专利名称	专利技术内容
NL2026038B1	2020-07-09	微流体细胞培养装置	包括微流控网络的微流控细胞培养设备，该微流控网络包括基底、通道和盖子，还描述了使用该设备创建流体-流体界面和开展药物筛选的方法
IN410307A1	2018-09-10	一种培养和（或）监测上皮细胞的方法	使用微流控细胞培养系统培养和（或）监测上皮细胞的方法。在所述微流控设备通道网络中引入间充质细胞，在包含间充质细胞的微流控设备通道网络中引入上皮细胞，并允许上皮细胞增殖和（或）分化
NL2016965B1	2016-06-15	细胞培养装置	一种细胞培养装置，包括微流控网络，用来培养细胞或细胞聚集体，以及使细胞聚集体转变为血管类器官的方法
NL2015854B1	2015-11-26	微流体流动诱导装置	用于微流控装置中诱导流体流动的设备。所述微流控设备包括连接到第一和第二储液池的一个或多个通道；以及从装置中采集实时数据的方法
CN108027366B	2016-07-08	屏障功能测量	用于测量化合物对上皮细胞屏障功能调节作用的方法，允许单独或组合的试验化合物的高通量筛选。所述方法包括培养上皮细胞，所述上皮细胞被引入微流体通道中，将探针和测试化合物提供给微流体通道中的上皮细胞，在不同的时间点测定微流体通道或凝胶中的探针提供的信号
NL2022085B1	2018-11-28	用于评估细胞内或由细胞诱导的机械应变的设备	一种微流体设备，以及在微流体设备中诱导或评估细胞中的机械应变的方法。将一种或多种类型的细胞或细胞聚集体引入到微流控设备的网络中，通过向隔膜施加正压或负压来使所述一种或多种类型的细胞或细胞聚集体经受机械应变

资料来源：incoPat专利数据库

6. 创芯国际生物科技（广州）有限公司

创芯国际生物科技（广州）有限公司（以下简称“创芯国际”），总部位于

中国广州，是一家以类器官技术为核心的创新型生物科技企业，被认定为广东省类器官工程技术研究中心。创芯国际致力于肿瘤个体化治疗、新药研发及再生医学3个方向，拥有完整的类器官大数据库，建立了完善的自主知识产权体系，是全球领先的类器官全生命周期技术平台。

创芯国际是唯一一家专利申请量进入前10位的国内器官芯片研发企业。截至2024年4月，创芯国际在类器官领域共申请专利114件，扩展同族合并后共得到68个专利族，相关专利主要涉及细胞培养等类器官构建技术、使用类器官开展药品检测的试剂盒等。在器官构建技术方面，CN109609441B涉及一种肾组织类器官3D培养的培养基及类器官培养方法，CN110066767B涉及一种鼻咽癌组织类器官培养基及培养方法，CN110129270B涉及一种胸腹水类器官培养基、培养方法及药敏测试方法；在使用类器官开展药品检测的试剂盒方面，CN113122607B涉及一种新型CCK8细胞活力检测试剂盒及其应用，CN113125689B涉及一种新型MTT细胞活力检测试剂盒及其应用（表6-23）。

表6-23　创芯国际代表性专利布局举例

公开/公告号	申请日	专利名称	专利技术内容
CN109609441B	2018-12-29	一种肾组织类器官3D培养的培养基及类器官培养方法	一种3D培养肾组织类器官的培养基及类器官培养方法，针对肾组织来源细胞的培养生长特点，选用了多种细胞因子成分按照一定的比例进行调和，肾细胞及肾癌细胞能够有效地在3D环境中形成类器官
CN110066767B	2019-05-27	一种鼻咽癌组织类器官培养基及培养方法	一种鼻咽癌组织类器官培养基及培养方法，该培养基针对鼻咽癌组织来源细胞的生长特点，实现肿瘤细胞短时间内快速扩增形成类器官，并结合类器官传代技术可以在有限时间内获取足够多的类器官开展研究实验操作
CN110129270B	2019-05-27	一种胸腹水类器官培养基、培养方法及药敏测试方法	一种胸腹水类器官培养基、培养方法及药敏测试方法，可以有效地维持组织细胞特异性、干细胞特性、基因分型高度一致，组织形态也高度相似
CN111394314B	2020-04-22	一种肠癌类器官的培养基及培养方法	一种肠癌类器官的培养基及培养方法，该培养基包括基础培养基Advanced DMEM/F12、特异性添加因子和无菌水。该培养基能够维持原发组织的形态结构和基因特征，有效降低肠癌培养中的微生物污染风险，提高肠癌类器官培养的成功率和存活率

续表

公开/公告号	申请日	专利名称	专利技术内容
CN112481190A	2020-11-23	一种复合酶消化液及其制备方法和应用	一种复合酶消化液及其制备方法和应用。该消化液包括四型胶原酶、二型分散酶、脱氧核糖核酸酶、苯甲基磺酰氟、乙二醇、聚蔗糖等组分，溶剂为无菌水。本发明的消化液既能得到完整的类器官，又能得到分散均一大小的细胞团，并且消化时间短
CN113122607B	2021-03-29	一种新型CCK8细胞活力检测试剂盒及其应用	一种CCK8检测试剂盒及其应用，该试剂盒被应用在类器官药敏活力检测中，反应时间短，准确性和重复性方面优于一般的CCK8药敏检测方法
CN113125689B	2021-03-29	一种新型MTT细胞活力检测试剂盒及其应用	一种MTT检测试剂盒及其应用，该试剂盒在类器官药敏试验上不需要用二甲基亚砜（DMSO）溶解和去除上清，操作难度更小，安全性更高，并且准确性和重复性方面优于一般的MTT药敏检测方法

资料来源：incoPat专利数据库

（三）我国类器官科技创新与产业发展的建议

目前，类器官领域正处于技术爆发和科研成果井喷的阶段，发展进入快车道。目前，美国与欧洲仍然领跑类器官创新领域，虽然美国和中国是类器官领域最主要的专利申请地区，但从专利来源国来看，美国与欧洲的专利量占全球类器官专利量的近80%，远超过我国。我国亟待进一步加大类器官领域的创新力度，推动成果转化，加大相关领域龙头企业的培育，持续提升我国类器官领域的国际竞争力和影响力。本章节根据全球与我国类器官的专利申请现状及技术与产业的发展情况，提出以下建议。

（1）强化创新策源，加大微流控等平台技术的布局力度

目前，我国类器官领域的专利主要是细胞培养等类器官的构建技术，然而对微流控等平台技术的布局很少，这部分技术是类器官产业化的关键核心技术，相比之下，Emulate公司、Mimetas公司等机构与企业将应用于类器官或器官芯片的微流控设备或系统作为重点进行研发，并开展了大量国际专利的布局。因此，亟须强化相关领域的布局力度，加大知识产权保护力度，为类器官未来的应用与产业化奠定基础。

（2）推动成果转化，加强类器官领域的产学研医合作

目前，全球类器官领域重点机构与企业主要分布在美国与欧洲，我国研究力量相对分散，高水平机构与企业尚待培育。此外，在成果转化与市场应用方面，我国类器官产业仍处于起步阶段，未形成集聚优势。亟待加强产学研医合作，瞄准需求，打通类器官创新链全链条，拓展类器官在疾病建模、新药研发、精准医学和器官再生领域的应用潜力，赋能国内生物医药的科技创新与产业发展。

（3）加强政策保障，持续优化类器官领域创新生态

目前，我国主要从基础研究层面对类器官领域进行支持，如类器官被列为“十四五”国家重点研发计划的6个重点专项之一，在科研项目的申请中占据优势，但在下游层面出台的针对性支撑政策较少。相比之下，美国FDA允许类器官芯片替代动物实验应用于药物的临床前研究，欧洲禁止动物用于化妆品测试等政策，极大地促进了类器官等动物替代性技术的发展。我国可借鉴国外先进经验，适时制定完善的相关政策，为类器官领域的持续发展提供保障。

附　录

2023年国家药品监督管理局药品审评中心在重要治疗领域的药品审批情况

类型	序号	名称	适应证
中药新药	1	参郁宁神片	具有益气养阴、宁神解郁的功效，适用于治疗轻、中度抑郁症中医辨证属气阴两虚证者，症见失眠多梦、多疑善惊、口咽干燥，舌淡红或红、苔薄白少津，脉细或沉细等。本品为1.1类中药创新药，是我国具有自主知识产权的抗抑郁中药新药，其获批上市为抑郁症患者提供了新的治疗选择
	2	小儿紫贝宣肺糖浆	本品为中药1.1类创新药。具有宣肺止咳、化痰利咽的功效，用于小儿急性气管-支气管炎风热犯肺证者，伴咳痰、汗出、咽痛、口渴，舌苔薄黄，脉浮数。该药品的上市为急性气管-支气管炎的咳嗽患儿提供了又一种治疗选择
	3	枳实总黄酮片	枳实总黄酮片的主要成分为枳实总黄酮提取物，具有行气消积、散痞止痛的功效，临床用于功能性消化不良者，症见餐后饱胀感、早饱、上腹烧灼感和上腹疼痛等。作为国内消化领域1.2类中药新药，枳实总黄酮片可以有效促进胃肠动力，改善内脏高敏感状态，对于功能性消化不良的常见证候（肝胃不和、脾胃湿热、饮食停滞、脾胃虚弱等）具有良好的治疗效果。该品种的上市为功能性消化不良患者提供了又一种治疗选择
	4	通络明目胶囊	其为中药1.1类创新药。通络明目胶囊具有化瘀通络、益气养阴、止血明目的功效，用于治疗2型糖尿病引起的中度非增殖性糖尿病视网膜病变血瘀络阻、气阴两虚证所致的眼底点片状出血、目睛干涩等相关症状。该药品的上市为具有上述病证的患者增加了一种新的用药选择
	5	枇杷清肺颗粒	用于肺风酒刺，症见面鼻疙瘩，红赤肿痛，破出粉汁或结屑等，是又一个按古代经典名方目录管理的中药3.1类创新药。该药品处方来源于清·吴谦等《医宗金鉴》，已被列入《古代经典名方目录（第一批）》
公共卫生用品	6	口服三价重配轮状病毒减毒活疫苗（Vero细胞）	三价轮状病毒疫苗的有效成分为G2、G3、G4型人-羊轮状病毒基因重配株活病毒，适用于6～32周龄的婴幼儿，可有效预防轮状病毒血清型G1、G2、G3、G4和G9导致的婴幼儿腹泻
	7	四价流感病毒亚单位疫苗	用于预防由甲型H1N1和H3N2与乙型BV和BY四种流感病毒引起的流行性感冒，适用于3岁及以上人群。接种本品后，可刺激机体产生抗流感病毒的免疫力，其获批上市为患者提供了新的治疗选择

续表

类型	序号	名称	适应证
新冠病毒感染治疗药物	8	来瑞特韦片	用于治疗轻至中度新型冠状病毒感染（COVID-19）的成年患者。来瑞特韦是一种具有口服活性的SARS-CoV-2主要蛋白酶Mpro（也称为3C-样蛋白酶，3CLpro）的拟肽类抑制剂，可抑制SARS-CoV-2 Mpro，使其无法加工多蛋白前体，从而阻止病毒复制
	9	先诺特韦片/利托那韦片组合包装	用于治疗轻至中度新型冠状病毒感染的成人患者。本品种是先诺特韦片与利托那韦片的组合包装药物，先诺特韦片为粉红色椭圆形薄膜衣片，除去包衣后显白色或类白色；利托那韦片为白色或类白色椭圆形薄膜衣片，除去包衣后显白色或类白色。先诺特韦能抑制新冠病毒复制所必需的3CL蛋白酶，起到抗新冠病毒的作用，利托那韦本身并无抗新冠病毒的作用，但可抑制先诺特韦的体内代谢，从而升高先诺特韦的血药浓度，确保其抗病毒疗效。作为我国首款自主研发的靶向3CL蛋白酶抑制剂，其获批上市丰富了患者的治疗选择
	10	氢溴酸氘瑞米德韦片	用于治疗轻至中度新型冠状病毒感染的成年患者。本品种是一种具有高度口服活性的核苷类抗病毒剂，可抵抗SARS-CoV-2和呼吸道合胞病毒（RSV）感染，是国产首个靶向COVID-19的氘代物，其获批上市丰富了患者的治疗选择
	11	阿泰特韦片/利托那韦片组合包装	该药品用于治疗轻型、中型新型冠状病毒感染的患者。阿泰特韦片是一种SARS-CoV-2主要蛋白酶Mpro的口服小分子抑制剂，抑制SARS-CoV-2 Mpro可使其无法加工多蛋白前体，从而阻止病毒复制。利托那韦抑制CYP3A介导的阿泰特韦代谢，从而升高阿泰特韦血药浓度
神经系统药物	12	醋酸格拉替雷注射液	用于治疗多发性硬化症（MS）成人患者，包括临床孤立综合征、复发缓解型多发性硬化和活动性继发进展型多发性硬化。多发性硬化症是一种免疫介导的中枢神经系统炎性脱髓鞘疾病，常见临床表现为反复发作的视力下降、复视、肢体感觉障碍、肢体运动障碍、共济失调、膀胱或直肠功能障碍等。醋酸格拉替雷是由4种氨基酸（谷氨酸、赖氨酸、丙氨酸和酪氨酸）组成的肽段共聚物混合物，该混合物在抗原性方面与神经髓鞘的成分——髓鞘碱性蛋白相似，其获批上市为妊娠和哺乳期患者提供了治疗选择
	13	盐酸奥扎莫德胶囊	用于治疗成人复发型多发性硬化症，包括临床孤立综合征、复发缓解型多发性硬化和活动性继发进展型多发性硬化。本品种是一种新型鞘氨醇1-磷酸（S1P）受体调节剂，高亲和力选择性地与S1P受体亚型1和5（S1P1和S1P5）结合，可显著降低疾病复发和MRI病灶数，还可有效减少患者脑容量丢失，改善患者认知功能。其获批上市为多发性硬化症患者提供了新的治疗选择
	14	地达西尼胶囊	该药适用于失眠障碍患者的短期治疗。地达西尼属于苯二氮类药物，是γ-氨基丁酸A型（GABAA）受体的部分正向别构调节剂，通过部分激活GABAA受体，产生促进睡眠的作用
	15	依瑞奈尤单抗注射液	适用于成人偏头痛的预防性治疗。作为全球首个靶向作用于CGRP受体的全人源单克隆抗体，依瑞奈尤单抗通过阻断参与偏头痛病理生理机制的CGRP受体分子发挥作用

续表

类型	序号	名称	适应证
免疫系统药物	16	比拉斯汀片	用于12岁及以上青少年和成年人荨麻疹的对症治疗。本品种是一种非镇静性的长效组胺拮抗剂，可选择性地拮抗外周H1受体，对毒蕈碱受体无亲和力，适应于荨麻疹的对症治疗，单次给药后持续24h抑制组胺诱导产生皮肤红肿及疱疹反应，其获批上市为慢性特发性荨麻疹患者带来了新的治疗选择
	17	替瑞奇珠单抗注射液	用于治疗适合系统治疗或光疗的中度至重度斑块状银屑病成人患者。银屑病作为系统性疾病，中重度患者可致残，斑块型银屑病为银屑病最常见的分型，占80%～90%，皮损常见于全身多部位皮肤，治疗需求大、影响范围广。可显著延长银屑病患者注射周期（维持期一年仅4次注射），降低注射频率，减少既往常用方案因疗效不佳、复发、副作用、共病所产生的额外医疗费用，减轻患者经济负担
	18	氘可来昔替尼片	用于治疗适合系统治疗或光疗的成年中重度斑块状银屑病患者。氘可来昔替尼是一种酪氨酸激酶2（TYK2）抑制剂。该药品的上市为中重度斑块状银屑病患者提供了新的治疗选择
	19	甲苯磺酸利特昔替尼胶囊	适用于12岁及以上青少年和成人重度斑秃患者。利特昔替尼为激酶抑制剂，通过阻断三磷酸腺苷（ATP）结合位点，不可逆地抑制Janus激酶3（JAK3）和肝细胞癌中表达的酪氨酸激酶（TEC）家族。在细胞水平，利特昔替尼抑制由JAK3依赖性受体介导的细胞因子诱导的STAT磷酸化，达到治疗斑秃的目的
	20	甲磺酸贝舒地尔片	适用于治疗糖皮质激素或其他系统治疗应答不充分的12岁及以上慢性移植物抗宿主病（cGVHD）患者。作为美国FDA批准的首款，也是我国首个且唯一的针对选择性Rho相关卷曲螺旋形成蛋白激酶（ROCK2）抑制剂，同时靶向cGVHD的炎症和纤维化过程，在恢复免疫稳态的同时可以减少纤维化
抗感染药物	21	奥特康唑胶囊	用于治疗重度外阴阴道假丝酵母菌病（VVC）。VVC又称霉菌性阴道炎、外阴阴道念珠菌病等，是一种临床常见病及多发病。奥特康唑是一种抗真菌药物，属唑类金属酶抑制剂，靶向抑制真菌甾醇14α-去甲基化酶（CYP51），其获批上市为重度外阴阴道假丝酵母菌病患者提供了新的治疗选择
	22	奥磷布韦片	用于与盐酸达拉他韦联用，治疗初治或干扰素经治的基因1、2、3、6型成人慢性丙型肝炎病毒（HCV）感染，可合并或不合并代偿性肝硬化。该品是HCV NS5B RNA依赖性RNA聚合酶（为病毒复制所必需）抑制剂，是一种核苷酸前体药物，在细胞内代谢为具有药理活性的代谢产物（SH229M3），可被NS5B聚合酶嵌入HCV RNA中而终止复制。其获批上市可丰富患者的治疗选择
	23	注射用盐酸依拉环素	适用于成人复杂性腹腔内感染。本品是一种新型、全合成、广谱、含氟四环素类、静脉注射抗菌药物，用于包括在我国常见的革兰氏阴性菌、革兰氏阳性菌在内的多重耐药（MDR）菌感染的一线经验性单药治疗

续表

类型	序号	名称	适应证
抗感染药物	24	马立巴韦片	适用于治疗造血干细胞移植或实体器官移植后巨细胞病毒（CMV）感染和（或）疾病，且对一种或多种既往治疗（更昔洛韦、缬更昔洛韦、西多福韦或膦甲酸钠）难治（伴或不伴基因型耐药）的成人患者。马立巴韦片是全球首个且目前唯一一个靶向并抑制UL97蛋白激酶及其天然底物的抗病毒制剂，其获批将为中国难治性CMV感染或疾病的移植受者提供一种全新的口服治疗选择
	25	醋酸来法莫林片/注射用浓溶液	来法莫林是第一个用于人体系统治疗的截短侧耳素类抗生素，也是十余年来全球开发的新一类社区获得性细菌性肺炎（CABP）常见病原体的抗生素。来法莫林通过与细菌核糖体50S亚基的肽基转移酶中心（PTC）结合，抑制原核细胞核糖体合成蛋白质而发挥作用
	26	卡替拉韦注射液/卡替拉韦纳片	适用于与利匹韦林注射液联合使用，治疗接受稳定抗逆转录病毒治疗方案后达到病毒学抑制，目前或既往无对NNRTI和INI类药物产生病毒耐药性证据且既往无非核苷类逆转录酶抑制剂（NNRTI）和整合酶抑制剂（INI）类药物病毒学失败的1型人类免疫缺陷病毒（HIV-1）感染成人患者。它是首个无需每日服药就能预防HIV感染的疗法。作为一种HIV-1整合酶链转移抑制剂（INSTI），卡替拉韦长效方案仅需每年注射最少6次即可实现HIV暴露前预防，以降低该群体感染HIV-1的风险
	27	拓培非格司亭注射液	适用于非髓性恶性肿瘤患者在接受容易引起发热性中性粒细胞减少症的骨髓抑制性抗癌药物治疗时，降低以发热性中性粒细胞减少症为表现的感染发生率。拓培非格司亭为Y型聚乙二醇（PEG）修饰的人粒细胞刺激因子（rhG-CSF），通过刺激骨髓造血干细胞向粒细胞分化，促进粒细胞增殖、成熟和释放，恢复外周血中性粒细胞数量，以降低肿瘤患者化疗后的感染发生率
抗肿瘤药物	28	伏罗尼布片	与依维莫司联合，用于治疗既往接受过酪氨酸激酶抑制剂治疗失败的晚期肾细胞癌（RCC）患者。本品种为多靶点受体酪氨酸激酶抑制剂，对VEGFR2、KIT、PDGFR、FLT3和RET均有较强的抑制作用，主要通过抑制新生血管形成而发挥抗肿瘤作用。其获批上市为患者提供了治疗选择
	29	甲磺酸贝福替尼胶囊	用于既往经表皮生长因子受体（EGFR）酪氨酸激酶抑制剂治疗出现疾病进展，并且伴随EGFR T790M突变阳性的局部晚期或转移性非小细胞肺癌患者的治疗。本品种为第三代表皮生长因子受体酪氨酸激酶抑制剂，能够选择性地抑制EGFR敏感突变和T790M耐药突变激酶。其获批上市为患者提供了新的治疗选择
	30	注射用盐酸可泮利塞	用于治疗既往至少接受过两种系统性治疗的复发或难治性滤泡性淋巴瘤（FL）成人患者。滤泡性淋巴瘤是常见的非霍奇金淋巴瘤，但是病情发展较慢并且容易复发，所以大部分患者不能治愈，最常见的症状为胃肠道浸润，大部分患者有腹泻等症状，少部分患者会出现消化道出血的症状。该品是PI3K抑制剂，对细胞的增殖、分化、凋亡等系列活动进行调控
	31	艾贝格司亭α注射液	用于预防和治疗肿瘤患者在接受化疗药物后出现的中性粒细胞减少症。本品是全球首个双分子G-CSF-Fc融合蛋白制剂，适用于成年非髓性恶性肿瘤患者在接受容易引起发热性中性粒细胞减少症的骨髓抑制性抗癌药物治疗时，降低以发热性中性粒细胞减少症为表现的感染发生率。其获批上市为患者提供了新的长效“升白药”选择

续表

类型	序号	名称	适应证
抗肿瘤药物	32	硫酸氢司美替尼胶囊	用于3岁及3岁以上伴有症状性和（或）进展性、无法手术的Ⅰ型神经纤维瘤病（NF1）-丛状神经纤维瘤（PN）患者的治疗。儿童Ⅰ型神经纤维瘤病-丛状神经纤维瘤是一种常染色体显性遗传性罕见疾病，可导致患儿躯体、认知、心理多层面严重受损，包含毁容、疼痛、功能障碍、终生认知障碍、学习障碍和社交功能受损等。本品种通过选择性结合MEK1/2蛋白，靶向MAPK通路提供药物治疗NF1-PN的新思路。其获批上市为患者提供了治疗选择
	33	阿可替尼胶囊	用于既往至少接受过一种治疗的成人慢性淋巴细胞白血病（CLL）/小淋巴细胞淋巴瘤（SLL）患者，既往至少接受过一种治疗的成人套细胞淋巴瘤（MCL）患者。基于单臂临床试验的主要缓解率结果附条件批准本适应证，常规批准将取决于正在开展中的确证性随机对照临床试验结果
	34	谷美替尼片	用于治疗具有细胞间质上皮转化因子（c-MET）外显子14跳变的局部晚期或转移性非小细胞肺癌患者。本品种能够选择性抑制c-Met激酶活性，进而抑制肿瘤细胞的增殖、迁移和侵袭。其获批上市为患者提供了治疗选择
	35	琥珀酸瑞波西利片	用于HR+/HER2–晚期乳腺癌患者。与芳香化酶抑制剂联合用药，用于激素受体（HR）阳性、人表皮生长因子受体2（HER2）阴性局部晚期或转移性乳腺癌绝经前或围绝经期女性患者的初始内分泌治疗，使用内分泌疗法治疗时应联用黄体生成素释放激素（LHRH）激动剂，是国内首个且目前唯一被批准用于绝经前/围绝经期乳腺癌患者初始治疗的CDK4/6抑制剂。其获批上市为患者提供了治疗选择
	36	琥珀酸莫博赛替尼胶囊	用于治疗含铂化疗期间或之后进展且携带表皮生长因子受体（EGFR）20号外显子插入突变的局部晚期或转移性非小细胞肺癌（NSCLC）成人患者。肺癌位居中国恶性肿瘤发病率及死亡率首位，其中，NSCLC是肺癌最常见的类型，EGFR 20号外显子插入突变发生率约占中国所有NSCLC的2.3%，是EGFR第三大突变。莫博赛替尼是一种靶向EGFR第20外显子插入突变的不可逆的酪氨酸激酶抑制剂，其获批上市为携带EGFR 20号外显子插入突变阳性的晚期非小细胞肺癌患者提供了新的治疗选择
	37	注射用维泊妥珠单抗	联合苯达莫司汀和利妥昔单抗用于治疗不适合接受造血干细胞移植的复发或难治性弥漫大B细胞淋巴瘤（DLBCL）成人患者；以及联合利妥昔单抗、环磷酰胺、多柔比星和泼尼松用于治疗既往未经治疗的弥漫大B细胞淋巴瘤成人患者。维泊妥珠单抗是全球首个靶向CD79b的ADC药物。其获批上市为一线中高危患者及复发/难治患者提供了新的治疗选择
	38	阿得贝利单抗注射液	与卡铂和依托泊苷联合用于广泛期小细胞肺癌患者的一线治疗。阿得贝利单抗是一种人源化抗PD-L1单克隆抗体，能够通过与PD-L1特异性结合，阻断PD-1/PD-L1信号转导通路，恢复T细胞对于肿瘤细胞的免疫应答，激发机体对肿瘤细胞的杀伤作用，发挥抗肿瘤作用。其获批上市可丰富患者的治疗选择

续表

类型	序号	名称	适应证
抗肿瘤药物	39	注射用德曲妥珠单抗	适用于治疗既往接受过一种或一种以上抗HER2药物治疗的不可切除或转移性HER2阳性晚期成人乳腺癌患者。HER2阳性晚期乳腺癌具有肿瘤细胞恶性程度高、疾病进展快、易发生转移和复发、预后不佳等特点。临床研究和上市后使用的安全性经验，结合现有累积疗效和安全性数据分析表明德曲妥珠单抗具有良好的获益-风险特征，其获批上市为患者提供了新的治疗选择
	40	泽贝妥单抗注射液	该品为针对B细胞表面CD20抗原的人-鼠嵌合型单克隆抗体，可特异性结合B细胞表面的CD20抗原，从而启动B细胞溶解的免疫反应，发挥抗肿瘤作用。适用于CD20阳性弥漫大B细胞淋巴瘤，非特指性（DLBCL，NOS）成人患者，应与标准CHOP化疗联合治疗
	41	索卡佐利单抗注射液	适用于既往接受含铂化疗治疗失败的复发或转移性宫颈癌患者的治疗。该产品能与PD-L1蛋白结合，阻断PD-L1蛋白与其受体PD-1间的相互作用，从而解除PD-1或PD-L1信号通路对T细胞的抑制，增强T细胞对肿瘤的杀伤作用。另外，它还能够通过传统的抗体依赖性细胞介导的细胞毒作用（ADCC）来杀死癌细胞
	42	盐酸特泊替尼片	用于治疗携带c-MET外显子14（METex14）跳跃突变的局部晚期或转移性非小细胞肺癌（NSCLC）成人患者。盐酸特泊替尼是一种低分子化合物，对c-MET具有抑制作用，是受体酪氨酸激酶。盐酸特泊替尼抑制c-MET的磷酸化，通过抑制下游信号转导，表现出对肿瘤生长的抑制作用。其是全球首个获批用于治疗METex14跳跃突变的晚期NSCLC的口服高选择性c-MET抑制剂
	43	伯瑞替尼肠溶胶囊	适用于治疗具有c-MET外显子14跳变的局部晚期或转移性非小细胞肺癌患者。伯瑞替尼是一种c-MET受体酪氨酸激酶抑制剂，可抑制c-MET高表达肿瘤细胞的增殖
	44	纳基奥仑赛注射液	本品适用于治疗复发或难治性急性B淋巴细胞白血病成人患者。纳基奥仑赛是通过基因修饰技术将靶向CD19的嵌合抗原受体（CAR）表达于 T 细胞表面而制备成的自体T细胞免疫治疗产品。输注至体内后会与表达 CD19 的靶细胞结合，激活下游信号通路，诱导CAR-T 细胞的活化和增殖并产生对靶细胞的杀伤作用
	45	格菲妥单抗注射液	本品单药适用于治疗既往接受过至少两线系统性治疗的复发或难治性弥漫大B细胞淋巴瘤（DLBCL）成人患者。格菲妥单抗是一种双特异性抗体，通过与B细胞表面的CD20和T细胞表面的CD3同时结合，介导免疫突触形成，随后引起T细胞活化与增殖、细胞因子分泌和细胞溶解蛋白释放，从而诱导表达CD20的B细胞溶解。该品种的上市为复发或难治性弥漫大B细胞淋巴瘤成人患者提供了新的治疗选择
	46	注射用埃普奈明	注射用埃普奈明为重组变构人肿瘤坏死因子相关凋亡诱导配体，可结合并激活肿瘤细胞表面的死亡受体4（DR4）/死亡受体5（DR5），通过外源性细胞凋亡途径触发细胞内caspase级联反应，从而发挥抗肿瘤作用。本品联合沙利度胺和地塞米松用于治疗既往接受过至少两种系统性治疗方案的复发或难治性多发性骨髓瘤成人患者，既往含免疫调节剂（如来那度胺、沙利度胺）方案难治的患者不宜接受本联合方案治疗

续表

类型	序号	名称	适应证
抗肿瘤药物	47	米托坦片	用于无法手术的、功能性和非功能性肾上腺皮质癌、肾上腺皮质增生及肿瘤所致的皮质醇增多症治疗的特效药，是目前唯一被批准治疗肾上腺皮质癌的靶向药物。米托坦通过对肾上腺皮质具有直接和选择性的细胞毒作用，从而导致与二氯二苯二氯乙烷（DDD）类似的永久性肾上腺萎缩和坏死。米托坦可作为胆固醇侧链裂解酶的抑制剂，对肾上腺皮质癌（ACC）细胞具有肾上腺素溶解作用，并抑制类固醇激素合成，对库欣综合征患者有益
	48	纳鲁索拜单抗注射液	适用于治疗不可手术切除或手术切除可能导致严重功能障碍的骨巨细胞瘤成人患者。纳鲁索拜单抗为重组全人源抗核因子-κB受体活化因子配体（RANKL）单克隆抗体，通过与细胞表面的RANKL特异性结合，抑制RANKL活性，从而抑制RANKL参与介导的骨质溶解和肿瘤生长
	49	马吉妥昔单抗注射液	联合化疗治疗已经接受过两种或两种以上抗HER2治疗方案的转移性HER2阳性乳腺癌成人患者，其中至少一种治疗方案用于转移乳腺癌。马吉妥昔单抗是一种作用于HER2的Fc优化型单克隆抗体，可减少HER2细胞外域的脱落，并增强抗体依赖性细胞介导的细胞毒作用（ADCC）
	50	舒沃替尼片	适用于治疗既往经含铂化疗治疗时或治疗后出现疾病进展，或不耐受含铂化疗，并且经检测确认存在表皮生长因子受体（EGFR）20号外显子插入突变的局部晚期或转移性非小细胞肺癌（NSCLC）的成人患者。舒沃替尼是一种EGFR酪氨酸激酶抑制剂
	51	伊基奥仑赛注射液	适用于复发或难治性多发性骨髓瘤成人患者，既往经过至少3线治疗后进展（至少使用过一种蛋白酶体抑制剂及免疫调节剂）的治疗。伊基奥仑赛注射液是一种自体免疫细胞注射剂，是采用慢病毒载体将靶向B细胞成熟抗原（BCMA）的嵌合抗原受体（CAR）基因整合入患者自体外周血CD3阳性T细胞后制备的。回输患者体内后，通过识别多发性骨髓瘤细胞表面的BCMA靶点杀伤肿瘤细胞
	52	伊鲁阿克片	适用于既往接受过克唑替尼治疗后疾病进展或对克唑替尼不耐受的间变性淋巴瘤激酶（ALK）阳性的局部晚期或转移性非小细胞肺癌（NSCLC）患者的治疗。伊鲁阿克为ALK抑制剂，可通过抑制ALK和ROS1激酶的磷酸化进而阻断ERK、STAT5和AKT等下游信号通路蛋白质的激活，从而诱导肿瘤细胞死亡（凋亡）
罕见病药物	53	口服用苯丁酸甘油酯	用于不能通过限制蛋白质的摄入和（或）单纯补充氨基酸控制的尿素循环障碍（UCD）患者的长期治疗，包括氨甲酰磷酸合成酶Ⅰ缺乏、鸟氨酸氨甲酰基转移酶缺乏、瓜氨酸血症1型、精氨琥珀酸尿症、精氨酸血症和高鸟氨酸血症-高氨血症-同型瓜氨酸尿症（HHH）综合征。UCD是一组以儿童为主体的罕见遗传代谢性疾病，以急、慢性高氨血症引起的神经和消化系统症状为主要表现，死亡率高、致残率高、症状反复且需长期管理。苯丁酸甘油酯是目前唯一覆盖6种尿素循环障碍亚型的新一代氮清除剂，在短期、长期研究中显示能有效控制儿童患者血氨水平。其获批上市为患者提供了新的治疗选择

续表

类型	序号	名称	适应证
罕见病药物	54	氯马昔巴特口服溶液	用于治疗1岁及以上阿拉杰里综合征（ALGS）患者胆汁淤积性瘙痒。本品种是唯一获批的回肠胆汁酸转运蛋白（IBAT）抑制剂。ALGS是一种常染色体显性遗传的罕见疾病，发病早，患者基本为儿童，中位死亡年龄仅2.3～4岁。本品种是我国唯一获批用于ALGS患者的胆汁淤积性瘙痒的治疗性药物，可强效缓解患者的瘙痒症状，改善患儿生长发育和生活质量，显著降低血清胆汁酸水平。其获批上市为患者提供了治疗选择
	55	尼替西农胶囊	结合酪氨酸和苯丙氨酸饮食限制，用于治疗成人和儿科患者（任何年龄阶段）的遗传性酪氨酸血症Ⅰ型（HT-1）。本品种是一种口服有效的具有竞争性和可逆性的 4-羟苯丙酮酸二加氧酶（4-HPPD）抑制剂，能以剂量依赖的方式促进酪氨酸的积累。其获批上市为患者提供了治疗选择
	56	阿那白滞素注射液	适用于成人、青少年和2岁以上儿童（体重10 kg及以上）家族性地中海热（FMF）患者，这是IL-1受体拮抗剂（IL-1Ra）类生物制剂在我国首次获得批准。阿那白滞素是一种通过重组 DNA 技术在大肠埃希菌细胞中产生的人白介素-1受体拮抗剂（IL-1Ra），它能通过与多种组织和器官中表达的IL-1的Ⅰ型受体竞争性结合，中和白介素-1α（IL-1α）和白介素-1β（IL-1β）的生物学活性，从而阻断IL-1介导的炎性反应
	57	盐酸替洛利生片	适用于治疗“发作性睡病”成人患者的日间过度嗜睡（EDS）或猝倒。替洛利生是一种选择性组胺H3受体反向激动剂，通过增强组胺能神经元活性，增加大脑中促进觉醒的神经递质组胺的合成和释放，进而提高患者的清醒度和警觉性
	58	艾加莫德α注射液	适用于治疗乙酰胆碱受体（AChR）抗体阳性的成人全身型重症肌无力（gMG）患者。艾加莫德是国内首个也是唯一获批上市的FcRn拮抗剂，FcRn能与体内的抗体结合，从而加快致病性抗体的溶解，在体内循环利用，参与疾病的发生和发展过程
	59	卡谷氨酸分散片	该产品为国内首仿，用于治疗成人或儿童由*N*-乙酰谷氨酸合成酶（NAGS）缺乏症、异戊酸血症（IVA）、甲基丙二酸血症（MMA）或丙酸血症（PA）所引起的高氨血症。卡谷氨酸是*N*-乙酰谷氨酸（NAG）结构类似物，是氨甲酰磷酸合成酶1（CPS1）的变构激活剂，可以与未合成的碳酸氢铵结合，生成NAG，从而刺激尿素循环，帮助氨转化为尿素，降低血氨浓度，改善或防止由高氨血症引发的脑损伤
内分泌与代谢疾病药物	60	磷酸瑞格列汀片	用于改善成人2型糖尿病患者的血糖控制。本品种是二肽基肽酶4（DPP4）抑制剂，通过抑制DPP4水解肠促胰岛激素，从而增加活性形式的胰高血糖素样肽-1（GLP-1）和葡萄糖依赖性促胰岛素多肽（GIP）的血浆浓度，以葡萄糖依赖的方式增加胰岛素释放并降低胰高血糖素水平，进而降低血糖，配合饮食控制和运动，本品单药或与二甲双胍联合用于治疗成人2型糖尿病。其获批上市为患者提供了治疗选择

续表

类型	序号	名称	适应证
内分泌与代谢疾病药物	61	安进盐酸依特卡肽注射液	用于治疗接受血液透析慢性肾病（CKD）成人患者的继发性甲状旁腺功能亢进症（SHPT）。安进盐酸依特卡肽是国内首个且唯一上市的静脉注射型拟钙剂，是一款新型的钙敏感受体（CaSR）激动剂/拟钙剂，该药通过静脉给药，可通过与人体CaSR结合来提高CaSR对钙离子的敏感性，抑制甲状旁腺主细胞分泌甲状旁腺素（PTH），从而降低血清PTH水平
	62	法瑞西单抗	本品是一种双特异性VEGF和Ang-2抑制剂，用于治疗糖尿病性黄斑水肿（DME）、新生血管性（湿性）年龄相关性黄斑变性（nAMD）。法瑞西单抗是全球首个双通路眼底创新治疗药物，其同时靶向抗血管生成素-2（Ang-2）和血管内皮生长因子A（VEGF-A）的双重作用机制和持久性优势可以在抑制新生血管生成的同时增强血管稳定性，提升长期视力获益并改善患者生活质量
	63	香雷糖足膏	用于清创后创面截面积小于25 cm^2的Wagner 1级糖尿病足部伤口溃疡。可将高血糖所致的M1/M2巨噬细胞失衡恢复平衡，促进M1向M2转化，调控炎症期进入增生期，增加胶原蛋白合成与干细胞浸润，加速组织修复和溃疡创面愈合，不仅可以治疗新发溃疡，也可治疗高危因素溃疡
	64	注射用艾夫糖苷酶α	适用于庞贝病［酸性α葡萄糖苷酶（GAA）缺乏症］患者的长期酶替代治疗。艾夫糖苷酶α是一种高效酶替代疗法，可以靶向6-磷酸甘露糖（M6P）受体，从而改善GAA向肌肉细胞的递送，使得多余的糖原得以分解，减少对患者肌肉细胞的损伤
	65	英克司兰钠注射液	本品可作为饮食的辅助疗法，用于成人原发性高胆固醇血症（杂合子型家族性和非家族性）或混合型血脂异常患者的治疗。英克司兰是全球首款也是目前唯一一款用于降低低密度脂蛋白胆固醇（LDL-C）的小干扰RNA（siRNA）降胆固醇药物。英克司兰钠精准靶向肝，阻断肝细胞前蛋白转化酶枯草溶菌素/kexin 9型（PCSK9）mRNA的基因表达，使PCSK9蛋白的合成减少从而增加了LDL-C受体的再循环和在肝细胞表面的表达，增加了肝对LDL-C的摄取，降低了循环中的LDL-C
	66	托莱西单抗注射液	在控制饮食的基础上，该药品与他汀类药物，或者与他汀类药物及其他降脂疗法联合用药，用于在接受中等剂量或中等剂量以上他汀类药物治疗仍无法达到低密度脂蛋白胆固醇（LDL-C）目标的原发性高胆固醇血症（包括杂合子型家族性和非家族性高胆固醇血症）和混合型血脂异常的成人患者，以降低LDL-C、TC、ApoB水平。托莱西单抗为前蛋白转化酶枯草溶菌素9（PCSK9）抑制剂。通过抑制PCSK9，阻断血浆PCSK9与低密度脂蛋白受体（LDLR）的结合，进而阻止LDLR的内吞和降解，增加细胞表面LDLR表达水平和数量，增加LDLR对LDL-C的重摄取，降低循环LDL-C水平，最终达到降低血脂的目的

续表

类型	序号	名称	适应证
内分泌与代谢疾病药物	67	盐酸纳呋拉啡口崩片	用于治疗血液透析相关尿毒症瘙痒（仅在现有疗法或治疗疗效不佳时使用），该药物其他适应证包括慢性肝病患者瘙痒症（CKD-aP）及腹膜透析患者瘙痒症，为饱受CKD-aP困扰的患者提供了新的治疗选择。盐酸纳呋拉啡作为一种高选择性κ受体激动剂，可对因治疗CKD-aP，通过降低尿毒症患者血清中β内啡肽/强啡肽值来抑制μ受体过度激活，从机制出发治疗中枢性瘙痒，缓解患者的搔抓痛苦，被认为是CKD-aP局部治疗效果不佳患者的重要选择
	68	培莫沙肽注射液	适用于治疗未接受过促红细胞生成素治疗的非透析慢性肾病患者的贫血；因慢性肾病（CKD）引起贫血，且正在接受促红细胞生成素治疗的透析患者。培莫沙肽是长效多肽类EPO受体激动剂，可促进体内红细胞增殖，改善慢性肾病患者的贫血及相关症状
	69	芦曲泊帕片	适用于计划接受手术（含诊断性操作）的慢性肝病（chronic liver disease，CLD）伴血小板减少症的成人患者。目前慢性肝病伴血小板减少症患者的治疗选择十分有限，价格高昂且可及性差，存在巨大的临床需求。芦曲泊帕是最新一代口服小分子血小板生成素受体激动剂（TPO-RA），通过作用于人血小板生成素（TPO）受体的跨膜结构域，与内源性TPO相同的方式激活信号转导途径，促进血小板的生成
心脑血管药物	70	二十碳五烯酸乙酯软胶囊	用于降低重度高甘油三酯血症（≥500 mg/dL）成年患者的甘油三酯（TG）水平。本品种是全球首个具有明确降低心血管事件循证证据的重度高TG治疗药物，具有降低TG合成、增加TG清除的双重降脂机制。其获批上市为高TG合并心血管高风险人群心血管提供了新的治疗选择
消化道系统药物	71	安奈拉唑钠肠溶片	用于抑制胃酸，治疗酸相关性疾病，如成人十二指肠溃疡（DU）的治疗及其相关症状（腹痛、腹胀、烧灼感、反酸、嗳气、恶心、呕吐等）的控制。本品种为首个我国完全自主研发的质子泵抑制剂，可通过抑制胃壁细胞H^+-K^+-ATP酶活性和降低质子转运能力而抑制胃酸分泌。其获批上市为患者提供了新的治疗选择
	72	盐酸凯普拉生片	用于治疗十二指肠溃疡和反流性食管炎患者。本品种是一种新型钾离子竞争性酸阻滞剂，通过与H^+-K^+-ATP酶上的K^+结合位点结合，抑制胃酸分泌。其获批上市丰富了患者的治疗选择

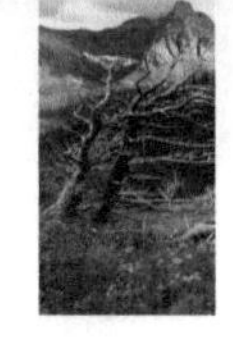

2023年中国生物技术/医疗健康企业上市情况[348]

上市时间	上市企业	募资金额	所属行业	交易所
2023年1月6日	百利天恒	9.9亿元	生物技术和制药	上海证券交易所科创板
2023年2月3日	硕迪生物	1.34亿美元	生物技术和制药	纳斯达克证券交易所
2023年2月9日	新赣江	1.86亿元	生物技术和制药	北京证券交易所
2023年2月23日	峆一药业	1.1亿元	生物技术和制药	北京证券交易所
2023年3月1日	华人健康	9.75亿元	医疗综合服务	深圳证券交易所创业板
2023年3月15日	康乐卫士	2.94亿元	专科医疗	北京证券交易所
2023年3月17日	依生生物	未透露	生物技术和制药	纳斯达克证券交易所
2023年3月20日	宏源药业	23.63亿元	生物技术和制药	深圳证券交易所创业板
2023年3月28日	中进医疗	800万美元	医疗器械	纳斯达克证券交易所
2023年3月30日	冠科美博	数千万美元	生物技术和制药	纳斯达克证券交易所
2023年4月4日	科源制药	8.55亿元	生物技术和制药	深圳证券交易所创业板
2023年4月10日	海森药业	7.56亿元	生物技术和制药	深圳证券交易所主板
2023年4月27日	梅斯健康	6.1亿港元	医疗信息化	香港联合交易所主板
2023年5月5日	三博脑科	11.73亿元	医疗机构	深圳证券交易所创业板
2023年5月8日	绿竹生物	2.42亿港元	生物技术和制药	香港联合交易所主板
2023年5月19日	安杰思	18.2亿元	医疗器械	上海证券交易所科创板
2023年5月26日	亚华电子	8.49亿元	医疗信息化	深圳证券交易所创业板
2023年5月31日	星昊医药	4.33亿元	生物技术和制药	北京证券交易所
2023年6月6日	西山科技	17.99亿元	医疗器械	上海证券交易所科创板
2023年6月12日	科笛集团	3.9亿港元	生物技术和制药	香港联合交易所主板
2023年6月20日	智翔金泰	34.73亿元	生物技术和制药	上海证券交易所科创板
2023年6月28日	药师帮	2.15亿港元	医药流通	香港联合交易所主板
2023年7月11日	科伦博泰	13.6亿港元	生物技术和制药	香港联合交易所主板
2023年7月12日	国科恒泰	9.45亿元	医疗器械	深圳证券交易所创业板
2023年7月12日	昊帆生物	18.27亿元	生化试剂	深圳证券交易所创业板
2023年7月20日	锦波生物	2.82亿元	生物技术和制药	北京证券交易所
2023年7月25日	港通医疗	7.79亿元	医疗器械	深圳证券交易所创业板
2023年8月3日	金凯生科	12.17亿元	生物技术和制药	深圳证券交易所创业板
2023年8月17日	博迅生物	8400万元	医疗器械	北京证券交易所
2023年9月5日	宜明昂科	3.19亿港元	专科医疗	香港联合交易所主板

348 资料来源：巨潮资讯、IT桔子数据库、公开数据等。

续表

上市时间	上市企业	募资金额	所属行业	交易所
2023年9月5日	民生健康	8.91亿元	健康保健	深圳证券交易所创业板
2023年9月25日	友芝友	1.4亿港元	生物技术和制药	香港联合交易所主板
2023年9月25日	万邦医药	11.31亿元	医疗信息化	深圳证券交易所创业板
2023年9月28日	东软熙康	7.91亿港元	医疗综合服务	香港联合交易所主板
2023年9月29日	阿诺医药	5750万美元	生物技术和制药	纳斯达克证券交易所
2023年11月17日	药明合联	36.8亿元	医疗信息化	香港联合交易所主板
2023年12月22日	君圣泰	1.94亿港元	生物技术和制药	香港联合交易所主板

2023年度国家科学技术奖励（生物和医药相关）[349]

附表-1　2023年度国家自然科学奖获奖项目目录（生物和医药相关）

二等奖		
编号	项目名称	主要完成人
Z-104-2-06	环境中耐药基因的形成和扩散机制	朱永官（中国科学院城市环境研究所） 苏建强（中国科学院城市环境研究所） 乔　敏（中国科学院生态环境研究中心） 陈青林（中国科学院城市环境研究所） 安新丽（中国科学院城市环境研究所）
Z-105-2-01	负性情绪和社会竞争导致抑郁症的脑机制研究	胡海岚（浙江大学） 李　坤（中国科学院脑科学与智能技术卓越创新中心） 崔一卉（浙江大学） 汪　菲（中国科学院脑科学与智能技术卓越创新中心） 杨　艳（浙江大学）
Z-105-2-02	环形RNA生成和功能机制的研究	陈玲玲（中国科学院分子细胞科学卓越创新中心） 杨　力（中国科学院上海营养与健康研究所） 刘楚霄（中国科学院分子细胞科学卓越创新中心） 张　杨（中国科学院分子细胞科学卓越创新中心） 沈　南（上海交通大学医学院附属仁济医院）
Z-105-2-03	细胞命运稳定性与可塑性的表观遗传调控机制	朱　冰（中国科学院生物物理研究所） 李颖峰（中国科学院生物物理研究所） 徐　墨（北京生命科学研究所） 张珠强（中国科学院生物物理研究所） 袁　文（北京生命科学研究所）
Z-105-2-04	T细胞免疫的触发机制	许琛琦（中国科学院分子细胞科学卓越创新中心） 杨　魏（中国科学院分子细胞科学卓越创新中心） 施小山（中国科学院分子细胞科学卓越创新中心） 吴　微（中国科学院分子细胞科学卓越创新中心） 李伯良（中国科学院分子细胞科学卓越创新中心）
Z-105-2-05	真核生物光合膜蛋白结构与功能研究	匡廷云（中国科学院植物研究所） 隋森芳（清华大学） 王文达（中国科学院植物研究所） 韩广业（中国科学院植物研究所） 秦晓春（中国科学院植物研究所）

349 资料来源：科技部、国家科学技术奖励工作办公室。

续表

二等奖		
编号	项目名称	主要完成人
Z-105-2-06	可转移多黏菌素耐药基因*mcr*的发现及其传播机制研究	沈建忠（中国农业大学） 刘健华（华南农业大学） 汪　洋（中国农业大学） 张　嵘（浙江大学） 沈张奇（中国农业大学）
Z-105-2-07	反刍动物进化的基因组学研究	王　文（西北工业大学） 姜　雨（西北农林科技大学） 邱　强（西北工业大学） 李志鹏（中国农业科学院特产研究所） 陈　垒（西北工业大学）
Z-106-2-01	炎-癌转化和癌前病变的分子基础和干预策略	黎孟枫（南方医科大学） 尹玉新（北京大学） 周伟杰（南方医科大学） 夏来新（南方医科大学） 蔡俊超（中山大学）
Z-106-2-02	人类生殖发育表观遗传调控机制及代际传递规律研究	乔　杰（北京大学第三医院） 汤富酬（北京大学） 闫丽盈（北京大学第三医院） 严　杰（北京大学第三医院） 李　蓉（北京大学第三医院）
Z-106-2-03	细胞外小RNA原创发现、功能与应用	张辰宇（南京大学） 巴　一（天津医科大学肿瘤医院） 张峻峰（南京大学） 曾　科（南京大学） 陈　熹（南京大学）
Z-106-2-04	EB病毒致癌分子机制与靶向干预	曾木圣（中山大学肿瘤防治中心） LIU，QUENTIN QIANG（中山大学肿瘤防治中心） 贝锦新（中山大学肿瘤防治中心） 徐　淼（中山大学肿瘤防治中心） 白　凡（北京大学）
Z-106-2-05	免疫细胞新亚群及其调控机制	吴玉章（中国人民解放军陆军军医大学） 叶丽林（中国人民解放军陆军军医大学） 刘新东（中国人民解放军陆军军医大学） 朱　波（中国人民解放军陆军军医大学） 许力凡（中国人民解放军陆军军医大学）

续表

二等奖		
编号	项目名称	主要完成人
Z-106-2-06	生长因子FGFs调控糖脂代谢新功能与新机制	李校堃（温州医科大学） 徐爱民（香港大学） 黄志锋（温州医科大学） 林灼锋（温州医科大学） 李华婷（上海市第六人民医院）

附表-2　2023年度国家技术发明奖获奖项目目录（生物和医药相关）

二等奖（通用目录）		
编号	项目名称	主要完成人
F-301-2-01	猪基因组选种选配技术体系创建及应用	赵书红（华中农业大学） 刘小磊（华中农业大学） 赵云翔（广西扬翔股份有限公司） 徐学文（华中农业大学） 谢胜松（华中农业大学） 刘望宏（华中农业大学）
F-301-2-02	猪用重组口蹄疫O型、A型二价灭活疫苗的创制与应用	郑海学（中国农业科学院兰州兽医研究所） 杨　帆（中国农业科学院兰州兽医研究所） 何继军（中国农业科学院兰州兽医研究所） 朱紫祥（中国农业科学院兰州兽医研究所） 刘学荣（中农威特生物科技股份有限公司） 赵丽霞（金宇保灵生物药品有限公司）
F-301-2-03	绿色生物基材料包膜控释肥创制与应用	杨越超（山东农业大学） 丁方军（山东农大肥业科技股份有限公司） 张　强（金正大生态工程集团股份有限公司） 张淑刚（山东农业大学） 马学文（山东农大肥业科技股份有限公司） 万连步（金正大生态工程集团股份有限公司）
F-301-2-04	玉米单倍体育种高效技术体系创建及规模化应用	陈绍江（中国农业大学） 李建生（中国农业大学） 刘晨旭（中国农业大学） 才　卓［吉林省农业科学院（中国农业科技东北创新中心）］ 黎　亮（中国农业科学院作物科学研究所） 段民孝（北京市农林科学院）

续表

二等奖（通用目录）		
编号	项目名称	主要完成人
F-302-2-01	多核磁共振成像（MRI）装备研制	周　欣（中国科学院精密测量科学与技术创新研究院） 李海东（中国科学院精密测量科学与技术创新研究院） 陈世桢（中国科学院精密测量科学与技术创新研究院） 娄　昕（中国人民解放军总医院） 赵修超（中国科学院精密测量科学与技术创新研究院） 刘买利（中国科学院精密测量科学与技术创新研究院）
F-302-2-02	超声引导心脏病介入治疗技术及产品体系创建与国内外推广应用	潘湘斌（中国医学科学院阜外医院） 陈　娟（上海形状记忆合金材料有限公司） 张德元［先健科技（深圳）有限公司］ 李安宁［先健科技（深圳）有限公司］ 蒋世良（中国医学科学院阜外医院） 张凤文（中国医学科学院阜外医院）

附表-3　2023年度国家科学技术进步奖获奖项目目录（生物和医药相关）

一等奖（通用项目）			
编号	项目名称	主要完成人	主要完成单位
J-251-1-01	食药用菌全产业链关键技术创新及应用	李　玉，李长田，王　琦，姚方杰，包海鹰，李　晓，廖剑华，李　壮，曾　辉，王　迪，王延锋，于海龙，刘婷婷，李振皓，张　蓉	吉林农业大学，福建省农业科学院食用菌研究所，山东农业大学，黑龙江省农业科学院牡丹江分院，上海市农业科学院，浙江寿仙谷医药股份有限公司，柞水县农产品质量安全站
二等奖（通用项目）			
J-201-2-01	耐寒抗风高产橡胶树品种培育及其应用	黄华孙，李维国，和丽岗，李国华，李智全，林位夫，高新生，谢黎黎，曾　霞，黄　飞	中国热带农业科学院橡胶研究所，云南省热带作物科学研究所，海南天然橡胶产业集团股份有限公司，广东省农垦集团公司，海南省农垦科学院集团有限公司，广东农垦热带作物科学研究所，云南省农垦局
J-201-2-02	小麦优质高产亲本材料创制与‘郑麦379’等品种选育应用	雷振生，周正富，吴政卿，杨　攀，何　宁，曾　波，赵志宏，谢军保，李向东，李文旭	河南省农业科学院，河南生物育种中心有限公司，中粮（郑州）粮油工业有限公司，益海嘉里（郑州）食品工业有限公司，延津克明面粉有限公司
J-201-2-03	花生抗旱高产优质新品种培育与应用	万勇善，刘风珍，张　昆，骆　璐，厉广辉，张秀荣，张建成，杨　会，朱素青，王　恒	山东农业大学

续表

二等奖（通用项目）			
编号	项目名称	主要完成人	主要完成单位
J-202-2-01	速生抗病泡桐良种选育及产业升级关键技术	范国强，翟晓巧，常德龙，陈　卓，胡华敏，赵振利，刘荣宁，王　迎，金继良，林　海	河南农业大学，中国林业科学研究院经济林研究所，华北水利水电大学，河南省林业科学研究院，河南中林生态环保科技有限公司，泰安市泰山林业科学研究院，阜阳师范大学
J-202-2-03	楸树和闽楠等乡土珍贵树种育种体系创新与应用	王军辉，童再康，麻文俊，翟文继，赵　鲲，马建伟，李吉跃，张俊红，梁宏伟，杨桂娟	中国林业科学研究院林业研究所，浙江农林大学，洛阳市农林科学院，南阳市林业科学研究院，华南农业大学，甘肃省小陇山林业科学研究所，三峡大学
J-203-2-01	海水养殖鱼类精准营养技术体系构建及产业化应用	艾庆辉，张　璐，麦康森，谭北平，张春晓，梁萌青，张海涛，郑石轩，钱雪桥，徐　玮	中国海洋大学，通威农业发展有限公司，广东海洋大学，中国水产科学研究院黄海水产研究所，集美大学，广东恒兴饲料实业股份有限公司，广东海大集团股份有限公司
J-203-2-02	肉鸭高效育种技术创建与新品种培育及产业化	侯水生，郭占宝，张云生，侯卓成，周正奎，胡　健，谢　明，唐　静，李　旭，刘振林	中国农业科学院北京畜牧兽医研究所，中国农业大学，内蒙古塞飞亚农业科技发展股份有限公司，山东新希望六和集团有限公司
J-233-2-01	肺癌放疗联合分子靶向和免疫治疗的关键机制与临床应用	于金明，邢力刚，邓刘福，陈大卫，伍　钢，袁响林，周彩存，袁双虎，邵　阳，王泉人	山东第一医科大学附属肿瘤医院，上海交通大学，华中科技大学同济医学院附属协和医院，华中科技大学同济医学院附属同济医院，上海市肺科医院，南京世和基因生物技术股份有限公司，江苏恒瑞医药股份有限公司
J-233-2-02	鼻咽癌精准防治策略的创立及推广应用	马　骏，孙　颖，葛胜祥，唐玲珑，季明芳，柳　娜，张　媛，陈雨沛，毛燕萍，曹素梅	中山大学肿瘤防治中心，厦门大学，中山市人民医院
J-233-2-03	突发病毒性呼吸道传染病防控关键技术体系创建及应用	王健伟，金　奇，任丽丽，李中杰，王全意，刘　忠，王丽萍，郭　丽，周　卓，张强锋	中国医学科学院病原生物学研究所，中国疾病预防控制中心，北京市疾病预防控制中心，中国医学科学院输血研究所，广州微远基因科技有限公司，北京卡尤迪生物科技股份有限公司，北京卓诚惠生生物科技股份有限公司
J-233-2-04	小儿先天性心脏病介入诊疗体系创建及推广应用	孙　锟，李　奋，华益民，潘　微，陈　笋，傅立军，朱　铭，周爱卿，陈树宝，张　健	上海交通大学医学院附属新华医院，上海交通大学医学院附属上海儿童医学中心，四川大学华西第二医院，广东省人民医院，上海锦葵医疗器械股份有限公司

续表

二等奖（通用项目）			
编号	项目名称	主要完成人	主要完成单位
J-234-2-01	中医药防治新冠病毒感染诊疗技术体系创建与应用	张伯礼，刘清泉，张俊华，张　炜，张　晗，夏文广，赵玉斌，宋新波，杨丰文，郑文科	天津中医药大学，首都医科大学附属北京中医医院，湖北省中西医结合医院，石家庄市人民医院，上海中医药大学附属曙光医院，武汉市中医医院，浙江大学
J-234-2-02	中药材生态种植理论和技术体系的构建及示范应用	郭兰萍，黄璐琦，高文远，刘晖晖，杨　野，王　晓，韩邦兴，刘大会，周　涛，康传志	中国中医科学院中药研究所，中国中医科学院，天津大学，华润三九医药股份有限公司，山东省分析测试中心，皖西学院，贵州中医药大学
J-234-2-03	经典方剂类方研究模式与中药配伍禁忌规律性发现的关键技术及应用	段金廒，范欣生，张艳军，唐于平，曹龙祥，ZHAO TAO，钟赣生，王宇光，宿树兰，郭立玮	南京中医药大学，天津中医药大学，陕西中医药大学，济川药业集团有限公司，山东步长制药股份有限公司，北京中医药大学，军事科学院军事医学研究院
J-234-2-04	中医体质辨识体系建立及应用	王　济，王　琦，杨志敏，朱爱松，徐云生，李玲孺，李英帅，郑燕飞，白明华，黄　鹏	北京中医药大学，广州中医药大学第二附属医院，浙江中医药大学，山东中医药大学，博奥生物集团有限公司
J-234-2-05	中药质量检测技术集成创新与支撑体系创建及应用	果德安，季　申，刘志强，刘艳芳，吴婉莹，李楚源，穆竟伟，钱　勇，宋凤瑞，胡　青	中国科学院上海药物研究所，上海市食品药品检验所，中国科学院长春应用化学研究所，中国科学院大连化学物理研究所，上海诗丹德标准技术服务有限公司，上海凯宝药业股份有限公司，广州白云山和记黄埔中药有限公司
J-235-2-01	全球首创手足口病EV71疫苗研制及产业化	李琦涵，王军志，张云涛，李　静，宋俐霏，李秀玲，梁争论，刘龙丁，沈心亮，莫兆军	中国医学科学院医学生物学研究所，中国食品药品检定研究院，中国生物技术股份有限公司，北京科兴生物制品有限公司，广西壮族自治区疾病预防控制中心
J-251-2-01	优良乳酸菌种质资源挖掘与产业化关键技术创制及应用	张和平，孙志宏，李　昌，陈永福，牟光庆，张文羿，包维臣，李树森，张家超，刘文君	内蒙古农业大学，军事科学院军事医学研究院军事兽医研究所，大连工业大学，北京科拓恒通生物技术股份有限公司，内蒙古蒙牛乳业（集团）股份有限公司，海南大学，江中药业股份有限公司
J-253-2-02	胃癌转移防治关键诊疗技术创新与推广应用	王振宁，徐惠绵，王淑君，徐大志，靳照宇，刘云鹏，曲秀娟，宋永喜，苗智峰，刘福团	中国医科大学附属第一医院，沈阳药科大学，复旦大学附属肿瘤医院，明济生物制药（北京）有限公司

续表

二等奖（通用项目）			
编号	项目名称	主要完成人	主要完成单位
J-253-2-03	膀胱癌精准微创智能诊疗技术创新与推广应用	林天歆，黄　健，陈　旭，王建辰，吴少旭，FAN JIAN-BING，陈长昊，何　旺，钟文龙，冯嘉豪	中山大学孙逸仙纪念医院，深圳市精锋医疗科技股份有限公司，广州市基准医疗有限责任公司，赛维森（广州）医疗科技服务有限公司
J-257-2-01	食品生物制造工业菌种高效选育与优化关键技术及应用	刘　龙，尹　花，陈　坚，卢健行，吕雪芹，黄克兴，堵国成，贺　扬，刘延峰，夏洪志	江南大学，青岛啤酒股份有限公司，山东润德生物科技有限公司，南通励成生物工程有限公司，江苏集萃未来食品技术研究所有限公司
创新团队奖			
J-207-1-01	上海交通大学医学院附属瑞金医院血液病转化医学研究创新团队	陈赛娟，陈　竺，赵维莅，沈志祥，李军民，糜坚青，WANG KANKAN，诸　江，刘　晗，胡　炯，蒙国宇，韩泽广，王升跃，蔡宇伽，FAN XIAOHU	上海交通大学医学院附属瑞金医院